青岛市学术年会论文集

（2019）

王 军　主编

中国海洋大学出版社

·青岛·

图书在版编目（CIP）数据

青岛市学术年会论文集. 2019/王军主编. —青岛：
中国海洋大学出版社，2020.9
　ISBN 978-7-5670-2572-1

　Ⅰ.①青… Ⅱ.①王… Ⅲ.①科学技术-文集 Ⅳ.
①N53

　　中国版本图书馆 CIP 数据核字（2020）第 169367 号

出版发行	中国海洋大学出版社		
社　　址	青岛市香港东路 23 号	邮政编码	266071
出 版 人	杨立敏		
网　　址	http：//pub.ouc.edu.cn		
订购电话	0532-82032573（传真）		
责任编辑	张　华		
电　　话	0532-85902342		
印　　制	北京虎彩文化传播有限公司		
版　　次	2020 年 9 月第 1 版		
印　　次	2020 年 9 月第 1 次印刷		
成品尺寸	210 mm×285 mm		
印　　张	16.25		
印　　数	1~1000		
字　　数	446 千		
定　　价	68.00 元		

青岛市学术年会论文集(2019)

编 委 会

前　言

由青岛市科学技术协会主办的以"创新驱动 科技引领"为主题的青岛市 2019 年学术年会深入贯彻落实习近平新时代中国特色社会主义思想,紧扣科协组织"四个服务"职责定位,围绕实施新旧动能转换重大工程和我市发起的"十五大攻势",通过开展学术交流、实施会企协作、组织建言献策等活动,汇聚科技人才智慧,服务创新驱动发展,为我市加快建设开放、现代、活力、时尚的国际大都市,努力抢占新一轮发展竞争的制高点做出贡献。本届年会设主会场 1 个,分会场 15 个。我们力求把年会打造成高层次、高质量的科技盛会,目标精准、成果精品的创新平台,需求实、效果实的服务品牌。

围绕年会主题,我们组织专家从交流论文中遴选出 63 篇文章,内容涉及坚持高质量发展,加强思想政治引领,促进新旧动能转换;发挥海洋特色优势,助力"经略海洋",建设海洋产业名城;助力乡村振兴战略,推动农村农业农民全面发展;以改革创新精神,全面推进健康青岛建设;推进时尚美丽青岛建设,建设宜业宜居宜游城市等,出版《青岛市学术年会论文集(2019)》,供与会代表和广大科技工作者研讨交流。

本书编写过程中,得到青岛科技编辑学会等市级学会、基层科协和有关单位的大力协助,在此,对大家所付出的辛勤劳动表示衷心感谢!

编者

2019 年 9 月

目　次

坚持高质量发展，加强思想政治引领，促进新旧动能转换

发挥海洋特色优势，助力"经略海洋"，建设海洋产业名城

助力乡村振兴战略,推动农村农业农民全面发展

以改革创新精神,全面推进健康青岛建设

推进时尚美丽青岛建设，建设宜业宜居宜游城市

坚持高质量发展，加强思想政治引领，促进新旧动能转换

发起经济发展攻势，实现高质量发展

毕监武

（青岛市社会科学院，青岛，266071）

摘要：本文从国家责任担当的高度分析了青岛市作为中心城市的作用，从提高标准、找差距出发梳理了青岛发展过程中的痛点、堵点，提出了立体地、综合地、全方位地搞活一座城，为高质量发展提供强大内生动力的发展路径和工作举措。

关键词：高质量发展；国际大都市；市场化

推动高质量发展是青岛建设现代化国际大都市的根本要求。当前，我们要通过学习深圳等先进城市市场经济的理念和敢为人先的精神，推动发起"十五大攻势"，大胆探索新历史方位下建设开放、现代、活力、时尚国际大都市的路径，打造长江以北地区国家纵深开放的新的重要战略支点。

1 青岛高质量发展承担的国家责任

深入学习贯彻党的十九大精神，确保习近平新时代中国特色社会主义思想在青岛落地生根、开花结果，必须按照青岛市委市政府的部署，统筹推进"五位一体"总体布局，协调推进"四个全面"战略布局，坚定不移地贯彻新发展理念，强化责任担当。必须坚持以经济发展为中心，在率先建设现代化经济体系中实现城市发展的新跨越。

1.1 协同推进战略互信、经贸合作、人文交流，努力形成深度融合的互利合作格局，这是在国家层面的重要担当，二者可以密切结合

青岛市是我国重要的开放的名片，其独特优势在于既有历史文化传统的厚重，又有外来先进文化的交流融汇，集科技教育、制造产业、远洋运输和商贸经济为一体，这是其能在全国发展经贸合作的同时也能加强文化交流的独具优势。

1.2 良好的产业基础，是青岛的经济条件

国家提出支持沿海地区全面参与全球经济合作和竞争，培育有全球影响力的先进制造基地和经济区。支持企业扩大对外投资，推动装备、技术、标准、服务走出去，深度融入全球产业链、价值链、物流链，建设一批大宗商品境外生产基地，培育一批跨国企业。积极搭建国际产能和装备制造合作金融服务平台。青岛努力实现双向投资，在"走出去，走上去"中发挥了积极作用。

1.3 完善法治化、国际化、便利化的营商环境

国家层面要求，健全有利于合作共赢并同国际贸易投资规则相适应的体制机制，扩大金融业双向开放；有序实现人民币资本项目可兑换；转变外汇管理和使用方式，从正面清单转变为负面清单；放宽境外投资汇兑限制，放宽跨国公司资金境外运作限制；推进资本市场双向开放，改进并逐步取消境内外投资额度限制；推动同更多国家签署高标准双边投资协定、司法协助协定，争取同更多国家互免或简化签证手续。青岛一直在探索并取得了一些经验。

1.4 积极参与全球经济治理

积极参与网络、深海、极地、空天等新领域国际规则制定。推动多边贸易谈判进程，促进多边贸易体制均衡、共赢、包容发展，形成公正、合理、透明的国际经贸规则体系。积极参与应对全球气候变化谈判，落实减排承诺。同时，在完善对外援助方式，为发展中国家提供更多人力资源、发展规划、经济政策等方面的免费咨询培训，扩大科技教育、医疗卫生、防灾减灾、环境治理、野生动植物保护、减贫

等领域的对外合作和援助方面,青岛市能发挥更大作用。

2 制约青岛高质量发展的主要因素

改革开放以来,深圳市始终坚持发挥市场在资源配置中的决定性作用,着力重塑政府和市场关系,形成稳定、公平、透明、可预期的发展环境。与国内外先进城市相比,青岛的发展质量和效率还有一定差距,这种差距要求青岛必须提升经济增长的质量与效率,做大高质量发展的"分子",控住粗放发展的"分母",并通过深化改革开放,推动经济整体提质增效。

2.1 经济增长质量和效率不高

与国际一流城市相比,青岛在经济增长的质量和效率方面存在的差距更大。从综合经济实力看,青岛 GDP 总量与纽约、东京的差距仍然很大,作为国际化大都市的资源集聚效应仍有待增强。从2018 年青岛统计年鉴提供的数据看,青岛经济增长过多依赖人口、土地要素投入和环境容量超负荷承载,过多依赖重化工业、房地产业和固定资产投资,金融、专业服务、先进制造等高端产业的规模、质量较国际一流城市尚有不小的差距。对城市性质、发展条件、资源集聚与扩散等诸多方面还缺乏深入的比较研究,导致青岛的经济地位不断下降。据国家统计局公布的数据分析,青岛再次进入前十位城市希望渺茫。

2.2 新经济时代新引擎动力不强

从高新技术制造业占工业增加值比重来看,青岛落后于深圳、苏州和杭州等新兴工业大市。深圳高新技术制造业表现最为突出,独步全国,其占规模以上工业增加值比重达到 66.2%,甚至超过了主流发达国家中心城市的水平。青岛高新技术制造业相对弱势。

2.3 创新驱动经济发展能力弱

2017 年全球创新指数报告(GII)显示,中国的创新指数排名从 2016 年的第 25 位上升至第 22位,仍是进入第一集团(前 25 名)中唯一的中等收入国家。近年来,杭州大力发展新经济,以阿里巴巴、蚂蚁金服等为代表的新实体经济、战略新兴产业应运而生,对城市发展的带动效应十分明显。在这些方面,青岛远远落后于深圳、北京、上海和杭州。

2.4 对外开放层次还有待于提高

外资始终是青岛经济重要的增长动力。过去40 年,作为改革开放的前沿,从对外开放的各项指标,如外贸进出口、利用外资、服务贸易、服务外包、国际游客、引进世界 500 强等方面综合衡量,青岛对外开放水平和城市开放度处于全国前列,但从质量和结构角度看,青岛仍具有"低水平、窄领域、单向度"的发展特征。总体上看,青岛还处于城市国际化的初级阶段。而过去五年,青岛市外贸依存度逐年降低,出口增幅大幅度降低,甚至为负值;整个"十二五"时期,完成最差的一个经济指标是外贸进出口总额,与此相联系,外贸依存度降为 32.35%。外贸依存度持续走低,出口增速缓慢,"十三五"中期评估也发现很多不确定因素,这是今后面临的最关键的经济问题,必须引起高度重视。

2.5 产业结构不够优化

青岛在转型升级上起步慢、动作慢、见效慢,与南方先进城市形成了鲜明对比。比如,深圳已经形成了以金融、物流、文化和高新技术为主要支柱产业的发展格局,但我市仍然以家电、石化、服装、食品、机械装备等传统产业为主,制造业中传统制造业产值占比超过 70%。我市服务业中交通运输仓储和邮政、批发零售、住宿餐饮三大传统服务业占比高达 42.3%,超过深圳 12 个百分点,而金融业比重低于深圳 12.7 个百分点。我市战略性新兴产业增加值仅占 GDP 的 10%,而深圳、杭州分别达到40.9%、30.6%。

2.6 营商环境有待改善,民营经济企业发展仍然面临较多隐性障碍

青岛改革开放创新的步伐没有深圳、成都、武汉、杭州等国内先进城市大,主动为企业服务意识不强。一些部门为支持、扶持和促进企业发展出台的各项政策、办法等,更多的还是出于管理和监管上的方便,未能设身处地从企业角度考虑和思考问题。

企业发展仍面临较多隐性障碍。利益固化的问题。有的抱着自己部门的"小利"不放,甚至在一些具体问题上讨价还价,影响全市改革发展大局。

比如，我市商事制度改革开展得早，但有的环节仍需改进完善：有些区市工商登记注册排队时间长，有的虽然安排了网上预审环节却不进行实质性预审，企业现场递交书面材料时往往不符合要求，导致企业多跑路。再比如，现在施工图审查还要把纸质图送到建委、人防、消防等部门分别审查，但中介机构审查环节长、速度慢，办理效率低，拖了建设项目审批提速的后腿。而一些地方由规划国土部门牵头，将现有的施工图建筑审查、消防审查、人防审查等集中交由综合审查机构统一开展专业技术审查，各部门对结果互认，联审之外再无审查，办理效率大幅度提升。

3　青岛市发起经济攻势，建设高质量发展高地的具体对策建议

发挥青岛优势，坚持"凡是深圳能做到的，青岛都要做到"的要求，要明确发展路径和工作举措，立体地、综合地、全方位地搞活一座城，为高质量发展提供强大内生动力。

3.1　树立信心，明确赶超目标

应围绕为贯彻习近平总书记对青岛"办好一次会，搞活一座城"的批示指示精神，扎实开展高效青岛建设攻势，立足当前发展基础和优势，通过"学深圳、赶深圳"，努力把青岛建设成为开放、现代、活力、时尚的国际大都市，实现从1.0版到2.0版的升级，促进营商环境优化，切实提高便利化水平和办事效率，构建以政府引导的良好环境为基础，以企业主体的高度市场化为根本，以完善的创新生态链为支撑的创新生态体系。

3.2　突出创新引领，强化产业与科技双轮驱动

聚焦创新引领，重视项目的科技含量，紧跟时代发展潮流，了解科技发展趋势，瞄准具有国内外一流科技水平的项目，加大引进和培育力度，塑造更多依靠创新驱动、更多发挥先发优势的引领型发展。抓住建设新旧动能转换综合试验区的有利契机，聚焦以"四新"促"四化"，以突破共性关键技术为牵引，培育一批领军企业、"瞪羚"企业、"独角兽"企业，实现经济发展质量变革、效率变革、动力变革。要在经略海洋上求突破，发挥海洋国家实验室、国家深海基地等一批"国"字号重大科技创新平台优势，围绕国家重大需求导向、问题导向，加快推进"产学研用大一体化"，健全科技成果转化市场机制，让科技成果加快转化为现实生产力，提升国家创新平台的引领和辐射能力，促进海洋与新技术、新产业、新模式的深度融合。

要学习和借鉴上海从人才高地向人才高峰建设迈进的经验与做法，在制度建设与功能完善上谋新求变，不断提升领军企业及高端人才比重，为创新经济营造最佳的生态环境。一是重点吸引国外人才来青岛创新创业，二是采取海外养兵、"深海养归"的模式，国外培养，回国创业。组织实施产业领军人才集聚工程，做好创业领军团队、创新领军团队、创新创业服务领军人才、杰出产业人才遴选工作，加快集聚更多高端产业人才。

3.3　提升开放经济新境界，树立开放型经济新标杆

提升参与全球竞争和配置国际资源的能力。在学习深圳的同时，把新加坡作为标杆，实现城市发展中的"弯道超车"。要充分认识出口拉动增长的不可替代作用，着力在扩大进出口发展动力上寻求新突破。以提高出口能力作为创新的着力点，以扩大出口作为稳增长的主要动力，以开放发展引领经济升级，为积极融入世界经济，取得更多话语权，发挥先锋作用，实现沿海地区转方式、调结构的责任担当。紧盯世界500强企业及能够给青岛带来更多财政收入的企业总部、销售中心、结算中心，加快引进一批规模大、实力强的大企业、大集团，带动上下游产业链项目的聚集。

3.4　实施乡村振兴战略，构建城乡协调发展体制机制

要在实施乡村振兴战略上求突破，深入推进农业供给侧结构性改革，促进农村一、二、三产业融合发展，加快实施农业产能提升、质量兴农、农业"双百千"等重大工程，为乡村振兴提供青岛经验。加快农业农村要素集聚、资源集聚、产业集聚，开启青岛现代农业加速器；培育和发展新型农业经营主体，吸引各类人才到农村创新创业，推动农业农村快速发展。

要建立现代农业产业体系、生产体系和经营体系,加快土地流转,开展农业适度规模经营,提高青岛农业发展规模化、集约化和组织化水平,逐步改变小规模、分散经营的发展弊端,合理调整农业产业结构,以农产品加工业和农村"双创"为重点,加快发展特色产业、休闲农业、乡村旅游、农村电商等新业态,加快农业转型升级。

3.5 实现产城融合,完善全区域产业布局

争取建立环黄海、渤海超大湾区。积极融入国家发展大局,持续深化沿黄海和环渤海区域合作,对接京津冀协同发展,加强与长三角地区的联动发展,以青岛为中心,不断提升半岛城市群融合度和竞争力,形成胶东半岛城市群。

加快推进国际消费中心城市、国际航运中心、国际会议会展中心、全球影视文化中心和国际海洋名城建设,把青岛建设得更加富有活力、更加时尚美丽、更加独具魅力,打造面向全球的现代化国际大都市。

3.6 促进五位一体,实现在增强改革的协同力上的新突破

要立足市情民意,推动工作求实效。加强制度创新,完善体制机制,推进政府机构改革、审批制度改革、财政预算改革等,以此促进体制机制改革,并推进全方位改革。特别是推动"一次办好"清单事项落地见效,让企业和群众少跑腿、好办事、不添堵,更好地践行以人民为中心的发展思想,与企业生产经营、居民日常生活密切的700多项已申请的公共服务事项要率先全部实现"最多跑一次"和"零跑腿"。

作者简介:毕监武,青岛市社会科学院经济研究所,所长、研究员

通信地址:青岛市市南区山东路12号甲,帝威国际大厦605室

联系方式:bjw8608@sina.com

以创新驱动为核心，推动青岛经济高质量发展

李　琨

（中共青岛西海岸新区工委党校，青岛，266400）

摘要：当前，我国经济已由高速增长转向高质量发展，进入了新时代。作为国家沿海重要的中心城市，推动高质量发展是青岛义不容辞的责任。而实施创新驱动发展战略是青岛市适应经济发展新常态、转变经济增长方式、促进青岛经济高质量发展的必由之路。青岛经济要实现高质量发展，必须以创新发展理念为指导，以创新驱动为核心，完善以创新为引领的现代产业体系，大力发展高新技术产业和战略性新兴产业，积极发展海洋经济，大力扶持创新型市场主体，完善有利于创新的制度环境和社会环境。

关键词：青岛；创新；创新驱动；高质量发展

1 推动经济高质量发展必须以创新驱动为核心

1.1 经济高质量发展必须以创新发展理念为引领

高质量发展是创新成为第一动力、协调成为内生特点、绿色成为普遍形态、开放成为必由之路、共享成为根本目的的发展。创新、协调、绿色、开放、共享的新发展理念是高质量发展的思想指引。新发展理念是思想、是理论，高质量发展是行动、是结果。而创新居于五大发展理念之首，是新发展理念的灵魂。创新发展是高质量发展的唯一出路。创新创业活跃度是经济发展的风向标，为城市发展带来可持续动能。因此，必须以新发展理念特别是创新发展理念引领经济高质量发展。

1.2 以创新驱动为核心是推动经济高质量发展的必由之路

创新是引领高质量发展的重要动力源。习总书记说，"创新发展、新旧动能转换，是我们能否过坎的关键。要坚持把发展基点放在创新上，大力培育创新优势企业，塑造更多依靠创新驱动、更多发挥先发优势的引领型发展"。

创新驱动是高质量发展的核心。创新驱动实质上是一种经济发展方式，是经济增长动力由资源、投资等要素向知识、创新、人力资本等高级要素转换的过程，是不断提高发展质量的过程。在这个过程中，通过创新可以放大生产力各要素的作用，提高资源利用效率，从而提高经济发展的整体效益；通过创新可以建立起以新技术、新产品、新业态、新服务等为核心内容的新优势，提高核心竞争力；通过创新可以解决资源环境与发展的突出矛盾，培育新的经济增长点，实现产业升级、实现经济由外延式增长向内涵式增长转变。因此，实现高质量发展的关键是创新驱动，必须向改革创新要动力，从依赖要素投入扩大、不可持续的旧动能，转变为主要依靠提高全要素生产率、可持续的新动力。

2 青岛以创新驱动为核心推动经济高质量发展的现实基础

近年来，青岛深入实施供给侧结构性改革，加快新旧动能转换，大力发展新兴产业，深入实施创新驱动发展战略，集聚创新资源，促进科技成果产业化，为全市经济高质量发展筑牢了强大支撑。

2.1 新旧动能转换重大工程推进有力

打造优先发展的"956"现代产业体系和重点产业集群。建立新旧动能项目库，储备项目970个，总投资约1.6万亿元，2018年新开工项目359个，竣工项目141个，完成投资1331亿元。设立55支新旧动能转换基金，推进970个项目建设，完成投资1800亿元。围绕新一代信息技术、高端装备、新

能源、医养健康等领域,成立首批总规模 220 亿元的 4 支母基金。推进"双百千"行动和"一业一策"计划,本地营业收入过千亿元行业 6 个、过百亿元行业 43 个,过千亿元企业 1 家、过百亿元企业 28 家。与上年相比生物医药、节能环保、商务服务等产业增加值均增长 10% 以上,大数据、云计算产业营业收入增长 20% 以上,高技术产业和战略性新兴产业增加值分别增长 11.6% 和 7.4%。

2.2 涉海产业发展壮大,海洋经济不断优化

落实海洋强国战略,大力发展海洋经济。2018 年,海洋生产总值 3327 亿元,较去年增长 15.6%,占全市生产总值 27.7%。海洋化工、海洋工程建筑业增加值均增长 20% 以上。港口新增集装箱航线 13 条,货物和集装箱吞吐量分别达到 5.4 亿吨、1931.5 万标箱。青岛海洋科技创新综合能力在全国首屈一指,聚集了全国近 30% 的涉海院士、近 1/3 的部级以上涉海高端研发平台,拥有青岛海洋试点国家实验室、中科院海洋大科学研究中心等创新平台和"蛟龙号"等国之重器,海洋生产总值占全市生产总值的比重超过 1/4。

实施国际海洋名城建设"1045"行动,加快建设国际海洋名城。围绕海洋船舶与设备制造、海洋生物医药等重点产业发展,建立总投资 2520 亿元的重点项目库,入库项目 124 个,92 个重点项目已开工建设。加大海洋新兴产业项目招商力度,围绕 37 个海洋新兴产业项目实施精准招商,已签约 14 个,签署框架协议及合作协议 9 个。

2.3 创新平台量质齐升,自主创新能力不断增强

市场主体数量不断攀升,截至 2018 年 11 月底,全市实有市场主体 134.88 万户,同比增长 15.73%,总量保持全省第一;平均每天新设市场主体 763 户,城市创业密度达到 1431 户,居全国同类城市第三。

重视企业在科技创新中的主体地位,实施科技型企业培育"百千万"工程。全市高新技术企业超过 2700 家,占全省的 30%;国家科技型中小企业 1812 家,占全省的 25%。高技术产业增加值增长 7% 左右。全面落实减税降费政策,2018 年为企业新增减负 147 亿元。

集聚建设国家重点实验室 9 家,省级以上企业技术中心 193 家,工程(技术)研究中心 166 家。海洋科学与技术试点国家实验室深海观测技术实现突破。中科院海洋大科学研究中心、国家高速列车技术创新中心正加快建设。

在科技产出方面,截至 2018 年 9 月底,全市有效发明专利拥有量和每万人发明专利拥有量分别为 25508 件、27.71 件;2018 年全市有效发明专利拥有量增长 20.2%,有效注册商标增长 31.9%;国家级孵化载体达 138 家,居副省级城市首位;技术交易额增长 23%;14 个项目获国家科学技术奖。

2.4 筑牢高质量发展的人才保障

人才是创新的第一资源。青岛有 25 所大学,还有众多的职业技术学院,全日制专科以上在校生 39.8 万人,有充足的高素质人才供给能力。2018 年,3 个高层次人才团队立项实施,将在半导体激光器芯片、藻酸盐材料、功能脂质等领域开展关键技术攻关;12 人入选科技部创新人才推进计划,占全省总入选人数的 39%;20 人入选省泰山产业领军人才,同比增长 82%;引进培育青岛市创业创新领军人才 34 人,总数达 209 人。去年新增人才 21.9 万人,其中,新增聘任院士 4 人,驻青院士达到 33 人,新增国家级、省级、市级各类人才工程人选 453 人,人才总量达到 193 万人。

3 以创新驱动为核心,推动青岛经济高质量发展的几点建议

推动高质量发展,必须以创新驱动为核心,增强以创新破解矛盾、解决问题的意识,加大科技投入,加快科技成果转化,不断提高科技进步贡献率;培育创新型企业,聚集创新型人才;激发全社会的创新创造活力,着力推进以科技创新为核心的全面创新。

3.1 完善以创新为引领的现代产业体系

青岛要以蓝色、高端、新兴为导向,完善创新产业链,大力推进科技创新、商业模式创新、管理创新,构建更有竞争力的现代产业体系。

大力发展高新技术产业和战略性新兴产业。

瞄准新一代信息技术、新能源汽车、高端智能家电、轨道交通装备、船舶海工装备、生物医药、新材料等领域，规模化、集群化发展。要加快中电科电子信息装备产业园、中科曙光全球研发总部基地、浪潮大数据产业园、青岛（芯园）半导体产业基地、青岛芯谷等园区建设。加快新能源汽车产能扩大及配套项目、国家高速列车技术创新中心等项目建设。推进石墨烯、碳纤维等新材料开发应用。实施大数据发展行动，加强新一代人工智能研发应用。西海岸新区要突出发展高端装备制造、电子信息、新材料、节能环保等产业。红岛经济区要重点发展软件与信息、科技服务、生物医药等战略性新兴产业。

积极发展海洋新兴产业，做强海洋经济。在海工装备、海洋生物医药、海洋仪器仪表、海洋新材料、海水淡化、海洋新能源等海洋领域，着力突破深海探测、载人潜器、深海空间站、海洋创新药物、天然气水合物开采等一批前沿交叉技术和共性关键技术。大力发展海洋制造业；加快推进100个海洋重点项目建设，加快建设海洋牧场、渔港经济区，挖掘远海潜力，推动海洋渔业提质增效；统筹布局海水淡化项目；推动滨海旅游、海洋交通运输业以及其他涉海服务业发展；加大海洋生态环境保护力度，建设绿色可持续发展的海洋生态环境。"蓝色硅谷"要全力打造国际一流的海洋科技研发中心、成果孵化中心、人才集聚中心和海洋新兴产业培育基地。

3.2 大力扶持创新型市场主体

自主创新是推动高质量发展、动能转换的迫切要求和重要支撑，而自主创新的主体在企业、在高校和科研院所、在人才，必须创造条件、营造氛围，调动各方面创新积极性，让每一个有创新梦想的人都能专注创新，让每一份创新活力都能充分进发。

企业是技术创新、研发投入和创新成果应用的主体。要强化企业创新主体地位，完善以企业为主体、市场为导向、产学研相结合的技术创新体系。鼓励企业加大研发投入，大力开发具有自主知识产权的关键技术，开展基础性、关键性、前沿性创新研究。支持企业广泛开展自主创新和产学研合作，鼓励企业与大学、科研院所共同组建跨学科、综合交

叉的科研团队，支持企业建设创新中心、工程技术研究中心和重点实验室。实施科技型企业培育"百千万"工程，大力培育创新型领军企业，壮大科技型中小微企业队伍。优化民营经济创新发展环境，着力解决制约民营经济发展的问题和困难，支持其做大做强并参与国际竞争。发挥科技型中小企业的作用，通过基金支持、贷款贴息、税收优惠等措施，支持他们的技术创新活动。坚决落实减税降费政策，严厉查处乱收费，进一步降低企业各项经营成本。加大对企业研发投入的税收激励，加大对高新技术企业的金融支持。加强知识产权保护和运用。

发挥各类科技平台的创新集聚作用，建设好重大科技创新平台，推进中科院海洋大科学研究中心、中科院洁净能源创新研究院等加快建设，支持海洋科学与技术试点国家实验室跨越式发展。积极推动国际院士港等科技创新资源集聚平台更好地发挥作用。支持建设一批产业链协同融合、开放共享的公共研发服务平台。推进国家双创示范基地、国家级孵化器等双创平台建设，更好地发挥驻青大学、科研机构对企业创新和产业升级的推动作用。

发挥人才在技术创新中的支撑作用。突出产业需求，突出"高精尖缺"，持续推进百万人才集聚行动，打造人才高地。完善市场化的人才资源配置机制。继续引进培育一批产业领军人才和高层次、高技能人才。办好"海外院士青岛行""百所高校千名博士青岛行"等活动。帮助大学生在青就业创业。落实好大学毕业生先落户后就业、人才安家补贴等人才政策。强化科技成果转化激励，赋予科研人员更大的人财物自主支配权，激发人才创新活力。持续增加各级各类教育培训和人力资本投入，加快培育实用性、创新型人才。

3.3 完善有利于创新的制度环境和社会环境

深化体制机制创新，优化城市营商环境，吸引更多科技服务资源到青岛投资或进行业务延伸。进一步消除各种体制机制障碍，打破行业和市场垄断，营造各类企业公平竞争的环境。促进市场"无形之手"和政府"有形之手"紧密结合，减少政府对资源的直接配置，放宽市场准入，激发市场活力，凡

是市场能自主调节的就让市场来调节,凡是企业能干的就让企业干,强化事中事后监管。继续减少审批项目,缩短审批时间,提高审批效率,降低企业的制度性交易成本。完善市场产品、服务的质量标准体系建设,健全产品服务质量监管制度、社会诚信体系、资源环境保护管理制度等。

构建有利于科技与经济有机结合的政策和制度体系,支持创新的金融、知识产权、中介等服务体系,保障创新的财税、招商、产业、土地、人才等政策,充分调动各种资源和各方积极性,加大创新投入,努力补齐创新短板。完善以需求为导向的创新成果转移转化机制,加大科技成果转化与技术转移支持力度,加快技术市场体系、研发平台建设,推动国内外创新资源向重点区域、重点产业、重点项目、重点企业集聚,促进创新资源高效配置和综合集成。优化融资环境,围绕创新链配置好财政科技资源,创造性地运用各类政策工具,引导社会资源向科技创新集聚,构建由财政资金、金融资本、社会资本共同构成的科技创新投融资体系。完善科技创新激励机制,放宽对科研经费支出权限的管制,全面下放创新成果处置权、使用权和收益分配权,支持科研人员有序流动。

培育和保护企业家创新精神和精益求精的工匠精神,尊重知识、尊重人才。尊重群众首创精神,培育创新文化,营造鼓励创新、容忍失败的氛围。

总之,创新是引领高质量发展的重要动力源,青岛要依靠创新驱动把握先机、赢得主动,创建创新型经济集聚区,实现更有质量、更有竞争力的发展,绘就城市未来发展的美好蓝图。

作者简介:李琨,中共青岛西海岸新区工委党校,讲师
通信地址:青岛市黄岛区海湾路 1368 号
联系方式:18253265013@163.com

新时代思想政治工作要注入新内容

李来忠

（青岛西海岸新区市场监督管理局，青岛，266555）

摘要：习近平总书记在党的十九大报告中指出，要加强和改进思想政治工作。我们要认真学习领会，切实贯彻落实。要充分认识到，中国特色社会主义进入了新时代，思想政治工作也进入了新时代。新时代要有新气象，更要有新作为，思想政治工作也必须适应新形势、新任务、新内容，拿出新思路、新举措，展现新气象、新作为。习近平总书记还指出，"思想政治工作从根本上说是做人的工作，思想政治工作本质上是一个释疑解惑的过程"。这些科学论断使我们在实践中不断学习、完善、创新、发展。

关键词：新时代；思想政治工作；新内容

习近平总书记在党的十九大报告中指出，要加强和改进思想政治工作。我们要认真学习领会，切实贯彻落实。要充分认识到，中国特色社会主义进入了新时代，思想政治工作也进入了新时代。新时代要有新气象，更要有新作为，思想政治工作也必须适应新形势、新任务、新内容，拿出新思路、新举措，展现新气象、新作为。习近平总书记还指出，"思想政治工作从根本上说是做人的工作，思想政治工作本质上是一个释疑解惑的过程"。这些科学论断使我们在实践中不断学习、完善、创新、发展。

在任何一个单位工作，思想政治工作都是不可或缺的重要思想武器，思想政治工作是内外功夫的聚合体，能否搞得好、搞得活、吸引力强，除了是否有丰富的内容外，很大程度上还在于方式方法是否创新。新时代思想政治工作要适应新形势、注入新内容，必须坚持以习近平新时代中国特色社会主义思想为指导，坚持"不忘初心、牢记使命"主题教育，坚持解放思想、实事求是、与时俱进的思想作风，坚持贴近实际、贴近生活、贴近群众的工作方法。只有与群众的所思、所盼结合，与群众的思想脉搏同频共振，才能由虚化实。因此，我们要在增强思想政治工作的主动性、适应性、实效性上下功夫，思想政治工作不是万能的，离开了思想政治工作是万万不能的。

1 找准结合点，增强思想政治工作的主动性

党的理论创新每前进一步，党的理论武装就跟进一步，思想政治工作是我们党的优良传统和政治优势。早在1929年12月召开的古田会议上毛泽东同志就指出，"掌握思想教育，是团结全党进行伟大政治斗争的中心环节，如果这个任务不解决，党的一切政治任务是不能完成的"。新中国成立后，他又指出，"政治工作是一切经济工作的生命线"。在改革开放新时期，邓小平同志强调："在工作重心转到经济建设后，全党要研究如何适应新的条件，加强党的思想工作，防止埋头经济工作、忽视思想工作的倾向。"江泽民同志高度重视思想政治工作，反复告诫全党搞好精神文明建设、抓好思想政治工作，是我们办好一切事情的保障，绝不能"一手硬、一手软"。胡锦涛同志也多次提出："大力加强思想政治工作，既帮助群众解决生产生活中的实际问题，又教育引导群众正确认识改革发展的形势、正确认识和对待个人利益和长远利益的关系，共同维护安定团结的大局。"习近平在全国高校思想政治工作会议讲话中指出："思想政治工作从根本上说是做人的工作。领导干部不仅要有担当的宽肩膀，还得有成事的真本领。"经验和教训不止一次地告诉我们，思想政治工作活跃、有力，各项事业就顺利发展；思想政治工作削弱、淡化，我们的事业和各项

工作就会出现许多干扰和麻烦。

党的十九大报告提出了实施乡村振兴战略。要坚持农业、农村优先发展,按照产业兴旺、生态宜居、乡风文明、治理有效、生活富裕的总要求,建立、健全城乡融合发展体制机制和政策体系,加快推进农业农村现代化。但在执行过程中,由于基层政府解疑释惑的工作不到位,出现了农民对乡村振兴建设认识片面、行动盲目等问题。有人认为改变农村"脏、乱、差"现象是建设新农村的主要"标志",于是刷墙壁、大扫除、写标语、办橱窗、整街道、栽花草,好不热闹!而老百姓真正关心的"钱袋子""建厂子"等问题却得不到解决,严重损害了群众的积极性和建设热情。因此,要把"以人为本"作为思想政治工作的根本立足点,努力掌握群众所思所想、所盼所虑,把群众的情绪作为"第一信号",把群众的呼声作为"第一选择",把群众的要求作为"第一考虑"。党政部门以及工会、共青团、妇联、民兵等群团组织要经常深入基层调查、座谈,掌握第一手信息;要经常召开思想政治工作联席会议,研究商讨思想政治工作新体制、新内容、新手段;要充分发挥社会科学、新闻出版、文化艺术工作者和教育工作者的重要作用,多头并进,齐抓共管,增强做好新形势下思想政治工作的主动性。

2　广设支撑点,增强思想政治工作的适应性

进入新时代,要有新思想,踏上新征程。与飞速发展的形势相比,我们的思想政治工作还有许多不适应的地方。比如,覆盖不到位、支撑点不多的问题还没有完全解决;内容空洞、形式呆板、缺少载体的现象还在一些地方不同程度地存在;重投入轻产出、重部署轻检查的现象仍比较突出。这些问题产生的根源在于没有跳出老一套的框框和做法,缺乏解决新问题的新办法。我们决不能停留在老办法不灵、新办法不明的无所作为的状态上,必须解放思想、与时俱进、开动脑筋、注重实践,努力开阔视野、扩展载体,广设支撑点。只有这样,思想政治工作才能始终保持旺盛的生机与活力。

要努力开阔视野,寻找新的支撑点。只有新的知识、新的思想,才能吸引人、征服人;只有掌握最

新知识和最先进思想的人才能视野开阔。视野不宽,反应迟钝,行动就迟缓,就不能掌握工作的主动权。比如,当前因特网风靡、信息流兴盛,已改变了人们的生活,同时也使宣传地域全球化、宣传形式综合化、宣传功能多样化、宣传效果经济化,这无疑给宣传思想工作带来了难得的机遇。目前,电视网络、出版物市场相当活跃,形形色色的思想文化讯息无孔不入,一些崭新的意识形态和生活方式正悄悄地改变着人们,特别是年青一代的思想。为此,中央总结并出版发行了习近平总书记《全国高校思想政治工作十谈》,为思想政治工作注入了新鲜的血液。我们要抓住时机,认真学习新知识、研究新情况、拿出新对策、创造新方法,以现代传媒为支撑点,有针对性地开展思想教育和网上宣传。

要设法扩展载体,多设支撑点。"道德规范进万家,诚实守信万人行"活动开展几年来,传统美德得到了颂扬,公民道德水平和诚信意识有了显著增强,市民素质有了较大提高,但距构建新时代中国特色社会主义思想的要求还有相当差距。我们要千方百计扩展思想政治工作载体,充分发挥中国特色社会主义先进文化的教育引导功能,进一步激活社区文化、村镇文化、企业文化、校园文化。以先进文化引领经济建设和文明创建,增强人们的精神力量,丰富人们的精神世界,努力营造文化创业、文化创造、文化发展、文化相处、以文化人、以文育人的社会氛围。

3　瞄准着力点,增强思想政治工作的实效性

新时代的思想政治工作,要有新办法、体现新思想,必须彻底摈弃居高临下、坐而论道、脱离实际、空洞说教的方式,瞄准着力点,坚持情理并重的原则,尊重人、理解人、关心人,动之以情,晓之以理,导之以行。

"感人心者,莫先乎情。"对群众有真情,才会视人民群众为父母,对工作有热情,才会视做好思想政治工作为生命。有了这种感情和热情,才会放下架子、扑下身子、撸起袖子、做出样子,认认真真地调查研究,认认真真地把握群众的脉搏,或点拨渗透,或循循善诱,或微言大义,或直陈利害,收到将

真理化为春雨、"润物细无声"的效果。特别是对于各级干部和执法执纪人员来说,融情于理尤为重要。比如,如果群众有事找到我们、有话对我们讲,我们一定要满腔热情。对群众的合理要求,要采取措施,尽快解决,对要求合理但暂时难以解决的问题,要努力做好解释工作,取得谅解,要求不合理的也不能简单批评了事,而应做好耐心细致的说服教育工作。即使有些事与自己直接从事或分管的工作联系不太紧,也要设身处地,换位思考,决不能少了一份对待群众的热情。一定充分发挥我们党的政治优势和组织优势,向群众说清楚我们的政策,向群众说清我们的道理,诚心诚意为群众排忧解难。尤其是各级领导干部,要牢固树立正确的世界观、人生观、价值观,以习近平新时代中国特色社会主义思想为指导,带头弘扬正气,狠刹社会不良风气,始终保持共产党员的先锋模范作用,以自己的

实际行动和良好形象影响带动群众。这样,思想政治工作才更富有人情味和感召力,才能收到实实在在的效果。

我们在实际工作中,应沿用好办法、改进老办法、探索新办法,以坚持习近平新时代中国特色社会主义思想为指导,走进新时代、瞄准新目标、开启新征程、实现新作为,以人为本、有的放矢地做好思想政治工作,用心用力用真情,做实做精做到位。

作者简介:李来忠,青岛西海岸新区市场监督管理局(原工商局),工会主席,国务院高级政工师,副处调研员4级
通信地址:青岛市黄岛区黄浦江路官厅科技市场5号楼东单元202室
联系方式:hdllzh@163.com

借鉴国际先进经验，全面推进青岛市创新平台建设

吴　净

（青岛市社会科学院，青岛，266071）

摘要：创新是引领城市发展的第一动力，也是提升城市综合竞争力的关键支撑。创新平台作为支撑创新活动的重要载体和核心力量，是城市创新发展水平的集中体现。青岛市全面推进创新平台建设，应借鉴国际先进经验，积极整合全市创新资源，构建创新平台布局体系；推动专业化众创空间建设，完善全生命周期孵化机制；加快体制机制创新，探索创新平台运作模式；强化协同创新，打造创新平台一体化服务体系；对接"一带一路"，拓展创新平台合作新空间。

关键词：创新平台；国际经验；青岛市

创新平台是为一切创新活动提供重要技术支撑和服务的系统，它是集聚创新资源、培育创新主体的重要载体和核心力量，为当前加快新旧动能转换、实现高质量发展提供坚强支撑。当前，青岛市正瞄准世界科技前沿，聚焦关键领域、关键环节，发起了科技引领城市建设攻势。由此，从全市层面整合各种创新资源，加强统筹，全面推进创新平台建设，迫在眉睫。从实践来看，国外在这方面已先行一步，创新平台建设经验具有较强的借鉴意义。

1　国际创新平台建设先进经验

1.1　美国

创新平台（Platform for Innovation）概念于1999年在美国竞争力委员会主持的《走向全球：美国创新新形势》研究报告中首次被提出，并被认为是创新过程中不可缺少的关键要素，包括对人才和前沿科技成果的可获得性，有利于创新创业的市场准入和知识产权保护，促进创新成果转化的法规和资本条件等内容。政府在美国创新平台建设中主要起引导作用，通过制定创新政策、法规、计划等，加强对创新资源的顶层引导和协调管理，总体把握科技创新发展方向。政府还设立专项资金，为创新平台提供经费支持。例如，美国国家科学基金会有两个主要账户为创新平台提供技术装备支持，一个

是大型科研设备及设施建设账户，一个是中小型科研设施项目研究账户。同时，基金会还专门制定了《设备监管指南》，将内部自律和社会监督作为考核的重要内容，并将考核机制制度化、规范化。

创新平台在高技术产业领域的应用，美国主要采用以联邦政府、州政府、企业、科研机构和大学为主要成员的联合研究开发生产机制。美国联邦政府积极寻求国家实验室、科研机构、大学等与企业的多方合作，建立基于应用研究的工业合作研究团体，力促科学研究向工业关键技术领域倾斜，还最大限度地推动技术人才在不同创新平台之间自由流动，通过产学研用的深度结合来实现技术向企业转让，推动科技成果转化。

1.2　欧洲

欧洲于2003年正式提出创新平台建设，这也是当时欧盟科研框架计划的重要内容之一。欧盟创新平台建设具有两大特色：一是创新平台一般由大企业牵头，中小企业、金融机构、高校和科研机构、政府等共同参与，通常采用自下而上的形式建立。平台经费一部分来源于政府资助，一部分由参与各方共同投资。二是跨国产业技术研究院作为创新平台的重要组织形式，它为不同国家或地区、不同领域间的科学研究与产业合作提供主要支撑。

从欧洲内部来看，英国、荷兰、德国等是创新平

台建设比较好的国家。作为创新平台的发起者和重要资助者，英国技术战略委员会于 2005 年推出创新平台建设。英国创新平台设有领导小组，小组成员由技术战略委员、研究理事会、知识转让机构以及政府相关部门组成。创新项目主要通过市场投标方式获得，创新平台为项目提供一定的公共资金支持，所研发的新产品和新服务可以享受政府优先采购待遇。荷兰从 2003 年开始建立创新平台，平台主席由荷兰首相担任，组成人员主要是来自政府、产业界和科研界的专家。荷兰创新平台不直接向研发项目提供资金支持，它作为一个咨询机构，主要是针对创新的重点领域和重大战略向政府提供政策建议，间接引导创新项目资金分配。德国创新平台市场化运作模式比较成熟。创新平台一般采取公司化管理模式，具有服务对象社会化、运行机制市场化、绩效考核科学化、官产学研用紧密结合普遍化等突出特点。政府并不直接参与创新平台建设，主要是通过法律政策、资金投入等方式引导平台发展。史太白体系是德国创新平台的典型代表，它有效地促进了德国科学研究与高端制造业的紧密结合，为科学技术顺利转化为现实生产力提供了重要支撑。

1.3　日本、韩国

日本、韩国的创新平台均属于政府主导型，通常以高等院校、科研院所、大企业为主体实行联合开发，强调产学研合作，经费主要来源于政府投入。日本创新平台建设的显著特色是企业自主投入成立企业研发机构，目前大型企业已经成为日本技术创新的主力军，它们投入大量研究经费，建立了比较完善的贯穿基础研究、应用研究、技术开发的创新体系，在关键技术、仪器设备、人才储备等方面占据日本创新平台资源主导地位。日本围绕创新平台建设实施了比较系统的政策扶持，比如《促进大学风险企业发展政策》《产学共同研究政策》《知识产权保护政策》等，鼓励产学研各方积极参与创新平台建设。韩国在 1997 年之前侧重于支持和培养大企业集团，三星、LG、SK、现代等大财团投资设立的企业研究所成为创新平台的主要形式。后来，为了打破行业垄断，加速科技创新，韩国逐步开始对

中小企业开展技术创新扶持。根据产业发展需求，韩国还建立了数十家政府研究机构，重点承担国家课题研究；并在大学建立起一批研究中心，包括地区研究中心、工程研究中心等。大德科技园被称为"韩国硅谷"，是政产学研成功合作的典型代表。

总体来看，国际创新平台建设对青岛市的启示可归纳为：一是政府在平台建设中发挥了非常重要的作用，在顶层设计层面整合和协调管理创新资源，提供一定的经费支持，还通过制定政策、法规等，为平台建设创造良好的制度环境。二是建立了顺畅的"产学研用"或"官产学研用"运作模式，突出了企业在创新平台建设中的主体地位，创新平台良好的市场化运作促进了科技成果的有效转化。三是建立了科学合理的考核评估机制，以此确保创新平台的有效运行，保证国家财政投入的合理性。

2　全面推进青岛市创新平台建设的对策建议

2.1　整合全市创新资源，构建创新平台布局体系

立足青岛市创新资源优势和产业发展需求，充分把握世界科技发展趋势，紧密围绕动能转换、高质量发展总目标，以全行业交互和跨界融合为原则，统筹创新链、产业链、资金链、政策链，推进技术研发和成果产业化，积极构建"建筹创新链"创新平台行业布局体系。"多点支撑空间"创新平台行业布局体系包括：以海洋科学与技术试点国家实验室、国家深海基地、国家高速列车技术创新中心、海尔海信、橡胶谷、红领"酷特智能"等平台为核心的"海洋科技、高速列车、智能家居、橡胶新材料、服装服饰"五大具备全球影响力的全产业链创新平台；以各级重点实验室、科研院所、驻青高校等为支撑的"精准医学、大数据与云计算、仪器仪表、船舶装备、新能源汽车、石墨烯、虚拟现实、机器人"八大具备行业领军地位的全产业链创新平台；以各区(市)创新资源集聚为补充的"集成电路、光电子、网络与通信、新材料、航空航天、生物医药、医疗器械"等多元化全产业链创新平台。构建以胶州湾东岸城区为核心，以西海岸新区、高新区、蓝谷核心区为支撑，以崂山区、城阳区、即墨区、胶州市、平度市、莱

西市等一批创新资源为补充的多点支撑空间发展格局。

2.2　推动专业化众创空间建设,完善全生命周期孵化机制

坚持发挥市场在资源配置中的决定性作用,秉承平台经济理念,聚焦青岛市细分领域技术和产业布局,加快推进集创客群体、开放平台、精英创业、投资基金于一体,投资和孵化相结合的专业化众创空间建设工作,推动形成以数据为核心,产学研用"一体化"高度融合的专业化众创空间集聚,打造各领域技术—制造业—服务业融合发展的产业生态群。积极推广橡胶谷产业孵化模式,探索和完善"互联网＋校区＋园区＋产业平台＝创新生态圈"的全生命周期孵化机制。重点发挥龙头骨干企业、高校院所、科技园区专业化众创空间建设示范效应,进一步加强增值服务,建立健全行业标准,探索生态化运营模式,实现研究成果与创业企业的精准对接和高效转化。

2.3　加快体制机制创新,探索创新平台运作模式

通过政策引导,激发企业、高校和科研院所以及其他社会组织参与创新平台建设的积极性,鼓励理事会、会员制、股份制等多种投入方式,进一步完善创新平台建设资本架构模式。加强示范平台建设,以积极的示范效应带动各类平台管理体制机制推广,鼓励企业、高校和科研院所通过自身努力不断增加平台建设投入,形成"市场主导＋政府扶持＋内生性发展"的良性发展机制,减少其对政府投入的依赖。深入研究协同创新管理机制,健全创新平台管理评价体系,根据不同类型与层级特点建立个性化的绩效评价与考核机制,将创新服务能力与绩效作为评价与考核的重点,不断优化管理过程。加强协同创新制度建设和法律法规建设,增强创新平台管理可操作性。

2.4　强化协同创新,打造创新平台一体化服务体系

一是构建多元化、时效性、开放性的市级协同创新信息网络平台,在政策法规、产业、科技、金融、人才、风险、管理等方面,及时提供国内外、省内外协同创新资讯,实现创新资源的最优化组合。二是积极培育和引进一批专业从事创新中介服务的商业机构,助力产学研之间建立协同关系,促进协同创新项目的实质性落地和健康发展。三是针对不同创新平台的不同发展模式和不同发展阶段,优化以政策性引导资金为带动,由银行、创新基金、风险投资公司、众筹机构等组成的多元化、多渠道金融支持方式,改变短平快投资思路,注重向基础性、纵深性、长效性创新平台侧重。四是重点在创客孵化、技术转移、知识产权保护、检验检测、科技智库、数字科普等方面加快科技服务业发展。五是及时设立协同创新风险评估与风险应对指导性机构,建立完善的风险评估体系,帮助各创新平台进行风险评估、风险规避与风险应对。

2.5　对接"一带一路",拓展创新平台合作新空间

鼓励和支持创新平台开展国际化高端链接,与"一带一路"沿线国家的创投资本、创业孵化机构、技术服务机构积极开展合作,重点在新一代信息技术、先进装备制造、生物医药、海洋科技和现代服务业等领域,建设一批研发中心、技术转移平台和国际科技合作基地,构筑具有国际视野、开放式的高端创新创业资源服务平台,提升青岛市研发、制造等环节的国际化水平。持续发挥上合青岛峰会后续效应,紧密结合中国—上海合作组织地方经贸合作示范区建设,积极推动与上合组织各成员国间开展科技交流与合作,鼓励科技创新型企业在各成员国建立研发中心、拓展国际科技合作市场空间,全面提升青岛市在上合组织内的科技影响力。

参考文献

[1] 曾昆.国外科技创新平台建设经验综述[J].中国工业评论,2017(12):68-72.

[2] 丛海彬,邹德玲,蒋天颖.浙江省区域创新平台空间分布特征及其影响因素[J].经济地理,2015,35(1):112-118.

[3] 王雪原,王宏起,张立岩.不同类别区域创新平台的功能定位及其协同发展研究[J].科技进步与对策,2013,30(15):36-40.

作者简介:吴净,青岛市社会科学院经济研究所,副研究员
通信地址:青岛市市南区山东路12号甲,帝威国际大厦605室
联系方式:wjyhb80@163.com

创新驱动助推青岛西海岸新区新旧动能转换

赵俊英

（中共青岛西海岸新区工委党校，青岛，266404）

摘要：新时代我国经济发展的基本特征是，经济增长从高速转为高质量增长，发展动力从主要依靠资源和低成本劳动力等要素转向创新驱动。必须要有一种创新的新动力源，来增强我国在国际上的综合竞争力和发展后劲，新旧动能转换是承上启下的关键步骤。青岛作为山东经济社会发展的"龙头"城市，担当着山东省经济发展的新任务，而作为全国国家级园区的青岛西海岸新区，又是青岛市经济发展的"龙头"。本文分析梳理了创新驱动与新旧动能转换的科学内涵，结合青岛西海岸新区区情，从产业、政府职能等几个层面的创新驱动发展对青岛西海岸新区新旧动能转换提出对策。

关键词：创新驱动；青岛西海岸新区；新旧动能转换

党的十九大报告指出，"我国经济已由高速增长阶段转向高质量发展阶段，正处在转变发展方式、优化经济结构、转换增长动力的攻关期"，"创新是引领发展的第一动力"。习近平总书记指出，"综合国力竞争说到底是创新的竞争"，"在激烈的国际竞争中，惟创新者进，惟创新者强，惟创新者胜"。必须实施创新驱动，来增强我国在国际上的综合竞争力和发展后劲，新旧动能转换是承上启下的关键步骤。2018年，国务院同意山东省人民政府《山东新旧动能转换综合实验区建设总体方案》。省委、省政府专门召开了山东省全面展开新旧动能转换重大工程动员大会，发起了山东省新旧动能转换、高质量发展的动员令。2019年春节后上班第一天，省委、省政府召开山东省"担当作为、狠抓落实"工作动员大会。与2018年召开的全面展开新旧动能转换重大工程动员大会相比，这次大会发出了"担当作为、狠抓落实"的进军号。山东省作为经济大省，必须抓住供给侧结构性改革这条主线，加快培育新动能，实现高质量发展。青岛作为山东经济社会发展的"龙头"城市，担当着山东省经济发展的新任务。青岛西海岸新区作为国家级园区，又是青岛市经济发展的"龙头"，要以习近平新时代中国特色社会主义思想为指导，深入贯彻落实习近平总书记

视察山东重要讲话、重要指示精神，紧扣山东省"工作落实年"精神要求和青岛市委号召在全市发起"十五大攻势"的具体行动精神，要努力建设成为山东现代化经济体系的新引擎、新旧动能转换的引领区，提高自主创新力。

1 创新驱动与新旧动能转换

"创新"一词是美国经济学家熊彼特在《经济发展理论》中提出的，他认为"创新"就是建立一种新的生产函数，把一种从来没有过的关于生产要素和生产条件的"新组合"引入生产体系，包括产品创新、技术创新、市场创新、制度创新等。创新驱动是指经济增长主要依靠科学技术创新带来的效益，来实现集约的增长方式，用技术变革提高生产要素的产出率；从主要依靠技术的学习和模仿，转向主要依靠自主设计、研发和发明，以及知识的生产和创造。著名管理学家迈克尔·波特在《国家的竞争优势》中提出了经济发展的四个阶段：生产要素驱动阶段、投资驱动阶段、创新驱动阶段、财富驱动阶段。迈克尔·波特认为，一个国家或地区的经济进入创新驱动发展阶段应具备以下特征：企业摆脱了对国外的技术和生产力的绝对依赖，开始发挥自主创造力，在产品、工艺流程和市场营销等方面已具

备竞争优势。创新向两个方向发展,一是产业集群垂直化,产业上下游互相带动,推动企业向更高产业环节发展;二是水平发展,形成更新更大的产业集群,产生跨业的扩散效应。政府不再直接干预产业发展,多采取刺激、鼓励或创造更高级生产要素、改善需求质量、鼓励新商业等间接措施。改革开放以来我国经济实现了较快增长,同时环境污染、生态问题及资源、能源大量消耗问题突出,高投入、高消耗、高排放、低效率的经济增长方式已不可持续,过度依赖外资和出口的经济发展方式难以实现,可持续发展、提高国际竞争力需要创新驱动。

新旧动能转换要以供给侧改革为主线,以新技术、新产业、新业态、新模式为核心,以知识、技术、信息、数据等新生产要素为支撑,促进实现产业智慧化、智慧产业化、跨界融合化、品牌高端化。新旧动能转换是经济增长动力机制的转换,既包含新动能的"无中生有",也包含传统动能的"有中生新",是新技术、新业态、新模式和新产业持续涌现以及传统产业的"凤凰涅槃"。新旧动能转换是以"四新"实现"四化",依托的就是创新驱动发展。新动能的创造、旧动能的提升,都离不开创新的驱动力量。所以说,创新驱动发展是新旧动能转换的重要动力,是提高培育技术、实现高经济质量发展的重要前提。

2 青岛西海岸创新驱动推动新旧动能转换的现状

近年来,青岛西海岸新区不等不靠,坚持创新驱动,积极探索率先推进新旧动能转换,经济建设取得了显著成绩。2018 年,青岛西海岸新区经济实现地区生产总值 3517.07 亿元,增长 9.8%。一般公共预算收入 262.6 亿元,税收占比达到 82.6%;固定资产投资增长 10%;综合实力位列 19 个国家级新区前三强、中国百强区第 7 名。西海岸新区 GDP 总量占全青岛市的 29.3%,在培育发展新动能方面,高新技术产业、装备制造业不断增加。新材料产业完成产值 114.4 亿元,同比增长 44.7%;新一代信息技术产业完成产值 205 亿元,同比增长 12.6%;全年预计认定高新技术企业 250 家左右,

总量、增量继续保持青岛市第一。战略性新兴产业产值增长 16%,第三产业增加值占生产总值的比重提高到 52.5%。转型升级加速。2019 年科技协同创新项目在青岛西海岸新区古镇口军民融合区落地开工,有中科院青岛航空技术研究院、山东海洋资源勘查研究院、欧比特卫星大数据产业基地、青岛航理航空模拟器研发制造基地、中电科 14 所青岛古镇口创新基地等,涵盖航空航天、船舶海工、电子信息等高端产业领域。在青岛西海岸新区董家口经济区,总投资 219.2 亿元的 10 个重点项目开工,项目涵盖新材料、新能源、资源综合利用领域,将极大助推青岛西海岸新区加快新旧动能转换。但与全国先进地区对标,青岛西海岸新区经济发展的质量、动力优势还有一定的差距。在 19 个国家级新区中,2018 年上海浦东新区企业总数超过 41 万家,经认定的高新技术企业超过 2300 家,占上海市的 1/3,战略性新兴产业产值占工业总产值比重 40% 以上。天津滨海新区,战略性新兴产业比重达 26.9%,同比提高 4.2 个百分点,新经济增加值比重达 32.1%。要保持青岛西海岸新区经济平稳的高质量发展,需依靠创新驱动,加大新旧动能转换力度。

3 创新驱动推动青岛西海岸新区新旧动能转换的几点建议

培养引进更多创新型人才。习近平总书记指出,人才是创新的根基,是创新的核心要素。创新驱动实质上是人才驱动。为了加快形成一支规模宏大、富有创新精神、敢于承担风险的创新型人才队伍,要重点在用好、吸引、培养上下功夫。创新型人才培养是一个系统工程。要创新教育方式,从基础教育抓起,淡化教育的功利性。在高等教育阶段,增强不同学科间的交叉与沟通,构筑起有利于创新人才培养的知识基础。对社会来说,要全面落实青岛市《关于进一步加强企业家队伍建设的意见》,实施企业家队伍建设"111"工程,落实青岛西海岸新区《关于实施"梧桐树"聚才计划的若干政策》,从体制上、机制上为创新型人才营造一个有利的社会环境,在一手抓人才培养、一手抓人才引进,

根据不同产业、不同类别人才的特点和成长规律有针对性地培养各级各类优秀人才的同时，要把优化人才发展环境作为重中之重，既要育得出、引得进，更要留得住、用得好，建立健全与市场经济相适应的人才选拔任用、合理流动和分配激励机制，积极为创新型人才搭建干事创业的平台，不拘一格选拔优秀青年人才，努力形成人才辈出、人才聚集、人人都有机会成为创新型人才的良好局面，产生更多的"科技富翁"和"科技老板"，让有"智慧的脑袋"拥有"鼓起的口袋"。

提升创新能力。一是提高科技转化成果。以企业为主体，形成科技创新与制度创新相结合，加快企业制度创新的步伐，使企业真正成为独立的市场主体和法人实体，建立明确的产权制度，建立激励创新的科技劳动股权制度。发挥中国石油大学（华东）、山东科技大学、国家海洋基因库实验室、船舶与海洋工程创新中心等驻区高校院所在人才、资源、渠道等方面的优势，推动产学研合作。二是推进传统产业转型升级。新旧动能的转换、"双轮驱动"，要通过创新驱动发展来实现。西海岸新区要继续改造提升传统产业，提高第三产业在产业结构中的比重，继续做好"放管服"，推动生产性服务专业化和价值链高端化，生产性服务高品质化，鼓励小微企业利用小微企业联盟或行业协会等组织，整合供应链集群式发展，推动企业转型升级。三是培育新兴产业。以山东新旧动能转换工程提出的"十强"产业为方向，以新材料、海工装备、文化创意、新一代信息技术、现代海洋、医养健康等产业为重点，推动互联网、人工智能和实体经济融合，打造先进制造业和战略性新兴产业发展基地，培育形成新动能。习近平在山东考察时强调，海洋经济发展前途无量。建设海洋强国，必须进一步关心海洋、认识海洋、经略海洋，加快海洋科技创新步伐。青岛西海岸新区是以海洋经济发展为主题的新区，发展方向是海洋经济，就必须强化科技的引领和支撑作用，以海洋科技创新和科技成果引进、消化、吸收与再创新为支撑，推进高新技术产业化，加快培育和发展海洋新兴产业；支持海洋高端装备制造、海洋生物医药、海水淡化及综合利用、海洋新能源新材料等产业发展，加快对传统海洋渔业的嫁接改造，促进海洋渔业优化升级，鼓励海洋装备制造技术转化应用，提升船舶工业的市场竞争力。

创新政府治理水平。习近平总书记在党的十九大报告中指出，要转变政府职能，深化简政放权，创新监管方式，增强政府公信力和执行力，建设人民满意的服务型政府，构建亲清新型政商关系，促进非公有制经济健康发展，深化"放管服"改革，建设国际一流营商环境。持续简政放权，深化行政审批、投资审批、商事审批改革，打造西海岸新区国际化市场环境。加强监管创新、公正公平监管、信用监管，完善法治监管，依托国家政务服务平台建设"互联网＋监管"系统，强化对各部门监管工作的监管，实施对监管的"监管"，促进政府监管规范化、精准化、智能化，打造西海岸新区法治化竞争环境。制定服务企业行动指南，列出政商交往"负面清单"，坚持服务企业普惠原则，构建亲清新型政商关系。提高网上服务效率，实现"上一个网服务全方位"，加快推进服务事项网上办理、"零跑腿"或"最多跑一次"的改革，全面推广"在线全覆盖"，推广"不见面审批咨询网上申请、快递送达"的网上办事模式，建设"互联网＋"政务服务技术和服务体系，优化政府服务，打造西海岸新区便利化公共环境。

加大开放力度。促进内外联动，深化与"一带一路"沿线国家的贸易和投资合作。"一带一路"建设过程中，青岛西海岸新区与各国在贸易和投资领域合作潜力巨大。深度实施《青岛市加快"走出去"实施国家"一带一路"战略行动计划》，争创国家自贸试验区，加大与"一带一路"国家经贸合作的力度，促进对外贸易增长方式的转变，推动青岛西海岸新区外贸出口由粗放增长型向质量效益型转变。筹划开拓丝绸之路沿线及周边国家市场活动，成立相应领导小组，为广大外贸企业特别是中小企业搭建平台。鼓励企业积极参加在沿线国家举办的各类国际或区域性展会。鼓励商贸物流、电子商务、供应链型外贸企业向沿线国家拓展业务范围。在"引进来"方面，充分发挥好西海岸经济新区、中德生态园、古镇口军民融合创新示范区的优势，搭建对外开放新平台，吸引沿线国家企业来青岛西海岸西区投资兴业,与相关国家加强沟通交流,提升自身产业层次。

参考文献

[1] 姜铭,雷仲敏.青岛西海岸新区发展现状评估及对策建议[J].城市,2015(3):29-34.

[2] 刘伟,蔡志洲.经济增长新常态与供给侧结构性改革[J].求是学刊,2016(1):56-65.

[3] 周斌,刘良军.对推进供给侧结构性改革的思考[J].天水行政学院学报,2016(4):18-23.

[4] 黄少安.新旧动能转换与山东经济发展[J].山东社会科学,2017,265(9):101-108.

[5] 洪银兴.论创新驱动经济发展战略黄[J].经济学家,2013(1):5-11.

作者简介:赵俊英,中共青岛西海岸新区工委党校,高级讲师

通信地址:青岛市黄岛区海湾路1368号

联系方式:kfqzhao@126.com

青岛西海岸新区动能转换研究

周彦宏

（中共青岛西海岸新区工委党校,青岛,266404）

摘要:青岛西海岸新区动能转换必须充分理解自身定位,发挥好自身潜力大、支撑强、机制新三大核心优势,克服新兴产业规模偏小、动力不足和体制机制方面的制约,围绕聚焦方向、增强动力、强化支撑三个方面,为全市、全省乃至全国的动能转换探索示范性经验。

关键词:动能转换;青岛西海岸新区;经验

青岛西海岸新区(以下简称"新区")是第九个国家级新区,2018 年,完成地区生产总值 3517.1亿元,增长 9.8%;一般公共预算收入 262.7 亿元,增长 7.8%,其中税收占比达到 83%;固定资产投资增长 13.1%;居民人均可支配收入 4.3 万元,增长 8.6%;综合实力位居 19 个国家级新区第三位;在全市综合考核中实现"五连冠"。这充分表明了新区具有雄厚的基础和强劲的活力。但同时,与深圳、杭州等先进地区相比,在产业结构、内生动力等诸多方面还存在不小的差距。而正是这样一种情况,使得新区在建设动能转换先行区方面,具有十分特殊的实践意义,能够为其他地区积累经验。

1 新区建设动能转换的发展现状

2014 年,在《国务院关于同意设立青岛西海岸新区的批复》中,要求新区承担"促进东部沿海地区经济率先转型发展"的任务,这是目前为止,在全部19 个国家级新区中,唯一被赋予如此明确定位的区域。

1.1 新区要实现转型发展,核心就是动能转换

虽然动能转换是在 2015 年党的十八届五中全会通过的"十三五"规划建议中才提出来的概念,但它的内涵主要是指"发展动力从主要依靠资源和低成本劳动力等传统要素投入转向创新驱动",这也是从"九五"计划开始我们一直强调的"转变经济增长方式"(2010 年"十二五"规划建议中改为"转变经济发展方式")的核心内容。我国正处于全面建成小康社会的关键时期,培育新动能不仅是适应新常态、走向现代化的必要,更是经济社会发展的需要。因此,转型发展是第一个百年目标的应有之义,是新区设立的主要目的。

1.2 新区要率先转型发展,积累动能转换经验

青岛是山东省经济发展的"龙头",而新区是青岛经济发展的"龙头"。新区必然要承担全市、全省乃至全国层面的战略使命。2013 年,习近平总书记在山东考察时要求山东在推动科学发展、全面建成小康社会历史进程中走在前列。2018 年,李克强总理在山东考察时指出,山东刚好是黄河穿流而过的省份,把新旧动能转换这篇文章做好,对整个中国经济格局都会起到关键作用,希望山东加快推动新旧动能转换。紧接着,山东省委、省政府把动能转换列为"一号工程",青岛市委、市政府提出争取做全省排头兵和驱动器,将青岛建成示范区,并把新区作为新旧动能转换的主阵地。可见,新区在全市、全省的定位就是先行区,也只有这样,才能承担起国家提出的"率先转型"的任务。

1.3 新区立足"沿海地区"推动转型,动能转换全面起势

新区的区域方位十分特别,处在中国南北和东西两个走势分化的交汇处。从"南北差距"角度看,怎样在新兴产业规模偏小的基础上快速转型,对整个北方都有示范意义。从"东西差距"角度看,虽然

区域发展有区域均衡的态势,但每个区域的重心是不一样的,东部的"沿海"属性要求新区重点走全面经略海洋的路子。新区的发展思路中,主题就是海洋经济发展。而新区承接的"两大国家战略使命",一个是海洋强国,自然要向海而兴;另一个是军民融合,是以古镇口的航母基地和前湾港、董家口港为依托,核心还是海的元素。如果新区能够做好海洋这篇文章,对整个东部沿海地区的转型发展乃至全国的布局都有重要意义。2018年,新区高标准建设"六大基地""七大中心",新增规模以上企业280家,工业投资增长11.9%,高技术产业增加值增长12.2%,战略性新兴产业增加值增长12.9%。全国首个协同式集成电路芯恩项目开工建设,台玻集团投产新型导电玻璃,打破了山东制造业"缺芯少面"的局面。上汽通用五菱下线新能源汽车,海尔落成全球规模最大滚筒洗衣机智造基地,海信商用空调等传统项目实现存量变革。青岛港国际、海容商用冷链完成A股上市。总部经济集聚发展,新引进58集团华北区域总部等项目36个。引进、开工、建成总投资6000亿元的700个挂图作战项目,百亿级项目达40个,500亿级大项目达6个。

2 新区动能转换的优势与制约

新区承载了动能转换先行区的任务,一方面将会迎来国家、省、市层面的关注和支持,另一方面也会从内部催生改革创新的需求。要想认清定位,实现使命,首先得研究自身的优势并直面问题。

2.1 新区动能转换的核心优势

2.1.1 潜力大

动能转换是经济发展到一定规模和一定阶段之后的必然选择,发展"新经济"固然是培育"新动能"的重要措施,但也不可能脱离基础支撑。原有的"旧动能"可以转换为"新动能","新经济"也需要整个体系的支撑,两者都是动能转换的引擎,决定着动能转换的发展空间。新区已经初步构建起具有较强竞争力的现代产业体系。如雄厚的工业基础,拥有规模以上工业企业857家,工业产值占全市总量的1/3。2018年,新区新增市级以上重点实验室等科创平台32个,国家级科创孵化载体达到

23家。哈尔滨工程大学等6所大学开工在建。新认定高新技术企业超过200家,6个项目荣获国家科学技术奖励。新增授权发明专利1654件,技术合同交易额24亿元,分别增长6.7%、23%。

2.1.2 支撑强

培育"新动能",离不开技术进步和人才储备,这是吸引企业投资和产业布局的关键要素,也是一个城市的核心竞争力所在。早在新区建立之初,就确定了人才强区、科技强区的战略,几年来集聚重点实验室、工程技术研究中心等科技创新平台520家、高新技术企业256家、国家级创新创业载体11家,新引进复旦大学、中科院大学等11所知名高校,人才总量42万,占全市的1/4。按照新区规划,到2020年,高校在校生规模将达到30万人,预计占总人口的1/8。这将为"新动能"的长远发展提供持续支撑。2018年,新区"梧桐树"人才新政发布实施,中国国际人才市场青岛市场投入使用,国家(青岛)海外人才离岸创新创业基地核心试验区加快建设,引进院士10人、总量达52人,引进各类人才5.4万人、总量达53万人。

2.1.3 机制新

改革开放以来,我们对政府与市场的定位认识在理论上已经明确,就是市场在资源配置中起决定性作用,而园区体制就是在所有市场机制中最能体现改革创新、最能体现开放引领的机制。新区是全国国家级园区数量最多、功能最全、政策最集中的区域之一,集聚国家级经济园区6个、省级经济园区5个,园区的专业化经营和集聚式发展,为动能转换提供了最适合的平台。新区的各个园区在体制机制上经过多年探索,目前已经达到一个相对成熟的水平,如中德生态园入选全国智能制造灯塔园区,前湾保税港区建成全省首个跨境电商产业园,军民融合区引进高端项目120多个。在这些园区,投资持续活跃,"四新"经济加快成长,已经在动能转换的竞争中占据了先机。

2.2 新区动能转换的主要制约

2.2.1 动能转换发展质量不高

新区在动能转换先行区的定位和综合实力方面,都显现出优势和潜力。但与深圳、杭州等先进

城市相比,具有示范意义的新区显然还有很大差距,实现动能转换还要克服很多困难。新区批复才短短的4年时间,即便是开发区、保税港区等几个建设时间相对较长的功能区,其实现真正的发展也是近十年的事情,所以在发展当中不可避免地存在着发展质量不高的问题。

2.2.2 新兴产业规模偏小

新区传统产业比重很大,现有的六大支柱产业中,石化、家电、机械装备三个产业产值占整个工业总量的46.4%,船舶、汽车产业产品相对单一、档次偏低,本地配套率偏低。节能环保、新材料、大数据和信息技术等新兴产业正处于培育起步阶段,仅占工业总量的12.6%,高端产品、优势企业呈点状分布,缺少量能优势和辐射带动作用,尚未形成规模效应。服务业仍需提升。尽管新区第三产业占比实现过半,但房地产占比较大,金融、信息服务、科技服务等生产性服务业发展不快,现代服务业增加值仅占比47%。

2.2.3 机制还需进一步完善

一是城市精细化管理机制尚不健全,功能品质亟待完善提升。部分干部工作方式和素质能力不能适应新形势、新任务的要求,"放管服"改革还需要向纵深推进,政策支持力度需要进一步加大,政府服务效能仍需进一步提高。二是领导体制和机构设置不完善,省级经济社会管理权限尚未落实,制约了新区新旧动能转换在更高层级上谋划推进、发挥作用,山东省、青岛市对西海岸新区政策支持力度与其他新区待遇相比也相对不足。

3 新区动能转换举措和前景

新区在建设新旧动能转换先行区中,优势很明显,制约因素也很棘手。从省、市到新区自身,都在研究怎样发挥优势、破解制约,并形成了一大批政策成果,也积累了不少经验,前景可期。

3.1 发挥优势破解制约的举措

从目前新区的政策和举措来看,是要突出海洋经济发展主题,以大港口、大口岸引领大开放,以抓"四新"促"四化"为主攻方向,围绕聚焦方向、增强动力、强化支撑三个方面,重点实施了十大工程。

3.1.1 围绕聚焦方向,重点实施存量变革、增量崛起、特色壮大三大工程

存量变革,是以新技术新模式推动制造业升级,推动工业互联网、智能制造、智能网联汽车等领域发展,提升家电电子、船舶海工、汽车等传统优势产业在全球产业链和价值链中的地位。增量崛起,是抓住新一轮科技革命和产业变革机遇,顺应科技创新和消费模式的演变趋势,采取引进、嫁接、裂变等模式,打造生态型、智能型、服务型、融合型的新兴产业集群。特色壮大,是依托陆海统筹、军民融合、城乡一体的独特条件,着力发展彰显新区优势的特色产业,在城区节点规划建设17个产业小镇。

3.1.2 围绕增强动力,重点实施创新驱动和开放带动两大工程

创新驱动,是以"互联网+"、跨界融合的思维塑造自主创新发展优势,不断深化科技体制改革,推进科技创新与制度创新"双轮驱动",打造"协同、高效、共赢"的开放式创新体系,增强"四新"经济发展的内生动力。开放带动,是在"一带一路"战略框架下推进双向开放,打造东北亚国际航运中心,构建开放型经济新体制。

3.1.3 围绕强化支撑,重点实施园区引领、项目落地、人才支撑、软实力提升和品牌创建工程

园区引领,是发挥十大功能区在新旧动能转换中的主力军、主战场、主阵地作用,加快打造一批产业互促、功能互补的"四新"经济创新集聚区。项目落地,是聚焦海洋强国、军民融合、"一带一路"三大国家战略,"把战略落实到平台上,把平台落实到项目上"。人才支撑,是加快建设国际海洋人才港、国家级引智示范区和全省人才改革试验区,引进培育具备"四新四化"能力的经济实用型、高技能人才。

聚焦方向、增强动力、强化支撑,这些举措是推进动能转换的一个完整体系,重点解决了新区产业制约、动力制约和体制机制制约,是东部沿海地区转型发展的一个范本。

3.2 新区动能转换的前景展望

新区的举措,既服务国家战略,又突出新区特色,针对性和方向性很强,综合考虑了发展现状、比较优势等因素,未来五年,新区有望保持12%的

GDP 年均增速,稳居国家级新区前三强,进一步缩短与上海浦东新区、天津滨海新区的差距,进一步缩短与深圳、杭州等地的差距,并带动整个区域的发展。

3.2.1 国家海洋强国战略新支点真正落实

围绕建设"四区一基地"重大战略任务,深入实施"海洋+""互联网+""标准+"等行动计划,加快构建以海洋经济为引领、先进制造业为支柱、战略性新兴产业为核心的现代产业体系,海洋强国战略和军民融合战略将进入新的发展阶段。

3.2.2 全省对外开放桥头堡地位真正体现

发挥东亚海洋合作平台、中德生态园、前湾保税港区等国际合作平台作用,建设面向日韩和东北亚、辐射山东半岛和沿黄流域的海上门户,能够深度融入国家"一带一路"战略,建立起全方位、宽领域、多层次的对外开放体系,继续走在全省前列。

3.2.3 全市创新发展排头兵作用全面发挥

继续保持总量优势,深入实施创新驱动战略,构建全要素集聚的创新平台体系,引进培育一批具有核心竞争力的创新型领军企业,打造全国知名的创新型产业发展高地,辐射带动全市经济发展向以创新驱动为主转变,推出一批有效管用、可复制可推广的改革举措,为全市新旧动能转换体制改革做出示范。

作者简介:周彦宏,中共青岛西海岸新区工委党校,讲师

通信地址:青岛市黄岛区海湾路 1368 号

联系方式:zhyho@163.com

立足国际经济合作，探索动能转换路径
——以青岛中德生态园为例

周志胜

（青岛市黄岛区科协，中共青岛西海岸新区工委党校，青岛，266404）

摘要：青岛西海岸新区将新旧动能转换作为率先转型升级的重点工作，放大自身"开放高地"优势，以打造国际经济合作示范园区为突破口，大力培育新动能，用不到6年的时间将一块无道路、无配套、无企业的"三无绿地"，建设成为动能转换和产城融合的示范样本，积累了可复制、可推广的经验：一是立足区域竞合大格局的园区建设，二是专业化的园区体制和园区引领机制，三是园区建设中的开放带动策略。

关键词：国际经济合作；动能转换；青岛中德生态园

新旧动能转换事关经济转型，存量调整重要，增量培育更加重要。作为培育新动能的主要路径，打造功能园区成为各地热选。本文考察的样本——中德生态园，地处青岛西海岸新区，为该区十大功能区之一，2013年7月开始正式建设。五年多来，围绕田园环境、绿色发展、美好生活的愿景，从一块无道路、无配套、无企业的"三无绿地"，逐步发展为中德合作新平台，产业体系形成规模效应，各种要素加速集聚，不仅是动能转换的示范园区，更是城市发展进程中的一个产城融合示范样本，前景广阔。

1 发展背景

1.1 新区定位提升，亟须寻找突破口

中德生态园是中德两国的示范性合作项目。中德双方2009年2月提出合作意向，2010年7月签署合作协议，确定"支持在中国青岛经济技术开发区内合作建立中德生态园"，2011年12月奠基，2012年5月先后成立青岛中德生态园管理委员会、德国中心等机构，2013年7月正式启动建设。与此同时，园区所在的青岛经济技术开发区（黄岛区）迎来新的发展机遇，2014年6月，在2012发展空间扩大近7倍的基础上（2012年底，原青岛市黄岛区和

胶南市合并为新的黄岛区），成为第九个国家级新区——青岛西海岸新区，在国家战略中地位更加显著。在国务院的批复文件中，青岛西海岸新区是所有国家级新区中唯一被赋予"推动东部沿海地区率先转型发展"使命的新区。转型发展的实质就是动能转换，而合并而来的新区内部正经历融合之痛，要承担新定位、新使命，亟须寻找合适的突破口，因而，起步阶段的中德生态园因其特殊概念成为首选。

1.2 产城融合提质，亟须明确新样本

动能转换不仅影响着经济转型，也关乎城市转型。青岛西海岸新区自合区之后，陆地面积达到2127平方千米，城市发展面临新的矛盾。除去东、西两个主城区和原有的保税港区等几个成熟的功能园区城市化程度较高之外，大多数区域仍是开发初期或待开发状态。很显然，单靠原有增长极辐射带动和进行特色城镇建设，已经无法满足新区城乡统筹要求，亟须加快建设多个产城融合区域，形成多点带动、组团发展的态势。党的十八大以来，国家发展、城市发展、人民生活的理念都有了新的变化，过去形成的产城融合模式已经不能适应新的形势。站在更大格局、立足更高标准、落实更新理念，迅速打造一个产城融合样本并加以推广，将决定新

区的未来城市品质,也将影响更多的后发城市。因此,中德生态园以它独有的生态城理念,从一开始就将环境、发展和生活紧密结合起来,致力于打造转型发展的标杆。

2 主要做法

中德生态园有中德双方的支持,独具优势,因而能够在"三无绿地"之上,从一开始就被赋予最完美的未来城设想。但一个区域的发展,绝不是政府主导下简单谋划和直接投资就能解决的,它要成为一个示范,就必须研究如何利用优势,如何利用市场,以提高开发水平,探索出一个有效的模式。

2.1 园区建设新路径——生态为底、标准为根、科学规划、保护开发

中德生态园是中德政府在绿色发展方面的共同探索和实践,建立了以生态数据统领的可量化的5大类40个大项777个子项标准体系,涵盖经济优化、环境友好、资源节约、包容发展、可持续发展等目标要素,开启了先定标准、再编规划、后开发的新模式。中德生态园的田园环境,汇聚了中德两国乃至世界生态城市建设最为先进的理念、标准和应用。原有的山脉、水源、林地、湿地以及自然村落都得以最大限度保留和保护,交通体系依山借势、自成循环,原生态田园绿地高达40%的水资源循环利用的海绵城市设计,清洁的分布式能源和高效的泛能网技术,以及100%的绿色建筑,100%的绿色施工,等等,使得园区拥有传统城市所不具备的疏朗、流畅和亲和。

2.2 动能培育新机制——绿色发展、严格准入、交流合作、体系引领

园区按照绿色发展新理念,着重培育生态高效新动能,实行严格的项目准入,坚持"达不到指标体系标准的项目、不符合绿色产业目录的项目、没有核心竞争力的项目不予准入",对拟引进项目进行环境影响评价、核心竞争力评价、能耗效能评价等方面的严格筛选,重点引进在世界范围内具有核心竞争力和定价权的隐形冠军,着力培育引领型产业,使园区拥有了可持续发展的内生动力。一方面以"德国+"模式,为德国企业融入中国市场做好服务;另一方面以"+德国"模式,引进德国技术助推中国企业转型升级,欧博迈亚、PVT等一批德国精英企业从这里开拓中国市场,海尔家电智能化产业基地、新能源项目携手西门子、弗朗霍夫等走向新的共赢与辉煌。被动房、工业4.0、直升机、基因等四大引领性产业体系正在加速形成,绿色发展的生机和力量不断壮大,动能转换增量崛起实现突破。

2.3 园区治理新策略——精准招商、超前服务、全面交流、高效管理

动能转换与园区发展互为依托。作为首批沿海经济技术开发区、第九个国家级新区,青岛西海岸新区在园区开发开放策略上一直创新不断,并且在开发建设中德生态园时实现了新的提升。一是更加主动地精准招商,2014年中德生态园办事处在慕尼黑开业,中德联合集团在德国设立分公司并成为中国第一家在德国上市的园区开发商;二是更加超前的园区服务,成立德国中心,提供全方位的政务服务、企业投资服务、人才生活服务和国际化的社区品质;三是更加活跃的文化交流,深化中德多层次、多领域的交流合作,包括市长圆桌会议等城市交流展示、国际论坛等知识产权合作、钢琴足球项目等文化体育交流、双元制教育体系合作项目等;四是更加高效的管理机制,首创职员制提升园区工作标准、精简审批流程提升工作效能。

3 经验启示

中德生态园的建设,定位鲜明,方向明确,在"三无绿地"上打造了一个很好的动能转换样本,其园区建设路径、动能培育机制和产城融合策略等举措有很强的针对性,也有其特殊性,这种园区开发模式值得其他城市研究借鉴。

3.1 经验一,立足区域竞合大格局的园区建设,是新动能快速集聚的先导条件

最初中德双方达成建设合作园区意向时,实际上面向的是整个中国的经济开发区域。当其目光因开放元素、文化元素而转向山东、转向青岛时,青岛经济技术开发区也就是后来的青岛西海岸新区就成为首选之地。这是先天优势,其他地方无法复制。但即便在青岛西海岸新区内部,也早有各种功

能园区存在,2015 年时更是启动了区划调整和镇街体制改革,将全区完整划分为十大功能区。中德生态园作为国际经济合作区的核心区,被赋予了国家任务和地方目标双重使命,自然而然地嵌入新区发展格局乃至整个青岛、整个山东半岛的发展格局当中,因而有了山东半岛蓝色经济区的大背景,有了青岛市发展海洋经济的重托,承载着青岛西海岸新区建设国际化城区的重任。也正因为这些格局和背景,中德生态园的"三无绿地"才从一开始就显现出长足发展的潜力。青岛港的疏港高速、青黄之间的跨海大桥、预期连接青岛西站的轨道交通等未来枢纽的诸多基础设施得以优化或投资布局,能够极大激活和拉动这块空间的物流、资金流,这是从零起步迅速崛起的先导条件,也是决定着新动能能否顺利集聚的先导条件。

3.2 经验二,专业化的园区体制和园区引领机制,是新动能形成规模效应的根本保障

青岛西海岸新区的园区体制十分特别。一方面是与镇街实现分工基础上的融合发展,也就是"功能区管吃饭、镇街管睡觉",有了基层治理的保驾护航,园区成立投资集团,建设相应的管理和服务中心,市场化运作,极大强化了经济开发专业化水平,启动建设五年多来实体经济指标贡献连年翻番增长,实现 6 家世界 500 强企业、20 多家德国隐形冠军、300 多家企业落户;另一方面是园区的平台化运营,以"德国＋"和"＋德国"为核心,率先打造体系完整、规模显现的中德生态园区,在此基础上,开始辐射影响整个国际经济合作区,2017 年启动建设中英创新产业园,2018 年启动建设中俄地方合作园,同时,中法、中日、中韩等创新产业园也在加快推进。中德生态园的建设标准也在自身规模壮大和平台辐射的同时不断提升,2018 年已经提出中德生态园标准 2.0。可以预见,这些园区的发展将彻

底改造整个区域的城市和乡村,实现新动能和新城区的良性互动,催发新动能聚集的规模效应。

3.3 经验三,园区建设中的开放带动策略,是推动动能转换的持久动力

中德生态园集合了青岛西海岸新区的开放前沿优势、中德两国的政府支持优势,占据了新一轮动能转换的先机。园区坚持"德国质量、青岛生产、世界市场",使得"这里有德国的情景、特色、标准,感觉有些地方就跟在德国一样"(中国驻德大使史明德评价),这正是对中央提出的继续扩大对外开放的完美诠释。在中国加快融入全球体系的进程中,中德生态园无疑是十分理想的一个窗口。在青岛西海岸新区《新旧功能转换工程三年规划(2018—2020)》当中,中德生态园以及国际经济合作区占有非常重要的地位。只有以世界眼光、国际标准来打造一个未来城,并且依据形势不断提升自身标准,才能使园区的开发成为永久的"发动机",而不是一个简单的经济增长和城市化。

4 结语

中德生态园的建设者坚持改革创新,在短短的五年多时间里,从基础配套到招商引资,从项目管理到体制机制,从经济发展到合作交流,在未来城的建设中闯出了新路,展现出统筹生产、生活、生态三大布局,人与自然和谐相处的未来城市形态特征,为动能转换、转型发展提供了具有可持续发展示范意义的生态园区样本。

作者简介:周志胜,中共青岛西海岸新区工委党校,高级讲师
通信地址:青岛市黄岛区海湾路 1368 号
联系方式:dangxiaozhou@126.com

大数据时代的政府治理变革

孙德朋　　王可云

（青岛市黄岛区科协,中共青岛西海岸新区工委党校,青岛,266404）

摘要：随着信息技术的飞速发展,人类社会进入大数据时代。在此大背景之下,政府必须重视大数据的重要价值,认清政府治理变革的趋势,积极克服政府治理变革面临的现实挑战。将大数据思维观念引入政府日常工作中来,牢固树立大数据理念。同时,利用大数据技术,转变政府治理方式,不断推进政府治理能力的提高。

关键词：大数据；政府创新；政府治理

党的十八届三中全会明确提出要推进国家治理体系和治理能力现代化,而有效的政府治理则可以说是推进国家治理体系和治理能力现代化的关键之所在。进入 21 世纪,大数据浪潮已经开始渗入政府治理,对政府的治理理念、治理内容以及治理方式产生了深远的影响,成为政府创新治理不可忽视的一个重要因素。

1 大数据时代政府治理变革的趋势

1.1 治理体制从碎片化到协同化

我国各级政府、组织、团体占有整个社会 80% 以上的数据,是全社会信息资源的最大拥有者、采集者、使用者和处理者。但由于受"部门所有,条线为主"的格局制约,不同部门自行构建信息系统,造成了一个个的信息"孤岛",部门之间难以进行信息整合与共享,以致海量数据"碎片化",没有得到充分利用。但现实是需要实现政府治理协同化。

其一,思想价值协同化。在大数据时代背景下,更加要求数据的开放与共享,因此各级政府在思想价值判断上越发趋向统一,在信息开放与共享上也开始探索有益路径。

其二,治理机制协同化。我国已经开始研究拟订大数据战略的相关规划。党的十八届五中全会提出了要实施"国家大数据战略",这是大数据第一次写入党的全会决议,标志着大数据战略正式上升为国家战略,开启了大数据建设的新篇章。

其三,职能部门协同化。随着社会经济的发展,新的社会治理需要多部门联合。大数据时代的来临,倒逼政府部门之间必须做好协同,打破信息垄断现状。

1.2 治理主体从单一化到多元化

随着社会更加走向多元化,由过去的政府单一进行社会治理演变到非政府组织以及其他各种社会力量的广泛参与,人类社会治理史正在发生一场重大变革,而大数据时代的到来,为这种变革提供了更多可能。大数据成为一种权力,改变了政府单方决策的运行机制。在大数据时代,除了政府以外,非政府组织、新闻媒体、社会团体以及公民个人纷纷参与到社会治理中,影响到政府决策。各种社会力量与政府之间形成信息的互通有无,开始逐步承担起政府部分责任。可见,正是社会治理主体多元化的客观现实迫使政府必须转变政府治理方式,走上服务型政府建设的道路,而大数据的蓬勃发展又为社会治理的多元化提供了新的方法与路径。

1.3 治理模式从机械化到智能化

从长远来看,政府治理模式从机械化到智能化是大数据时代政府治理能力变革的必然趋势。

其一，治理载体的智能化。政府通过现代信息技术，可以有效地将海量数据进行汇总分析，并形成影响决策的可靠的数据源，促进了政府治理载体的智能化。

其二，人才的智能化。政府治理模式由机械化向智能化转变，数据的整合需要专业人才去完成。人才队伍的建设，为政府工作提供了必要的智力支撑和人力保证。

其三，治理手段的智能化。以往的社会治理模式，往往是政府发布信息，其他社会主体被动接受，政府与其他社会主体之间的互动手段单一机械。大数据时代使得政府治理手段更加智能化。一方面，通过政府门户网站、微博、微信等现代社交媒体及时公开政务信息，满足社会公众的知情权；另一方面，社会对政府工作的意见和建议也会及时反馈至政府，以供政府在决策时参考，提升了政府与其他社会主体的互动性。

2　大数据时代政府治理变革的挑战

2.1　大数据时代政府治理理念面临挑战

其一，传统治理理念的制约。在长期的计划经济体制之下，全能型政府统管社会和经济的一切，形成了政府全能主义和权力本位思想，其弊端已经十分明显。要打破这种传统治理理念的束缚，必须先从转变政府工作人员的观念开始。大数据时代要求政府与其他社会主体之间是平等关系，要求政府公开信息，政策透明，人们可以轻而易举地获得政府信息、监督政府工作、关注社会热点问题、发表个人意见和诉求。大数据时代要求政府与社会之间要打破屏蔽，促进数据交流，建立一个更加开放、透明的政府，这就必须以政府治理理念的转变为前提。

其二，大数据意识的缺乏。一是政府部门收集数据的意愿不足、能力较差、手段单一传统，收集的数据数量少、更新慢。二是政府数据的公信力不够，公开力度小、范围窄，缺乏透明度。数据的来源不清，缺乏可信度。三是数据资源分割和垄断且重复建设，不同部门之间信息无法共享共用，甚至出现了信息相互矛盾的现象。

2.2　大数据时代政府治理方式面临挑战

传统政府治理主要是凭借国家的强制力，以国家强制力来树立政府权威，通过发布强制性命令来要求公众服从，以达到管理社会的目的。大数据时代使得这种管理方式发生了巨大变化，带来了巨大挑战。由于信息的公开、公众的参与和社会的监督，使得政府无法依靠过去的强制力来管理社会，过度的强制反而导致社会公众的质疑与反对，削弱了政府公信力。这种情况下，政府必须积极转变治理方式，由管理型政府向服务型政府转变。大数据时代主张的是信息的公开，公共信息已经成为新的必不可少的公共产品，必须面向社会开放。通过政务公开、数据共享等方式，激发全社会的智慧和创意，使得政府信息的价值得到更充分的利用，将政府打造成大数据公共平台，通过海量信息的汇总分析，更有针对性地提供公共服务，实现政府与社会公众的良性互动，促进政府决策的科学化和民主化。

2.3　大数据时代政府治理能力面临挑战

一方面，政府信息安全能力面临挑战。一是部分政府人员信息安全意识薄弱，往往给犯罪分子以可乘之机。二是政府工作者信息安全能力不高，难以掌握必要的信息安全技能。三是缺乏安全保障，政府规章制度规定不够、不严，执行力度不强，失去其监督保障作用。

另一方面，政府信息管理能力面临挑战。其一，政府数据管理体制亟待完善。政府职能部门在直线管理模式下，各类信息数据资源分散存储又缺乏相应的关联互通机制，导致数据相对分散、重复收集、利用率不高以及数据冲突等问题，冲击着政府数据管理体制。其二，大数据对政府数据发布的权威性提出了挑战。随着互联网的发展，公众获得信息的渠道越来越广泛，已经不再是政府独家垄断信息的时代。其三，政府适当放开数据资源，但又与保密责任相冲突。在某一些不适宜发布但又受到公众关注的问题上，政府往往面临选择难题。其四，政府信息人才匮乏。面临着日新月异的技术进步，政府却缺乏相关的人才培养，导致面对海量数据却无能为力的尴尬局面。

3　大数据时代政府治理变革的途径

3.1　树立大数据思维与理念

从目前的实际来看,应当着重形成以下几种思维。

其一,总体思维。大数据时代颠覆了以往通过采样手段获取数据的方式,政府可以通过现代技术手段,轻松获取海量的数据信息,形成强大的数据库。通过分析数据,发现更深层次的问题,并且找到探索解决问题的有效途径。相应地,政府的思维也应当由过去孤立的样本思维转向总体思维,站在总体角度进行数据的把握,从而更加全面、立体、系统地认识总体现实与状况。

其二,相关思维。在传统小数据时代,政府往往试图通过精心分析样本数据来反映客观现实。而大数据时代最大的转变就是,放弃对因果关系的探求,而关注相关关系。这是因为大数据时代数据信息庞杂、全面、准确,数据之间不再是孤立的片面的个体,而是可以相互联系反映实际问题的"数据组"。因此,政府只需要通过大数据分析就可挖掘出隐含其中的相关关系,帮助决策。

其三,容错思维。小数据时代,由于收集的样本少,导致信息量少,所以政府必须通过精确化、复杂化的计算来确保记录下来的数据尽量准确、精细。在大数据时代,大量的非结构化、异构化的数据能够得到收集和分析,绝对的精准不再是追求的目标,适当忽略微观层面上的精确度,容许一定程度的错误与混杂,反而可以在宏观层面取得意想不到的收获。

3.2　培养大数据人才

能够掌握以及利用大数据的人才是政府应当予以着力重视的,主要做好三个方面工作。

其一,大力培养与引进大数据人才。必须把大数据人才的培养和引进摆在优先的位置,明确培养和引进人才的计划和路径。针对政府用人现实,应当在在职工作人员中通过脱产学习、统一培训、自学自研等方式着重培养一批年富力强、创新本领高、头脑灵活的大数据人才。对于政府培养困难的,应当做好人才引进工作。

其二,改变现有教育资源结构。对我国目前的教育资源结构进行调整,高校必须从人才培养模式、教学内容、师资建设等方面进行调整。着重做好大数据相关专业的设立和建设工作,根据市场需求,"订单式"培养大数据复合型人才。尤其是应当做好政府、企业和学校三方对接,优势互补,相互合作,形成"政、产、学、研"相结合的合作培养人才机制。

其三,做好人才培养与引进的制度保障。政府应当探索一套行之有效的保障制度,出台相关政策文件,从政策上予以保障。同时,要积极采取多种激励措施,在大数据复合型人才的培养、引进等方面予以实际的政策优惠和奖励激励。

3.3　重视信息安全

大数据时代改变了政府治理形式,极大地变革了现代生产生活方式,但是海量的数据信息也带来了新的隐忧:信息安全面临严峻挑战。为了切实推进国家大数据战略,保护信息安全,必须采取切实行动。

其一,建立健全信息安全管理制度是前提。政府信息资源整合利用过程中,应当着力建立文档资料管理制度、机房安全管理制度、系统运行维护管理制度、网络信息流通管理制度、网络通信安全管理制度、信息保密制度、安全等级保护制度等一系列相关制度,并且明确责任、层层管理,确保制度有效运行。

其二,促进信息技术进步是关键。要着力掌握软硬件核心技术,在关键技术上不受制于人,强化信息安全保护技术,杜绝系统漏洞,不给犯罪分子以可乘之机。

其三,完备的法律法规是保障。重视信息安全方面的立法工作,借鉴国外发达国家立法经验,针对大数据特点设立专门法律法规,明确信息管理者与使用者的权利与义务,利用技术手段监控数据安全,对危害信息安全的行为早发现、早打击、早杜绝。

3.4　打破信息"孤岛",实现信息共享

大数据时代政府数据信息的共享显得极为迫切,为此,应当探寻行之有效的解决办法。

其一,建立统一政府信息资源整合管理体系。

现阶段完全淘汰旧体制并不现实,那么就必须通过其他途径来沟通部门间数据信息,例如建立统一的政府信息资源管理中心。各级政府可根据实际需要,成立大数据资源管理中心,由这些机构统一对本地区的部门资源进行综合统筹管理,按照"政府主导与市场运作、分工合作与创新模式、规范有序与保障安全"的原则开展政府信息资源的整合工作。

其二,探索政府信息共享管理制度。要制定信息共享管理办法,明确信息资源管理责任,确定相关部门责任分工,建立完整工作体制机制,有效推进数据资源的开发和利用;针对各地、各部门标准混乱,新旧数据难以融合的现实,要出台相关标准规范,统一标准;明确重点领域数据库范围,制定完善的管理和安全操作制度,加强监管力度和水平。

其三,重视大数据基础设施建设。探索构建完整的、系统的、多层次的公共服务平台,打造一个"一站式"、定制式服务的大数据施政平台。构建数据中心,通过对大数据基础设施进行合理规划和科学建设,既能促进信息共享能力,又能促进新的经济增长。

其四,打破封锁,加快数据开放。在大数据时代,任何想要封闭数据信息的行为都不可能成功。政府各部门应当打破"门户观念",将狭隘的部门利益让位于整体利益。

其五,开发创新大数据技术。信息能否实现共享,技术是关键。只有掌握先进的大数据收集、分析技术,政府才能对浩如烟海的数据资源进行分析、整合和利用,才能将加工后的数据资源进行有效共享。

参考文献

[1] 张康之. 论主体多元化条件下的社会治理[J]. 中国人民大学学报,2014(2):2-13.

[2] 黄新华. 整合与创新:大数据时代的政府治理变革[J]. 中共福建省委党校学报,2015(6):4-10.

[3] 杨冬梅. 大数据时代政府智慧治理面临的挑战及对策研究[J]. 理论探讨,2015(2):163-166.

[4] 张述存. 打造大数据施政平台提升政府治理现代化水平[J]. 中国行政管理,2015(10):15-18.

[5] 姚国章,刘忠祥. 大数据背景下的政府信息资源整合与利用[J]. 南京邮电大学学报(科学社会版),2015(4):20-25.

作者简介:孙德朋,中共青岛西海岸新区工委党校,讲师
通信地址:青岛市黄岛区海湾路 1368 号
联系方式:717460865@qq.com

借鉴深圳民营经济发展经验，
提升青岛民营经济发展水平

王　艳

（青岛市黄岛区科协，中共青岛西海岸新区工委党校，青岛，266404）

摘要： 习近平总书记非常重视民营企业，多次强调要给民营企业创造良好的发展环境。民营经济一直都是青岛经济发展的"中流砥柱"，是青岛发展的重要力量和不可或缺的宝贵财富，是青岛市改革开放 40 多年来取得重大发展的"活力源"，也是青岛市今后加快发展的"助推器"。为此，本文对青岛市民营经济现状进行全面分析，深入分析了青岛市民营经济存在的问题，详细阐述了深圳民营经济发展的经验，并且提出了加快青岛民营经济发展的对策建议，旨在为提升青岛民营经济发展提供参考。

关键词： 深圳；民营经济；青岛

党的十八大以来，以习近平同志为核心的党中央高度重视民营经济发展。习近平总书记在民营企业座谈会上的重要讲话，充分体现了习近平总书记和党中央对民营经济、民营企业、民营企业家的深切关怀，为民营经济敲下了"定音锤"，是我国民营经济发展进程中的一座里程碑。青岛市民营经济发展取得了一定成绩，但是与深圳相比，民营经济发展短板较多。为此，学习深圳促进民营经济发展方面的经验做法，寻找差距，开辟民营经济发展新局面迫在眉睫。

1　深圳发展民营经济的主要经验

近年来，深圳市民营经济发展走在全国前列，很多经验值得青岛市学习借鉴。2018 年，深圳市实现生产总值突破 2.4 万亿元，增长 7.6%，其中民营经济占比 42.03%，全市民营经济主体达到 298.14 万家，其中民营企业数量 185.9 万家，占全市企业总数的 96.3%，全市 26 家企业进入全国民营企业 500 强。在 2018 年中国城市营商环境评价报告中，深圳市位居 35 个大中城市营商环境指数第一名。

1.1　目标定位高端

面对新形势新任务，深圳市敏锐把握发展趋势，紧密结合城市实际，以建设国际一流营商环境为目标发力，以建设中国特色社会主义先行示范区，努力创建社会主义现代化强国的城市范例为目标，以营商环境改革为重点的全面深化改革取得重大进展。该市在全国率先实施营商环境改革、工程建设项目审批，"深圳市 90 改革"、前海蛇口自贸片区一批制度创新成果在全国复制推广。这些目标定位虽各有不同，但都体现了率先发展、走在前列的强烈事业心和进取心，为两市民营经济长远发展提供了科学指引，也为重点领域突破和重点产业发展提供了战略支撑。

1.2　营商环境优化

深圳市大力实施积极政策，营商环境不断优化，民营经济活力不断释放，推动了民营经济发展实现新飞跃，推出《关于更大力度支持民营经济发展的若干措施》，以更大的力度、更优惠的政策、更好的服务支持民营企业发展。杭州市在打造开放竞争的市场环境、营造公开透明的政务环境方面持续优化，出台了《关于深化最多跑一次，改革建设国际一流营商环境的实施意见》，从政务服务环境、投资贸易环境、产业发展环境、创业创新环境、法治环境、生态人文环境6个方面进行规范，在全国率先提出"亲商、安商、惠商"各项举措，并在新旧动能转化、产业平台建设等各方面示范引领，争创全国民营经济高质量发展示范区。

1.3　创新动力较强

深圳市大力实施创新驱动发展战略，积极营造良好创新环境，创新内生动力不断释放。

一是企业创新主体作用发挥好。深圳市技术创新中占绝对主体地位的是企业，90%以上的研发机构、研发人员、研发资金和职务发明专利均产生于企业，90%的创新型企业为本土企业，90%的重大科技项目由龙头企业承担。企业在创新发展中发挥着不可替代的作用。

二是要素集聚助推创新。在深圳市，积木式创新成为初创科技型企业最优的创业模式，深圳市有各类高校、科技研发机构1500多家，以此衍生的研发型小微企业不计其数，大量的科技型上市公司为此类小微企业投入前期研发资金，通过研发成果买断式孵化，让他们能够潜心走"小、专、精"的创新之路。

三是双创氛围浓。深圳市具有创业创新、追求成功的浓厚氛围。深圳湾创业广场，通过提供办公场所、工具设备、培训辅导、基金投资等全要素的"一站式"服务，帮助创客把头脑中的金点子变为现实，助推"理工男"创业成功。

1.4　融资环境良好

围绕缓解民营企业融资难，深圳市构建了"5＋5"的直接和间接融资服务体系。在直接融资方面，大力推动上市融资。2004年启动民营及中小企业上市培育工程以来，205家企业成功登陆中小板或创业板资本市场解决融资问题。推动中小企业集合发债和发行中小企业短期融资券。大力推动政策性担保机构开展民企债券，每年发债企业200家，总额1000亿元。设立企业发展基金，主要针对中小企业。争取国家中小企业发展基金首支子基金落户深圳市，规模60亿元，同时市政府还设立了总规模105亿元的深圳市中小微企业发展基金。

发展股权融资，成立前海股权交易中心，目前挂牌展示企业达到1.36万家。

1.5　政策预期稳定

深圳市积极加大舆论宣传，稳定企业预期，持续为民企发展营造宽松的营商环境和舆论氛围。深圳市持续营造中国最佳民企发展区域的认知度，设立100亿元债权资金和50亿元股权基金，缓解优质上市公司股票质押风险；引导商业银行、券商等股票质权人开展配套授信，不轻易抽贷和平仓。此外，深圳市建立民营企业重大危机预警处置机制，建立民营企业家市外纠纷及涉诉应急协调处理机制，建立民营企业应对国际贸易摩擦工作服务机制，建立企业海外涉及重大诉讼案件的报备制度和合规管理协调制度，引导民营企业构建合规管理体系，保障民营经济稳定长期发展。

1.6　忧患意识较强

作为国内营商环境最好的城市，深圳丝毫没有满足和懈怠，不断改革、不断自我刷新的忧患意识处处体现在行动上。深圳市为将本地培育的上市企业留住，出台了"两个百分百"办法，即企业上市后，百分百保证企业在深圳市有固定办公场地，百分百确保企业注册地留在深圳。深圳市在设立100亿元债券资金和50亿元股权基金，以缓解优质上市公司股权质押风险外，还预先研判风险，设立总规模1000亿元的深圳市民营企业平稳发展基金，防止民营经济发展出现大的波动。深圳市在营商环境方面不断自我加压，通过不断对标国际，发现与世界一流营商环境存在的差距，加大力度深化改革，为今年力争营商环境达到全球前30强水平奋进。

2　青岛市民营经济发展短板

2018年，青岛市民营经济贡献了青岛49%的新增税收和76%的新增就业人口，市场主体130万户，先后分四批评选出了209位青岛创业创新领军人才，民营境内外上市企业占全市上市企业的73%，民营高新技术企业占全市高新技术企业的85%。但是，存在问题较多。

2.1　发展理念不够超前

青岛市在基本的市场竞争环境方面，尚存在对不同市场主体的歧视性待遇，至于在智慧城市、移动支付、社交等新的应用场景方面，更无针对民营经济的政策倾斜。青岛多年来缓解企业融资困难的政策仍停留在鼓励股权融资、信贷融资层面，手段单一，政策力度较低。青岛市在淘汰落后产能及整顿行业秩序等方面，仍有"一刀切""一关了之"等官僚的执法现象。

2.2　政策机制落实不够

在政策健全方面，青岛市在一些国家、省、市以及其他地区明确开展的惠企政策方面仍有空白，如国家和山东省均出台的"鼓励标准厂房分割转让"等降低企业用地成本的政策仍未得到实施。在政策目标任务性方面不够明确：相关财政政策仅对政策的扶持方向、扶持方式有明确说明，但对财政扶持总的规模任务未做要求。在政策导向性方面不够明确：青岛市相关财政政策大多采取"事后补、见果补"等补贴方式，往往让政策失去先机和应有的导向效果。在政策普惠性方面不高，在政策可获得性方面不强：青岛市有的部门出台的政策含含糊糊、"不问不说"或"高高在上"，让企业无所适从，难以惠及。

2.3　投入产出机制良性循环不够

民营经济繁荣与城市大发展互为机遇，以"PPP"项目为例，有央企参与的竞争，民企几乎没有机会。此外，对民营企业首次参加重大项目实现业绩零突破方面，青岛市也没有给本地民企应有的政策倾斜。

3　青岛发展民营经济的对策建议

作为沿海开放城市，在2017年山东省民营企业500强中，青岛只有5家民营企业入围，这与青岛市经济社会发展极不相配。因此，学习深圳民营企业发展的经验，加快青岛市民营企业发展迫在眉睫。

3.1　提速优势创新资源集聚

青岛市要创新民营经济公共服务提供机制和方式，提高民营经济公共服务质量和效率，形成"市场资本＋发展模式设计＋资本市场渠道＋金融证券服务机构＋跨界企业集群＋生态规划设计集群"

的公共服务创新生态，促进民营经济高质量发展。

一是探索引进深圳市高水平的"创新服务指引模式"，引进外部专业团队，对我市创新创业相关法律、财税、人力资源等相关政策进行梳理和解读，对创客解决实际遇到的法律、财税等问题提供有针对性的建议和典型案例参考。

二是引进南方优势资源，促进大中小企业融通高质量发展。通过组织开展"胶州湾对话深圳湾"常态化路演活动，组织青岛优质企业走出去，打破地域限制，吸引南方产业基金与青岛科研院所、科技型创业公司创新成果孵化或把南方先进创新孵化成果嫁接到青岛市"956"产业体系进行产业化。

三是引入德勤"卓越管理公司"项目等知名机构的企业外脑，解决民营企业普遍存在的粗放式管理、内部控制缺失和应对外部风险能力不足等问题。

3.2　持续优化营商环境

深圳市持续优化的营商环境，让中国最佳民企发展区域的城市品牌认知度不断提升。我们将加大力度做好相关工作。亲商、重商、安商，争创中国最佳民营经济发展区域。通过召开全市民营经济发展大会，表彰为我市民营经济发展做出突出贡献的先进典型，借势第48次APEC中小企业工作组会议，形成以改善营商环境为主题的"青岛倡议"，加强民营经济发展专题宣传行动，讲好"青岛故事"，提升青岛"中国最佳民营经济发展区域"的认知度和吸引力。强化惠企政策落地、落细、落实。推动一批难落地的政策出台，突破一批难落实工作"瓶颈"，如牵头抓好清理拖欠民营企业中小企业账款工作。推进一批难落细政策实施，破解民营企业融资难、融资贵难题，学习借鉴深圳"5＋5"的直接和间接融资服务体系，在优化市中小企业公共服务中心"融资通"平台基础上，推动民营企业启用"金企通"融资服务平台。

3.3　加大服务民营企业发展的力度

我们要切实落实高质量发展理念，高标准打造"民企之家"。按照"分类指导、突出重点、梯度扶持"的思路，着力培育四支重点企业队伍，即民营领军骨干企业队伍、上市及拟上市企业队伍、成长型中小企业队伍、创新型中小微企业队伍。

今后,要全面贯彻青岛市委、青岛市政府的各项部署,以更高的标准和追求,以更大的激情和干劲,进一步解放思想、扎实工作、比学赶超、争创一流,使青岛民营经济发展充满生机与活力。

参考文献

[1] 山东社会科学院课题组. 聚力解决民营经济发展突出问题[N]. 大众日报,2017-07-26(10).

[2] 中共青岛市委. 中共青岛市人民政府关于加快民营经济发展的意见,2014-10-20.

[3] 宋弢,薄克国. 青岛打出"组合拳"支持民营经济发展[N]. 大众日报,2018-11-19(3).

[4] 中共青岛市委、青岛市人民政府关于大力培育市场主体加快发展民营经济的意见细则,2018-04-30.

作者简介:王艳,中共青岛西海岸新区工委党校,高级讲师

通信地址:青岛市黄岛区海湾路 1368 号

联系方式:hddxwangyan@163.com

青岛西海岸新区优化营商环境、促进民营经济发展的实践创新

孙桂华

(青岛市黄岛区科协,中共青岛西海岸新区工委党校,青岛,266404)

摘要:近年来,青岛西海岸新区积极贯彻落实中央和省市关于促进民营经济发展的决策部署,多措并举优化营商环境,着力促进民营经济健康快速发展。一是营造民营经济发展政策环境;二是深化民营经济"放管服"改革;三是努力破解民营企业融资不畅难题;四是着力推动民营企业创新发展;五是浓厚民营经济发展氛围。青岛西海岸新区民营经济得到健康快速发展。

关键词:青岛西海岸新区;民营经济;营商环境

改革开放 40 多年来,非公有制经济已成为我国社会主义经济制度的重要组成部分。党的十八大以来,以习近平同志为核心的党中央,高度重视促进非公有制经济的健康发展,非公有制经济发展环境日趋向好。青岛西海岸新区作为第九个国家级新区,近年来积极贯彻落实中央和省市关于支持民营经济发展的决策部署,多措并举促进民营经济健康快速发展。截至 2018 年 12 月底,全区民营市场主体累计达到 242296 户,同比增长 15.02%,占全区市场主体总量的 97.9%。民营经济发展对全区地方税收贡献率超过 80%,劳动力就业贡献率超过 90%,民营经济呈现良好发展态势。

1 营造民营经济发展政策环境

为进一步激发民营经济发展活力,青岛西海岸新区致力于营商环境的优化。2016 年以来,先后出台了《关于加快民营经济发展的意见》《关于大力培育市场主体加快发展民营经济的意见》及《实施细则》,对新区民营经济发展工作目标、工作措施及职责分工进行了明确安排,有力支撑了民营经济发展,为着力破解民营经济发展的制约因素,促进全区民营企业做大做强做优起到了一定作用。2018年 12 月,新区制定了《青岛西海岸新区关于促进民营经济发展的十条意见》(青西新办字〔2018〕111号),对鼓励民营企业创新发展、支持行业领军企业发展、促进民营企业转型升级、加快民营企业治理结构升级以及开展小微企业大数据信用融资试点工作、建立民营企业服务督查机制等 10 个方面的政策措施进行了细化、优化和强化,民营经济发展的政策环境越来越好。例如,按照企业的性质不同,给予相应的一次性奖励:规模以上服务业企业、限额以上批发零售和住宿餐饮企业以及资质内建筑业企业,奖励额度为 10 万元;新进入纳统纳税的规上工业企业和"小升规"企业,奖励额度为 20 万元;"四上"企业改制成规范化股份公司的,补贴额度为 40 万元。再有,从 2019 年起,行业领军企业重点建设项目、纳入新区新旧动能转换重大项目库的民营制造业项目,优先列入省、市、区级重点项目库,优先保障项目建设用地。

2 深化民营经济"放管服"改革

在深化"放管服"改革上,青岛西海岸新区突出抓了"四个积极推进"。

2.1 积极推进"证照分离"改革,构建创新发展的营商环境

西海岸新区自 2017 年底被省政府列为"证照

分离"改革试点以来，由新区市场和质量监管部门牵头，新区编办、法制办以及各审批部门共同参与改革试点，改革由单一部门向多部门拓展，由"先照后证"向"照后减证"深化，营商环境变得越来越高效、便捷、稳定、可预期。"证照分离"改革试点评估总满意度达到 97.8％；"取消各类证明实行告知承诺制"得到相关部门的认可。"证照分离"改革经验被山东省委改革办以及国家市场监管总局、司法部等部门在全国推广。

2.2 积极推进"一次办好"便利化改革，构建宽松便捷的准入环境

市场和质量监管局与公安、税务、人社、人民银行等部门协同联动，由新区管委办印发了《青岛西海岸新区优化企业开办专项行动方案》，形成"一次办好"的改革合力，通过登记材料形式审查、登记信息数据共享、执照印章同步联办、税务办理"套餐式"服务等方式，3 个工作日就可以完成新建企业的商业登记、公章印章、银行开户、税务处理、社会保障等事项。同时，市场和质量监管局还不断优化企业登记全程电子化模式，开通个体工商户"微信办照"服务，拓宽登记服务新模式。

2.3 积极推进贸易便利化改革，支持企业扩大出口规模

为了落实好党的十九大提出的"推动形成全面开放新格局"的新要求，新区进一步优化海关监管服务质量，不断提升西海岸新区对外开放水平。本着"优势互补、资源共享、共同发展"的原则，加强了西海岸新区与青岛海关的合作，通过签署合作备忘录的方式，创新了口岸监管模式，港口检验手续和服务大大优化，进出口货物的便利程度大大提升。

2.4 积极推进营商环境评价体系改革，构建良好企业发展环境

聚焦制约新区营商环境发展的突出问题和薄弱环节，新区商务部门按照新区区情、企业发展现状及诉求，与第三方公司合作，着力打造新区符合国际投资贸易规则的营商环境评价体系，进一步激发了大众创业、万众创新的潜力和活力。

3 努力破解民营企业融资不畅难题

为解决民营企业融资不畅问题，新区金融部门多措并举搭建多层次融资服务平台，为民营经济提供金融支撑。

3.1 突出政策引导，构建全方位融资支撑体系

一是健全组织协调体系。通过召开小微企业座谈会、银行机构联席会等会议，广泛听取金融机构的意见和建议，建立有组织、多形式、制度化、全方位的沟通协作机制，努力满足高效、市场化、有竞争力的企业合理信用需求。

二是健全政策扶持体系。出台了《服务实体经济防控金融风险深化金融改革的实施意见》，进一步统筹布局金融工作任务；发挥《金融业发展专项资金管理办法》激励作用，先后兑现 1470 万元的奖励，有效激励各类金融机构扩大投融资规模。

三是健全风险担保体系。探索和建立"政府＋信用信息服务＋银行＋担保"多方合作机制，分担信贷融资模式的风险。

3.2 搭建银企对接平台，实现常态化精准对接

一是提升银企对接层级。将银企对接银行机构层级提高到青岛分行层面，组织开展青岛—新区政银企融资对接活动。2018 年，各项银企对接活动已为 104 家企业解决了 112.9 亿元的融资需求。

二是拓展银企对接深度。结合企业需求和金融机构特色，开展"一对一"专题对接，目前已与 10 余家重点企业完成对接，解决融资近 2 亿元。

三是突出银企对接重点。对涉及军民融合和海洋强国的重点企业开展专项对接。

3.3 开展金融创新，力推多样性融资模式

一是大力推行"投保贷"新模式。2018 年完成 7 家企业 5800 万元业务。

二是促进银行机构创新金融产品。在林权抵押贷款和农村土地承包经营权抵押贷款业务上实现新突破。

三是创新大数据信用融资模式，通过引进大数据征信服务机构，依托企业信用评级发放信用贷款，缓解小微企业贷款缺少抵押、担保的问题，这个模式为山东省内首创。

3.4　大力推进企业上市,拓展多层次融资渠道

一是加大统筹协调力度。出台了《加快推进企业上市工作实施方案》,下发了《关于建立上市和重点拟上市企业联动工作机制的通知》,新区管委与青岛证监局签订《关于促进青岛西海岸新区资本市场健康发展的合作备忘录》,上市挂牌工作力度进一步加大。截止到 2018 年末,新区民营企业累计上市公司 9 家,新三板挂牌企业 18 家,区域股权市场挂牌企业 201 家。

二是支持企业并购再融资。对符合条件的上市公司在境内外实现有效并购、整合优质资源,利用公开发行、定向增发、可转债等融资手段,增加直接融资比例,2018 年,推动 7 家企业实现再融资超过 100 亿元。

三是大力发展和培育股权投资机构。出台了《关于加快投资(基金)类企业集聚发展的意见》,有效促进投资类企业发展。

4　着力推动民营企业创新发展

4.1　着力推动民营企业转型升级

新区民营经济主管部门积极落实新区《关于加快推进制造业转型升级的意见》,对中小微企业加大扶持力度。

一是大力培育"专精特新"企业。目前,新区拥有"专精特新"产品(技术)260 多个,拥有"专精特新"企业 246 家;"专精特新"示范企业 65 家,"隐形冠军"企业 8 家,各项指标数量均位居青岛市前列。

二是积极帮助企业争取更高层次的支持资金。积极组织企业申报"专精特新"企业、专精特新示范企业、隐形冠军企业、小企业产业园和创业创新基地等,2018 年,帮助企业获取奖励补贴高达 800 多万元。

三是积极推进优质品牌标准化。截至目前,新区已在中国拥有 24 个驰名商标,8 个国家地理标志商标和 104 个山东名牌。同时,有 21 个项目列入山东标准建设计划,17 家企业共 42 个标准化项目获得 133 万元的市级标准化补助。

4.2　着力鼓励民营企业创业创新

青岛西海岸新区充分利用驻区高校和科研院所的科技创新力量,通过举办新研究成果、新发明技术对接活动等措施,推动高校科研成果向企业转移转化;新区连续举办多个小微企业创新大赛,通过创新大赛,为创业创新的创客团队和企业家们与业内专家、创投机构、金融机构合作牵线搭桥,提高了创业创新成功率。

4.3　着力引导中小微企业集约集聚发展

加强小企业工业园区建设和创业创新基地建设。截至目前,该区拥有 1 个国家小微企业创业基地,6 个市级小企业工业园区和 6 个市级创业创新基地。同时,为了增强服务贸易在促进新区经济结构调整和贸易转型升级中的积极作用,目前,新区正在积极建立省级服务贸易出口示范基地,支持服务贸易企业的发展。创建中,着力加强影视文化服务领域的国际交流合作。目前已有 112 家影视公司注册入驻,新区影视服务贸易出口将迎来大发展。

5　浓厚民营经济发展氛围

5.1　创新服务模式,助推民营企业实现转型升级

一是举办技术对接服务活动。通过调研,深入了解中企业的技术服务需求,邀请驻青高校、科研院所的专家和新区民营企业负责人及技术人员进行现场对接,为民营企业与技术专家沟通交流搭建了服务平台,有针对性地帮助企业解决了研发和生产过程中的技术难题。

二是建立民营企业诉求解决工作机制。研究制定《解决民营企业诉求工作机制》,明确了诉求渠道、诉求受理分工、诉求办理以及办理时限、督查、考核等事项,使民营企业各项诉求事项得到快速解决。

三是积极帮助企业开拓市场。根据企业的新产品新技术研发情况和市场开拓的需要,定期推荐企业在全市进行新产品、新技术发布,与全市有关产品技术需求企业进行了面对面对接,搭建了企业合作平台。

5.2　加强人才培训,提高民营企业整体素质

在青岛西海岸新区,中小微企业人才培训、定

期开展观摩交流活动已经成为常态。新区坚持每季度组织一次工商联执委、专精特新企业、工商联界政协委员观摩与交流活动,以学习上级有关政策、文件精神,组织走进新区功能区及重点项目进行观摩,开展"专精特新"企业项目路演等,多渠道搭建民营企业服务平台。坚持每年举办一期新生代民营企业培训班、一期党性教育专题培训班,并积极组织企业参加青岛"中小企业之家讲坛"、清华大学培训班、深圳大学培训班、工商管理培训班等。

5.3　加强组织领导,提升民营经济发展合力

一是成立民营经济发展领导小组。为加快民营经济发展,2017年新区成立了"青岛西海岸新区民营经济和中小企业发展工作领导小组",组长由区长担任,小组成员单位近70个,形成推动民营经济发展的强大合力。

二是建立民营企业综合服务平台。整合政府、企业和其他社会资源,利用互联网和大数据等技术手段,线上与线下结合,在便企服务、政策发布、商务服务、金融服务、专家智库、品牌建设、教育培训等方面,构建互联互通、共享共用、一键畅通的民营企业综合服务平台。

三是加大考核督查力度。为增强各级各部门力促民营经济发展的责任感,新区加大相关工作的考核力度,积极探索建立以市场主体的总量、质量、结构、发展速度和贡献率为主要指标的绩效评估体系,对支持民营经济工作开展好、考核成绩突出的单位进行表彰奖励;完不成工作目标的单位,其主要负责人将受到区政府领导的约谈;对那些不落实

扶持政策和服务发展不到位的单位以及不作为、慢作为、乱作为的单位进行追责问责;建立民营企业服务督查机制,定期了解民营企业诉求,定期督办民营企业政策落实情况,并将督查情况以适当形式向民营企业反馈。

三是加强宣传推广。新区创新宣传形式,充分利用《新黄岛》《西海岸新闻》《西海岸传媒》《青岛西海岸新闻网》以及"青岛西海岸发布"微信公众号等载体,及时报道民营企业先进典型,推广先进经验,形成全社会关心关注民营企业发展的浓厚氛围。

参考文献

[1] 青岛西海岸新区管委.关于大力培育市场主体加快发展民营经济的意见(青西新管发〔2017〕54号),2017-11-28.

[2] 张欣健.创新驱动金融,围绕海洋发展——青岛西海岸新区亮相山东金博会[EB/OL]. http://www.ytchangyang.com/news/390.html.

[3] 青岛西海岸新区市场和质量监督管理局.2018年法治政府建设情况报告[EB/OL]. http://www.huangdao.gov.cn/n10/n27/n98/n125/n470/181229142932423628.html.

[4] 中共青岛西海岸新区工委办公室、青岛西海岸新区管委办公室.印发《青岛西海岸新区关于促进民营经济发展的十条意见》《青岛西海岸新区关于规划建设小微民营制造企业产业园区的办法》《青岛西海岸新区关于建立民营企业综合服务平台的实施方案》的通知(青西新办字〔2018〕111号),2018-12-25.

作者简介:孙桂华,中共青岛西海岸新区工委党校党史党建教研室主任,高级讲师

通信地址:青岛市黄岛区海湾路1368号

联系方式:sgh3380@sina.com

浅谈公证对推动民营企业发展的作用

谭雅文

（青岛市黄岛区科协，西海岸新区司法局，青岛，266400）

摘要：民营企业在推动市场经济发展中发挥了重要作用，是推动地区经济发展的主力军，对繁荣地区经济、提高就业率、维持市场经济秩序稳定具有重大现实意义。各地都在出台并完善招商引资政策，完善公共基础设施建设，升级公共法律服务水平，以吸引民营企业来本地发展。本文就公共法律服务中的公证对推动民营企业发展的作用进行剖析，以期为推动民营经济发展提出具有现实参考意义的理论分析。

关键词：公证；企业发展；服务

民营企业在推动市场经济发展中发挥了重要作用，是推动地区经济发展的主力军。民营企业与地方政府应是互惠互利的关系，民营企业发展态势好，有助于繁荣地方经济、提高地方就业率、造福一方百姓，而地方政府的政策支持对民营企业的发展甚至是生死存亡起到了关键性作用。不同于市场监管、行政审批等职能部门与民营企业接触的直接性，公共法律服务体系对民营企业起到了"润物细无声"的法治保障作用，它能够优化营商环境，帮助企业预防经营风险，为企业提供法律咨询和法律服务。本文从公共法律服务中的公证对企业发展的重要意义出发，从公证的定义及办理事项、对民营企业发展的法治保障作用和公共法律服务优化营商环境三个方面进行论述，以期为推动民营企业发展提出具有现实参考意义的理论分析。

1 公证的定义及办理事项

根据《中华人民共和国公证法》第一章第二条之规定："公证是公证机构根据自然人、法人或者其他组织的申请，依照法定程序对民事法律行为、有法律意义的事实和文书的真实性、合法性予以证明的活动。"

根据《中华人民共和国公证法》第二章第十一条之规定："根据自然人、法人或者其他组织的申请，公证机构办理下列公证事项：（一）合同；（二）继承；（三）委托、声明、赠与、遗嘱；（四）财产分割；（五）招标投标、拍卖；（六）婚姻状况、亲属关系、收养关系；（七）出生、生存、死亡、身份、经历、学历、学位、职务、职称、有无违法犯罪记录；（八）公司章程；（九）保全证据；（十）文书上的签名、印鉴、日期，文书的副本、影印本与原本相符；（十一）自然人、法人或者其他组织自愿申请办理的其他公证事项。"

2 公证对企业发展的法治保障作用

2.1 证据保全公证助力"双打"，企业维权途径多

近年来，随着商品经济的发展，侵犯企业商标权、外观设计权等知识产权的行为日益增多，政府大力开展"双打"斗争，对此类侵权现象起到了遏制作用，但由于侵权证据具有易灭失、时效性强的特点，给企业维权带来了很大困难。

为防范被侵犯知识产权、打击制售假冒伪劣产品的违法行为，越来越多的企业选择通过证据保全公证保存侵权证据。而为了更好地服务企业、优化营商环境，各地公证机构对侵犯知识产权的证据保全公证申请开辟了绿色通道，企业发现侵权行为即可申请证据保全公证，公证员现场搜集影像、文字资料，依法审查后出具公证书，确保侵权证据在最短时间内得以留存，为企业合法维权提供了一柄

"利剑"，也有助于规范市场经济秩序。

2.2 赋强公证预防风险，维护稳定的经济秩序

随着国家政策的完善和社会经济的发展，担保公司、民资公司等金融类企业犹如雨后春笋般在各地生根发芽。高收益往往伴随着高风险，金融类企业在追求快速发展的同时，必须预防因市场变化、金融秩序波动出现的金融风险，以实现企业的长足发展。以小额信贷公司为例，小额信贷公司因手续少、时间快、借贷便捷成为人们有借贷需求时的重要选择，也正因为手续简便，一旦借贷人失信、抵押物变现困难，就会产生坏账、烂账，使企业面临破产的风险，也不利于维护经济秩序的稳定。

为防控金融信贷风险，多数金融类企业和银行选择赋强公证来保障自身合法权益。以小额信贷公司为例，小额信贷公司在与借贷人签订抵押贷款合同后，可以跟公证机构申请"赋予最高额抵押担保合同强制性执行效力公证"，向公证机构提交企业营业执照、抵押合同等必要材料后，取得公证书，赋予抵押合同强制性执行效力，一旦借贷人失信，贷款公司可凭公证书直接申请法院强制执行抵押物，省去了诉讼的步骤，企业维权更加便捷，优化了营商环境，也更有利于维护和谐稳定的经济秩序，一举多得。

2.3 快速通道速审速办，企业办理公证更加便捷

为优化营商环境，各地政府大力推行"一次办好"政策。群众和企业办理相关业务，通过电话咨询、网上预约等方式做好前期准备工作后，只需去一次现场即可完成相关业务办理，实现"最多跑一次"，减少了往返奔波的次数，大大缩短了现场等待时间，"让数据多跑腿，让群众少走路"。

部分公证业务窗口对民营企业开通了"绿色通道"，一些业务的办理时间由原来的 15 个工作日压缩为 3 个工作日，提高了办事效率，方便了企业，优化了营商环境，也有利于繁荣地方经济，吸引企业进驻。

3 优化营商环境，打造服务型公证

3.1 发展"互联网＋"服务模式，办事效率再提高

随着互联网技术的快速发展，省内通行的公证网上申办平台已逐步完善服务功能，企业可在网上平台预约申请公证、提交有关材料，公证员在网上完成预审后，通知企业现场办理公证，一定程度上减少了现场办证的等待时间，免去了经办人往返奔波的烦琐。

但由于公证服务的严谨性和技术水平限制，网上申办平台能够给企业提供的服务项目有限，多数公证服务还需通过现场办理完成，相信随着技术手段和企业运营理念的更新，互联网可以在公证服务领域发挥更大的作用，推动公证服务领域办事效率再提高，企业办理公证更便捷。

3.2 提供"个性化"服务，营商环境再优化

随着市场经济的发展和企业法治化运营水平的提高，各地公证机构应主动出击，进一步完善公证服务机制，更加积极地推广上门公证服务，与申请人申请公证的被动工作模式互为补充，为企业提供全方位的公证服务。

针对信贷公司、银行等常年需要申请公证的企业，一些地方的公证机构研究制定了企业公证服务"统一备案制"。企业在公证处提交相关材料备案后，同一企业在一年内办理同类公证业务不需要重复提交企业资料，实现公证业务的"批量化办理"，提高了办事效率，方便了企业运营，这种人性化服务模式应当进行试点推广，以实现营商环境再优化。

3.3 注重细节完善，服务意识再增强

公证服务是公共法律服务的重要组成部分，重心在"服务"二字。企业选择合适的驻地生根发芽，一是看各地的招商引资政策，二是看当地整体的公共服务水平，包括基础设施建设、行政审批服务和法治保障。"橘生淮南则为橘，橘生淮北则为枳"，同一个企业在不同的发展环境里会出现质的变化。

以凤岐模式为例，凤岐茶社是一家诞生于山东的"互联网＋"创服企业，后将主要业务移师浙江乌镇，仅仅三年时间，凤岐模式就孵化了近 60 家智慧农业企业，总资产超过 100 亿元，与在山东时的发展情况截然不同。推动企业发展，关键字在"发展"，仅仅吸引企业在一个地方注册是不够的，优化营商环境的初步目标是留住企业，最终目标则是通过推动企业的发展来推动地方的整体繁荣，完善服

务细节、增强服务意识、为企业提供更优质的服务,才能吸引企业长久进驻。

综上所述,推动民营企业发展需要政府、社会和企业的多方共同努力,需要市场的稳定和资本的积累。在政府和企业可控的范围内,只有不断完善招商引资政策,加强公共基础设施建设,打造最佳营商环境,才能把握住推动企业发展的主动力,才有可能实现民营企业的长足发展,从而推动地方的发展。

作者简介:谭雅文,青岛西海岸新区司法局,科员

通信地址:山东省青岛市黄岛区双珠路 399 号光大商务中心五楼

联系方式:hdqsfjxxy@163.com

以供应链创新与应用引领青岛制造业转型升级

王正巍

（青岛市社会科学院，青岛，266071）

摘要：制造业作为青岛的支柱产业，在产业转型升级方面还有很大空间。当前，在经济全球化的形势下，企业间的竞争根本在于供应链之间的竞争。以供应链的创新和应用加强青岛市制造业的竞争力，引领青岛市制造业转型升级，为青岛市培育新的经济增长点，形成经济发展新动能，从而助推供给侧结构性深化改革势在必行。本文首先引入以供应链推进产业转型升级的必要性，然后描述了青岛市制造业的发展现状与不足，最后给出了相应的参考建议。

关键词：青岛市制造业；产业转型升级；新动能

当前，我国经济正由传统的以要素投入、工业拉动、政府主导为特征的发展模式，向形态更高级、分工更复杂、结构更合理的阶段演化[1]，伴随着持续的消费升级和需求结构的深层次转变，供给侧结构性改革针对"产能过剩、高库存和有效需求得不到满足"的供需结构性失衡，提出了更为精准的需求匹配方式，而供应链管理的核心即供需匹配。2017年10月，国务院办公厅首次发布专门针对供应链的文件《关于积极推进供应链创新与应用的指导意见》（国办发〔2017〕84号），指出推进供应链创新与应用，有利于推动集成创新和协同发展，是落实新发展理念的重要举措；有利于促进降本增效和供需匹配，是供给侧结构性改革的重要抓手；有利于打造全球利益共同体和命运共同体，推进"一带一路"建设落地，是引领全球化提升竞争力的重要载体。

供应链的概念是指以客户需求为导向，以提高质量和效率为目标，以整合资源为手段，将上下游企业和相关资源进行高效整合、优化和协同，实现产品设计、采购、生产、销售、服务等全过程高效协同的组织形态。[2]《工业转型升级规划（2011—2015）》中指出："转型就是要通过转变工业发展方式，加快实现由传统工业化向新型工业化道路的转变；升级就是要通过全面优化技术结构、组织结构、布局结构和行业结构，促进工业结构整体优化提升。"[1]因此，要实现经济高质量发展、建设现代化经济体系，迫切需要以供应链的创新和应用引领产业转型升级，促进资源优化配置，推动经济发展质量变革、效率变革、动力变革，助推供给侧结构性改革。

1 青岛市制造业发展的基本情况及不足

制造业作为青岛市重要的支柱型产业，涵盖了31个工业门类，经济总量占全市规模以上工业总产值的60.6%（2016年），就业人数一直占据青岛市就业总人数的50%以上。当前，青岛市持续深化供给侧结构性改革，不断推进产业转型升级，加快制造业新旧动能转换步伐，质量及效率有了显著提升。其一，青岛市制造业各行业产值均保持增长趋势。其二，高技术制造业提质增效成效显著。2018年，青岛市高技术制造业增加值占规模以上工业增加值比重达10.7%，比上年同期提高3.0个百分点。其三，装备制造业转型升级不断加快。同年，青岛市规模以上装备制造业增加值占青岛市规模以上工业比重达49.0%，较上年同期提高3.2个百分点。

然而，青岛市制造业大多仍处于一般加工制造阶段，距离产品研发设计、生产能力扩张阶段，以及独立品牌、独立技术产品制造阶段依然存在较大差距，具体表现为以下四个方面。

1.1 产业结构升级任务较重

2017 年 10 月，青岛市发展和改革委员会印发的《青岛市"十三五"制造业转型升级发展规划》指出，传统产业产值，例如石油化工、纺织服装、食品饮料、机械钢铁等占工业总产值比重较高，而战略性新兴产业占规模以上工业总产值的比重较小。传统制造业多以贴牌、代工为主，产业链条不长，产业收益率不高，本地产业配套能力远低于国际产业园区的平均水平。[3]

1.2 产业增长动力不足

当前，经济发展由高速增长阶段转向高质量发展阶段，供需结构依然不平衡，投资增长动力不足，出口稳定增长难度加大。从产业方面来看，传统产能过剩，传统动能发展出现了"瓶颈"，而新兴产业总量偏低，新动能转换尚未完成。

1.3 科技支撑能力不强

企业新产品产值率不高，以及科技创新转化为现实生产力的能力不高；高端设备、关键零部件、关键材料等大多依赖进口，核心技术及自有技术短缺，对外依存度较高。另外，高端创新创业人才明显短缺，科技服务体系不完善，导致研发及自我创新能力不足。

1.4 资源环境约束日趋加剧

根据《青岛市统计年鉴》显示，"十二五"期间，能源消耗年均增长 5%，二氧化碳年均增长 6.6%，碳能源强度高于全国平均水平 7 个百分点。[4]生态和环境资源，如土地、能源、水等日趋贫乏，使制造业大规模发展的约束日益增强。

2 青岛市推进现代供应链引领制造业转型升级的路径

2.1 加强供应链管理意识，提高供应链管理水平

目前大多数企业还没有认识到公司之间竞争的本质是供应链在竞争，尽管这已经是先进国家制造业的共识了。虽然国内制造业在许多行业已经建立起了完善的物料供应链条，但供应链上的各个环节还是各自为战，只注重内部各自的单独优化，

而疏于相互接口处的管理和配合，浪费了很多成本、资金和资源。其次，制造企业与终端客户之间在业务计划上也大多是被隔断的，许多零部件厂家对最终产品的应用或市场以及对上游原材料市场没有了解，也没有专门的流程和人员从供应链或者需求链的角度管控业务和所在业务生态圈。有的厂家只是看邻家增产了就也盲目扩产，最终造成产能库存过剩，从而使企业间只在乎价格上的比拼，用割断对方喉咙的方式暂缓自身企业的生命。此外，有的企业能够看清市场的需求，但是由于没有过硬的供应链管理，所以来不及增产而错失了机会。因此，制造业需要加强供应链管理意识，并提高企业的供应链管理水平，转变从价格驱动到价值驱动的经营理念，有效地利用资源，让整个供应链更精准地在价值链上满足市场和客户的需求，增强自身的竞争力，增加产业收益率，使企业成功转型升级。

2.2 促进供应链发展以培育经济新动能

运用供应链进行资源整合和优化配资，促进新业态、新模式发展，推动传统制造业转型升级。一方面，改造企业传统供应链，实现供应链体系数字化、网络化、可视化和智能化，促进传统制造业转型升级，形成新的经济动能；另一方面，通过推动供应链跨界协同研发、设计、采购、生产、销售、服务等，发展出新的服务及商业模式，提升制造业价值链，培育新的经济增长点。

2.3 加强供应链多层次人才培养和任用

首先，支持高校增设供应链相关专业和课程，培养供应量专业人才。其次，鼓励相关企业和机构加强供应链人才培训，培养市场人才，在价值驱动的经营模式下有能力走出去，更精准和更全面地了解客户需求，帮助企业做出如何配置相应资源的决策，以最有效的方式为客户提供最有价值的解决方案。此外，企业需要培养供应链运营人员并合理任用，转变过去的"人老实，信得过就行"的用人方式，让经营企业的思维方式先转型。

2.4 营造良好的制造业转型升级相关政策与环境

建立让制造业企业家有信心长远发展并盈利

的营商环境,完善和升级相应法律、法规,更好地保护企业私有财产,积极倡导绿色供应链管理,限制高能耗、高污染。不要过度干预企业升级换代,放手让市场和企业自己去配置资源,有效地提供客户所需要的价值。

参考文献

[1] 巩天啸."互联网＋"推进传统产业转型升级[J].世界电信,2016(2):6-12.

[2] 路红艳,王岩,孙继勇.发展现代供应链助力深化供给侧结构性改革[J].中国发展观察,2019(3,4):67-70.

[3] 青岛市发展和改革委员会.青岛市"十三五"制造业转型升级发展规划.2017.

[4] 宋波.青岛市制造业转型升级影响因素分析[J].管理观察.78-81.

作者简介:王正巍,青岛市社会科学院经济研究所,助理研究员

通信地址:青岛市市南区山东路12号甲,帝威国际大厦605室

联系方式:wzw1020@yahoo.com

关于华电青岛发电厂技术升级改造的建议

吴　民

（青岛太平洋学会，青岛海天大酒店，青岛，266001）

摘要：胶州湾是青岛市民的"母亲湾"。在胶州湾东岸海边有一座大型城市燃煤电厂——华电青岛发电厂。青岛市城市发展和未来经济可持续发展需要更多的发电设备装机容量，但为保护生态环境，现在国家严格控制燃煤发电厂的总装机容量，并严格执行燃煤电厂锅炉烟气的排放质量。建议青岛市两座滨海发电厂进行技术创新和升级改造，争取将两座老电厂改造成水电热联产的多功能电厂，提高电厂市场生存能力，保护好青岛市主城区和胶州湾生态环境。

关键词：青岛华电电厂；胶州湾；生态环境保护

青岛市胶州湾东岸有一座大型燃煤发电厂——华电青岛发电厂。电厂有 4 台 30 万千瓦发电机组，其中 1991 年国家计划委员会批准青岛发电厂一期扩建 2 台 30 万千瓦引进型国产汽轮发电机组工程，由华东电力设计院设计。主机设备：上海锅炉厂产 sG-1025/18.3—537 型亚临界、中间再热锅炉；上海汽轮机厂产 N300—16.7/538/ 538 型亚临界、中间再热、双缸双排汽、凝汽式汽轮轮机；上海电机厂产 QFSN—300-2 型水—氢—氢冷却方式发电机。一期 1 号机组 1995 年 12 月 22 日投产发电移交试生产；2 号机组：1996 年 11 月 1 日投产发电移交试生产。二期建设 2 台 30 万千瓦发电机组，2005 年 12 月 7 日，3 号机组发电。2006 年 7 月 9 日，4 号机组完成 168 小时满负荷试运行投入运行。后几年通过升级技术改造，现在全厂总装机容量达到 126 万千瓦。华电青岛电厂负责青岛主城区工业供汽及居民采暖供热任务。

根据中国电力企业联合会发布的《2017 年全国电力工业统计数据快报一览表》，全国发电装机容量 177703 万千瓦。其中：水电 34119 万千瓦，火电 110604 万千瓦，核电 3582 万千瓦，风电 16367 万千瓦，太阳能发电 13025 万千瓦。6000 千瓦级以上供电标准煤耗 309 克/千瓦时。电厂发电设备小时利用数为 3786 小时，其中：水电 3579 小时，火电 4209 小时，核电 7108 小时，风电 1948 小时。

现在全国发电产能过剩，为了保护环境、减少大气污染排放量，全国的燃煤电厂也给清洁能源和新能源让路，许多燃煤电厂发电能力下降，造成部分燃煤电厂经营亏损（也有燃煤价格波动等原因）。如 2016 年全国 6000 千瓦及以上火电厂发电设备小时利用数为 4186 小时。2015 年全国火电厂发电设备小时利用数比 2014 年减少 414 小时。2015 年全国燃煤电厂装机容量为 90009 万千瓦。经计算可知，火电厂少发电 414 个小时，全国燃煤电厂就少发电 3726.36 亿千瓦时，相当于全国有 89 台 100 万千瓦燃煤发电机组全年一分钟也没有发电（到 2017 年底全国有 112 台 100 万千瓦燃煤发电机组投入运行）。

2016 年中国电力企业生产年报发布，发现全国燃煤电厂发电设备小时利用数比 2015 年减少 199 个小时。在 2017 年全国"两会"前由中国政府网和 27 媒体联合发起的"我向总理说句话，2017 网民建言活动"中，作者向李克强总理提出了几条建议，其中一条是"关于国家提高燃煤电厂发电量和发电设备小时利用数的建议"。人民网、中国日报网、光明日报网和中国经济网等网站均刊登过，内容如下。

关于国家提高火电企业发电量与小时利用数的建议

尊敬的李总理:您好!

中国是世界第二大经济体,也是世界发电大国。2016年,全国发电量59897亿千瓦时,其中燃煤电厂发电量39058亿千瓦时。全国发电装机容量164575万千瓦,其中燃煤电厂发电装机容量94259万千瓦。基建新增发电装机容量12061万千瓦,其中燃煤电厂新增装机容量3812万千瓦。全国6000千瓦及以上火电厂发电设备利用小时4165小时,比2015年又降低199小时。按2016年火电厂装机容量计算,发电量减少1875.75亿千瓦时,也就是22.63台百万煤电机组在2016年全年4165小时没有发电。根据国家《能源发展"十三五"规划》到2020年发电装机容量20亿千瓦,其中煤电装机容量不超过11亿千瓦。建议国家在已经批准建设和在建的煤电项目外,到2020年不再批准建设新的煤电项目,努力研究提高现有煤电发电设备利用小时数,提高煤电厂经济效益。

国家采纳了这个建议,在2017年3月5日李克强总理的政府工作报告中指出要"扎实有效去产能"。2017年,要淘汰、停建、缓建煤电产能5000万千瓦以上,以防备化解煤电产能多余危险,提高煤电行业效率,为干净能源发展凌空间。后面新闻媒体跟进报道了这件事,国家有关机构发文章称,淘汰、停建、缓建煤电产能5000万千瓦以上发电产能,国家可以节约3000多亿元投资。

华电青岛电厂原来都有再上发电机组的计划。如华电青岛电厂原计划在老厂区丙站的地方上四期2台60万千瓦发电机组。因为这个电厂属于大型城市滨海电厂,随着国家环境保护力度的提高,许多地方的大型城市电厂发展受到国家政策的严格控制。所以华电青岛电厂再上大型发电机组的计划可能受阻。建议华电青岛电厂在现有发电机组上进行技术创新,升级改造,增加电厂自身的发电量,降低发电煤耗和供电煤耗,增加电厂热效率,将老电厂"二次创业"变成多功能电厂,增加社会效益和经济效益。

建议如下:华电青岛电厂一期工程的1号、2号机组分别在1995年12月和1996年11月投产发电,现在已分别运行24年和23年。火力发电设备的寿命周期为30年,应该对发电机组升级改造,以延长发电机组的发电寿命。全国30万千瓦等级的发电机组多年平均供电煤耗336克/千瓦时。国家为了环境保护,规划到2020年现役的煤电机组通过技术升级改造供电煤耗将达到310克/千瓦时,新上煤电机组必须达到300克/千瓦时。同时国家和各地地方政府对煤电发电厂烟气排放也有严格标准。如天津2018年6月22日发布了地方强制性标准《火电厂大气污染物排放标准》(DB12/810—2018),这是国内首个地方在火电厂大气标准中对烟气排放温度做出限定,标准规定4月至10月燃煤锅炉的烟气排放温度≤48℃,11月至3月≤45℃。该标准将于2018年7月1日正式实施。污染物限值方面,这项标准更是提出了"超超低"限值,新建项目颗粒物5毫克/立方米,二氧化硫10毫克/立方米,氮氧化物30毫克/立方米。

根据作者47年前在发电厂工作的经历(在青岛第一发电厂和第二发电厂实习和工作7年)和掌握的技术知识,建议华电发电厂发电设备进行技术升级改造,有几套技术升级方案供参考,论证如下。

方案一:1号和2号锅炉拆除,新建设一座660兆瓦亚临界超高温锅炉。青岛电厂一期2台30万千瓦发电机组主蒸汽进气压力16.7兆帕,进气温度和再热温度538℃/538℃。根据国家标准GB/T754—2007《发电用汽轮机参数系列》中,亚临界汽轮机进气压力有16.7兆帕和17.8兆帕两个等级,主蒸汽进气温度和中间再热温度535℃/535℃、537℃/537℃、538℃/538℃、540℃/540℃ 4个温度等级。建议青岛发电厂一、二号发电机组新上的锅炉(一炉带两机),使汽轮机进气压力达到16.7兆帕、17.535兆帕或者17.8兆帕,主蒸汽进气温度和中间再热温度达到超临界的566℃/566℃,或者600℃/600℃。即将原外高桥第三发电厂总经理冯伟忠和他的团队(冯伟忠教授现为上海申能电力科技有限公司总经理)研发的亚临界超高温技术应用上去,并将一、二号汽轮机流通部分升级改造(西门子公司与上海申能电力科技有限公司正在合作,将为华润电力控股有限公司旗下徐州电厂的一台320

兆瓦蒸汽轮机实施高温亚临界机组节能综合升级改造的工程提供汽轮机改造服务)。整个机组升级改造后,预计发电效率将提升到 42.9%,排放降低超过 10%,大修间隔将由原来的 6 年延长至 12 年,实现在提高发电收益的同时,显著降低维护成本。该项目预计于 2019 年年中完成。项目中汽轮机主蒸汽和再热蒸汽温度将从 537℃ 提升到 600℃,并采用最新技术,把原亚临界机组的煤耗降至 287 克/千瓦,每度电降低煤耗超过 10%,接近超超临界水平)。如果能上 660 兆瓦亚临界超高温锅炉,一炉带两机,能提高锅炉安全运行能力。在一台汽轮机组甩负荷时,另一台汽轮机组还可以带锅炉 50% 蒸汽流量的负荷。一台 660 兆瓦燃煤锅炉比两台 300 兆瓦燃煤锅炉的烟气、二氧化碳、二氧化硫和氮氧化合物的排放量更加合理,厂用电率更低一些,附属设备更简化一些,原有的锅炉上煤等系统也可以利用,减少项目投资,减少施工工期,供电煤耗至少能达到 300 克/千瓦时及以下水平。

方案二:将两台 300 兆瓦锅炉拆除,直接上一台 1000 兆瓦超超临界二次再热锅炉,并将冯伟忠教授研究团队研发的高低位分轴布置汽轮发电机组技术应用上去。即在两台 30 万千瓦汽轮机组前端设置一台高位背压式汽轮机组(高位前置背压汽轮机组装机容量 30 万千瓦、33 万千瓦或者 35 万千瓦)。汽轮机采用单流超高压缸单排汽或者双流超高压缸单排汽(可再议)。超高压缸排气压力经过一级再热后与后面两台 30 万千瓦汽轮机组进气压力对接,这是个技术难点。因为从冯伟忠教授研究团队研发的 135 万千瓦超超临界高低位分轴布置汽轮发电机组高位机的超高压缸排气压力为 11.085 兆帕,排气温度 430℃。如果与两台 30 万千瓦亚临界汽轮机组高压缸进气压力 16.7 兆帕再热压力对接,需要新设计一个单流超高压缸,或者一个双流超高压缸,并与发电机容量相匹配的超高压汽轮机。这样华电青岛发电厂通过技术升级改造后,总装机容量可以达到近 200 万千瓦(即两台 35 万千瓦的高位机,四台原 31.5 万千瓦通过流通系统升级改造成 33 万千瓦或者 35 万千瓦汽轮发电机组)。供电煤耗也可以达到 300 克/千瓦时及

以下标准,可以延长华电青岛发电厂原有发电机组的使用寿命并改善青岛市主城区大气环境质量。

方案三:将华电青岛电厂建设成水电热联产的发电厂。建议将预留的老厂区建设成大型海水淡化厂。根据国家海洋局海水淡化所研究的报告,采用热法和膜法,一台 30 万千瓦的发电机组可以配套日产 50 万立方米的海水淡化装置,即日产 20 万立方米低温多效蒸馏和日产 30 万立方米反渗透海水淡化。根据国家科研机构研究,采用低温多效蒸馏工艺总能耗为 5.5～9 千瓦时/立方米。反渗透海水淡化工艺总能耗为 3～4 千瓦时/立方米。如果华电青岛电厂两台 31.5 万千瓦日产 100 万立方米淡化海水,按照最大耗能低温多效 9 千瓦时/立方米、反渗透 4 千瓦时/立方米计算,低温多效日产 40 万立方米淡化海水,需要耗能 180 万千瓦时;反渗透日产 60 万立方米,需要耗能 240 万千瓦时。两种方法总耗能 420 万千瓦时,平均每小时总耗能 17.5 万千瓦时。另有 2/3 的发电量可以上网销售。如果华电青岛电厂能技术升级采用 100 万超超临界二次再热带一台 35 万千瓦前置抽汽式汽轮机组,后面加两台 31.5 万～32.5 万千瓦汽轮机组,就可能有 75 万千瓦/时电力上网销售。

2006 年,作者参加在青岛市举办的"海洋科技与经济发展国际论坛——海水资源开发与利用"会议。国家海洋局天津海水淡化与综合利用研究所提供的研究成果表明,日产 50 万吨海水淡化总投资为 30.9 亿元(其中低温多效日产 20 万吨投资为 13.8 亿元,日产 30 万吨反渗透为 17.1 亿元)。北京华瑞公司海水淡化项目组提供的信息有美国和以色列共同设计的"低温水平管多效蒸馏装置",四套日产 20 万吨(每套日产 5 万吨),硬件总投资 10.28 亿元。

截至 2017 年底,我国已建成海水淡化工程 136 个,海水淡化产能为 118.91 万吨/日。现在我国实际海水淡化制水成本为 7～8 元/吨。而目前国际比较成熟的海水淡化技术成本可达 4～5 元/吨,最低为以色列 Sorek 海水淡化厂(淡水售价仅为 3.6 元/吨,年生产年能力约 2.3 亿吨)。《全国海水利用"十三五"规划》提出,到 2020 年,全国海水淡化

总规模达到 220 万吨/日以上。建议华电青岛电厂进行前期研判,利用老厂区的地方建设大型海水淡化厂。反渗透日产量最大的是浙江玉环电厂,日产 34560 立方米,2006 年投产(美国 CNC)。华电青岛电厂总装机容量在全国排名不靠前,建议通过海水淡化,在全国可以成为日产淡化海水量最大和经济效益最好的发电厂。

方案四:建设大型海水淡化厂。青岛胶州湾是青岛市民的"母亲湾",每天都有大量浓温海水排放大海。如果华电青岛电厂能建设海水淡化厂,建议将排放的浓温海水利用起来,提取海水化学物质。1972 年作者在青岛发电厂实习时看到一份资料,日本一座 20 万千瓦的燃煤电厂水电联产,日产 10 万立方米淡化海水、800 吨食用海盐和十几种海水化学物质。华电青岛电厂也可以为全国涉海大学、科研院所提供场地条件,成为从海水中提取各种海水化学物质的中试场所与科研基地。

作者简介:吴民,高级工程师,青岛太平洋学会常务理事,青岛老科技工作者协会会员,中国老教授协会会员海洋经济技术分会理事,山东省济宁市国家高新区改革顾问

通信地址:青岛市市北区顺昌路 15 号 16 号楼 1 单元 301

联系方式:wumin1956@163.com

青岛西海岸新区智慧城市建设探索与实践

姜 昕

（中共青岛西海岸新区工委党校，青岛，266404）

摘要：智慧城市建设是一项涉及城市基础建设、管理创新、产业布局以及社会民生等的综合性工程。青岛西海岸新区发挥自身优势，积极探索新一代信息技术在社会发展中的引领支撑作用，促进信息技术在自主创新、产业发展、公共服务、市场引导等领域的广泛应用，创新社会治理方式，提高资源配置效率，加快经济转型升级，通过智慧城市工程的探索建设"智慧新区"，助推区域发展新旧动能转换。

关键词：智慧城市；青岛西海岸新区；大数据；创新

智慧城市是运用物联网、云计算、大数据以及地理空间信息等新一代信息系统集成技术进行城市规划、建设、治理和服务的新模式。[1]智慧城市建设以城市发展为导向，以信息技术应用为主线，推动城市新型城镇化、工业化、信息化融合发展，最终实现城市化与信息化高度融合。2015年4月，青岛西海岸新区（以下简称"新区"）被批准为"国家智慧城市建设试点区"，成为首批经住房建设部和科技部联合评定的国家级新区。推进智慧新区建设是新区承接国家战略、推动经济社会转型发展、建设宜居幸福新区的有效途径。

1 新区建设智慧城市的重要意义

新区建设智慧城市，是把握新一代信息技术变革机遇，加快向信息社会转型发展，进行产业结构优化、产业升级，提升公共服务能力、缩小城乡差距，改善民生、提升社会治理能力的必然要求。

1.1 智慧城市建设是实现新区发展目标的战略举措

《青岛西海岸新区总体方案》明确了新区的战略定位是：海洋科技自主创新领航区、深远海开发保障基地、军民融合创新示范区、海洋经济国际合作先导区、陆海统筹发展试验区。为了实现既定目标，推进智慧城市建设势在必行。通过智慧城市建设的探索，有利于发挥信息技术对新区经济社会发展的引领支撑作用，达到通过信息化促进并带动区域工业化、农业现代化、城镇化进程的目的。如通过信息化缩短时空差距，聚集要素资源，加强海洋科技创新体系创新平台建设，打造海洋科技自主创新领航区；通过信息技术实现保税港区、出口加工区等海关特殊监管区域的电子监管，构建中国参与全球海洋开发合作的示范平台。

1.2 智慧城市建设是破解新区城市发展"瓶颈"的必由之路

当前，随着我国城市化的快速发展，经济社会活动更加丰富、深入和活跃，给城市管理和社会建设带来许多新的挑战。如目前公安、民政等部门的人口数据库，工商、税务等部门的法人数据库都未能很好地衔接和吻合，政府部门之间"信息孤岛"的存在，降低了政府管理职能的精细化程度，造成了一定的社会管理纰漏。同时，随着经济社会的发展，环境保护、安全生产、食品安全等问题日益突出，社会关注度不断提高，如果未能及时解决这些社会问题，极有可能导致一些突发事件，影响社会稳定。为了更好地解决这些城市发展中的问题。新区努力开展对智慧城市建设的探索，深化新一代信息技术在经济社会各领域的应用，充分挖掘、实时整合、有效配置城市各类有形和无形资源，促进城市科学建设发展。

1.3　智慧城市建设是促进新区产业转型升级的强大支撑

海洋经济是新区转变经济发展方式、调整经济结构、实现区域经济社会发展新旧动能转换的突破口和主引擎。新区自设立起，便大力发展海洋经济，致力于海洋产业转型升级。通过智慧城市建设，引入新一代信息技术，实现城镇化、工业化、农业现代化、信息化、海洋特色经济的融合发展，有利于整合壮大海洋科技力量，建立海洋产学研协同创新机制，统筹海洋基础研究、高技术研发和成果转化推广以及项目、基地和人才建设，推动原始创新、集成创新、消化吸收再创新，培育和发展海洋新兴产业。通过海洋经济带动新产业的发展，打造智慧产业的聚集区，促进智慧产业发展，不断增强区域吸引力，有力促进投融资、物联网、服务外包等高端现代服务业的招商引资和产业发展，最终实现传统产业的智慧型跨越式发展。

2　新区建设智慧城市的基础条件和发展现状

2.1　新区建设智慧城市的基础条件

2.1.1　城市发展地理条件

新区地理优势明显，具有独特的贯通东西、连接南北、面向太平洋的区位战略优势，是国家"一带一路"的战略要地。区域综合经济实力雄厚、产业基础好，是我国重要的制造业基地和新兴海洋产业集聚区，海洋科技优势突出，生态环境承载力较强。这些天然的地理环境、生态环境和良好的产业基础为智慧城市的建设奠定了良好的基础。

2.1.2　基础设施建设

目前，新区互联网平均速率达到10M，地区骨干网带宽达80G，无线AP(Access Point)接入点超过4万个，无线局域网络(Wireless Local Area Networks，WLAN)覆盖率达到60%以上，移动4G网络信号覆盖率城区已达98%、农村已达90%。目前基本建成"区、街道、社区(村)"三级政务信息化网络，涵盖了全区的计生、社保、教育、公安、财政、交通、法院、药监、商检、海关、质监、平安视频监控网、镇(街道办事处)办公专网等政务信息平台。

2.1.3　信息应用平台

在教育信息化方面，新区投资建设了教育管理、教育资源、公共服务一体化的信息综合服务平台。平台整合了信息发布、教师研修、招生考试管理、视频会议、家长互联等多种功能。在计划生育信息化管理方面，新区利用计划生育的信息采集系统(Wis Mencoder，WIS)进行信息采集处理，全区人口信息采集完成率达99%以上，实现了异地查询育龄妇女信息的功能，简化了工作流程，提高了办事效率；同时，整合了现有计划生育业务系统，并将功能拓展到3G移动终端上，构建了"人口和计划生育信息移动智能管理系统"。此外，新区积极探索推进全区智慧城管建设，数字化城市管理启动一期建设，真正实现让数据多跑路，让百姓少跑腿。

2.1.4　工业化和信息化两化融合

从产业应用来看，工业化和信息化融合不断深入融合，规模以上企业86%的企业建有内部局域网，69%的企业设立了信息化管理部门，并有24%的企业聘请专职企业信息化技术人员。财务管理系统应用率达到91%，供应链管理(Supply Chain Management，SCM)系统、客户关系管理(Customer Relationship Management，CRM)系统、供应商管理(Supplier Relationship Management，SRM)应用率达到52%，企业制造资源计划(Manufacturing Resource Planning，MRP)系统、企业资源计划(Enterprise Resource Planning，ERP)系统的不同程度的应用率达到83%。70%的企业建有自己的专属网站或网页。

2.1.5　城市建设政策保障

出台《新区产业发展十大政策》和《关于青岛西海岸智慧新区建设的实施意见》，成立以区长为组长的新区智慧城市建设工作领导小组，负责全区智慧城市建设工作的组织领导、统筹协调、规划建设、督查指导。聘请专业机构，编制建设智慧新区的整体规划，指导推进各类智慧项目建设，推动智慧产业发展。设立智慧城市专项资金，撬动社会资本参与智慧城市建设，推动智慧产业发展。

2.2　新区智慧建设发展现状

经过几年的智慧城市建设，目前青岛西海岸新区在智慧服务和智慧产业发展方面取得一定成效,但还有一些亟待加强和改进的地方。

2.2.1 智慧服务现状

"交通信息管理系统软件"满足了新区交警部门管理各类交通信息的工作需求,但网络建设和移动终端的安全保密措施有待提高;新区建成一体化的智慧医疗信息平台,实现全区的医疗资源共享、数据交换、信息传输等各类服务。新区现有智慧服务系统几乎相互隔离,造成信息化基础设施的重复建设和"信息孤岛"的情况。另外新区的社会公共服务手段相对薄弱,城乡二元结构问题仍比较突出,统筹城乡发展的任务仍然艰巨。

2.2.2 智慧产业现状

新区智慧应用和服务体系初步形成,智慧产业所占比重不断加大,新一代信息技术、高端装备制造、新材料、新能源等新兴产业发展迅速。但仅仅依靠龙头企业创新不能满足大众创业、万众创新的需求,需推动以社会实践为舞台、以共同创新、开放创新为特点的用户参与的创新2.0模式;创新驱动发展的动力机制尚未形成,科技服务体系有待健全,以企业为主体政产学研结合的创新体系及各类公共技术服务平台还需进一步完善,信息化产业所占比重偏少。

2.3 新区智慧城市建设中面临的问题和挑战

虽然新区已经具备智慧城市发展的基础,但面临的困难和挑战仍然很多,主要表现在以下几个方面。

2.3.1 信息技术应用水平不高

信息技术在新区的应用还比较传统,企业信息技术整体水平不高,提高经营效率的效果有待加强,企业电子商务应用水平不高,借助信息技术实现"微笑曲线"的延伸,增强信息化与工业化深度融合能力;信息化在电子政务、市民服务等方面的应用能力还需提升,目前存在信息孤岛、信息烟囱及部分系统应用功能和信息重复维护问题,新区信息系统的集成整合应用能力不足,信息化与城镇化整合程度不够。

2.3.2 城市管理水平相对落后

与国内其他先进地区相比,新区的城市治理水平还相对落后,特别是在市政服务、社区管理、违法建筑管控、物业服务等方面与群众的要求还有差距,各类利益诉求和社会矛盾亟待进一步化解。

2.3.3 产业结构不合理

目前新区虽大力发展海洋经济,但海洋科技产业和特色经济不明显,区域优势产业发展不足,服务业占比仍然偏低,传统工业企业亟须在信息时代、互联网经济环境中转变思路求发展,加大产业结构调整的力度,挖掘利用信息技术在产业升级中的价值,通过信息化带动并促进工业化、农业现代化、城镇化的融合提升。

3 新区智慧城市建设的发展路径

新区智慧城市建设应该立足自身发展,探索结合"互联网+"、大数据和物联网等技术,因地制宜地推动特色智慧城镇、智慧社区的网格化建设,以信息化推动产业服务升级,形成智慧城市建设体系,产城融合、港城融合,实现智慧提升。

3.1 统筹应用大数据技术,打造"互联网+"智慧城市

整合新区现有的数据网络,通过物联网、大数据、云计算、"互联网+"和数据处理技术(Data Technology,DT)在全区范围的统筹性、融合性应用,利用建筑信息模型(Building Information Modeling,BIM)大数据解决智慧城市中信息孤岛的问题,为大数据的聚合搭起无限空间。通过BIM大数据在建筑行业的应用,使智慧城市形成核心资源大数据,构架了智慧城市管理平台,并为参与者和使用者的协同管理提供基础条件。以小数据创造大数据发展物联网技术和应用,以"互联网+"的创新成果深度融合于智慧城市建设中,实施国家大数据战略,推进数据资源开放共享。以信息化支撑,提升智慧城市管理效率,打造健康可持续发展的智慧城市2.0。[2]

3.2 实施创新驱动发展战略,打造"创新+"智慧城市

发挥技术创新在智慧城市建设中的主导作用,加强基础研究,加强原始创新、集成创新引进,消化,吸收,创新。把发展基点放在智慧城市创新上,

形成创新的体制架构,以创新驱动智慧城市建设,让创新在全社会蔚然成风,塑造更多依靠创新驱动、更多发挥先发优势的引领型发展企业。鼓励大众创业、万众创新,鼓励企业开展智慧城市基础性前沿性创新研究,重视颠覆性技术创新,让创新之举蔚然成风。加强科技创新平台和综合服务平台建设,支持云计算、大数据、信息安全、新一代网络终端、光电子器件、高端通用芯片、卫星应用等关键技术项目和企业发展,提升其基础创新能力。建立健全包含教育、文化、医疗、社会保障、防灾减灾等公共服务领域、覆盖全体城乡居民的信息服务体系,让群众更容易、更有效地获取公共服务更加便捷高效。

3.3 发挥新区本土海洋优势,打造"海洋+"智慧城市

充分发挥以海洋经济为主题的国家级新区的政策和品牌优势,实施"海洋+"行动计划,以全球视野配置海洋资源,利用互联网、物联网等现代信息技术,探索新的海洋开发空间,打造海洋经济升级版。建设港口物联网和港区智能管理平台,实现对进出港区船舶、车辆、货物的实时视频监控、自动感知、智能调度和管理。构建港口生产组织、客户服务、管理分析、安全应急等综合信息系统,加强与海关、交通、金融、物流等信息系统的对接和业务协同,加快港口升级。依托各类国家驻青海洋科研机构,建设海洋信息监测平台和"数字海洋",加强对海洋水质、海域、海岛、岸线、渔港、浴场等海洋环境和渔业资源的监控,及时发布相关信息,为新区蓝色经济发展提供有力的信息化支撑。助推区域社会的经济不断发展新旧动能转换。

参考文献

[1] 杨正洪.智慧城市——大数据、物联网和云计算之应用[M].北京:清华大学出版社,2014.
[2] 司晓.智慧城市2.0:科技重塑城市未来[M].北京:电子工业出版社,2018.

作者简介:姜昕,中共青岛西海岸新区工委党校,高级工程师
通信地址:青岛市黄岛区海湾路1368号
联系方式:13280889830@163.com

深圳市培育经济发展新动能经验对青岛的启示

姜 红

（青岛市社会科学院,青岛,266071）

摘要:深圳市经过 40 年的技术进步、资本积累和人才集聚,经济发展新动能培育成效显著。其经验包括高度注重自主创新,高端研发人才集聚于企业;首创创投孵化模式,成为发展新经济、培育新动能的引擎;在全球引进创新资源。与深圳相比,青岛市科技研发与成果转化效率不足,战略性新兴产业发展总体规模较小,产业链优势不足。深圳市培育经济发展新动能的经验带给青岛如下启示:持续推进产业升级是形成产业竞争力的基础;通过产业链培育形成良好的配套环境是产业持续高质量发展的动力;企业的健康发展离不开服务型政府的大力支持。

关键词:深圳;青岛;经济;新动能

党的十八届五中全会提出经济发展新常态下要培育发展新动能,加快实现发展动能转换。深圳市作为我国改革开放前沿阵地,在制造能力、工程技术、人才储备等方面均处于领先地位,2013 年以来更是居全国十大创新城市之首,以创新驱动引领新旧动能转换成效显著,其发展经验值得青岛借鉴。

1 深圳市培育经济发展新动能经验

深圳市工业产业链完整,创新生态链完整,政府服务意识强,办事效率高,经过 40 年的技术进步、资本积累、人才集聚和劳动力的增长,经济发展新动能培育成效显著。

1.1 高度注重自主创新,高端研发人才集聚于企业

深圳市具有极富活力的创新产业生态。深圳始终瞄准产业发展的最前沿,把培育发展“创新企业”作为最核心的城市产业发展战略。目前,深圳市科技型企业已超过 3 万家,其中国家级高新技术企业超过 1 万家。[1]深圳市早在 20 世纪 90 年代中期,便将高新技术产业作为深圳制造业发展的战略重点,始终把扶持、培育小型创新企业发展作为产业政策的核心,确保中小企业成为科技创新与进步

的重要力量,让中小型创新企业担负起引领城市制造业未来发展的重任。2017 年,深圳市科技研发经费达到 927 亿元,占 GDP 比重达 4.18%,居全国首位。[1]深圳专利合作条约(PCT)国际专利申请量占全国 43.1%,不仅持续多年居全国首位,而且从 2001 年开始,便已超过英国、法国、德国的申请量。在这种良好的创新生态体系中,深圳培育了 7 家世界 500 强民营企业,目前拥有 400 多家全球上市公司。深圳在科技创新领域实现了“4 个 90%”现象,即 90%以上的研发机构设立在企业、90%以上的研发人员集中在企业、90%以上的研发资金来源于企业、90%以上的职务发明专利出自企业。以优秀的人才资源为支撑,以创新型大企业为骨干,深圳制造业的部分领域已成为亚太甚至世界制造业发展的战略性引擎之一。[2]

1.2 首创创投孵化模式,成为发展新经济、培育新动能的引擎

深圳最早引入创业投资的金融制度,并发展出一套中国本土的创业投资体系。国资背景的深创投,截止到 2017 年 3 月底,管理基金总规模超过 2000 亿元,投资项目达 730 个,投资领域涉及信息科技、高端装备制造、新能源、环保、新材料等行业。目前,深圳的 VC/PE 机构数量和管理资本总额约

占全国的 1/3，创业投资资金长期关注的七大战略性新兴产业和四大未来产业为主体的新兴产业，已成为深圳经济增长的"主引擎"[3]。

1.3 注重在全球引进创新资源

早在"十二五"起步之初，深圳就着力推动"质量引领创新驱动"的增长模式，创新驱动对经济拉动作用也越来越明显。深圳向全球大量引进优势科技资源，合作建立清华伯克利深圳学院、深圳大学等学校，深圳清华研究院、光启研究院等科研机构。从 2016 年开始，在化学、医学、光电等领域建立多个由诺贝尔奖得主领衔的实验室，重大科技基础设施、研发投入强度、应用类研发机构等指标达到全国一流水平。[4]

2 新旧动能转换背景下青岛市经济发展的差距与不足

尽管青岛市工业经济保持稳定增长，发展指标相对于多数城市比较好，但与先进城市相比，无论是在发展理念、政策扶持，还是发展成效方面均存在较大差距和不足。主要表现如下。

2.1 科技研发与成果转化效率不足

近年来，青岛市研发活动较为活跃，成为青岛市经济从要素驱动向创新驱动转变的主要推动力量。2017 年青岛市全社会研发投入 306.7 亿元，虽然较 2014 年增加 62.4 亿元，占 GDP 的比重却出现下降，由 2014 年 2.81% 降为 2.78%。2014 年深圳市全社会研发经费是青岛市的 2.6 倍，研发经费支出占 GDP 的比重为 4%；而到 2017 年，深圳市研发经费是青岛的 3.02 倍，研发经费支出占 GDP 的比重达到 4.18%。因此，青岛与深圳在研发领域的差距一直存在并有扩大之势。造成上述问题的原因在于以下几个方面。

2.1.1 科技成果与企业结合不够紧密

青岛市海洋科学领域人才荟萃，海洋科研机构数量较多，但多侧重基础研究，企业层面研究力量相对薄弱。其他领域高科技人才及机构相对不足。青岛市万人发明专利拥有量仅 24 件，而深圳市达到 73.7 件。青岛市科技投入中，科研院所与高校占比较高，基础研究比例相对较高，存在部分科研

成果与企业需求脱节的现象，科技成果转化多是技术转让和合作开发，转化效率相对较低，产学研合作及科技成果转化服务体系有待深化。

2.1.2 企业研发力量不足，中小企业创新活力有待提高

2017 年，青岛市研发投入 306.7 亿元，其中企业研发投入比重 77%。而深圳市企业研发投入占 90% 以上。两市研发机构不仅在数量上存在差距，而且在结构上也存在差距。青岛企业研发活动多集中于海尔、海信等大企业，规模以上工业企业拥有研发机构的仅约 10%，中小企业创新活力严重不足。而深圳市由于培育企业梯队，重视培育小型创新企业，中小企业成为科技创新与进步的重要力量。

2.2 战略性新兴产业发展总体规模较小，传统产业占比高

2017 年，青岛市战略性新兴产业增加值占 GDP 比重为 10%，而同年深圳市新兴产业增加值占 GDP 比重超过 40%。青岛市新兴产业和新动能发展体量较小、占比较低，对工业平稳增长的支撑带动作用还不够强。2017 年前 8 个月，生物、新能源、节能环保和新能源汽车等产业占规模以上工业产值比重仅为 15.5%，且产业链不完善，发展潜力难以释放。高技术制造业比重偏低，培育新动能任重道远。2017 年，青岛规模以上高技术制造企业只有 278 家，仅占规模以上工业的 6.3%，2017 年上半年实现增加值占规模以上工业的 7.2%，分别低于全国（12.2%）、全省（8.8%）5 个和 1.6 个百分点，也落后于山东省内的烟台市。青岛制造业中，传统制造业占比超过 70%，多位于产业链中低端。

2.3 产业链优势不足

产业链规模小。青岛市在海洋科学领域高端人才储备充足，产业链发展具备一定优势。除此以外，重点推进的千亿元级产业链包括轨道交通装备、汽车制造、家电电子产业，而在新材料、新能源等领域产业链条尚未形成。当前，青岛市具有一定规模的产业链不仅数量少，而且本地配套率较低。以青岛市发展规模较大且拥有部分核心技术的轨道交通产业来说，目前本地配套率仅占 40%，远低

于株洲市 70% 的配套率,影响了该产业整体竞争力的快速提升。

3　深圳经验对青岛培育经济发展新动能的启示

深圳市的工业从弱到强,涌现出一大批国内外知名企业,其发展经验对于青岛市具有重要借鉴意义。

3.1　持续推进产业升级是形成产业竞争力的基础

曾经,深圳市因靠近我国香港的地缘优势,发展对香港地区的农产品出口以及"三来一补"加工业。在这些企业盈利的情况下,深圳市政府已把关注点转向高新技术产业和未来新兴产业。早在1991 年,深圳市政府通过"腾笼换鸟",把低端产业迁出,不走"三来一补"之路,通过持续推进科技创新和产业升级,促进优势产业和传统产业对接,并把发展侧重点放在未来的新兴产业上。正是深圳市政府所具备的预见性、前瞻性发展理念,持续推动改革,注重观念创新,为深圳市持续保持创新竞争力,持续具备产业领先优势奠定了基础。这一点对于青岛市具有重要借鉴意义。青岛市多年来在部分行业领域一直保持领先优势,时隔多年,我们发现青岛市新增的优势领域并不多,仍是原有的较少的龙头企业在引领行业发展。这与青岛市未能及时通过持续推动技术创新和产业升级,开拓更多优势产业领域有着较为密切的关系,也使得青岛市新兴产业规模与深圳市差距增大,产值规模在 GDP中的占比仅为深圳市的 1/4。因此,青岛应制定鼓励产业升级的相应政策,加大新兴产业发展力度,使新兴产业在规模、产业化和发展质量方面有较大的提升,进而推动青岛市经济高质量发展。

3.2　通过产业链培育形成良好的配套环境是产业持续高质量发展的动力

深圳市具备工业发展的良好配套环境,以至于不少企业虽然暂时被其他城市提供的优惠条件吸引而离开深圳,但往往一两年后又迁回深圳。原因是其他城市的配套环境远不及深圳。这种配套环境不仅包括配套的中小企业,而且包括从事配套生产的技术人才和技术工人,便利的营商环境、优惠的发展政策等。正是因为拥有良好的配套环境,目前已有 280 多家世界 500 强企业落户深圳。而青岛市多年来较为重视大企业发展,这一思路不利于激发青岛市中小企业发展活力,也使得青岛市企业生产本地配套率一直较低,制约了产业规模和发展质量的快速提升,与深圳市差距不断加大。尽快转变产业配套率低的现状,加快产业链培育,特别是鼓励研发人员与企业的结合,注重中小企业的发展,并加快技术工人培育,才能逐步形成全产业链发展模式,改善青岛市工业发展环境,从而为产业持续高质量发展提供动力。

3.3　企业的健康发展离不开服务型政府的大力支持

在深圳市,多年来政府的角色一直是服务型政府,较少干预经济,坚持市场化原则。在直接经营活动中,对企业的干预少,服务却较为细致。如在华为所在的街道设立"华为办",当华为需要协助时,政府可以及时帮助企业解决困难和问题。深圳市在企业发展初期,多向企业提供税收优惠,以扶持企业发展壮大。目前,深圳市上缴国家的税收约占全国的 6%。与此同时,深圳市注重厘清政府和社会(市场)的关系。通过"放管服"改革推行便民服务措施,不见面审批达 1000 多项,可以实现网上审批落户,办理出入境证件可以到街心警亭,不需要到大厅。真正实现让数据跑路,人少跑路。正是由于深圳市政府服务意识强、审批效率高,带来了营商的便利化,而吸引了大量高端企业和高端人才落户深圳,带动深圳市经济的快速腾飞。青岛市正在推进营商环境便利化改革,也在"学深圳、赶深圳",在各项举措陆续推出的过程中,我们更应注重学习深圳公务员的服务意识。只有服务意识提升了,才能变被动服务为主动服务,才能提升服务技能、服务手段、服务举措,才能真正让企业家感到在青岛工作生活顺心,让企业获得真正的实惠。此外,要加大改善企业营商环境等方面的地方立法。深圳的立法在地方立法中最多,一直在及时修订法律法规,作为服务型政府,深圳市通过修订法律法规,及时回应社会需求。青岛市今后应根据企业的发展诉求及时修订法律法规，为企业营造更好的发展环境。

参考文献

[1] 沧海荒岛. 凤凰涅槃 浴火重生！深圳那些模式值得青岛借鉴？[EB/OL]. 凤凰网青岛综合. 2018-02-25. http://qd.ifeng.com/a/20180225/6392763_0.shtml.

[2] 林洁. 为"新常态"新常态下非公有制经济发展营造更好环境[N]. 深圳特区报. 2016-03-22.

[3] 新旧动能转换，向深圳学什么？[EB/OL]. 中国财经时报网. 2018-03-22. http://info.3news.cn/life/2018/0321/93728.html.

[4] 李哲. 深圳营造创新生态的经验及启示[J]. 科技中国. 2018，(5)：52-54.

作者简介：姜红，青岛市社会科学院，编审

通信地址：山东路 12 号甲，帝威国际大厦

联系方式：m15965328636_1@163.com

瞄准民营企业痛点，全力优化营商环境

蒋玲玲

（青岛市黄岛区科协，中共青岛西海岸新区工委党校，青岛，266404）

摘要：中国特色社会主义进入新时代，要实现更高质量、更有效率、更加公平、更可持续的发展，民营经济扮演着不可或缺的角色。近年来，青岛西海岸新区（以下简称"新区"）的营商环境持续改善，但与南方先进区市相比，仍然存在短板，造成不少"痛点"，影响民营企业家们投资的信心、创新的热心、做实业的专心以及高质量发展的恒心。本文通过对比的方式分析新区民营企业的发展痛点，提出继续深化简政放权、畅通政企双向渠道、破解"国""民"不公待遇的优化路径，打通优化营商环境的最后一公里。

关键词：民营企业；痛点；营商环境；青岛西海岸新区

自改革开放以来，党中央破除所有制问题上的观念束缚和机制障碍，为非公有制经济发展打开了大门，一批批民营企业在政策红利下蓬勃发展。党的十八大以来，党中央坚持"毫不动摇地巩固和发展公有制经济，毫不动摇地鼓励、支持、引导非公有制经济的发展"，助力民营企业不断发展壮大。2018 年 11 月 1 日，习近平总书记在民营企业座谈会上指出，民营经济是我国经济制度的内在要素，民营企业和民营企业家是我们自己人，总书记的讲话再一次暖了民营企业家的心！为贯彻落实党中央关于民营经济发展的重大方针政策，根据青岛市委市政府发起"十五个攻势"的工作部署及"全力打好壮大民营经济攻坚战"的要求，青岛市西海岸新区（以下简称"新区"）主动对标南方先进区市，学习借鉴先进经验，努力开辟民营经济发展新局面。

1 民营企业的地位和作用

改革开放 40 年来，在党的政策指引和市场需求带动下，民营经济从小到大、由弱变强，不断发展壮大，与公有制经济共同撑起中国特色社会主义伟大事业。习近平总书记在民营企业座谈会上强调"三个没有变"，充分表明党中央一以贯之、始终不渝地为民营企业高质量发展提供强有力的支持。我国民营企业在世界 500 强企业中的数量从 2010 年的 1 家迅速增长到 2018 年的 28 家，就是对党中央支持态度的最佳印证和体现。

民营经济对社会的贡献日益显著，表现为"五六七八九"的特征，也就是在税收、国内生产总值、技术创新成果、城镇劳动就业、企业数量方面的贡献率分别达到 50%、60%、70%、80%、90% 以上。这个特征充分说明，民营企业在稳增长、促创新、增就业、惠民生等方面发挥了不可替代的作用，成为推动经济社会发展的重要力量。最为可贵的是，随着民营企业的发展壮大，民营企业家更加积极主动地承担起社会责任，在企业盈利之外力求为社会输出自己的价值。哪里有困难，哪里就有他们的身影，特别是在抢险救灾、扶弱济贫、文化教育、医疗卫生等方面，主动捐款捐物，支持社会事业发展，在创造经济效益的同时努力创造社会效益，让企业与社会共进步。今天，中国发展成为世界第二大经济体、第一大工业国、第一大货物贸易国、第一大外汇储备国，中国以强大的综合国力日益走进世界舞台的中央，在全球治理中发挥着越来越大的作用等等，每一个中国奇迹的创造，民营经济都功不可没。作为中国特色社会主义事业的重要支撑，民营经济只能壮大、不能弱化，不仅不会黯然"离场"，而且将走向更加广阔的舞台。

2 营商环境与民营企业

营商环境就是软实力，好的营商环境是民营企业高质量发展的重要基础。研究发现，一个好的营商环境，能实实在在地提升生产力，对民营企业的发展、企业家的成长起着关键性的作用。但凡城市发达、人口富裕的地区，也大都是营商环境优越的地区，如深圳、杭州、苏州等。过去招商引资，拼的是资源、优惠政策等，但这些往往不可持续，给政府压上很重的担子的同时也不利于民营企业创新、创造的活力，必须用制度来营造良好的营商环境，给民营企业家一个可预期、公平公正公开透明的环境。虽然在政策红利下，通过深化改革，各地营商环境持续改善，但放眼发达国家和地区，力度仍然不够。世界银行发布的《2018年营商环境报告：改革创造就业》显示，在全球营商环境评价中，中国排名第78位。我们不但落后于名列前十的韩国、新加坡等发达国家和地区，还落后于毛里求斯等发展中国家，这与世界第二大经济体的地位极不相称。而且，这一评测还是在北上广深此类大都市选取的样本，如果取中西部地区的样本，结果更加堪忧。除此以外，中国民营企业的平均寿命与发达国家相比差距明显，营商环境不优直接导致民营企业特别是实体经济企业生存艰难，这是近年来中国企业界普遍面临的问题，我国营商环境亟待提高。

新区2018年交出了一份高质量的发展答卷，综合实力位居国家级新区前三强，在全市综合考核中实现"五连冠"，但是与南方先进区市相比，有不小的差距。以单位面积GDP产出为例，2018年，西海岸新区为1.65亿元/平方千米，深圳南山区为26.76亿元/平方千米，苏州工业园区为9.17亿元/平方千米，杭州余杭区为1.88亿元/平方千米。这些差距的背后，尽管有时代的红利、政策的支持与独特的区位优势，但更突出的原因，就是营商环境。随着营商环境的不断优化，民营经济活力不断释放，已经成为南方先进区市提升城市竞争力的撒手锏，更是高层次招商引资的制胜法宝，不仅能让企业走进来、留得下，还能让企业来了就不想走。

3 民营企业发展的痛点

近年来，新区高度重视"一次办好"改革和优化营商环境工作，取得了阶段性成果，形成了在全市、全省乃至全国的可圈可点工作经验，但与上级对国家级新区的要求以及驻区企业和基层群众的期望相比，与南方先进区市对照，仍然存在较大的差距。当务之急是要找到民营企业的发展痛点，然后瞄准痛点，打通优化营商环境的最后一公里。

3.1 办事难、办事慢、办事繁制约企业发展

多年来，办事难、办事慢、办事繁不仅是百姓生活的一大烦恼，也是民营企业发展的一大困扰。党的十八大以来，在党中央号召下，各地不同程度加大"放管服"力度，为企业松绑解套。然而，有些办事程序和审批时间仍然手续繁杂耗时，甚于还处处设卡为难。不仅企业承办人员受够了"跑断腿、脱层皮"的折腾，而且还大大影响了企业家投资办企业的意愿和信心。南方先进区市在"放管服"领域始终走在前列，如深圳积极推动"秒批"改革，苏州工业园区彻底打通了部门间专网壁垒，95.2%的审批业务不见面就能办。近几年新区简政放权很有成效，对经济的促进作用也十分明显，但对标先进，仍须继续加大力度。新区"一次办好"改革与"秒批"改革还有较大差距，9个国家级专网、7个省级专网、2个市级专网、2个区级专网没有完全实现互联互通、便利化不够，审批流程环节依然过多、便利程度有待提高。

3.2 政企沟通不畅已成顽瘴痼疾

在多数地区，政企沟通不畅已经成为顽瘴痼疾，一是表现为政企沟通随意，流于形式。从政府层面说，各相关部门根据自己的工作需要，不定期召集企业代表开会或者沉下去调研走访，本意是好的，但目标不明确，主观性很强；从企业层面说，多数企业要么"无事不登三宝殿"、横冲直撞，要么避而不见、老死不相往来，唯恐政府给自己带来麻烦，形成了"有时间就沟通、有事就沟通、没时间就少沟通、没事就不沟通"的现象。所以，政企沟通未能达到预期目标。南方先进区市已建立规范有序、良性互动的政商关系，如杭州建立民营经济发展联席会议工作机制，搭建"建言直通车"平台，定期召开"民

营经济发展政企对话会",通报民营经济发展重要工作和民营经济运行监测情况,为政企关系良性发展提供了体制保障。对标先进,新区应着力畅通政企关系,特别是要发挥好政府在引领企业发展过程中的保驾护航作用。

3.3 "国""民"间不公待遇仍在持续

与国有企业相比,民营企业在参与地方项目招投标、融资贷款、PPP 项目等方面仍存在歧视和偏见,处于弱势地位。比如,在很多领域,"国进民退"的现象依然存在。虽然向民营企业开发的领域不断增多,但民营企业跨越门槛困难重重,额外增加的入市成本使其在与国企的竞争中丝毫不具优势。另外,出于对金融安全的预期,银行资金更愿意流入国有企业,很多资金困难的民营企业不得不半途夭折,生存空间被国有企业压缩。有的民营企业即便获得了融资,金融机构也大多会在贷款利率中增加风险补偿,间接导致了民营企业融资贵。所以目前资金供求一个很突出的结构性矛盾就是,社会闲置资金很多,但是流入民营经济实体的严重不足或者流入成本高。南方区市在营造公平、开放、竞争的市场秩序的基础上,将城市发展的市场机遇持续释放给民营企业。例如,杭州市积极向民营经济开放社交、电子商务、移动支付、物流及媒体资讯等巨大的市场领域,为民营企业施展拳脚提供大舞台。深圳市构建了"5+5"的直接和间接融资体系,全方位保障民营企业的融资需求。对标先进,新区应下大力气破解民营企业入市难、融资贵的问题。

4 多措并举解决民营企业痛点

世界银行 2012 年发布的《在更透明的世界里营商》报告表明,良好的营商环境使开办企业需要的时间减少 10 天,就会使投资率增长 0.3%,GDP 的增长率增加 0.36%。[1]营商环境是企业最在意的软环境,直接关系到民营企业家投资的信心、创新的热心、做实业的专心以及高质量发展的恒心。只有从民营企业的痛点入手,把惠企政策落地落实落细,才能真正激发民营企业的创造活力,促进民营企业高质量发展。新区应主动对标先进区市,以最大的决心、最有力措施优化营商环境。

4.1 继续深化简政放权

简政放权,简的是错装在政府身上的"有形的手",放的是民营企业的发展活力和创造力。政府应扮演好"园丁"角色,负责为民营企业提供阳光雨露,企业应扮演好"百花"角色,专注于自身苗壮成长。具体而言,一是在观念方面,政府要有勇于自我革命、自我舍弃的勇气,积极转变自身职能,进一步减少审批事项,按照"一次办好、一站式服务"的理念,敢于动真碰硬,积极推行"拿地即开工""证照合办"等举措,全面提高项目审批和落地效率;二是处理好政府与企业、市场的关系,划清政府权力的边界,政府应明确自己的权力范围,即"应该管什么,不应该管什么,哪里该管、哪里不该管",进一步精简项目建设审批环节、压缩办理时限;三是强化服务意识,提高行政效能,建设"审批—监管—执法"一体化平台,持续开展营商环境突出问题专项治理,把鼓励、支持、引导民营经济发展的政策措施落地落实落细,不断提高民营企业政策获得感、投资安全感和办事便捷感。

4.2 畅通政企双向渠道

政企之间加强双向沟通、实现常态化良性互动,是优化营商环境的应有之义。南方先进区市以"店小二精神"为企业发展提供"五星级"服务,为民营企业发展注入强劲动力。我们要切实强化沟通理念,深入开展精准精细沟通,建立制度化、常态化的政企沟通机制,健全企业诉求收集、处理、反馈制度,使民营企业特别是中小微企业反映问题、解决困难的渠道更加顺畅。一是搭建民营企业参政议政平台,注重对优秀民营企业家的政治吸纳,让他们进入各级人大、政协、工商联领导班子等,为民营企业家参与政治、建言献策提供舞台;二是建立政府与企业家直接对话沟通平台,积极组织民营企业家与有关职能部门负责同志采用各种形式对话沟通,共谋良策;三是规范政商交往,引导民营企业家自觉践行"亲""清"新型政商关系,共筑良好政商生态。

4.3 破解"国""民"不公待遇

在我国,公有制经济和非公有制经济市场地位平等,表现为具有平等的政治权利、平等的经济机会、平等的法律地位。长期以来，民营企业的不公平待遇主要源于国有企业享受到的特殊待遇。深圳市之所以能成为"中国最佳民企发展区域"，与其"不靠资历凭能力、不靠关系看实力"的发展理念密切相关。新区对国企和民企在各项政策的具体实施上应一视同仁，特别是在项目获取和融资便利方面决不能厚此薄彼。国有企业能够享受的政策、能够得到的价值和资源应同样赋予民营企业，着力解决民营经济发展中的入市难、融资难问题。一是拓宽民间资本的投资领域。针对民营企业市场准入问题，努力打破制约民间投资的"玻璃门"，全面实施并不断完善市场准入负面清单制度，清单之外的领域，各类市场主体皆可依法进入，拓展民营经济成长空间。[2]与此同时，制定国有资本投资负面清单，为民间资本腾出更大发展空间。二是着力解决民营企业融资难、融资贵问题。要优先解决民营企业特别是中小企业融资难甚至融不到资的问题，同时降低融资成本。搭建民营企业综合服务平台，提升融资方面便利化、精准化服务水平，着重从债券、信贷、股权三个主要融资渠道发力，用好"三支箭"，支持民营企业拓宽融资途径。

"栽下梧桐树，引得凤凰来"，只有全力优化营商环境，才有利于民营企业发展壮大，才有助于推动新区经济的高质量发展，才能更接近于"军民幸福、干部自豪、令人向往"的美丽新区目标，为青岛建设开放、现代、活力、时尚的国际大都市做出新的更大贡献。

参考文献

[1] 李长文. 营商环境缘何成为热门话题[J]. 党的生活（黑龙江），2018，727(5)：7.

[2] 吴志红. 从两个毫不动摇到两个平等[J]. 经营管理者，2007(12)：21-22.

作者简介：蒋玲玲，中共青岛西海岸新区工委党校，团委书记，讲师

通信地址：青岛市黄岛区海湾路 1368 号

联系方式：jlxinling@163.com

用"绿色"理念引领产业园区转型发展

胡文东

(中共青岛西海岸新区工委党校,青岛,266404)

摘要:在当前产业转型发展的大背景之下,作为改革前沿的开发区、工业园区,尤其是那些发展质量处在下游的开发区,普遍面临转型升级的巨大压力。而如何转型升级,首当其冲的就是要转变思想观念,用先进的理念引领开发区建设。绿色制造是一种以保护环境和资源优化为目标的现代制造模式,绿色发展是以低碳增长为方向的发展模式,是尊重自然客观规律、转变经济增长方式的新举措。因此必须切实转变粗放式发展理念,用"绿色"理念引领产业园转型发展。

关键词:产业园区;转型升级;绿色发展

当前,区域之间的竞争已演变成开发区之间的竞争,因此,那些发展质量处在下游的开发区普遍面临转型升级的巨大压力。而如何转型升级,首当其冲的就是要转变思想观念,用先进的理念引领开发区建设。绿色制造是一种以保护环境和资源优化为目标的现代制造模式,是支撑新兴产业发展、提升市场竞争力的核心;绿色发展是以低碳增长为方向的发展模式,是尊重自然客观规律,转变经济增长方式的新举措。因此,我们要切实转变粗放式发展理念,用"绿色"理念引领产业园转型升级:充分利用绿色制造技术对新兴产业发展的催生和拉动作用,推动开发区从规模扩张为主向注重质量效益的转变;将引进高新技术、区域改造和产业结构调整与生态保护和区域环境综合整治相结合,推动现有经济技术开发区生态化改造和产业升级,进而带动当地经济又好又快地发展。

1 绿色制造:新世纪制造业的发展趋势

我国每年因环境污染造成的损失占 GDP 的 10%左右,而我国所有造成环境污染的排放物中,70%来源于制造业。因此,发展新兴产业,将传统、粗放式的制造业转变成为绿色制造,是提升产品市场竞争力的关键所在。尤其是在当前由环境问题构筑的绿色壁垒不断增多的情况下,出口导向型企业的产品要想顺利打入国际市场,更应该尽快改变传统制造模式、推行绿色制造技术,生产出保护环境、提高资源效率的绿色产品,以增强国际竞争力。

绿色制造,又称环境意识制造,它是指在保证产品的功能、质量和成本的前提下,综合考虑环境影响和资源的有效利用的现代制造模式。绿色制造通过改进制造工艺、采用回收再生和复用技术、构建一体化循环经济产业链等方法,使产品在设计、制造、使用到报废的整个产品生命周期中不产生环境污染或使环境污染最小化,符合环保要求;节约资源和能源,使资源利用率最高、能源消耗最低,并使企业经济效益和社会生态效益协调最优化。

发展绿色制造技术不仅是社会效益显著的行为,也是取得显著经济效益的有效手段。发展绿色制造技术可最大限度地提高资源利用率、减少资源消耗、直接降低成本,促进经济的可持续增长。同时,环境得到改善也有助于提高员工的主动性和工作效率,企业也将会有更好的社会形象,从而可增加企业的无形资产和市场竞争力。随着人们环保意识的不断增强,那些不推行绿色制造技术和不生产绿色产品的企业将会在市场竞争中被逐渐淘汰。

2 绿色理念:新时期园区建设的指导思想

制造业的"绿色化"是促使高污染、高能耗、低效率产业进行空间转移、整体转型和全面升级的必然要求。后进地区的工业园一方面要承接发达地区的产业转移——做大,另一方面也要适时淘汰落后产业——转型升级。尤其是那些存在制造业市场竞争力弱、可持续发展能力不强、产品质量不高等突出问题的产业园区,应该尽快改变原来粗放型的老模式,大力发展绿色制造技术,以适应新时代的要求。换句话说,就是要走"先承接再转移,边承接边转移"的产业动态化之路,在提升发展传统产业的同时,加快发展高新技术产业、绿色产业。

要实现用"绿色"理念对落后产业进行升级改造的目标,领导重视是关键,规划先行是前提。这也是总结一些先进工业园区建设得到的一条最基本的经验。如成立由主要领导挂帅的园区建设领导小组,并设立领导小组办公室;在园区建设规划中明确绿色发展的目标、任务和保障措施,用于指导园区建设工作等。因此,为更好地做好这项工作,当地开发区主要领导要亲自抓,并将各项工作任务、措施逐一分解落实到有关单位和个人,明确责任,加强考核。园区建设规划是开发区建设发展的龙头,也是园区升级改造的重要依据和技术基础,因此,要特别注重规划的编制及修订工作。在园区规划中,要有意识地将引进、扶持、发展绿色产业纳入园区建设的重点内容。规划编制、修订完成后,领导小组办公室要组织专家进行论证,使规划具有先进性、科学性、可操作性。

推行绿色制造、发展绿色产业是一种新鲜事物,必要的政策鼓励、引导和制度保障非常重要。因此,当地政府要认真研究制定促进和鼓励绿色技术研发和产业化的技术政策,制定鼓励开发区发展绿色产业的经济政策,通过优惠税收、贷款、财政补贴、土地利用等方式,对园区加强政策扶持力度。要通过相关政策措施吸收金融资本和民间资本投向能耗低、污染少、附加值高的项目,充分发挥技改资金对企业技术改造的导向作用,扶持重点耗能企业淘汰能耗大、效益差、污染高的设备和产品,促进园区内绿色建筑的推广,积极推行企业绿色采购,优先采购再生利用产品、环境标志产品和经过清洁生产审核及ISO14001认证的产品,并对下游供应商实施严格的绿色采购制度。

当然,无论规划多么周详,不管政策多么完美,如果不能落到实处也是无济于事。因此,对于已经制定的规划及相关政策要做到"多措并举、狠抓落实、强化监管"。尤其是在招商方面要减少盲目性,提倡实行绿色招商,大力引进科技含量高、经济效益好、资源消耗低、环境污染少的新兴产业,使区域产业结构向低能耗、低污染、低碳排放的方向发展。要围绕园区总体布局,重点关注、培育和发展产品附加值高、抗风险能力强、产业带动明显的绿色产业。为此,政府部门在管理机制建设中,要将相关职能纳入园区管理组织结构中,从而有序推动园区企业开展产业优化升级。

3　生态园区:未来园区建设的基本方向

实现绿色发展,光靠个别企业的"绿色制造"是不够的。为更好地发挥区域比较优势、切实增强一个地区的市场竞争力、有效提升可持续发展能力,还必须大力发展生态工业,积极推进生态工业园建设,建设绿色开发区。

所谓生态工业园,是依据清洁生产要求、循环经济理念和工业生态学原理而设计建立的一种新型工业园区。它通过物流或能流传递等方式将在一定区域内的不同工厂或企业连接起来,形成共享资源和互换副产品的产业共生组合,使一家工厂的废弃物或副产品成为另一家工厂的原料或能源,模拟自然系统,在产业系统中建立"生产者—消费者—分解者"的循环途径,寻求物质闭环循环、能量多级利用和废物产生最小化,从而构成一个具有完整生命周期的产业链与产业网。园区遵从减量化、再利用、再循环的"3R原则",通过废物交换、循环利用、清洁生产等手段,最大限度地降低对生态环境的负面影响,求得多产业综合发展。由于生态工业园区内企业相互之间形成了耦合互动的产业生态链,使园区内的产业资源、市场资源、人力资源得到充分利用,极大地提高了园区内企业的经济社会效益和发展竞争力,因此,当前推进生态工业园建设成为国际产业发展的大趋势,是我国第三代工业园建设的主要形态和现有工业园区改造的基本方向。

生态工业示范园区的设计和运行,要紧密围绕当地的自然条件、行业优势和区位优势,尽可能将园区与社区发展和地方特色经济相结合,将园区建设与区域生态环境综合整治相结合。要通过对现有开发区进行生态化改造,在不同产业、企业之间构建产业生态链网,努力建设资源节约型和环境友好型园区。对于已具有较好生态工业雏形的工业区域或园区,建设重点是在完善已有的生态工业链的基础上,形成稳定的生态工业网。而对于尚未建成或尚不具有规模的园区,建设重点是以生态工业的理论和方法,指导建设一个新的工业园区。总之,生态园区建设要因地制宜,不能生搬硬套,不可千篇一律。要主动按照建设生态工业园的相关要求,立足本地及周边地区区域优势和产业基础,结合当地社会经济发展规划、园区总体规划、区域环境保护规划、土地利用总体规划等相关规划,通过采用现代化管理手段、政策手段以及新技术(如信息共享、节水、能源利用、再循环和再使用、环境监测和可持续交通技术),形成横向耦合、纵向闭合的多群落工业生态系统,促进工业生态系统与自然生态系统和谐,实现园区社会、经济、环境共赢。

4　绿色发展:园区转型发展的必然选择

在中国经济快速发展过程中,工业园和开发区一直是推动区域经济发展的重要动力。在当前产业转型升级的大背景之下,作为改革前沿的开发区、工业园区更应把握机遇,果断转变增长方式,为当地经济转型升级提供更多更好的动力,实现经济的可持续发展。当然,转型升级对于许多工业园区来说意味着二次创业,挑战可想而知。尤其是那些发展后进地区的园区,在转型升级这条路上会有更多的困难需要克服,但我们不能因此裹足不前。如果安于现状、求稳怕变,就会失去当前转型升级的良好机遇,就有可能在新一轮激烈竞争中陷入被动发展、低速发展的困境。只有加快转型升级,才能有效破解发展"瓶颈"。

目前我国已进入"只有加快转变经济发展方式才能促进可持续发展"的关键时期,以低能耗、低污染、低排放为基础的低碳经济已成为经济发展的一种新模式,那种不计环境成本盲目追求发展的速度和规模的做法已经过时了,现在普遍关注的是如何进一步提升发展的水平、效益和质量。在新一轮竞争中,不仅要拼速度,更重要的是比亮点、谋长远。因此,在当前产业升级中,强调环保和低碳是非常重要的方向性选择。在工业园区建设上,谁能率先建成一个绿色园区,在低碳经济、节能减排、循环发展等方面领跑其他开发区,谁就能较快取得比较优势。

"低碳减排、绿色生活"倡导践行绿色消费,大力推进绿色发展,其价值不仅限于环保,而更在于直接促进了经济社会向更高水平的发展;它的作用不仅限于环境效益,更重要的在于发展效益。因此,大力推行绿色制造技术,积极探索生态园区建设的有效途径,走绿色发展道路是实现经济社会可持续发展的必然选择。

作者简介:胡文东,中共青岛西海岸新区工委党校,工会主席,讲师

通信地址:青岛市黄岛区海湾路 1368 号

联系方式:hwd81@163.com

推进青岛西海岸新区"一带一路"下的对外贸易

王致信

(青岛市黄岛区科协,中共青岛西海岸新区工委党校,青岛,266404)

摘要:青岛西海岸新区不断加大对外贸易的产业提升力度,在"一带一路"倡议下,贸易的商品种类与服务方式进一步优化,各项政策与服务工作稳步推进,各项产业项目在"一带一路"建设中得到更快发展,正努力打造适应国际潮流、符合国家战略、引领区域发展的开放型经济增长新模式。

关键词:贸易;开放;投资

在"一带一路"倡议构想实施的环境下,各国之间经济贸易往来更加频繁,相互之间的交流更加热诚,对外贸易作为拉动经济增长的重要方式,在区域发展以及经济增长方面有着十分重要的突出地位。青岛西海岸新区逐步改善原有的"三来一补"型外贸方式,正着力打造以文化创作、海工装备、产业新技术、现代物流、高端金融、大数据等产业为重点突破方向的现代化产业经济极。

1 青岛西海岸新区对外经济成果

青岛西海岸新区作为国家级新区,通过拓展国际市场、调整产业结构,对外经贸,使经济呈现出快速发展的态势,对新区的整体发展起到了很大的促进作用。

1.1 经济增长持续有力

新区 2018 年完成地区生产总值 3517.1 亿元,同比增长 9.8%,综合实力在 19 个国家级新区中占到第三位。新区目前有世界 500 强企业外资项目 85 个,总投资额达 33.8 亿美元。2018 年新区实现项目合同利用外资 2.06 亿美元,到账外资 2.49 亿美元,引进重点项目 25 个,完成年度目标任务的 102%,外贸经济得到持续健康发展。

1.2 产业结构得到改善

新区获批以来,共引进建设了 1000 多个产业项目,促进了多家国内外世界 500 强企业的落户增产。截至 2018 年底,新区共拥有企业 3 万多家,其中外商投资企业 4000 多家,打造了白色家电、新能源汽车、航运船舶、海工机械、石油化工等产业发展集群。

目前,新区正着力发展大数据、新能源、新材料、海工制造、总部经济、海洋生物等科技型产业经济,吸引包括美国、日本、韩国、欧洲和以色列等 15 个国家和地区的企业前来洽谈合作。

1.3 对外开放活力持续增强

"赋予自由贸易试验区更大改革自主权,探索建设自由贸易港"是党在十九大报告中给我们指出的目标,新区要在对外贸易中探索新的机制和模式,形成与国际接轨的投资与贸易合作平台,积极做好自由贸易港的推进与建设工作。

加强贸易通畅方面,构建了一批规模集聚、功能强大、产业集合的贸易平台。发挥前湾保税区的功能优势,提升强化进出口贸易能力,大力推进保税区商品进出口贸易平台以及保税和完税进出口产品展示平台建设,巩固和发展专业的贸易平台;继续为广交会参展企业搭建"出口精品展示平台";董家口港区共规划建设 112 个泊位,争取使港口周转能力达 3.7 亿吨/年,吞吐量将超过 6 亿吨,使其成为国家的大宗商品、能源储运的物流及交易中心。

1.4 "一带一路"建设扩大开放和服务格局

新区在融入"一带一路"倡议的基础上，着力促进海洋服务业发展，打造世界一流的海洋港口，启用了开发区、董家口航运大厦，培育建设能源、海洋资源产品等大宗商品交易中心，进行国际中转集拼和集装箱捎带业务试点，努力打造新区国际性航运中心，新增集装箱航线 13 条，使集装箱达 1931.5 万标准箱，巩固和强化了与"一带一路"沿线国家的贸易往来和经贸关系，并与之建立了贸易互补机制，使贸易总额实现了较快增长。

2 青岛西海岸新区对外开放存在的问题

青岛西海岸新区的成立时间不长，经济规模虽然具有一定积累，但与南方先进地区的开放水平相比，在经济发展模式与效率上存在着一定差距，需要进一步改善和提高。

2.1 对外开放质量有待于进一步提高

新区 1000 多家外商投资企业中，外资企业比重最大的是制造业，占比 50% 以上，而上海浦东新区的 3000 家外商投资企业中，第三产业的外商投资项目达 2700 多项，占比 90% 以上。从以上对比中可以看出，新区的外商投资中制造业的比重过高，第三产业的比重较低。新区应在发展高端制造业的同时，大力促进第三产业的外资进驻。

2.2 对外开放环境有待进一步优化

一是青岛西海岸新区的开放有待进一步优化，据美国《财富》的调查显示，在我国的跨国公司中，首选在上海设立地区总部的占 30%，其次是北京占 15%，再次是深圳占 11%。新区与其他先进地区相比，还有很大的差距和不足。

二是在具体的投资领域中还存在一些突出问题。新区在知识产权保护、打击假冒伪劣等方面还存在短板，而同时，各地都推出了针对外资准入和对外贸易更为便利的优惠措施，这使新区与其他地区在"一带一路"中的竞争关系加剧。

2.3 对外开放的产业层次较低

新区对外开放的行业领域不宽，各行业间的发展不平衡，外贸出口企业的产品以低端加工为主，高端精密的技术型产品比重较小。从出口结构上看，新区劳动密集型产品进出口仍占据很大比重，高新技术产品出口较少，缺乏自主研发的主打品牌。在产业链的国际分工中，新区的中低端产品具有一定国际竞争力，但在中高端产业上，还没有形成国际竞争力。新区企业需要进一步做好新旧动能转换，转变对外贸易方式，提升高新技术产品贸易的比重，促进外贸的持续升级。

3 做好对外开放的新举措

"开放带来进步，封闭必然落后。"我们要有前瞻性目光，提前做好区域定位、产业结构的升级和人才培养引进工作，提升新区的科技创新能力，促进企业的升级转型发展。

3.1 配合升级"一带一路"

一要提高在国际航运体系中的资源配置能力。利用好东亚海洋合作平台功能，利用好物流产业联盟，发挥董家口港区开放优势，加强与东亚港口合作，加快推进国家级一类开放口岸验收和"一关三检"入驻，推进青连铁路、董家口铁路通道建设，打造新亚欧大陆桥桥头堡和经济走廊重要节点，使西海岸成为东北亚国际物流中心枢纽。

二要谋划产业布局和规划。重点抓好装备制造、新材料及海水淡化、再制造等临港产业布局和项目推进，抓好昆仑能源 LPG（液化石油气）中转中心等重点项目落实，强化国际智慧物流产业培植，加快打造国际现代航运枢纽和地区高端制造业基地核心区。

三要推进物流的升级改造。以大数据促进互联网应用为发展方向，发展航运物流、电子商务，加强与周边港口的协同配合，加强区域间港口的合作共赢。

3.2 优化开放型经济产业结构

新区要加强与其他经济体的联系，积极融入世界经济体系，优化产业结构，因地制宜，提升新区各项产业项目的协同与开放水平。

一要融入国际先进制造体系，推进信息技术在各领域的深度融合。借鉴欧美等国家的可持续发展理念，推进大数据、新能源汽车等带头示范产业项目，超前布局集成电路、新型显示、信息通信设备、传感器及物联网、大数据、人工智能等新一代信息技术,力争成为我国大数据技术应用示范基地和专业人才培养基地。同时,努力打造海工装备的制造与研发中心,推动制造业向更高层次的转型升级。

二要加大服务业的对外开放,提高服务贸易整体水平。要研究对比国内外的服务业现状,及时了解国家在文化、教育、养老、医疗、金融、物流等服务领域的开放进程,优化利用外资及先进经验。同时,依托东方影都、达尼画家村、光谷国际海洋信息港等特色优势推动文化、健康服务、高新技术等新型服务贸易在新区的发展。

三要推动金融领域的开放,完善金融服务体系建设。要依托新区先行先试的工作理念,争取国家金融部门的支持与扶持,开展外汇和跨境人民币的相关业务,积极引导和鼓励新区的银行等金融机构发展离岸金融业务,加快推动区内企业的上市挂牌进程和重点企业新三板挂牌进程。

同时,加快构建符合新区发展需要的现代金融体系,支持银行机构积极开展科技金融试点,探索设立科技金融专营机构;进一步扩大保险试点覆盖面,逐步构建起政府与保险公司和保险对象"三位一体"的保障机制。

3.3 提升教育和法治水平,夯实对外开放的人才支撑。

一要积极参与"一带一路"共建行动计划。通过推进德国、日本、韩国在新区的共建项目,深化教育、体育、科技等项目的产学研交流合作,加强与类似国外知名教育培训机构合作,引进国际上的先进理念、课程和管理模式。

二要构建法治化、国际化营商环境。结合国务院进一步优化营商环境的要求,继续将建设法治化、国际化营商环境作为提升新区综合实力的保障措施,探索建立新区可评测、可公告、可考核的评价体系,助推新区法治环境的清明。

三要积极通过各种渠道拓宽招才引智渠道。以建设国家引智示范区和省人才改革试验区为契机,破除限制人才发展的旧的体制机制,激活人才干事创业的激情与动力。采取多方式、多渠道邀请和奖励国内外高层次人才的引进与合作,同时加强高水平院校引进办学,努力打造新区人才集聚高地。

参考文献

[1] 于艳. 山东省临沂市对外贸易问题及对策研究[D]. 山东师范大学硕士论文, 2014.

[2] 段晓东. 迈向"互联网工业"新时代[N].青岛日报, 2015-06-30.

[3] 宫良. 西部湾区,最具增长潜力的区域. 走向世界, 2017, 20:20-23.

[4] 李君. 对外开放与深圳经济增长[D]. 深圳大学硕士论文, 2017.

作者简介:王致信,中共青岛西海岸新区工委党校,讲师
通信地址:青岛黄岛区海湾路 1368 号
联系方式:13583281661@126.com

发挥海洋特色优势,助力
"经略海洋",建设海洋产业名城

落实"经略海洋"战略，
加快青岛现代海洋服务业发展的对策建议

赵明辉

（青岛市社会科学院，青岛，266071）

摘要：发展现代海洋服务业是有效实施"经略海洋"战略的重要内容。青岛具有发展现代海洋服务业的区位资源、海洋产业、海洋科研等优势，但还存在现代海洋服务业发展规划引领作用有待加强、支持海洋服务业发展的力度有待加大、海洋服务业竞争力有待提升、产业融合发展有待提速等不足。应通过抓住机遇、实现跨越，壮大实力、强项更强，集聚力量、补齐短板，强化融合、跨界发展，加大投入、完善机制等措施，促进青岛现代海洋服务业快速发展。

关键词：经略海洋；现代海洋服务业；海洋产业；服务

现代海洋服务业是整个海洋经济发展的核心，是实施"经略海洋"战略的重要内容。青岛海洋经济不断发展壮大，但海洋现代服务业仍然是青岛海洋经济中相对薄弱的产业。强化服务业的"海洋特色"、发展现代海洋服务业，不仅是青岛加快新旧动能转换的一个新引擎，也是青岛发展海洋经济的一个新亮点，更是加快落实"经略海洋"战略的重要举措。

1 发展现代海洋服务业的青岛优势

1.1 区位资源优势

青岛是我国重要沿海开放城市，区位优势毫无疑问。我国在推进区域性协调发展中，青岛西海岸新区成为第 9 个国家级新区，并且拥有山东半岛蓝色经济区、军民融合创新示范区等优势。青岛的港口资源优势突出，在 2018 年中国港口货物吞吐量和港口集装箱吞吐量两大排名中，青岛港均位列第五。同时，青岛还拥有海岛海岸线资源、丰富的海洋生物资源，为推进青岛现代海洋服务业加快发展提供了独特的优势资源。

1.2 海洋产业优势

2018 年青岛市海洋生产总值 3327 亿元，同比增长 15.6％，海洋生产总值占 GDP 比重 27.7％。海洋产业结构优化，海洋第一、二、三产业增加值分别为 110 亿元、1766 亿元和 1451 亿元，同比增长速度分别为 5.1％、18％和 13.7％。在青岛现代海洋产业（15.6％）、汽车制造（13.3％）、商务服务（10.8％）、健康养老（12％）四大优势特色产业中，现代海洋产业发展加快，增长 15.6％，位居首位。海洋装备逐步迈向高端制造。在全球海洋工程装备市场总体低迷的大格局下，青岛海工装备市场引智聚力，发展活跃。2018 年青岛海洋设备制造业实现增加值 580 亿元，同比增长 14.4％，对海洋经济的贡献率高达 16.2％。海洋旅游已成为青岛实施"经略海洋"战略的重要增长点。2018 年借力"上合组织青岛峰会""世界旅游城市联合会青岛香山旅游峰会"两大国际盛会，海洋旅游蓬勃发展，全市接待游客总人数超过 1 亿人次，旅游消费总额超过 1900 亿元，同比分别增长 13％和 15.9％。邮轮母港全年共接待 71 个航次，接待旅客 11.2 万人次，同比增长 3％。滨海旅游业对整个海洋经济增长的贡献率达到 19.1％。这些都为加快发展现代海洋服务业，促进海洋产业加速转型升级奠定了重要基础。

1.3 海洋科研优势

青岛作为著名的海洋科技及科研力量集聚城市，拥有全国 1/3 以上的海洋教学及科研机构，全国半数以上的涉海科研人员集聚青岛，更是拥有占全国 70％左右的涉海领域的院士和高级专家；集聚了海洋科学与技术国家实验室、中国科学院海洋研究所、国家海洋局第一海洋研究所、山东大学（青岛）、中国海洋大学等一大批海洋科研机构和高校；具有独具特色的"蓝色硅谷"，发挥着海洋科技人才集聚优势，推进着海洋科技资源集聚，蓝色硅谷正发挥着"蓝色引擎"的新动能，为青岛发展海洋服务业起到重要支撑作用。

2 青岛现代海洋服务业发展存在的不足

2.1 现代海洋服务业发展规划引领作用有待加强

2017 年天津出台了《天津市海洋服务业发展专项规划》，用较大篇幅突出了海洋服务业产业结构调整升级，并给出了详细的建设项目；福建"十三五"海洋经济发展专项规划提出积极培育发展海洋信息服务业；海南"十三五规划"提出发展"互联网＋海洋"，将海洋服务业，特别是现代海洋信息服务业作为重点发展领域。青岛在《青岛市"海洋＋"发展规划（2015—2020 年）》《青岛市"十三五"现代服务业发展规划》提出推进"海洋＋"服务业发展，但缺乏引领海洋服务业发展的专项规划。

2.2 支持海洋服务业发展的力度有待加大

当前，深圳致力于将"蓝色经济"作为未来重要经济增长点，增强金融服务业对海洋产业的支持力度，正在推动设立 500 亿元规模的海洋产业发展基金，打造海洋高端智能装备和前海海洋现代服务业两大千亿级产业集群。[1]深圳前海海洋现代服务业千亿集群，将主要依托前海的金融业集聚优势，围绕海洋金融，做强创投、保险、融资租赁等方面，以支撑新兴产业的发展。深圳发展前海海洋现代服务业尤其是涉海金融服务业，意在推动全市海洋产业进一步向国际化、高端化、智能化方向发展，将深圳建成面向全球的全球海洋中心城市。与深圳相比，青岛在这方面差距较大，建设国际海洋名城，需要加大对现代海洋服务业的支持力度，壮大优势，补齐短板。

2.3 海洋服务业竞争力有待提升，产业融合发展有待提速

目前青岛发展现代海洋服务业的新理念、新境界还有待提高，现代海洋服务行业之间的产业关联度不高，部分青岛传统优势海洋服务业竞争力不强，发展滞缓。如海洋交通运输行业呈持续低迷运行态势，2018 年上半年，青岛市海洋交通运输行业实现增加值 191 亿元，同比增长 7.2％，低于上年同期 4.8 个百分点，占海洋生产总值比重 13.1％，低于上年同期 1 个百分点；港口方面，上半年青岛市各港口累计完成货物吞吐量 2.6 亿吨，同比增长 2.2％，增速低于广州港 8.6 个百分点，全国排名第 6 位；完成集装箱吞吐量 938 万 TEU，同比增长 3.2％，较上年同期上升 1.4 个百分点，增速低于广州港 5.6 个百分点，全国排名第 5 位。

3 加快发展现代海洋服务业，助力青岛落实"经略海洋"战略的对策建议

3.1 抓住机遇，实现跨越

实施"经略海洋"战略，建设"海洋强国"，作为国家战略，给我国许多海洋城市带来了发展良机。《全国海洋经济发展"十三五"规划》明确指出，推进深圳、上海等城市建设全球海洋中心城市。[2]青岛应当直面挑战，抢抓机遇，对标深圳，学习借鉴深圳经验，高起点出台《青岛市现代海洋服务业专项发展规划》，以此指导青岛未来现代海洋服务业的发展，抢先布局未来高端产业，并与其他海洋产业发展政策和重点相互衔接，实现统筹协调发展，让青岛服务业的"海洋角色"分量更重，进一步增强青岛现代海洋服务业的新动能。

3.2 壮大实力，强项更强

青岛必须保持海洋领域的传统优势，靠长处和强项赢得竞争优势。青岛拥有港口优势，港口物流有很好的基础，青岛应不断拓展港口服务功能，提升港口智能化水平，加快构建海陆空一体化的"大物流"体系，重点突破多式联运、连锁配送、城市共同配送、冷链物流等业态，提升国际航运中心和区域性航运枢纽功能，全力打造东北亚国际航运枢纽。

加强服务平台建设，促进海洋科研优势充分转化为海洋经济优势。雄厚的科技资源不仅是青岛海洋科研课题的推动力，更是青岛创新产出在专利方面占据领先优势的重要保障。当前需要加强中

介服务平台建设,搭建起科研成果和市场需求之间及时沟通、顺利转化的"绿色通道",提高海洋科技成果转化率。

加快推进青岛"中国邮轮旅游发展实验区"建设。国家"十三五"海洋经济发展规划提出,推进上海、天津、深圳、青岛建设"中国邮轮旅游发展实验区"。青岛作为全国第四个中国邮轮旅游发展实验区,邮轮旅游品牌形象有待提升,邮轮城市特色不够鲜明,2018年上半年,青岛邮轮母港接待邮轮航次、进出港旅客分别比广州、厦门少31艘次、20艘次和22.7万人次、11.3万人次。青岛邮轮产业发展应以青岛开放、现代、活力、时尚的国际大都市建设为目标,服务于城市功能的转换和创新。通过邮轮经济营商环境的国际化标准对标和水平提升,努力打造邮轮母港名城。培育发展海岛旅游,推进海洋旅游从近海向深海转移。

充分释放青岛硅谷区、西海岸新区"蓝色引擎"的新动能。在蓝色硅谷,发挥青岛海洋科学与技术试点国家实验室、"蛟龙"号母港国家深海基地、国家海洋设备质检中心等"国"字号重大科研平台和众多知名大学的引领作用,加快打造独具特色的蓝色硅谷科技创新生态系统,发挥海洋科技人才集聚优势,推进海洋科技资源集聚。在西海岸新区,发挥蓝色经济重点建设项目集聚的优势,为全市新旧动能转换和海洋强市建设提供强有力支撑。

3.3 集聚力量,补齐短板

在海洋金融服务方面,创新海洋金融服务业新业态,构建海洋金融服务产品体系,建设海洋金融服务新平台,引导金融资本对青岛蓝色经济的全方位服务支持,促进金融资源加速向海洋聚集,增强现代海洋服务业对"经略海洋"战略的支持力度。

在海洋信息服务业方面,推进海域动态监控系统、海洋环境在线监测系统、海洋预警报系统、渔港船舶系统的专业化建设,加快电商交易、出海垂钓、海岛旅游等多样化海洋信息服务;建立系统间海洋信息互联互通机制,利用海洋大数据技术,建立高储存、高配置、可长期利用的综合性"数据海洋"信息平台。

在海洋文化创意方面,依托青岛国际帆船周、国际海洋节等涉海赛事节庆活动,促进海洋文化元素与服务业的融合发展;按国际水平规划、设计、建设一批特色鲜明、功能完善、内容丰富的多功能海洋科普文化馆、博物馆、展览馆等文化设施。培育以海洋为主题的演艺、展览、出版、动漫、影视、广告等海洋文化创意产业。

3.4 强化融合,跨界发展

青岛发展海洋服务业要坚持融合发展的思路,在更大空间、更多领域、更高层次推动海洋服务业的发展。一是要坚持陆海融合发展,促进海洋产业与临海产业的配套融合发展,提升陆域先进制造业和现代服务业等海洋服务业相关产业的带动力。二是坚持军民融合发展,加强在海洋服务业发展中军民结合的统筹协调,建立军民结合、军民共用的海洋科技服务平台。三是坚持海洋服务业与海洋第一、第二产业的融合发展,打破各产业间的技术边界、业务边界、运营边界,实现海洋各产业、各环节的融合,扩大海洋经济规模,提升海洋经济质量。

3.5 加大投入,完善机制

设立产业发展专项资金,加大对现代海洋服务业的资金投入力度;在海洋工程咨询、新能源、生物研发、海洋信息服务产业领域培育青岛龙头企业;研究推动涉海金融、保险、电信、文化创意的机制创新,出台有利于高端服务业发展的扶持政策。健全人才引进和培养体系。根据不同的人才,制定侧重点不同的人才政策,打造现代海洋服务业人才集聚区;深化与海洋科学与技术国家实验室、中国科学院海洋研究所、国家海洋局第一海洋研究所、山东大学(青岛)、中国海洋大学等科研机构和高校的合作,引导其加强学科专业建设,培养现代海洋服务业紧缺人才;发挥建立有影响力的高端"海洋智库"。

参考文献

[1] 刘俐娜. 新旧动能转换背景下青岛市海洋经济发展路径研究[J]. 海洋经济, 2018,8(2):48-56.

[2] 本刊评论员. 打造有全球影响力的海洋中心城市[N]. 深圳商报, 2018-02-07(A01).

作者简介:赵明辉,青岛市社会科学院国际所,所长、研究员

通信地址:青岛市市南区山东路12号甲,帝威国际大厦

联系方式:skyzmh@163.com

借鉴深圳、厦门经验，加快青岛海洋经济发展

孟贤新

（青岛市黄岛区科协，中共青岛西海岸新区工委党校，青岛，266404）

摘要：近日，青岛市制定出台《青岛市大力发展海洋经济　加快建设国际海洋名城行动方案》，确定实施"1045"行动，即加快发展海洋交通运输、海洋船舶与设备制造、海洋生物医药等10大海洋产业，全面提升海洋科技创新、海洋特色文化、海洋生态文明、海洋对外开放4大领域发展水平，实施海洋新动能培育、重点区域率先突破、项目园区企业建设、国家军民融合创新示范区建设、"放管服"综合改革5大支撑保障工程，加快构建以新动能为主导的现代海洋产业体系，建设国际海洋名城，努力当好海洋强国、海洋强省建设生力军。本文从深圳、厦门发展海洋经济的经验、青岛市海洋经济存在问题及对策建议3个方面进行阐述，旨在为青岛市海洋经济发展提供参考。

关键词：深圳厦门经验；青岛；海洋经济

青岛是沿海重要的旅游城市和港口城市，良好的海洋资源环境是其发展的基础。2019年青岛的政府工作报告中明确提出了"加快建设国际海洋名城，立足海洋优势和特色，坚持科技兴海、产业强海、生态护海，努力在全国海洋经济发展中率先走在前列，当好海洋强国、海洋强省建设生力军"这一发展蓝图。因此，加快发展海洋经济是青岛市的重要使命。而深圳、厦门发展海洋经济的经验，对青岛海洋经济发展具有借鉴作用。

1 深圳、厦门发展海洋经济的做法

深圳、厦门发展海洋经济走在全国前列，特别在海洋发展规划、海洋经济发展、海洋科技成果转化、海洋综合管理等方面具有先进经验。

1.1 发挥优势，定位高准

深圳市位于粤港澳大湾区核心位置，拥有得天独厚的区位优势和开放优势。2018年该市海洋经济生产总值为2327亿元，同比增长4.6%。深圳市高点定位海洋发展。2018年9月深圳市委出台了《关于勇当海洋强国尖兵加快建设全球海洋中心城市的决定》（以下简称《决定》），并同时配套出台了实施方案，提出"到21世纪中叶，全面建成全球海洋中心城市，成为彰显海洋综合实力和全球影响力的先锋"。《决定》充分体现了全面性和系统性，涵盖了海洋产业、科技、空间、生态、文化和全球治理等领域，从规划、政策、计划等方面进行系统谋划，为深圳市未来30年海洋发展指明了方向。同时，配套的实施方案中，确定了145个具体事项和65个重点项目，并建立了统筹协调和定期考核机制。

2018年，厦门市的海洋经济总产值为2514.85亿元，较上年同期增长10.21%，增加值同比增长10.21%。厦门市精准定位海洋产业。2012年9月厦门市委出台《关于加快海洋经济发展的实施意见》，提出"培育发展新兴海洋产业，积极发展循环经济，建设海洋生态海洋强市"。在具体政策方面，出台了《厦门市海洋经济发展专项资金项目指南》《厦门市海洋新兴产业龙头企业评选办法》等配套制度文件，为提升海洋产业创新能力、促进海洋科技成果转化与产业化等提供了政策支持。

1.2 注重智库，支撑决策

深圳市、厦门市注重利用智库力量支撑政府科学决策，深圳市的智库和专业咨询研究行业发展迅速，政府决策依靠智库力量支撑的意识较强。深圳市委、市政府于2018年9月出台的《关于勇当海洋

强国尖兵加快建设全球海洋中心城市的决定》,是由深圳市海洋局委托深圳市规划国土发展研究中心组成课题组,历时一年多研究编制完成的,符合深圳市的实际情况,具有较为充分的科学依据和较高的可操作性。厦门市,一是由市政府聘任海洋专家组,建立常态化的调研决策咨询机制;二是由厦门南方海洋研究中心聘任多位院士及行业顶尖专家成立专家咨询委员会,开展海洋产业重大决策咨询。

1.3 龙头集聚,成果转化

深圳市注意充分发挥龙头企业产业集聚效应。深圳市从事产品设计和项目研发的企业众多,深圳惠尔海洋装备工程公司是一家从事海工装备设计的公司(年营业收入 8000 万元左右),在产品设计阶段就开始为产品制造企业编制各种配件产品参数、标准,对海工配套企业的集聚发挥着重要影响。

厦门市着力推进海洋生物医药产业中试平台建设,助力科研成果产业化发展。该市组建了厦门南方海洋研究中心,发挥其在协调和汇集海洋科技资源上的作用,建设南方海洋创业创新基地,为产业链各关键环节提供"拎包入住式"服务。目前已入驻创新创业团队 12 个、孵化区企业 10 个、辅导 10 个团队注册成立企业,4 家孵化区企业实现产品化生产并投入市场。

1.4 企业联盟,实现共赢

厦门市重视发挥海洋新兴产业创新发展联盟作用。厦门市海洋渔业局为加强企业、科研机构之间信息交流,积极扶持组建涉海企业建立产业创新发展联盟,为培植壮大企业提供研发和产品信息等全方位服务。企业联盟的组建,有利于实现产学研无缝对接,加快科研成果转化速度。截至目前,该市已申请加入企业联盟的成员单位有 106 家,涵盖海洋生物医药制品、海洋高端装备制造、现代渔业、滨海高端旅游、智慧海洋等海洋新兴产业领域。企业联盟以协同合作、资源共享、政策咨询、联合攻关、成果转化、人才交流、开拓市场、对外交流等为主要工作任务,努力推动海洋新兴产业工作取得实效。

1.5 拓宽渠道,政策扶持

厦门市强化对涉海企业的资金、金融支撑。为支持海洋经济发展,厦门市财政每年安排 1.5 亿元预算内资金重点用于扶持厦门海洋与渔业发展以及厦门南方海洋研究中心项目。该市组建了海洋产业创投基金,募集社会资本 5026 万元,通过"海洋助保贷"业务积极引导信贷资金流向,加大对涉海中小微企业的扶持力度。

1.6 转变思路,开辟市场

厦门市重视开拓东北亚、东南亚旅游市场,邮轮经济保持良好发展态势。尽管厦门市地理位置得天独厚,但近一段时期赴台邮轮经营状况曾一度严重下滑。厦门港务控股集团公司及时转变经营思路,积极向北开拓日本、韩国等东北亚旅游市场,向南开拓新加坡、马来西亚等东南亚旅游市场,并取得良好效果。2018 年,厦门市的邮轮旅客吞吐量超过 40 万人次。目前,厦门市邮轮经济保持良好发展势头,在 2018 年中国邮轮港口评价中,位列全国邮轮母港前列。厦门港务控股集团公司计划在现有的一个 15 万吨级邮轮码头泊位基础上,再规划改造建设 2 个总计 16 万吨级的邮轮码头泊位,将厦门港打造为全国四大邮轮运输试点之一。

1.7 陆海统筹,全域发展

厦门市海洋发展坚持陆海统筹,厦门五缘湾湾区改造工程效益实现多赢。厦门市五缘湾原湾区内分布着大片滩涂、杂乱的鱼塘和垃圾集聚地,曾被认为是不适合人类居住的地方。2003 年,厦门市委、市政府对五缘湾开发建设高度重视,将其确定为厦门市新一轮跨越式发展的重要区域,投入财政资金 130 亿元:一是规划环岛路跨海架桥,对原有外湾进行清淤,并利用清淤获得的泥沙在湾区两岸造地,拓展海湾;二是将内湾退塘还海,打开海堤,引海水进入湾片区,将五缘湾内湾与东部海域完全相通,使得湾区的水质交换得到保证,也为湾区内游艇帆船运动的开展提供了一个非常优良的港湾,将五缘湾打造成为厦门新客厅。据测算,此项工程的实施产生了 2000 多亿元的经济效益。目前,厦门常年停泊的游艇 80% 停泊在五缘湾游艇港,2017 年该港游艇帆船出海人数超 90 万人次,占全厦门市的六成,实现了经济效益、生态效益、社会效益的"三赢"效果。

2　青岛市海洋经济发展存在的问题

青岛海洋经济取得了一定成绩,但是与深圳、厦门相比,存在的问题较多。主要存在五方面问题:

一是经略海洋的思想意识不强。主要表现为"三少"问题,即:陆海统筹思维较少;对海洋的规律性研究较少;深远海意识较少。

二是海洋经济发展不平衡、不协调、不可持续,存在"三小"问题,即:海洋经济规模小;海洋新兴产业占比小;涉海企业总体规模小。

三是海洋科技创新的科研资源优势没有充分转化为现实竞争能力和领先地位,海洋科技对产业转型升级贡献低,科技成果转化率偏低,海洋科技应用型人才占比低。

四是海洋经济发展环境方面的产业配套、资源整合、政策支持等对海洋经济的支持力度还不够大,产业配套能力偏弱,资源整合能力偏弱,政策支持力度偏弱。

五是发挥港口功能支撑海洋经济发展的作用还需加大,货物吞吐量增长偏慢,进出口通关仍然偏慢,邮轮经济发展偏慢。

3　青岛市发展海洋经济对策建议

青岛市要认真贯彻习近平总书记考察青岛的重要指示精神,扎实落实省委关于海洋强省战略的部署,紧密结合青岛市海洋经济发展实际,立足自身优势,突出问题导向,认真学习借鉴国内先进城市的有益做法,精心谋划在全市发起新旧动能转换、推动高质量发展的海洋攻势。

3.1　科学定位

精准施策,准确发力,扬长避短,实现我市海洋经济高质量发展。为更有针对性地打好海洋攻势,近期要组织开展摸清青岛市海洋经济发展现状的工作调研,力求通过调研发现问题,提出切实解决实际问题的工作思路,争取利用今年在全省承担建立市县两级海洋生产总值核算体系试点工作契机,探索建立完善青岛市海洋经济运行监测与评估体系,为今后青岛市制定出台海洋发展政策,进行宏观管理和决策提供科学依据。

3.2　强化智库建设

在发展海洋经济工作中,要更加重视充分发挥智库和专业咨询研究机构的作用,进一步提升政府科学决策的能力和水平。青岛市海洋发展局近期正在对国内和青岛市在海洋经济发展研究方面能够提供较高水平咨询服务的智库单位进行摸底,考察筛选出有实力、有水平的智库机构进行合作,以便为下一步在海洋强市建设中开展战略和政策研究提供智力支持。

3.3　紧密配合青岛市各产业发展主管部门进一步加大对行业"龙头"企业的引进力度

今后青岛市经济主管部门在进行产业规划布局时,能够更加注重类似惠尔海工公司这样的"龙头"企业的引进,为建立和引进较为完善的产品配套体系和企业奠定基础,以进一步提升产业的集聚度。青岛市海洋发展局正在认真梳理全市现有海洋产业的"短板",研究海洋产业招商引进的方向和措施,力求在完善产业链"短板"企业和引进关键企业方面有所突破。

3.4　成果转化

积极加强与驻青科研机构特别是海洋方面的科研院所的联系,进一步加大对科研成果转化平台的建设力度。青岛市海洋发展局正在对"蓝色硅谷"等青岛海洋科研单位较为集中的地区和驻青海洋科研单位进行走访调研,力图摸清这些科研单位的中试平台建设现状和需求,为今后青岛市制定和出台更有针对性的扶持政策提出意见和建议。

3.5　注重发挥企业联盟作用

目前青岛市的涉海企业之间的信息沟通和联系还比较薄弱和松散。今后,青岛市海洋发展局将参考厦门市的有益经验和做法,积极整合青岛市现有资源,研究在涉海企业中间建立更加紧密的联系和组织形式,为密切企业之间的合作和进一步培植壮大企业提供更好、更全面的服务。

3.6　加强专项政策研究

鉴于青岛市目前在促进海洋科技成果转化和扶持涉海中小微企业发展方面还存在许多薄弱环节,建议青岛市进一步加大对海洋产业发展的资金支持力度，引导风险投资资金加大对海洋产业的投入，研究设立海洋产业创投基金，更好地扶持壮大海洋产业发展。

3.7　积极拓展邮轮挂靠港

建议青岛市积极借鉴厦门市主动适应旅游市场需求开拓市场的做法，认真研究制定深度开发东北亚旅游市场的有效措施，找出影响青岛市邮轮经济发展的关键问题和环节，不断完善优化我市邮轮码头基础设施布局和开拓邮轮挂靠港口，进一步发展壮大和提升我市涉海旅游业规模和经营水平。

3.8　坚持陆海统筹，努力做到海洋环境保护与整治修复实现经济效益、生态效益、社会效益"三赢"

青岛市要积极借鉴学习厦门市海洋环境保护与整治修复工作经验，在青岛市海洋环境保护与修复工作中坚持陆海统筹的思想与理念，在胶州湾保护和海岛整治修复工作中精心谋划组织，努力实现环境保护工作在经济效益、生态效益、社会效益方面的"三赢"。

作者简介：孟贤新，中共青岛西海岸新区工委党校经济师
通信地址：青岛市黄岛区海湾路 1368 号
联系方式：mxxylj@163.com

在构建海洋命运共同体进程中
加速"青岛样板"崛起

周 娟

(中共青岛西海岸新区工委党校,青岛,266404)

摘要:习近平主席提出构建海洋命运共同体,又一次为青岛提供了历史性的重大机遇。在构建海洋命运共同体进程中加速崛起"青岛样板",体现了青岛担当,具有重大的历史和现实意义。在构建海洋命运共同体理念下建设新青岛,必然会带来发展方式的转变,通过高质量发展,通过创建国家中心城市、"一带一路"双点定位城市、国际海洋名城和海洋攻势行动四个现实载体的供给,青岛必将发展得更好。

关键词:海洋命运共同体;青岛使命;青岛样板

2019年4月习近平主席在青岛参加中国人民解放军海军成立70周年多国海军活动时正式提出构建海洋命运共同体的重要理念。习近平主席指出:"我们人类居住的这个蓝色星球,不是被海洋分割成了各个孤岛,而是被海洋联结成了命运共同体,各国人民安危与共。"从此,构建海洋命运共同体的重大倡议必将如同"一带一路"倡议一样载入史册,也必将为正在加速建设国际海洋名城的青岛提供指引和方向。在构建海洋命运共同体进程中加速崛起"青岛样板",青岛又一次迎来历史性的重大机遇。

1 在构建海洋命运共同体进程中加速崛起"青岛样板"的重大历史和现实意义

1.1 构建海洋命运共同体与青岛的积极融入密不可分

积极融入人类命运共同体和海洋命运共同体建设,是青岛实现发展新定位的重要使命。构建人类命运共同体是中国共产党人站在中华民族伟大复兴和人类发展进步相结合的高度,从重构中国与世界关系角度提出的重大战略思想。在此基础上,习主席进一步提出构建海洋命运共同体理念,是对人类命运共同体理念的丰富和发展,是人类命运共同体理念在海洋领域的具体实践,是中国在全球治理特别是全球海洋治理领域贡献的又一"中国智慧""中国方案",作为实现中国人民对世界使命的目标模式,必将有力推动世界发展进步,为各国人民带来福祉。青岛是中国乃至全球著名的海军城和海洋强市,自古以来在海军海防战场、海洋发展、海洋治理领域拥有突出地位并扮演了重要角色,积累了极其丰富的历史经验。党的十八大以来在实现中华民族海洋强国梦征程上青岛又取得了一定的现实成就,体现了强大的青岛贡献和青岛力量。这种历史地位和现实能力决定了青岛在世界发展百年未有大变局的新时代必须拥有新定位,新定位必然要求青岛要积极融入人类命运共同体建设,尤其是深入融入海洋命运共同体建设,这也是素来追求海纳百川境界的青岛义不容辞的重大使命,体现了青岛担当,具有重大的历史和现实意义。

1.2 构建海洋命运共同体与"青岛样板"加速崛起密不可分

推动构建海洋命运共同体,是"青岛样板"加速崛起的重大机遇。青岛有自己突出的海洋优势,因为海洋是青岛的天然基因和特色所在。青岛是座因海而生、因贸而兴的城市，自古以来与海洋命运休戚与共。特别是在国际化环境下，青岛迎来新机遇。构建海洋命运共同体，是中国推动建设新型国际关系的有力抓手。当今世界，存在冷战思维与和平发展新思维的激烈碰撞，中国提出树立海洋命运共同体理念，坚持平等协商，完善危机沟通机制，促进海上互联互通和各领域务实合作，合力维护海洋和平安宁，共同增进海洋福祉，促进海洋发展繁荣。青岛当前和未来发展要迅速对接海洋命运共同体理念，通过积极构建海洋命运共同体，为青岛国际化城市发展提供新一轮强劲动力。青岛面向国际化发展的地理位置和区位优势极佳，1600 年前东晋高僧法显撰写的《佛国记》，是青岛与世界海洋关系前缘的明确记录。公元 623 年唐朝在今青岛胶州湾北岸设立板桥镇，开启了我国与东北亚国家海上贸易的大门，有确凿证据证实青岛是我国古代"海上丝绸之路"北线的起航始点。近现代的青岛则是百年开埠通商名城，党的十八大以后中国进入新时代，青岛又承接了"一带一路"、海洋强国、军民融合等国家战略，是新亚欧大陆桥经济走廊的主要节点和海上合作战略支点城市，2015 年以来持续高水平搭建东亚海洋合作平台，在青岛建成永久性会址。青岛的海洋经济、海洋科技、现代服务业、制造业发达，交通布局四通八达，高铁线路云集、海运拥有世界第七大港青岛港，全新的 4F 级胶东国际机场预计也将在 2019 年转场运营。青岛同时还是国家历史文化名城、国家沿海区域中心城市等。因此，在构建海洋命运共同体进程中实现青岛的国际化升级，是顺势而为的重大机遇。这些青岛贡献和青岛力量必将在构建海洋命运共同体进程中，对于加速崛起"青岛样板"发挥累积效应并在全球海洋发展中发挥示范引领作用，极大提升青岛的全球影响力和在国内城市中的竞争力，实现城市综合地位向上加速度跃升。

2 构建海洋命运共同体进程中加速推进"青岛样板"崛起的思考与建议

在构建海洋命运共同体理念的背景下建设新青岛，必然会带来发展方式的转变。笔者认为通过以下四个现实载体的供给，青岛将会发展得更好。

2.1 构建海洋命运共同体，青岛要与创建国家中心城市目标相呼应

"创建国家中心城市"这个目标，对青岛党委政府和广大人民来说是一刻都不能放松的进行时和强烈渴望。根据国务院 2016 年 1 月对青岛城市总体规划批复的城市定位，青岛是我国沿海重要中心城市。通过三年多的发展，青岛经济社会又取得了新进步，在山东半岛城市群发展中发挥了引领作用。从 2017 年至 2019 年，青岛市多次公开宣告了"争创国家中心城市"的目标。在 2018 年青岛市委、市政府下发的《关于推进新旧动能转换重大工程的实施意见》中，争创国家中心城市、积极创造条件探索建设自由贸易港等被明确列入了 35 项新旧动能转换重大工程政策清单。

当前工作重点，一是要坚持以中心城市引领城市群发展。在构建海洋命运共同体进程中建设国家中心城市，青岛必须要发挥好引领辐射带动作用，按照开放、现代、活力、时尚大都市的工作思路，把深圳确立为学习赶超的目标城市。在新旧动能转换试验区核心城市、重新优化的"青岛都市圈"以及山东沿海城市带等一系列的重大规划中，不断加强青岛的中心城市作用的发挥，同时大力提升城市引领、辐射能力，这是青岛成功夺取国家中心城市目标的重要任务。二是对外树立新经济形象。新经济决定城市未来。青岛在不断巩固海洋优势的基础上，要进一步深耕新经济领域，建设海洋全产业链，加大新兴海洋产业和相关海洋类企业、人才的引进力度，做大做强青岛蓝谷，落实上合组织地方经贸合作区各个大项目建设，强势突破西海岸新区的国家级军民融合创新示范区等，把青岛建成海洋全产业链各类企业和人才栖居的优质平台，并随着青岛市内轨道交通覆盖面越来越强，使青岛具有更强的对世界人才的吸引力。

2.2 构建海洋命运共同体，青岛要与"一带一路"战略双点定位相衔接

构建海洋命运共同体，青岛要把深化"一带一路"海上合作实践作为行动指南。构建海洋命运共同体，青岛要通过"一带一路"建设，发挥节点支点

双点定位城市作用,坚持陆海统筹,突出经贸主线,逐步把青岛建设成为"一带一路"综合枢纽城市,在"一带一路"建设中越来越多地贡献青岛力量。构建海洋命运共同体,青岛要大力推进欧亚经贸合作产业园建设,打造更多面向世界的国际经贸产业合作平台,打通"一带一路"沿线经济贸易通道,支持企业通过对外投资增强研发能力,优化全球布局,打造国际品牌。

当前工作重点,一是要日益加强以海洋为载体和纽带的市场、技术、信息、文化等合作,使"一带一路"建设成为构建海洋共同体的重要实践平台,展现出旺盛生命力和广阔发展前景。重点措施上,要把《青岛市落实"一带一路"战略规划总体实施方案》作为抓手紧抓不放。对于2015年出台的《青岛市落实"一带一路"战略规划总体实施方案》,青岛建立了推进"一带一路"建设工作领导小组,分设8个专项推进组,全方位推进与沿线国家和地区的交流互动,在经贸、金融、海洋、文化等领域取得显著成效。二是大力提升青岛作为中国"一带一路"节点和支点城市的引领带动和辐射作用。为此要稳步提升"新亚欧大陆桥经济走廊主要节点城市"和"海上合作战略支点"功能,加快推进青岛参与国际"一带一路"建设工作迈向务实合作、持续发展的新阶段,为建成开放、现代、活力、时尚之路持续贡献青岛力量,加速崛起"青岛样板"。

2.3 构建海洋命运共同体,青岛要与建设国际海洋名城战略相对接

构建海洋命运共同体,青岛要把《青岛市大力发展海洋经济加快建设国际海洋名城行动方案》作为杠杆紧抓不放。2018年出台的《青岛市大力发展海洋经济加快建设国际海洋名城行动方案》,确定实施"1045"行动,提出加快发展海洋交通运输、海洋船舶与设备制造、海洋生物医药等10大海洋产业,全面提升海洋科技创新、海洋特色文化、海洋生态文明、海洋对外开放4大领域发展水平,实施海洋新动能培育等5大支撑保障工程,加快构建以新动能为主导的现代海洋产业体系,建设国际海洋名城,努力使青岛成为构建海洋命运共同体建设的生力军。

当前工作重点,一是放大后峰会效应。建设国际合作交流平台,开展多项影响力重大的活动,助力青岛打造会展名城,更加突出"海洋会展"特色。依托得天独厚的海洋产业特色,打造海洋品牌会展。扩大和深化中国国际渔业博览会、东亚海洋合作平台青岛论坛、帆船周、国际海洋节、青岛国际海洋科技展览会、青岛国际水大会等海洋会展活动。二是提升人才和企业吸引力。全市人民要矢志奋斗,把青岛的海洋科研优势、人才优势转化为人才吸引优势、产业竞争优势和领先优势,推动青岛建成具有国际吸引力、竞争力、影响力的国际海洋名城,在构建海洋命运共同体进程中使"青岛样板"发出最强音,率先走在全国和全球海洋强市前列。

2.4 构建海洋命运共同体,青岛要与"海洋攻势"行动相结合

构建海洋命运共同体,青岛要把"海洋攻势"作为发力点强力突破。2019年青岛公开宣告全力发起新旧动能转换、推动高质量发展的"海洋攻势",加速推进海洋产业、海洋港口、对外开放、海洋科技、海洋生态、海洋文化"六场硬仗"。打好海洋攻势的"硬仗",青岛要坚持以创新引领海洋发展,集聚国际一流的海洋科研机构、人才和要素,构建起以企业为主体、市场为导向、"政产学研金服用"深度融合的技术创新体系,抢占海洋科技创新制高点。力争海洋试点国家实验室入列,依靠"双招双引"集聚海洋创新高端机构,引进培育海洋人才,实现海洋关键领域技术攻关。

当前工作重点,一是海洋产业加速转型跨越,瞄准生物医药等新兴产业挺进高端领域。推进新旧动能转换重大工程形成牵引力,主动设计产业链,打造优势特色产业集群,突出抓好海洋领域"双招双引",快速形成带有青岛鲜明特色的集群效应。其中,船舶与海洋设备、海洋化工与涉海材料、海洋渔业与水产品加工、海洋生物医药四大产业集群要重点"攻坚克难";涉海服务业营收效益要稳步增长;大力培育海洋服务产业市场主体,鼓励未涉海企业向海延伸,支持重点涉海企业上市发展。对于蓝谷、高新区、自贸试验区等重点海洋功能区的海洋主导产业,按照突出优势、补足劣势、错位发展的

工作思路,快速落实到位。二是港口提质增效,把青岛港由货物港口向贸易港口转型。抓住山东创建自贸试验区的重大机遇,落实好全省港口资源整合的战略部署,着力改善贸易自由化便利化、条件,将青岛港打造成为重要国际枢纽港。通过加盟全球航运商业网络(GSBN),共同建立一个基于港航大数据的开放平台,有力提升青岛港在全球港航界的地位和影响力,加速青岛港在数字航运时代的创新发展。三是严守海洋生态红线,用法律捍卫青岛的生态文明。做到"三个依法海洋治理",即依法坚守胶州湾保护控制线、依法优化海洋生态环境、依法建设水清岸绿、滩净湾美、岛靓物丰的美丽海洋。通过法律手段打海洋生态环境保护"硬仗",务必完成实施岸线保护工程、推进蓝色海湾综合整治、建设海洋保护区、完善海洋生态补偿制度和加强海洋环境监测的任务。四是打好滋养海洋文化根脉的"硬仗"。以实施海洋文化基因挖掘工程、海洋文化传承发展工程、海洋文化形象提升工程、海洋文化产业提质工程以及海洋教育推广工程为契机,全面振兴海洋文化,提升青岛海洋文化的国际知名度、影响力。

参考文献

[1] 国防部.构建海洋命运共同体将载入史册[EB/OL].人民网-军事频道,2019-04-25.

[2] 解读关于推进新旧动能转换重大工程的实施意见[EB/OL].大众网,2018-02-28.

[3] 青岛市落实"一带一路"战略规划总体实施方案[EB/OL].青岛蓝色经济网,2015-08-07.

[4] 青岛市大力发展海洋经济加快建设国际海洋名城行动方案[EB/OL].青岛蓝色经济网,2018-07-12.

[5] 王婳,郑文斌.青岛发起"海洋攻势""六场硬仗"战线拉开[N].青报网,2019-04-03(01).

作者简介:周娟,中共青岛西海岸新区工委党校,高级讲师
通信地址:青岛市黄岛区海湾路1368号
联系方式:dangxiaozhoujuan@126.com

落实"经略海洋"战略,推动经济高质量发展

——青岛西海岸新区的实践与思考

卢茂雯

(中共青岛西海岸新区工委党校,青岛,266404)

摘要:习近平总书记在 2018 年全国"两会"参加山东代表团审议时强调,要更加注重经略海洋,发挥自身优势,努力在发展海洋经济上走在前列,加快建设世界一流的海洋港口,完善现代海洋产业体系、绿色可持续的海洋生态环境,为建设海洋强国做出山东贡献。青岛西海岸新区以习近平总书记海洋强国思想为指引,大力推动海洋向高质量发展。本文就习近平总书记海洋经济思想在青岛西海岸新区的实践进行了论述,对青岛西海岸新区海洋经济发展提出了建议。

关键词:海洋经济;高质量发展;青岛西海岸新区

党的十八大报告首次提出"建设海洋强国"战略,为我国海洋事业发展确定了战略目标。党的十八大以来,习近平同志准确把握时代大势,科学研判我国海洋事业发展形势,围绕建设海洋强国发表一系列重要讲话,形成了逻辑严密、系统完整的海洋强国建设思想,为我们在新时代发展海洋事业、建设海洋强国提供了行动指南。习近平总书记在 2018 年全国"两会"参加山东代表团审议时强调,要更加注重经略海洋,发挥自身优势,努力在发展海洋经济上走在前列,加快建设世界一流的海洋港口、完善现代海洋产业体系、绿色可持续的海洋生态环境,为建设海洋强国做出山东贡献。这是习近平总书记交给我们山东的重大政治任务,明确了山东海洋强省建设的目标定位。青岛西海岸新区(以下简称"新区")作为第九个国家级新区,在习近平总书记海洋强国战略思想的指引下,发展海洋经济工作取得了显著成效,正在积极践行国家赋予的"为探索全国海洋经济科学发展新路径发挥示范作用,为促进东部沿海地区经济率先转型发展建设海洋强国发挥积极作用"的历史使命。

1 新区推动海洋经济高质量发展的实践

党的十八大以来,新区以习近平总书记海洋强国思想为指引,围绕海洋强省和建设国际海洋名城的战略部署,以供给侧结构性改革为主线,以新旧动能转换重大工程为统领,注重经略海洋,牢牢把握海洋传统产业走向远海、海洋新兴产业走向深海、海洋服务业走向陆海统筹的发展路径,实施规划引领、园区提升、科技创新、人才集聚、融合发展、开放合作、生态文明七大行动,加快构建完善现代海洋产业体系,实现了新区海洋经济高质量发展。新区海洋生产总值占生产总值比重不断提高,由 2013 年度的占比 21.8% 提高到 2017 年的 30.2%,年均提高 2.8 个百分点。2018 年新区海洋经济在国民经济中地位稳定增长,全年完成海洋生产总值 1182 亿元,同比增长 16.3%,占地区生产总值比重超过 35%,海洋生产总值综合考核指标连续 5 年全市第一。

1.1 以新旧动能转换为统领,让传统海洋产业走向远海

新区海域面积较大,海岸线长,滩涂众多,有优质的深水大港,具备发展海洋产业的天然优势。新区的海洋渔业、海洋交通运输业、海洋船舶工业、海

洋化工业等传统海洋产业一直以来保持着稳定发展的态势。

1.1.1　海洋渔业

新区成立以来,海洋渔业快速发展。一是海洋捕捞逐步向外海和远洋拓展,重点建设规模化、装备化、智能化远洋渔船,开发远洋新渔场。二是海水养殖重点发展装备化海洋牧场,养殖业在海洋渔业中的比重逐年增加。三是海洋渔业服务以黄海所苗种研发基地为龙头,着重加快海洋生物育种研发和水产良种产业化。海洋渔业结构调整成效显著,渔民收入水平持续增长。

1.1.2　海洋交通运输业

近年来,新区港口基础设施建设力度明显加大,海洋货物运输重点发展海铁联运,港口综合物流服务水平不断提升。董家口港区,码头岸线长约35.7千米,泊位数112个,总吞吐能力达到3.7亿吨,是世界上最大的40万吨级矿石码头和45万吨级油码头。

1.1.3　海洋船舶工业

新区现在已成为国内最主要的造船基地,集中了中船集团、武船重工、青岛北海船舶重工等十几家船舶企业。新区以新旧动能转化为指引,发挥海西湾修造船基地、船舶海工装备创新中心等产业科技优势,提升产业配套率和"走出去"能力。

1.1.4　海洋化工

新区以绿色环保为重点,大力发展新型海洋生物医用材料、海水综合利用材料、新型海洋防护材料、基础化学原料、医药中间体、表面活性剂、电子化学品和日用化学品等海洋化工高新技术产品。

1.2　以"智慧海洋"为引领,让海洋新兴产业走向深海

新区新兴海洋产业发展迅速,以海洋设备制造、海洋生物医药、海水综合利用、海洋科研教育和海洋金融服务业等为主的新兴海洋产业,2017年产值达到313亿元,同比增长18.9%。

1.2.1　海洋设备制造业

在全球海洋工程装备市场总体低迷的情况下,新区海工装备市场引智聚力,发展活跃。船舶海工产业自西向东布局"四大园区":董家口装备制造产业园、古镇口船舶研发配套产业园、海洋高新区海工装备产业园、海西湾船舶海工产业园。北船、海西重机、中集集装箱、武船重工等重点企业积极开拓国际市场,武船接获新型深潜水工作母船订单,建造世界上第一艘具备超深水施工能力的多层饱和潜水系统的工作母船,建造的半潜式智能海上养殖装备——挪威"海洋渔场1号"是世界上规模最大的养鱼平台,已顺利交付。青岛海洋工程装备制造正在向高端制造迈进,向深海石油生产设备和船舶设备聚力发展。

1.2.2　海洋生物医药产业

新区海洋生物产业逐步向纵深科技方向转型,产业竞争力随着"产、学、研"链条的完善而日益增强,海洋生物医药业开始向深加工和活性物质提取等价值链高端发展,着力开发海洋创新药物、海洋功能食品等高端产品,打造全国"蓝色药库"。新区形成了西部以明月海藻集团、琅琊台集团、聚大洋海藻为中心的海藻深加工百亿级产业基地,东部以国风药业、中德生态园旭能生物、正大海尔制药为主体的十亿级产业基地。

1.2.3　海水综合利用业

新区积极推进海水淡化,科学布局海水淡化企业,加快海水淡化专用膜及关键装备和成套设备自主研发,推进董家口海水淡化项目利用,加快锦龙宏业再生水项目建设,统筹海水淡化水纳入水资源统一配体系,加快海水在工业冷却中的直接利用,不断提升海水淡化能力。

1.3　以开放理念为引领,使海洋服务业走向陆海统筹

海洋现代服务业居于海洋产业链的高端,是加速海洋经济增长新旧动能转换的突破口。近年来,新区海洋服务业快速发展,2017年,海洋服务业实现年产值814亿元。

1.3.1　滨海旅游

新区作为旅游城市,气候宜人,环境优美,山、海、湾、滩、岛自然资源丰富。近几年,一是依托凤凰岛度假区、灵山湾文化区、琅琊台度假海岸、藏马山度假区,布局发展滨海影视游、港湾度假游、休闲游等高端精品旅游业态,推动发展海滨度假、海洋

游乐、海上竞技、游艇垂钓等多元化复合型海洋旅游业态。二是挖掘海洋文化、琅琊文化等历史文化资源,培育琅琊祭海节等传统节会。三是依托青岛国际啤酒节等,推动涉海高端会展业发展,打造蓝色会展名城。

1.3.2 海洋科学研究与技术服务

青岛海洋科学研究资源丰富,自然资源部第一海洋研究所、中国海洋大学、中国科学院海洋研究所、农业部水科院黄海水产研究所等重大教育科研基地会聚青岛,以众多科研基地为依托,全力打造海洋基础科研、应用技术创新及重大海洋科学研究及服务平台,创建了船舶与海工装备、军民融合等5个应用型科技创新中心,全力引进海洋科技创新人才,搭建海洋技术交易市场,积极开展以所引所、以企招企,在产业热点领域部署实施了30项以上新产品研发和关键技术攻关。

1.3.3 航运贸易

以新区保税物流中心(B型)、海运快件监管中心等重点园区为载体,布局海外仓建设,创新发展保税备货、跨境直购、国际快件、保税展示交易等跨境电商新模式。推动新区由北方重要物流集散中心向贸易结算中心转型升级,促进海洋进出口贸易的快速增长。依托中海海洋肽谷产业园、林投和得源等龙头企业,高标准规划建设水产品和木材大宗商品现货交易平台。

1.3.4 涉海金融

发展海洋金融专营机构,引进培育海洋产业专项基金,支持银行机构设立海洋经济事业部、海洋特色支行。强化金融与港口贸易结合,发展融资租赁、期货交易,支持银行等金融机构探索发展船舶融资、物贸金融和跨境金融服务。扩大涉海保险服务,支持保险公司积极开展航运保险业务,探索燃油污染责任险、海洋生态损害险等创新业务,拓宽海洋保险产品体系。

2 新区发展海洋经济面临的问题

新区在海洋经济发展工作中取得了显著成效,但目前来看,新区海洋经济发展还存在一些短板和不足。一是规模总量不够大,2018年新区完成海洋生产总值1182亿元,是滨海新区的一半;二是海洋经济业态很全,但普遍存在产业链条短、龙头企业少、产业集聚度不高的现象;三是高技术船舶产值不高,新区高技术船舶产值仅占船舶海工产业产值的20%,本地配套率仅为10%;四是海洋服务业的特色不鲜明,服务内容单一且同质化严重;五是随着新区规模化发展,如大型船厂建设、青岛港的扩建、人口的增多,对海洋环境带来一定程度的污染。

3 新区加快发展海洋经济的几点建议

3.1 强化组织领导

新区成立区海洋经济工作委员会,作为新区海洋经济发展的议事协调机构。海洋经济工作委员会要深入调查研究,做好顶层设计,制定好新区海洋经济发展规划、年度计划,完善海洋经济统计体系;要计划设立海洋经济发展基金,发挥好海洋经济专家咨询委员会作用,加快推进重点项目建设,破解海洋经济发展难题,推动海洋经济发展各项工作落到实处、见到成效。

3.2 加强企业服务

要做好企业服务工作,研发成果、国家政策、重大活动等及时向企业发布推介,发挥好政策对海洋经济发展的带动作用。各相关部门要立足职能,加大对新区涉海企业对金融、投融资、品牌培育等的服务力度,支持地产地配、地品地用,提高企业优质产品、设备和服务本地配套率,打造一批海洋知名品牌和知名企业。

3.3 注重科技创新

一是要提升海洋科技源头创新能力。建设海洋大科学研究中心、中船重工海洋装备研究院、海洋物探及勘探设备国家工程实验室,突破关键核心技术。打造全国"蓝色药库",加快建设国家海洋基因库二期、正大制药等重点项目,着力开发海洋创新药物、海洋功能食品等高端产品,推进高技术船舶。二是要促进海洋技术转移和成果转化。落实技术转移转化补助政策,科技经济引导基金重点支持新区海洋科技成果转化,建成区域技术交易中心和海洋科技成果储备库。三是要培育壮大科技企业群体。依托明月海藻、琅琊台集团、东海药业等龙头企业的重点实验室、工程（技术）研究中心，加强海洋生物资源深度开发利用。尽早实现青岛国际经济合作区基因科技产业化，建设世界最大的海洋基因库。四是要推进新区智慧海洋建设。搭建智慧海洋平台，建立海洋大数据存储、海洋大数据加工、海洋信息产品推送一体化的软硬件功能平台，构建国际海洋领域数据获取能力最强、数据处理能力最快、数据服务能力最精细的国际一流海洋大数据共享服务平台。

3.4 壮大人才队伍

一是要实施海内外高端人才引育工程。依托"国际海洋人才港"，高标准打造高层次人才综合服务中心、海洋科技创新创业中心，建设新区"人才智慧谷"和院士专家创新创业园。二是要加强海洋高层次人才载体建设。支持山东科技大学、中国石油大学(华东)、中科院青岛科教园等高校调整学科设置，做强优势海洋学科，培养涉海技能型、职业型、复合型人才。三是开展海洋教育国际合作交流。依托驻区高校、科研院所和重点涉海企业建设以海洋领域世界级领军人才和院士为负责人的创新研究院。加快海外引智工作站建设，新设立英国、以色列引才引智工作站。

3.5 深化国际国内合作

一是抓住上合组织峰会在青举办重大机遇，发挥东亚海洋合作平台永久性会址作用，全方位拓展与"一带一路"沿线国家（地区）的经贸往来，促进投资、贸易和人文等领域深入交流合作；二是鼓励新区海洋大型企业走出去，带动一批中小企业"抱团出海"，推进鲁海丰、聚大洋等企业海外资源开发利用项目建设；三是深化国内区域合作。促进前湾港与董家口港联动发展，推进水路与铁路、公路、航空运输多式联运，设立区域性大宗商品交易中心、国际航运交易所，打造全国战略物资中转基地。

作者简介：卢茂雯，中共青岛西海岸新区工委党校高级讲师
通信地址：青岛市黄岛区海湾路 1368 号
联系方式：lmw861@sohu.com

青岛市海洋健康产业高质量发展研究

董争辉

(青岛市老科学技术工作者协会,青岛阜外心血管病医院,青岛,266071)

摘要:青岛市发展海洋健康产业具有以下优势:拥有丰富的海洋自然资源与海洋空间;拥有雄厚的海洋科技实力;拥有优美的海洋生态环境;拥有喜食海鲜的传统习俗;拥有快速发展的经济实力。由此,本文提出发展海洋健康产业的对策:树立正确的健康观念;做大做强海洋医药产业;发展海洋功能性食品产业;推进健康+海洋产业;提升海洋健康产业的科技实力;建立健全相关法律法规。

关键词:海洋健康产业;海洋医药产业;海洋功能性食品产业;海洋生态环境

习近平总书记指出,全民健身是全体人民增强体魄、健康生活的基础和保障,人民身体健康是全面建成小康社会的重要内涵,是每一个人成长和实现幸福生活的重要基础。健康中国已上升为国家战略,《"健康中国"2030规划纲要》是贯彻落实党的十八届五中全会精神、保障人民健康的重大举措。特别是伴随着我国人民生活水平的不断提高,人民开始推崇现代生活理念,追求现代健康生活方式,因此,发展健康产业的作用日显突出,健康产业即与健康存在内在联系的制造与服务产业总称[1],其被视为继IT产业之后的未来"财富第五波"。

习近平总书记强调海洋是高质量发展战略要地。近年来,由于陆地资源日益枯竭,向海洋要资源、向海洋要食物、向海洋要空间日益重要,海洋健康产业也应运而生。海洋健康产业是新兴的海洋产业,是现代海洋产业体系中的重要组成部分,它是利用海洋资源进行研发,提供生物医药、医疗保健、康复疗养、健康管理等一系列产业产品与服务功能的海洋产业。海洋是一个储量巨大的健康资源宝库,不仅可以为人类提供充足的海洋食物,还可为人类提供海洋药物、休闲空间等多种实现健康的基础条件。青岛市是我国著名的海滨城市,具有得天独厚的海洋健康资源,青岛市委、市政府制定实施《"健康青岛2030"行动方案》[2],全力推进健康青岛建设,提高人民健康水平,既是实现健康中国、

"深入推进健康山东建设"的有力举措[3],更是贯彻落实习近平总书记"经略海洋"重要指示精神的有力抓手。发展海洋健康产业,有利于打造青岛市完善的现代海洋产业体系,让人民群众过上殷实富足和健康丰富的生活。

1 青岛市发展健康产业的优势

1.1 丰富的海洋自然资源与海洋空间

青岛市海域面积有1万多平方千米;海岸线(含所属海岛岸线)总长为905.2千米,海岛总数为120个。青岛海区港湾众多,岸线曲折,滩涂广阔,水质肥沃,是多种海洋生物繁衍生息的场所,浮游生物、底栖生物、经济无脊椎动物、潮间带藻类等资源丰富。[4]这些充沛的海洋自然资源,为青岛广大人民群众带来了美味可口、丰富健康的物质供给;而且海洋空间资源丰富,又为休闲旅游提供了便利场所。海洋生物资源又为制造海洋医药、海洋保健品提供了源源不断的原材料。

1.2 雄厚的海洋科技实力

青岛市是我国的海洋科技城,在海洋科技领域,聚集了全国约30%的海洋科研机构、约50%的海洋高层次科研人才队伍,海洋科技实力位居全国首位。青岛既拥有中国海洋大学、中国科学院海洋研究所、自然资源部第一海洋研究所、中国水产科学研究院黄海水产研究所、中国地质调查局青岛海

洋地质研究所、青岛海洋科学与技术试点国家实验室等国家层次的海洋科教机构，也拥有山东省科学院海洋仪器仪表研究所、山东省海洋生物研究院、山东省海洋经济文化研究所、青岛国家海洋科学研究中心等众多省属和市属海洋科研机构。这些科研机构的研究领域，既包括自然科学，又包括社会科学。所以，对于健康产业发展所需要的海洋药物、海洋生物、食品加工等自然资源研发方面有雄厚的科技实力，同时，对于休闲旅游、文化提升、精神愉悦等人文社科领域的研究也有很好的支撑。

1.3 优美的海洋生态环境

青岛气候宜人，冬暖夏凉，红瓦绿树，碧海蓝天，是我国闻名遐迩的滨海旅游度假城市。青岛市进一步加强生态文明建设，以打造经济繁荣、社会文明、生态宜居、人民幸福的美好城市为目标，谱写"美丽青岛"新篇章。早在 2015 年，青岛市就被评为国家级海洋生态文明建设示范区。2017 年青岛市近岸海域海水环境质量状况稳中向好，98.5％的海域符合第一、二类海水水质标准。[5]因此，青岛市城市的综合宜居性评价最高，位居全国第一位。[6]这一切，为青岛市发展健康产业提供了极为有利的条件。

1.4 喜食海鲜的传统习俗

许多海产品具有降血脂、降低心血管疾病、帮助提高记忆力、保护视力、预防癌症等辅助性功效。大多数青岛居民生于海边、长于海边，大家从观念上接受海产品、从生活上喜食海产品，海产品成为餐桌上必不可少的美味佳肴。这种传统习俗，有利于海洋健康产业的发展，有助于海洋健康产品的购买与消费。

1.5 快速发展的经济实力

2018 年全市生产总值 12001.5 亿元，全年全市居民人均可支配收入 42019 元。按常住地分，城镇居民人均可支配收入 50817 元；农村居民人均可支配收入 20820 元。[7]经济的快速发展，物质生活的日益富裕，消费水平的不断提高，给青岛人民带来健康观念的变化。观念的变化拉动了健康产业的腾飞，从过去不敢消费、不会消费，到现在的追求健康、追求养生，为健康产业打开了广阔的市场大门。

2 发展海洋健康产业的紧迫性

青岛正在慢慢进入老龄化社会，亟须为老年人提供舒适优良的健康养老环境。根据青岛市的统计，2017 年末，全市 60 岁及以上老年人口达 202.7 万人，老年人口占全市总人口比重 21.8％，老龄化水平高于全国（17.3％）4.5 个百分点，高于全省（21.36％）0.44 个百分点。[8]根据统计，2015 年青岛市小学生中不同程度的近视率已经突破了 40％，中学生突破 75％，高中生则达到 85％以上。[9]另外，青岛市实施"全面二孩"政策后，出生人口大幅增加，出生增幅高于全国全省总体水平。[10]因此，发展健康产业刻不容缓，以便更好地应对这些需求，给予全市居民更多的慰藉和关爱。

3 发展海洋健康产业的对策

3.1 树立正确的健康观念

健康具有普适性，是我们平时追求的目标，始终贯穿于我们的日常生活，它包括放松心身、调整状态、提升健康、增强健美、开启益智、福寿延年等各类活动。并不是只有老年人群体、亚健康群体才需要健康，健康产品应该伴随我们生活的点点滴滴、方方面面。

3.2 做大做强海洋医药产业

习近平总书记在视察青岛海洋科学与技术试点国家试验室时，管华诗院士说自己的梦想就是打造我国"蓝色药库"，总书记表示"这是我们共同的梦想"。从《尔雅》《黄帝内经》等文献可以推断出，海洋药物应用于医疗的实践活动在公元前 1027 年至前 300 年便有迹可循。《中药大辞典》(1977) 收入海洋药物 144 种。[11]青岛市具有发展海洋生物医药产业的优势，其海洋生物医药研究处于全国领先地位。可将青岛市海洋生物资源乃至全省、全国的海洋生物资源作为依托，充分发挥中国海洋大学、青岛海洋科学与技术试点国家试验室等现有的海洋科研机构与平台的技术实力，培育打造和引进一批海洋生物医药企业，加快研发"海洋生物多糖、生物多肽、生物蛋白、生物毒素等较好市场开发前景的海洋药物和候选海洋药物"[12]，为广大人民群众提供海洋抗肿瘤药物、抗心血管病药物等好药。同时也要注重研发家庭保健、医疗康复等医疗装备及其器械制造业。

3.3　发展海洋功能性食品产业

海洋功能性食品指以海洋生物资源作为食品原料的功能性食品，它有营养，口感适合，还具有激活淋巴系统、增强免疫能力、控制胆固醇、防止血小板凝集等功效，可用来预防心脑血管疾病、调节血压血糖、调节身体节律、健脑益智、恢复身体健康、延缓衰老等。海洋生物中富含海洋营养物质和海洋活性物质，非常适合制作海洋功能性食品。应充分运用高新技术开发鱼油、鱼胶蛋白等系列海洋功能食品和海洋绿色保健品，尽快形成具有鲜明特色的系列品牌产品。

3.4　推进健康＋海洋产业

在新时代贯彻新发展理念，打造新业态，将海洋健康产业跨界融合。例如，根据研究，休闲渔业具有放松情绪、促进重大手术后康复、增强青少年身体体质的作用，因而澳大利亚等许多国家都非常重视休闲渔业的开展，把休闲渔业当作一项重要的健身活动，甚至在中小学课程中，将休闲垂钓引入体育课，并请专门的教练传授休闲垂钓的经验，培养学生们从小热爱大自然、亲近大自然而且保护大自然的情感。因此，要充分利用互联网、物联网等信息产业技术和平台，大力培植和推进健康＋滨海旅游业、健康＋海洋体育业、健康＋休闲渔业等新业态。现代海洋牧场的发展经验就可作为海洋健康产业的借鉴案例之一。海洋牧场的飞速发展，得益于海工装备制造业、海洋信息产业、互联网与物联网等的发展。它集海水养殖、海工装备、海洋信息、海洋旅游、海洋餐饮、海洋文化等多个产业于一身。海洋牧场本身也是发展健康产业的重要场所。利用青岛市所具备的海洋资源禀赋条件，科学地选择产业发展区域，推进培育和发展新兴高端健康产业集聚区。

3.5　提升海洋健康产业的科技实力

创新是引领发展的第一动力。要通过搭建青岛市海洋健康产业的科技创新成果孵化平台和服务平台，打造以现代化市场为导向、以相关企业为主体的海洋健康产业技术创新和应用服务体系。要大力推进健康产业的科技创新，突破技术"瓶颈"，攻克关键核心技术，通过孵化、中试等方式，再通过各种具有服务功能的中介机构，如海洋科技成果转化中介机构、科研技术转化经纪人等，将海洋健康的科技成果进行"包装"，迅速与企业需求对接，及时将科技成果推向市场，完成科技成果的转化，变为现实生产力。同时，还要注重海洋健康产业人才的培养。除了重视高端科技人才之外，还要通过多种方式，培养造就海洋健康产业的应用型人才和管理人才。建立海洋健康人才信息库，加强与世界优秀健康产业人才的联系，对优秀的创新型领军人才加以引进。同时，还要加强对海洋健康产业领域内相关人才的不断培养，积极开展地区合作，加强科技人员和企业管理人员的相互交流，逐步完善海洋健康产业人才的合作机制。

3.6　建立健全相关法律法规

海洋健康产业若要有序发展，离不开法律法规的制定与实施。海洋健康产业涉及医药、食品、养生、健身、体育、养老等多个产业，在融合中会出现许多新情况、新问题，需要制定相关法律法规，规范约束企业行为，保障各方利益。

参考文献

[1] 董立晓.威海市文登区健康产业发展战略研究[D].济南：山东财经大学硕士学位论文，2015.

[2] 中共青岛市委、青岛市人民政府.关于印发《"健康青岛2030"行动方案》的通知[EB/OL].（2018-09-28）.http://www.qingdao.gov.cn/n172/n68422/n68423/n31283842/180928105005273265.html.

[3] 山东省委、省政府印发《"健康山东2030"规划纲要》[EB/OL].中国山东网（2018-02-11）.http://news.sdchina.com/show/4266041.html.

[4] 市情综述[EB/OL].青岛市情网（2018-09-29）.http://qdsq.qingdao.gov.cn/n15752132/n15752711/160812110726762883.html.

[5] 青岛市海洋与渔业局.2017年青岛市海洋环境公报[EB/OL].http://ocean.qingdao.gov.cn/n12479801/upload/180321100520491850/180321100700273488.pdf.

[6] 中国十佳宜居城市，青岛位居榜首，深圳重庆上榜[EB/OL].蓝天视界（2018-06-11）.http://baijiahao.baidu.com/s? id＝

1602967061543858209&wfr=spider&for=pc.

[7] 青岛市统计局. 2018 年青岛市国民经济和社会发展统计公报 [EB/OL]. (2019-03-19). http://qdtj. qingdao. gov. cn/ n28356045/n32561056/n32561072/190319133354050380.html.

[8] 青岛老年人口已超 200 万 全市总人口占比 21.8%[EB/OL].青岛财经网 (2018-10-16). http://qd. ifeng. com/a/20181016/ 6950888_0.shtml.

[9] 国际儿童日 & 学生日:青岛儿童近视不容忽视[EB/OL]. (2018-11-28). http://health.qq.com/a/20181128/012416.htm.

[10] 刘梅. 青岛市卫计委:2018"全面二孩"政策实施稳妥有序 二孩出生同比减少 29.0%[EB/OL].大众网(2018-12-18). ht-tp://qingdao. dzwww. com/xinwen/qingdaonews/201812/ t20181218_16749099.htm.

[11] 王旭. 海洋生物的药用价值[J]. 中国新技术新产品,2008(6): 73-77.

[12] 戎良. 海洋健康产业:舟山需做大做强的优势产业[J]. 浙江经济,2014(15):46-47.

作者简介:董争辉,青岛阜外心血管病医院,主治医师

通信地址:青岛市南京路 201 号

联系方式:sjiting@163.com

关于能源互联网和区域能源的思考

董全旭

（青岛正华先锋机电有限公司,青岛,260000）

摘要:电力并非是能源互联网的唯一核心能源,只是核心能源之一。电力、热力及以天然气为代表的一次能源都应该是能源互联网中的核心能源,电网、热网及燃气网和互联网络都是能源互联网中的基础网络。本文完善了能源互联网的概念,给出了能源互联网的结构图。分析了能源互联网的特点:各尽所能、互联互补、经济智能、宏微并存。以智能电网为参照,对比了智能热网在能源互联网中的特点,分析了智能热网在传输环节、转换环节和微网环节的热点问题。最后分析了在能源互联网大力发展的背景下,区域能源面临的机遇与挑战。

关键词:能源互联网;智能电网;智能热网;区域能源;能源总线;热能路由器

人类对能源与信息传输的需求是社会发展的永恒动力。人类为能源远距离输送和高效使用付出了较多的努力。人类对能源的需求,除了电力需求之外,很大一部分是热或冷的需求。暖通空调能耗占建筑总能耗的 60%,占社会总能耗的 15%。能源在时间、空间、种类上的不对称性,使得人类在对能源需求的过程中浪费了大量能源。

1 能源互联网概念完善

1.1 能源互联网结构图

有些学者认为电力是能源互联网的核心能源,以电网为核心的传输网络和互联网络构成能源互联网。笔者认为,电力、热力及以天然气为代表的一次能源都应该是能源互联网中的核心能源,电网、热网及燃气网和互联网络都是能源互联网中的基础网络。电网、热网、燃气网相互配合,共同完成能量的输配任务。笔者提出的能源互联网结构图如图 1 所示。

能源互联网包括能源网和互联网。按照能源种类,能源网可以分为电网、热网、燃气网、煤炭网等。以热网为例,按照空间级别,热网可以分为用户级、区域级和跨区域级。多个用户级热网组成区域级热网,多个区域级热网组成跨区域级热网。同

理,此分类方法可用于电网、燃气网及煤炭网。对于用户级热网,需要解决的问题有负荷预测、能量的"上传"和"下载",需要相关的技术协议、网络协议和经济协议作为支持;对于区域级热网,需实现能量的传输、储存、转换、分配等功能,需要能源总线、储存器、转换器、能量路由器等基础设备。[1] 对于单纯的热网,其生产、传输、储存、转换、分配等功能已经实现,但热网和互联网结合时,一些技术问题尚在研究当中,如技术协议、经济协议、能源总线、能量路由器等。

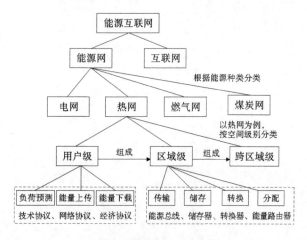

图 1 能源互联网结构图

未来的能源互联网,不能单纯地看成互联网＋

电网、互联网＋热网、互联网＋燃气网,也不仅仅是互联网与热网、电、燃气网等物理网络的联合,而是与信息技术紧密联系在一起的新型能源网。将现有的热力环网、电力环网、燃气网、通讯网、互联网和物联网组合在一起,形成产能单元和用能单元的协调统一,通过互联网实现能源的信息化、智能化,实现电网、热网和燃气网等的融合,这样全新的"互通互联"的能源网络便是能源互联网,这是能源互联网的基本构架。

1.2 能源互联网的特点

1.2.1 各尽所能

交通运输网实现物质的运输功能,需要民航、铁路、公路、城市轨道、水路、管道等运输网络协调统一,各显其能。民航速度快,代价高,所需时间少;铁路公路速度慢,代价低,所需时间长。同样的,高品质的能量(如电能)可利用电网实现电能的远距离运输,低品质的能量(如热能)可利用热网实现就地使用。

1.2.2 互联互补

能源互联网的形成和发展将解决能源在时间、地域、能源品种、能源品位、能源费用方面的互补问题,解决能源的"不对称问题"。如利用电网和燃气管网实现能源(如电能、燃气)的远、近距离输送,利用蒸汽或热水管网实现能源(如热能)的近距离输送,这样可以实现能源的地域互补。采取蓄热、蓄电等措施,可实现能源在时间上的互补。利用峰谷电价,可降低能源利用成本,实现能源价格互补。同时,利用电蓄热锅炉、燃气蓄热锅炉、热泵蓄热等可以实现电能、燃气与热能之间的转换,解决能源品种和品位的互补问题。

1.2.3 经济智能

未来能源互联网以需定产,需要大数据平台收集、分析末端用户信息。在一定原则下,智能调控能源生产,最终实现能源更加经济、社会成本更低的目的。

1.2.4 宏微并存

能源互联网的概念侧重各种能源形式、能源信息的耦合利用,包括:①热网、电网、燃气网等能源网络的融合,各种微网的交汇;②虚拟网与实物网的融合;③信息网和物质网的融合。大网与微网可共同运营,局域网与广域网可共存。

试想一下,未来的能量单元可通过能源互联网联系起来。用户利用太阳能发电,在满足自身需求的情况下,可以利用电网"上传"剩余电量,通过制定的能源交易协议,获得部分收益,而这部分电能通过"能源交换机",与市政电网协调统一,能源互联网中的其他用能单元可以"下载"使用,并支付一定用能成本。具有余热资源的产能单元,借助能源互联网,将自身余热"上传"到同能源品质的热网中,根据能源协议,获得一定收益,而其他用能单元可"下载"这些热量,并支付一定费用。当能源互联网中的电能过剩时,可利用电能储存装置储存,也可以将电能转化成高品质热能进行储存,能量的储存、转化、使用、分配的各个环节,都要满足能源互联网的上传、下载、储存、转化、分配、交易等协议。各种通讯协议在能源互联网的体系中至关重要。

2 电网与热网的对比

电能是高品位能源,因其特殊性,智能电网在能源互联网的发展中处于领先地位。从电力生产角度,水电、火电、核电等发电技术日益完善,太阳能发电、生物质能发电、风能发电等可再生能源发电技术也日臻成熟;从电力传输角度,电网是电力传输配送的主要载体,具备灵活的拓扑结构、较高的传输效率和多样的控制策略;从与互联网结合的角度,综合的电力管理数据平台可以从电力的生产、传输、消费等各个过程中实现数据的采集、管理、储存、分析和调控功能。

热能是低品位能源,因其传输特点,智能热网在能源互联网的发展已全面落后于智能电网。从能量输配角度讲,电能可实现远距离输送,高压输电耗能少;相比电能,热能暂时只能实现短距离输送,利用高温热媒输热,热能损失大,利用低温热媒输热,热能利用价值小,需加设热能提升设备,如热泵、锅炉等。从能量转换角度讲,电能可利用变压器实现高低压的转变,方便快捷且电能损失很小;热能可利用换热器实现高温到低温的转变,但如果想实现低温到高温的转变,则需要付出一定的代价。从实物网的建设角度讲,电网已走进千家万户,热网的建设相对落后,电网实现区域或广域互联的可能性比热网大得多。从传输控制的角度讲,电网远距离传输利用高压电,工业用电一般为380V,居民用电一般为220V,即电能的传输有统一的传输参数;反观热能,热媒分为蒸汽与热水两种,以热水为例,热网中热水温度的设定一般随气象参数的变化而变化,并没有统一的传输参数,另外,冷量也是热能的一种形式,现行的热网只是输送热媒,未能输送冷媒。

表1 智能热网和智能电网对比表

对比项	能源互联网	
	智能电网	智能热网
输送能量形式	电能(高品位能源)	热能(低品位能源)
基础网络	互联网+电网	互联网+热网
伴生网	基础电网	基础热网
长距离运输	能耗低+技术成熟	能耗高+技术不成熟
传输参数	规范统一	随气候变化
能耗	高压,能耗低	低温,能耗低
能级	高压电、低压电	高、中、低品位热源
技术成熟度	高	低

3 智能热网的热点问题

电能在能源传输效率方面有着热能无法比拟的优势,以电网为核心能源传输网络的能源互联网概念已得到众多学者的深入研究,但对于智能热网的研究尚在发展阶段。因热能的自身特性,其研究热点众多,下面以热网的传输环节、转换环节、微网环节为代表对未来能源互联网中的智能热网进行展望和阐述。

3.1 传输环节——热力能源总线

各热力管网建设年代跨度较大,其通讯技术、控制措施、应用软件等各不相同,建设较大规模的"智能热网"仍需要统筹规划。"既有旧热网"和"在建新热网"应分别单独考虑,实现两者的兼容。

以电网为参照,实现远距离电力输送一般选择专用的高压电网(电能高压损耗低),电压参数有统一规范。而对于热网来说,热能"一定区域内的远距离输送"尚在研究阶段。但未来热网的远距离输送应有专用的"低温热网"(热能低温损耗低),且应

形成相应的统一的温度参数规范。这里应提出热力能源总线的概念。

热力能源总线是连接各"智能热力微网"的专用管道。例如,实现某一城市内A区和B区的热网智能互联,可以设计多种参数的热力能源总线,将各区内的热力微网串联起来。各区的每个热力微网需要预留与热力能源总线连接的接口,可以"上传"和"下载"热力能源总线中既定参数的热媒。笔者认为可设置三种参数的热力能源总线,一种是高参数热力能源总线,热媒为110℃的蒸汽;一种是中参数的热力能源总线,热媒为75℃~80℃的热水;一种是低参数的热力能源总线,参数可随季节的变化和用能的需要,在区域范围内灵活调整,如图2所示。

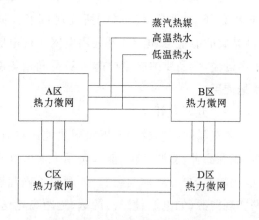

图2 城市多参数热力能源总线

热力能源总线的建设需要政府建立一个合理的、统一的兼容性规划,充分考虑市政热源、区域热源和用能单位,确定热力能源总线具体走线位置、热媒参数,制定相关标准规范,建立统一的可调度的"数据平台",实现热力信息共享和热力控制。

3.2 转换环节——热能路由器

电能在转换环节依然有着热能无法比拟的优势。近年来,诸多智能电网方面的学者提出了能源路由器的概念。但是,该能源路由器只是针对以电网为核心的能源互联网提出的,并不能适用于智能热网。未来能源互联网中的能源路由器应分为两大类:一类以电能的变压、储存和分配为核心功能,称之为电能路由器;另一类以热能的变温、储存和分配为核心功能,称之为热能路由器。其关键概念比较见表2。

表 2　电能路由器和热能路由器的关键概念比较

关键概念比较	能源路由器	
	电能路由器	热能路由器
主要组成	变压器、控制模块、通讯设备	品位转换器、控制模块、通讯设备
主要功能	电压控制、通讯功能	品位控制、通讯功能
所属学术领域	电力及计算机通信专业	热力及计算机通信专业
分类	跨区域电能路由器、区域电能路由器、家庭电能路由器	跨区域热能路由器、区域热能路由器、家庭热能路由器
应用前景	直流电接入、可再生能源接入、用能单元"上传"和"下载"电能、电能大规模储存	能源总线接入、用能单元"上传"和"下载"热能、热能大规模储存及远距离输送

按照区域规模,电网、热网和燃气网都可以分为跨区域级、区域级和用户级三类(图3)。电能路由器的主要功能是将跨区域级的高压电能转换为低压电能,再分配到用户之中。热能路由器的主要功能是将热力能源总线中的低温热能转换为高温热能,再分配到用户之中。

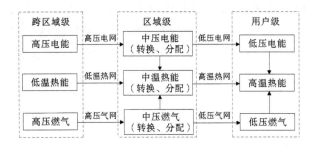

图 3　能源网转换环节

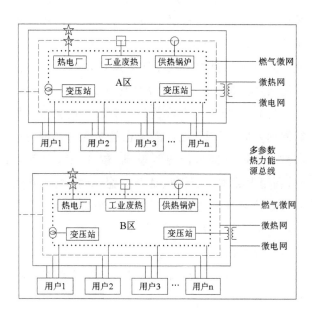

图 4　微热网与多参数热力能源总线示意图

3.3　微网环节

对于每一个用户而言,都有电、热(冷)、燃气等能量需求(图4)。多个用户组合起来,形成能量微网。微电网、微热网都是能源互联网的重要组成部分。对于微电网,其系统建模、仿真分析、优化设计及控制策略等内容已有深入研究。[2,3]对于微热网而言,其发展落后于微电网,因其特殊性,未来能源互联网中微热网的控制可能要满足以下原则:

3.3.1　"独立控制"原则

每一个微热网有其自身特点,不能因区域或跨区域热网互联而改变内部的用能需求。微网内的供热、供冷参数可独立控制调节,不受其他微网互联的影响。在微热网的操作级不存在"跨区域"控制。

3.3.2　"就近使用"原则

微网内热源或冷源应就地或就近使用,避免由于热媒或冷媒的远距离输配造成的能量浪费。

3.3.3　"能源总线"原则

每个微网预留与热力能源总线的接口,可"上传"也可"下载"热力能源总线中既定参数的热媒。互联区域内的热力能源总线应由政府或相关的能源技术服务部门统一管理和运营。互联区域内部制定相关的技术和经济协议,在热媒"上传"和"下载"中实现最大的节能和经济效益。热力能源总线中的热流量根据热网内的用热负荷来确定。当区域内的用能单元"上传"热媒时,其参数要达到热力能源总线中对热媒参数的要求,"上传"结束后,根据热流量计算收益。当区域内的用能单元"下载"热媒时,根据"下载量"计算支出。

4 区域能源面临的机遇与挑战

区域能源是指满足特定区域内多个用户的冷、热、电、气等需求的终端能源。[4,5]由于电力和燃气行业的特点,目前区域能源系统往往仅指区域的供冷或供热系统。所以,区域能源系统允许一个或多个能源站,能够集中制取区域内生产和生活所需要的冷媒(冷水)和热媒(热水或蒸汽)。这些冷媒或热媒通过区域管网输配到用户末端。冷热源的选择、冷热媒的输配、蓄热蓄电技术及各环节的控制系统是区域能源的重要组成部分。降低区域能源系统生产、输配、使用等各环节的能耗和成本,是区域能源系统的重要目的。综上所述,"多源、互补、节能、经济"是区域能源的主要优点。

现阶段,能源互联网的发展会极大地促进区域能源的发展,可以说区域能源也是能源互联网的一部分。以现有区域能源为基础,依靠强大的互联网,利用大数据、云计算、通讯信息、传感技术和远程控制技术等先进手段,利用方便快捷的操作平台为建筑运行管理人员提供决策支持。在此背景下,区域能源面临巨大的机遇与挑战。

4.1 现有清洁能源供热已初显复合能源系统的优越性

区域能源主要解决了能源供给侧和用户侧的供需矛盾。传统以供给侧为主导地位的能源供需体系被突破,区域能源倡导以需求侧为导向,实现"按需定产"。供给侧的冷热源系统,可以是基于一次能源的冷热电机组、锅炉等,也可以是热电冷三联供系统,也可以是工厂废热、余热,也可以是可再生能源系统(如风能、太阳能、生物质能、地热能等),也可以是以上系统的组合。

可再生能源系统在空调冷热源中的应用是低位能源应用的主要方式,在保证一定可再生能源贡献率的基础上,设置辅助的冷热源,满足建筑的冷热负荷,具有巨大的节能、经济和社会效益。

4.2 电热组合

在能源互联网的应用中,智能电网、智能热网、智能燃气网是可以有机融合的,区域能源亦是如此。如将电网的能量储存在热网中,或将热网的能量转换成电能储存在电网中,因此,能源系统革命

离不开储能技术,储能技术的发展可以打破智能电网和热网之间的隔阂。[6]在未来能源互联网飞速发展的背景下,大规模储能技术也将得到爆发式发展。能源互联网可以实时获取并预测用户能量需求,结合热网和电网的输配能力,充分利用阶梯电价、峰谷电价等价格政策,实现电能到热能的转化,可大大降低用户侧的用能成本,目前在国内的一些地区进行的风电弃电储能供热技术就是这方面典型的范例。

5 结论

本文完善了能源互联网的概念,提出能源互联网不仅仅只是智能电网,还应该包括热网、煤炭网、燃气网,而且智能电网、智能热网、智能燃气网是可以有机融合的,并给出了能源互联网的结构图。分析了能源互联网的特点:各尽所能、互联互补、经济智能、宏微并存。以智能电网为参照,对比了智能热网在传输环节、转换环节和微网环节的热点问题。最后分析了在能源互联网大力发展的背景下,区域能源面临的机遇与挑战。

参考文献

[1] Zheng M C, Li Y J, Liu Y, et al. Development of secondary battery systems for energy storage in energy internet[J]. National Defense Science & Technology, 2014, 35(3):14-19.

[2] 王成山,王守相.分布式发电供能系统若干问题研究[J].电力系统自动化,2008,32(20):1-4.

[3] 王成山,武震,李鹏.微电网关键技术研究[J].电工技术学报,2014,(2):1-12.

[4] 任洪波,吴琼,高伟俊.区域能源利用初探——由点到面促进城市节能减排[J].中外能源,2014,19(7):8-15.

[5] 苏夺.基于自身特点的区域能源系统设计[J].发电与空调,2016,37(2):72-75.

[6] 郑春满,李宇杰,刘勇,等.基于能源互联网背景的储能二次电池技术发展分析[J].国防科技,2014,35(3):14-19.

作者简介:董全旭,青岛正华先锋机电有限公司,总经理
通信地址:青岛市市北区连云港路37号,万达广场商务楼A座3601室
联系方式:qingdaozhxf@163.com

基于卫星观测的近期北极海冰体积变化估算

付　敏[1]　毕海波[2]　杨清华[3]　张　林[1]　王云鹤[2]

张泽华[2]　刘艳霞[2]　黄海军[2]

(1.国家海洋环境预报中心,北京,100081;2.中国科学院海洋研究所,青岛,266071;

3.中山大学大气科学学院,珠海,519082;4.中国科学院大学,北京,100049)

摘要:北极海冰正处于快速减退时期,北极海冰体积变化是全球气候变化的重要指示因子。本研究利用两种卫星高度计数据(ICESat 和 Cryosat-2)反演得到的海冰厚度数据,结合星载辐射计提取的海冰密集度数据以及海冰年龄数据,估算了近期的北极海冰体积以及一年冰和多年冰的体积变化。Cryosat-2 时期(2011~2013 年)与 ICESat 时期(2003~2008 年)相比,北极海冰体积在秋季(10~11月)和冬季(2~3 月)分别减少了 1426 km³ 和 412 km³。其中,秋季和冬季时期的一年冰的体积增加了 702 km³ 和 2975 km³。相反,多年冰分别减少了 2108 km³ 和 3206 km³。因此,多年冰的大量流失是造成北极海冰净储量下降的主要原因。

关键词:海冰体积变化;北极;卫星遥感;ICESat;Cryosat-2

北极海冰是局地乃至全球变化的重要指示因子。[1]现场数据和卫星观测数据表明,北极海冰覆盖面积正不断减小,而夏季海冰面积的减小趋势更加显著。[2]与此同时,历史调查数据和卫星反演结果都表明,海冰厚度也呈现不断减小趋势。[3-5]比如,1975~2000 年的潜艇调查数据证实,北极海冰下降了近 1.25 m。[6]根据星载 ICESat 高度计数据反演结果发现,近期北极海冰厚度出现了急剧下降。其中,北极地区冬季多年冰厚度 2005~2008年减小了 0.6 m,相当于−0.2 m/a。[3]通过对比卫星遥感反演结果与历史调查数据发现,近期北极海冰厚度总体下降趋势更加明显。比如,北极地区2008 年与 1980 年冬季时期的海冰厚度相比,下降达 1.75 m(平均厚度由 3.64 m 降至 1.89 m,相当于−0.08 m/a)。[7]

受气候变化和大气活动影响,北极地区一年冰和多年冰比例呈现较为明显的年际变化,使得北极海冰总体积也出现减少[7]或增加[8]交替出现的现象。基于 ICESat 冰厚反演数据,Kwok and Rothrock[7]研究表明,北极地区秋季和冬季海冰体积于

2005~2008 年分别减少 5400 m³ 和 3500 m³。ICESat 于 2009 年停止工作后,欧空局于 2010 年发射了载有新型卫星高度计的 Cryosat-2(CS-2)卫星,进一步延长了卫星遥感的观测时段[12],揭示了2013/2014 年北极海冰厚度和体积出现了一定的恢复。[8]另一方面,北极海冰年龄出现年轻化的趋势。因此,考虑利用这两种卫星数据的海冰厚度反演结果,结合卫星遥感提取的海冰密集度和海冰年龄信息,估算近期两个卫星观测时期(ICESat:2003~2008 年;CS-2:2011~2013 年)内的北极地区海冰体积储量变化,进一步根据海冰年龄信息揭示一年冰和多年冰体积的季节和年际变化规律。

1　数据和方法

1.1　ICESat 冰厚数据

美国 NASA ICESat 于 2003 年 1 月 12 日发射的卫星(Ice,Cloud,and land Elevatioin Satellite),其搭载的激光高度计 GLAS(Geoscience Laser Altimeter System),可在时间和空间上满足对北极地区海冰厚度测量的需要。[3]

通过从 ICESat 数据提取出海冰出水高度（Freeboard），进而反演得到海冰厚度。考虑北极海冰一年冰与多年冰的区别，并且根据阿基米德原理海冰厚度的估算模型可以表示为：

$$C\rho_s S+(C_m\rho_m+C_f\rho_f)I=C\rho_w(I+S-F)$$

$$\Rightarrow I=\frac{C[S(\rho_w-\rho_s)-\rho_w F]}{C_m(\rho_m-\rho_w)+C_f(\rho_f-\rho_w)}$$

$$\Rightarrow I=\frac{S(\rho_w-\rho_s)-\rho_w F}{C_m{}'(\rho_m-\rho_w)+(1-C_m{}')(\rho_f-\rho_w)} \quad (1)$$

式中，I 为海冰厚度，C 海冰密集度，C_f 和 C_m 分别为一年冰和多年冰的海冰密集度，$C_m{}'=C_m/C$，为相对多年冰密集度，可由 QuikSCAT 产品获取。[8] F 为海冰出水高度，S 为雪厚度，ρ_w、ρ_s、ρ_f 和 ρ_m 分别为海水、雪、一年冰和多年冰的密度。F 由上述 ICESat 数据反演得到，ρ_w、ρ_s、ρ_f 和 ρ_m 根据经验假定为常数。S 是海冰上的积雪厚度，其中一年冰上覆雪被厚度可根据 AMSR-E 数据反演得到[10]，而多年冰区域的雪被厚度采用 Warrant(1999)的多年平均数据。[11] ICESat 能够观测的最北和最南纬度为 84°。受限于卫星观测时间，ICESat 仅提供每年三次的北极海冰厚度数据，每次观测时间跨度一个月左右。[3]虽然 ICESat 观测数据的时间序列连续性较差，但是能提供的 2003～2008 年的数据为研究极地海冰厚度变化提供了第一手的宝贵资料。[3]

本文所采用的 ICESat 冰厚反演数据由 Spreen[12]提供，反演结果与 ULS(Upward Looking Sonar)的观测结果相比误差为 0.53 m，相关系数 0.71。为得到覆盖整个北冰洋地区的网格化数据（分辨率为 25 km×25 km），根据表格 1 中的卫星观测时间，将 ICESat 在某一时期的观测数据投影至规则网格内，并将落入该网格的数据取平均值，作为该网格某观测时段的海冰厚度值。

1.2 Cryosat-2 冰厚数据

搭载于 Cryosat-2(CS-2)卫星的 SIRAL 雷达高度计是欧空局（ESA）原有 ERS-1 和 2、以及 Envisat 卫星雷达高度计的升级版本。CS-2 卫星的观测范围最北至 88°N[13]。本研究使用的 CS-2 海冰厚度数据来源于德国 Alfred Wegener Institute(AWI)，该数据是一种月均网格化数据（误差小于 0.5 m），时间跨度为三年（2011 年 1 月至 2013 年 12 月）。与 ICESat 类似，CS-2 海冰厚度的反演原理也可由阿基米德原理推导而来。分别利用 916.7 kg/m³ 和 882.0 kg/m³ 作为一年冰和多年冰的代表密度值，并将其应用于海冰厚度反演。这与本研究中进行 ICESat 海冰厚度反演所采用的参量取值一致。在雪厚方面，多年冰雪厚仍然应用历史数据，而一年冰的雪厚则采用多年历史数据的 1/2(0.5×w99)。与实测数据相比，CS-2 数据反演的海冰厚度总体误差约为 0.5 m。[3]

1.3 SSMIS 海冰密集度

使用的海冰密集度产品来源于美国雪冰数据中心（National snow and ice center, NSIDC）。该数据源于美国防卫系列卫星（DMSP）的 SSM/I 以及 SSMIS 辐射计观测的亮温数据，根据 BT 算法提取，数据产品的空间分辨率 25 km，时间分辨率为每天。本研究利用了 2003～2013 年时段的海冰密集度数据。详细的数据产品说明请参阅 http://nsidc.org/data/nsidc-0051。

该数据产品的空间分辨率与上述海冰厚度反演结果保持一致（分辨率为 25 km×25 km）。为保障所选用海冰厚度和海冰密集度数据在时间上的统一，表 1 所示的时间区间选取同期的海冰密集度产品，然后计算该时期海冰密集度平均值，并用于后续海冰体积估算。

1.4 海冰年龄数据

利用海冰年龄数据进行一年冰和多年冰的识别。根据海冰年龄，一年冰为冬季生成、夏季融化消失的海冰类型，多年冰则为海冰年龄不小于 2 年的海冰。海冰年龄数据是由辐射计数据为基础提取的海冰漂移矢量数据推导而来。[14]

1.5 海冰体积及其误差估算

1.5.1 海冰体积估算

海冰体积可根据公式(2)进行计算：

$$v=A\sum_{i=1}^{N}c_i h_i \quad (2)$$

式中，v 为北极海冰体积，A 为海冰网格面积(25 km×25 km)，i 为网格编号，c_i 为第 i 个网格对应的海冰密集度，h_i 为网格对应的海冰厚度数据。

由于 ICESat 的观测时段离散，本研究选取了其秋季和冬季时段的数据进行北极海冰体积计算。与之匹配，也选择了相应时段的 CS-2 数据。详细的数据时间范围见表 1。

表 1　ICESat 和 CS-2 卫星观测时段

卫星	名称	时间范围	天数
ICESat	03FM	2003 年 2 月 20 日至 3 月 29 日	37
	03ON	2003 年 10 月 18 日至 11 月 19 日	31
	04FM	2004 年 2 月 17 日至 3 月 21 日	33
	04ON	2004 年 10 月 3 日至 11 月 8 日	36
	05FM	2005 年 2 月 17 日至 3 月 24 日	35
	05ON	2005 年 10 月 21 日至 11 月 24 日	34
	06FM	2006 年 2 月 22 日至 3 月 28 日	34
	06ON	2006 年 10 月 25 日至 11 月 27 日	33
	07FM	2007 年 3 月 12 日至 4 月 14 日	34
	07ON	2007 年 10 月 2 日至 11 月 5 日	34
	08FM	2008 年 2 月 17 日至 3 月 21 日	33
CS-2	11FM	2011 年 2 月 15 日至 3 月 15 日	28
	11ON	2011 年 10 月 15 日至 11 月 15 日	31
	12FM	2011 年 2 月 15 日至 3 月 15 日	29
	12ON	2011 年 10 月 15 日至 11 月 15 日	31
	13FM	2013 年 2 月 15 日至 3 月 15 日	28

利用这两种数据，可以对 2003～2013 年大约 11 年的北极海冰体积年际和季节变化进行研究。一般而言，秋季时段和冬季时段相隔 4～5 个月。在本文中，秋季时段一般涵盖 10 月和 11 月（简称 ON 时段）；冬季时段一般包含 2～3 月份（FM）或者 3～4 月份（MA）。相应地，提取 CS-2 的 ON 和 FM 时段的北极海冰厚度结果。进一步根据海冰年龄信息提取了不同年龄海冰的体积储量，并研究了其季节和年际变化规律。

1.5.2　海冰体积误差估算

基于卫星遥感提取的海冰体积是指北极海冰覆盖网格的海冰体积数量的总和。其误差可由公式（3）计算：

$$\sigma_v = A \left[\sum_{i=1}^{N} (H_i^2 \sigma_{c,i}^2 + c_i^2 \sigma_{H,i}^2) \right]^{1/2} \quad (3)$$

式中，A 为网格面积，为常数（625 km²），H_i 为第 i 个网格的海冰厚度，C_i 为海冰密集度，σ 为误差。由于秋冬季节北极海冰密集度高，海冰密集度误差取值 5%。海冰厚度误差可通过公式（4）计算：

$$\sigma_{H,i} = \frac{1}{n} \sum_{j=1}^{n} \sigma_{h,j}^2 \quad (4)$$

式中，h_j 是位于某网格（编号 i）的第 j 个 ICESat 单束测量值，可由以下公式（5）进行估算，各参量误差的取值见表 2。

$$\sigma_{h,j} = \left[\left(\frac{\rho_w}{\rho_w - \rho_i} \right)^2 \sigma_{fb}^2 + \left(\frac{\rho_s - \rho_w}{\rho_w - \rho_i} \right)^2 \sigma_{hs}^2 \right.$$
$$\left. + \left(\frac{h_s(\rho_s - \rho_w) + f_b \rho_w}{(\rho_w - \rho_i)^2} \right)^2 \sigma_{\rho_i}^2 + \left(\frac{h_s}{\rho_w - \rho_i} \right)^2 \sigma_{\rho_s}^2 \right]^{1/2} \quad (5)$$

表 2　ICESat 海冰厚度反演结果误差估算所使用的输入参量误差取值

误差参量	误差值	参考文献
σ_{fb}	13.8cm	[15]
σ_{hs}	一年冰：7 cm 多年冰：6cm for FM or MA, and t4 cm for he ON campaign	Seasonal ice: [16] Perennial ice: [11]
σ_{ρ_i}	一年冰：36 kg/m³ 多年冰：23 kg/m³	[17]
σ_{ρ_s}	15 kg/m³ for FM 20 kg/m³ for ON	[18]

海冰体积误差估算表明（表 3），ICESat 时期在秋季和冬季的误差分别为 5.4% 和 5.3%；CS-2 时期在秋季和冬季的误差分别为 5.5% 和 5.3%。多年冰方面，ICESat 时期在秋季和冬季的误差分别为 5.5% 和 5.4%，CS-2 时期在秋季和冬季的误差约为 5.7%。总体来讲，ICESat 和 CS-2 卫星观测数据反演的海冰厚度产品误差水平接近，约为 5.4%。

2　结果

2.1　海冰体积估算结果

两个卫星时段的海冰体积季节和年际变化如图 1 所示。在 ICESat 卫星的观测时段内（2003～2008 年），北极海冰体积呈显著下降趋势（秋季：2004～2007 年，冬季：2005～2008 年），这主要由多年冰体积减少所引起。相比之下，一年冰体积增加并不显著。秋季时期的北极海冰体积由 2004 年的 10000 km³ 减少至 2007 年的 6000 km³，下降速率达 1000 km³/a（10%/a）。相反，多年冰由 2004 年的 7600 km³ 减少至 2007 年的 5000 km³，减少速率为 650 km³/a（8.5%/a）。同时，一年冰体积储量较为稳定,平均约 2000 km³。冬季时期的北极海冰体积也出现了显著减少,图 1 可见,2005～2008 年海冰体积由 15000 km³ 递减至 10000 km³,下降速率达 1250 km³/a(8.3%/a)。其中,该时期的北极多年冰体积的减少量约为 4000 km³,减少速率为 1000 km³/a(9.0%/a)。

在 CS-2 卫星测量的 2011～2013 年期间也呈现出一定的年际变化,多年冰持续减少而一年冰呈递增趋势,但北极海冰体积储量总体呈减少趋势。2011～2013 年的秋季时段,北极海冰体积变化不明显,稳定保持在 7500 km³ 左右;其中,多年冰和一年冰平均值分别约为 5000 km³ 和 2500 km³。CS-2(2011～2013)观测的冬季时期,北极海冰总体积显著减少,由 2011 年的 14000 km³ 递减至 2013 年的 12000 km³,下降速率为 667 km³/a(4.7%/a),但下降速率势较 ICESat 时期有所减缓;其中,多年冰由 7500 km³ 递减至 3000 km³,减少速率达 1500 km³/a(20%/a)。另外,一年冰呈微弱的增加趋势(200 km³/a,约 4.0%/a)。

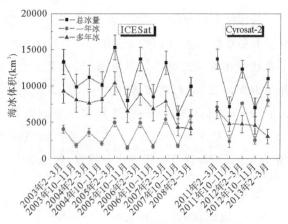

图 1　2003～2013 年北极海冰体积变化

北极海冰体积的季节变化十分显著(表 3)。比如 ICESat 时期,冬季和秋季时段的海冰体积平均值分别为 12741 km³(其中一年冰占 37.3%,多年冰占 62.7%,)和 8480 km³(其中,一年冰占 20.5%,多年冰占 79.5%)。冬季海冰体积最高值和最低值分别出现在 2005 年(15000 km³)和 2008 年(10000 km³)。秋季最高值和最低值分别出现在 2004 年(10000 km³)和 2007 年(7500 km³)。多年冰最高值和最低值的出现时间与上述时段一致,而一年冰的冬季最高值和最低值分别出现在 2004 年(5000 km³)和 2008 年(5800 km³)。CS-2 卫星观测时期(2011～2013 年),冬季和秋季研究时段的海冰体积平均值分别为 12329 km³(其中,一年冰和多年冰的体积分别占 61.2% 和 38.8%)和 7054 km³(其中,一年冰和多年冰的体积分别占 65.7% 和 34.3%)。

表 3 给出了两个卫星时段的海冰体积相比。在秋、冬季节,CS-2 比 ICESat 海冰体积分别减少了约 1400 km³(16.8%)和 400 km³(3.2%),且多年冰的减少幅度更大(秋季 31.2% 和冬季 40.1%)。由于多年冰消失的地方由一年冰替代,CS-2 时期比 ICESat 时期的一年冰体积相应地分别增加了 40.4%(秋季)和 58.8%(冬季)。虽然两个卫星时段的海冰总体积在冬季变化不大,但是海冰类型构成发生了很大变化。比如,ICESat 时期多年冰是北极海冰的主要类型(多年冰体积为 7991 km³,占 62.7%),而 CS-2 时期一年冰为北极海冰的主要类型(一年冰体积为 7544 km³,占 61.2%)。

表 3　ICESat 和 CS-2 时期北极海冰体积变化以及估算误差

海冰类型	时期	ICESat 时期		CS-2 时期		体积变化
		体积(km³)	误差(km³)	体积(km³)	误差(km³)	(km³)
所有海冰	ON	8480	457	7054	385	−1426
	FM	12741	670	12329	649	−412
一年冰	ON	1737	120	2419	153	702
	FM	4749	270	7544	410	2795
多年冰	ON	6742	370	4634	264	−2108
	FM	7991	432	4785	272	−3206

3　讨论

由分析结果发现,北极海冰体积变化主要受多年冰体积变化影响。多年冰减少的范围由一年冰替代,因而一年冰体积有所增加。另外,除多年冰范围减少外,多年冰内部不同年龄的海冰减少也可能对海冰体积储量产生影响,主要因为年龄较老、厚度较大的海冰减少可导致海冰体积净储量降低。本节对北极海冰多年冰的面积变化以及不同年龄海冰面积变化进行了剖析。

3.1　北极海冰多年冰面积变化

基于冰龄数据提取了长时序(1984～2014 年)多年冰海冰面积(图 2)(即冰龄大于等于 2 的每个网格面积与密集度的乘积再求总和)。

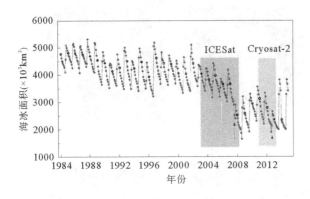

图 2　多年冰海冰面积变化时间序列(1984—2014 年)
红色图点代表月均多年冰面积,黑色圆圈代表每年的 1 月份,虚线表征经历夏季融冰后保留下来的一年冰对多年冰面积的补充量。箭头分别表示 2005、2007 和 2012 年的夏季时期海冰面积

图 2 给出了 1984～2014 年期间的北极多年冰面积变化情况(ICESat 和 CS-2 对应时段的海冰面积变化情况如灰色和蓝绿色所示)。从图 2 可以看出,在 2003 年之前每年夏季过后保留下来的一年冰能在一定程度上弥补多年冰输出(主要是经由 Fram 海峡)造成的多年冰面积损失。1984～2002 年的平均夏季补充量(图 2 虚线代表的面积变化)大约为 1.3×10⁶ km²,补充的多年冰基本能弥补海冰输出所致的多年冰减少数量,使得 10 月份的多年冰范围基本保持在 4.7×10⁶ km²。2003～2007 年,多年冰减少量(8～10 月)处于较低水平(1.0×10⁶ km²),但是其夏季补充量也比较低(0.7×10⁶ km²),导致各月的多

年冰面积较 1984～2002 年同期水平偏小。特别是 2005 年,夏季海冰面积创出了 1984 年以来的最低值(0.5×10⁶ km²)。2007 年北冰洋经历了一次夏季极端融冰事件,当年 8 月和 9 月的海冰异常输出是这次过程的重要成因。该年夏季的多年冰补充量基本接近于 0,9 月海冰面积创出有卫星观测记录以来的历史最低值(图 3)。2008～2011 年,多年冰减少和补充量都接近历史平均水平,但 2012 年夏季海冰最小范围再次刷新了历史纪录(图 3),导致一年冰大量融化,多年冰补充量仅为 0.45×10⁶ km²,低于 2005 年。

综上所述,北极冬季 1 月的多年冰面积由 2003～2007 年平均的 4×10⁶ km² 显著减少到 2011～2013 年平均的 3×10⁶ km²。多年冰的大量流失造成北极海冰净储量的显著下降。

3.2　北极海冰年龄变化

已有研究表明 1982～2007 年海冰多年冰比例出现下降,北极海冰正出现一种年轻化的态势[19]。本研究将时间序列进一步扩展至 2014 年,并把重点放在 ICESat 和 CS-2 卫星数据的可用时段内,以揭示两个卫星时期的多年冰海冰比例变化。

图 4 给出了(2～5)+(不小于 5 年冰龄)年龄海冰的面积变化时间序列。图中变化最明显的年龄为 5+类型的海冰,其在 1987 年达到极大值(接近 2.4×10⁶ km²)。随后,该海冰类型面积不断减少,于 1995 年达到极小值(1.3×10⁶ km²),降幅达 1.1×10⁶ km²。1995～2004 年,5+年龄海冰面积较为稳定,并于 2000 年出现小幅回升。自 2005 年开始,该海冰类型面积出现快速减少,于 2012 年降至研究时段的最低值(0.2×10⁶ km²),降幅达 1.2×10⁶ km²。2011～2014 年,该海冰类型面积连续三年小幅增加,并于 2014 年增长至 0.4×10⁶ km²(但仅相当于 1987 年的 18%)。

2 年冰年际变化较大,其最大值(1.8×10⁶ km²)出现在 1997 年,最小值(0.8×10⁶ km²)出现在 2008 年。该海冰类型代表经历夏季融化后存留下来的一年冰数量。较低的补充量通常预示着"低值"的出现,比如 2006、2008 和 2013 年都伴随着上一年度低数量的多年冰补充(2005、2007 和 2012)。3 年冰虽然在

1982~1997 年间有较为明显的年际变化,但总体相对稳定(平均 $0.7×10^6$ km²),并在 1998 年达到最大值($1.0×10^6$ km²)。1998~2009 年,3 年冰海冰面积下降趋势比较显著,并于 2009 年降至最小值 $0.35×10^6$ km²。其中,于 2005~2009 年连续五年下降,降幅达 $0.6×10^6$ km²;于 2010~2011 年连续两年较大幅度增加($0.6×10^6$ km²),随后出现了小幅下降。4 年冰面积比 3 年冰面积偏小,但其变化规律和 3 年冰较为相似。

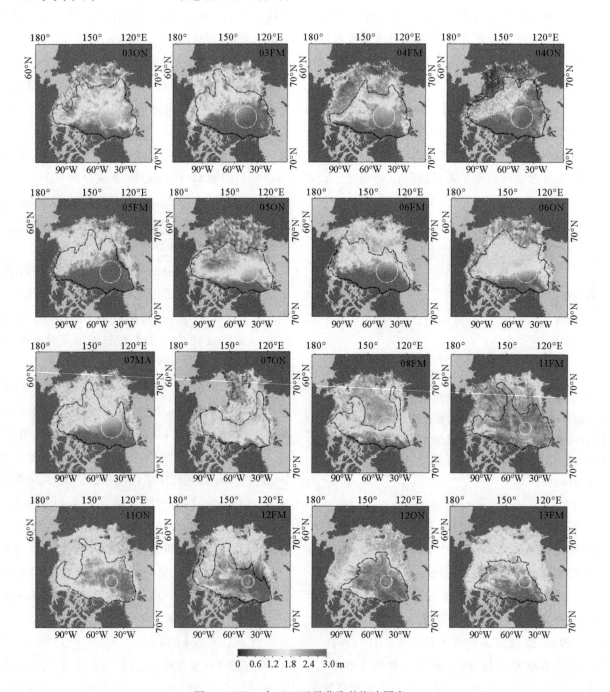

图 3　ICESat 和 CS2 卫星获取的海冰厚度

实线区域为根据冰龄数据提取的多年冰范围

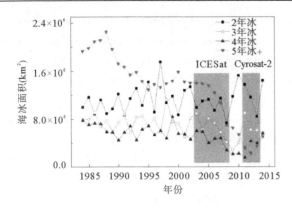

图 4　不同年龄常年冰的面积变化趋势(3 月份)

图 5 给出了不同年龄的多年冰面积比例变化。在 ICESat 时段内,(4～5)＋年龄层次的海冰比例较 CS-2 时段高;就 2～3 年龄段的海冰比例而言,CS-2 时期比 ICESat 时期比例高。表明 CS-2 时期的海冰比 ICESat 时期海冰年轻、厚度偏薄,因此对北极海冰总体积的减少具有一定贡献。

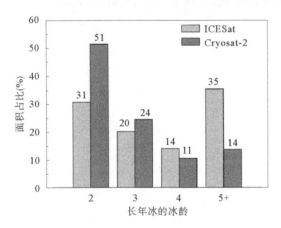

图 5　ICESat 和 CS-2CS-2 卫星冬季(FM)时期
多年冰所占面积比例变化

4　结论

利用 ICESat 和 CS-2 高度计数据反演得到的海冰厚度,结合海冰密集度数据,进行了北极海冰体积的估算。为得到一年冰和多年冰体积变化,利用海冰年龄数据进行了多年冰范围识别,并用于研究多年冰面积的变化。此外,海冰年龄数据还被用于多年冰面积年际和季节变化规律的分析。比如,夏季多年冰的补充量便可以从中推导而来。

研究结果表明,北极海冰体积存在着较为显著的季节和年际变化。相对于 2003～2008 年时期,

海冰总体积在 2011～2013 年的冬季和秋季时期平均下降了 1426 km^3 和 412 km^3。这些变化主要由多年冰的减少引起。多年冰体积储量的减少可以从其范围和厚度变化两个方面解释。海冰范围减少主要由两方面的原因引起:(1)海冰输出,(2)夏季多年冰补充。多年冰的夏季补充量在 2003～2013 年间属于较低水平阶段,特别是 2007 年夏季多年冰数量的补充接近零,使得多年冰所占比例显著降低。

在海冰厚度方面,多年冰内部海冰年龄的结构组成变化也会引起海冰体积净比例变化。研究结果表明,年龄较老((4～5)＋)的多年冰在 ICESat 时期(2003～2008 年)面积比例较高,而较为年轻(2～3 年)的多年冰在 CS-2 时段(2011～2013 年)面积覆盖较多。另一方面,两个卫星时期的海冰厚度相比,CS-2 时期较 ICESat 时期平均减少了约 0.2 m,这进一步导致了北极海冰体积的显著减少。

参考文献

[1] McBean G, Alekseev G, Chen D, et al. Arctic climate: past and present. Arctic climate impact assessment[R]. Cambridge University Press, 2005.

[2] Comiso J C, Parkinson C L, Gersten R, et al. Accelerated decline in the Arctic sea ice cover[J]. Geophysical research letters, 2008, 35: L01703.

[3] Kwok R, Cunningham G F, Wensnahan M, et al. Thinning and volume loss of the Arctic ocean sea ice cover: 2003-2008[J]. Journal of Geophysical Research, 2009, 114: C07005.

[4] Kwok R, Untersteiner N. The thinning of Arctic sea ice[J]. Physics Today, 2011, 64(4): 36-41.

[5] Lindsay R, Zhang J. The thinning of Arctic sea ice, 1988-2003: Have we passed a tipping point? [J] Journal of Climate, 2005, 18(22): 4879-4894.

[6] Rothrock D, Percival D, Wensnahan M. The decline in arctic sea-ice thickness: Separating the spatial, annual, and interannual variability in a quarter century of submarine data[J]. Journal of Geophysical Research: Oceans, 2008, 113: C5.

[7] Kwok R, Rothrock D. Decline in Arctic sea ice thickness from submarine and ICESat records: 1958-2008[J]. Geophysical research letters, 2009, 36: 15.

[8] Lindell D B, Long D G. Multiyear Arctic Sea Ice Classification Using OSCAT and QuikSCAT[J]. IEEE Transactions on Geo-

science & Remote Sensing, 2015, 54(1):167-175.

[9] Tilling R L, Ridout A, Shepherd A, et al. Increased Arctic sea ice volume after anomalously low melting in 2013[J]. Nature Geosci, 2015, 8: 643-646.

[10] Comiso J C, Cavalieri D J, Markus T. Sea ice concentration, ice temperature, and snow depth using AMSR-E data[J]. IEEE Transactions on Geoscience & Remote Sensing, 2003, 41(2): 243-252.

[11] Warren S G, Rigor I G, Untersteiner N, et al. Snow depth on Arctic sea ice[J]. Journal of Climate, 1999, 12(6): 1814-1829.

[12] Spreen G, Kern S, Stammer D, et al. Fram Strait sea ice volume export estimated between 2003 and 2008 from satellite data[J]. Geophysical Research Letters, 2009, 36 (19): L19502.

[13] Laxon S W, Giles K A, Ridout A L, et al. CryoSat - 2 estimates of Arctic sea ice thickness and volume[J]. Geophysical Research Letters, 2013, 40(4):732-737.

[14] Maslanik J, Stroeve J, Fowler C, et al. Distribution and trends in Arctic sea ice age through spring 2011[J]. Geophysical Research Letters, 2011, 38(13):392-392.

[15] Zwally H J, Schutz B, Abdalati W, et al. ICESat's laser measurements of polar ice, atmosphere, ocean, and land[J]. Journal of Geodynamics, 2002, 34(3): 405-445.

[16] Brucker L, Markus T. Arctic - scale assessment of satellite passive microwave - derived snow depth on sea ice using Operation IceBridge airborne data[J]. Journal of Geophysical Research: Oceans, 2013, 118(6): 2892-2905.

[17] Alexandrov V, Sandven S, Wahlin J, et al. The relation between sea ice thickness and freeboard in the Arctic[J]. The Cryosphere, 2010, 4(3): 373-380.

[18] Kwok R, Cunningham G. ICESat over Arctic sea ice: Estimation of snow depth and ice thickness[J]. Journal of Geophysical Research: Oceans, 2008, 113: C8.

[19] Maslanik J, Stroeve J, Fowler C, et al. Distribution and trends in Arctic sea ice age through spring 2011[J]. Geophysical Research Letters, 2011, 38(13): 392-392.

作者简介:付敏,国家海洋预报中心,工程师

通信地址:青岛市南海路7号

联系方式:fumin1121@126.com;bhb@qdio.ac.cn

带 Korteweg 项的两相流模型的推导

杜 静 于 芳

（青岛滨海学院,青岛,266555）

摘要:两相流模型是石油工业中非常重要的一个模型,所以对两相流模型的研究很多,现已得到在理想状态下弱解及强解的整体存在性。在此基础上,接下来主要研究带 Korteweg 项的两相流模型的弱解的整体存在性。本文主要研究第一步,即给出带 Korteweg 项的两相流模型的推导,并给出了弱解存在的条件。

关键词:两相流模型;Korteweg 项;弱解

1 引言

在 Eulerian 坐标系下,一维空间中黏性液体-气体两相流模型为:

$$\begin{cases} \partial_\tau [\alpha_g \rho_g] + \partial_\xi [\alpha_g \rho_g u_g] = 0, \\ \partial_\tau [\alpha_l \rho_l] + \partial_\xi [\alpha_l \rho_l u_l] = 0, \\ \partial_\tau [\alpha_g \rho_g u_g + \alpha_l \rho_l u_l] + \partial_\xi [\alpha_g \rho_g u_g^2 + \alpha_l \rho_l u_l^2 + p] = \\ \qquad -q + \partial_\xi [\varepsilon \partial_\xi u_{mix}], \end{cases}$$

$$(1.1)$$

其中 $u_{mix} = \alpha_g u_g + \alpha_l u_l$ 表示混合速度,未知变量 $\alpha_g, \alpha_l \in [0,1]$ 分别表示气体所占的体积比例和液体所占的体积比例,并且满足:$\alpha_g + \alpha_l = 1$;u_g, ρ_g 分别表示气体的速度和密度,而 u_l, ρ_l 则表示液体的速度及密度;p 表示流体的公共压力,而 q 表示如重力、摩擦力等的外力;$\varepsilon > 0$ 表示黏性系数。这个模型在石油工业中有重要应用,可用来探究石油、天然气在管道和深井中的生产及运输。

为了避免一些尚未解决的难题,我们也如 Evje 等[1]一样,对上述模型进行化简:假设液体速度和气体速率相等,也就是说 $u_l = u_g = u$;不考虑外力,即假设外力项 $q = 0$;(3)液体密度要远远大于气体密度,一般满足 $\rho_l / \rho_g = o(10^3)$,所以我们可以忽略气体项在动量守恒方程中的影响。这样就得到一个更简单的模型:

$$\begin{cases} \partial_\tau [\alpha_g \rho_g] + \partial_\xi [\alpha_g \rho_g u] = 0, \\ \partial_\tau [\alpha_l \rho_l] + \partial_\xi [\alpha_l \rho_l u] = 0, \\ \partial_\tau [\alpha_g \rho_g u + \alpha_l \rho_l u] + \partial_\xi [\alpha_l \rho_l u^2 + p] = \partial_\xi [\varepsilon \partial_\xi u], \end{cases}$$

$$(1.2)$$

$n = \alpha_g \rho_g, m = \alpha_l \rho_l, n, m$ 分别表示气体和液体的质量,这样就能得到上述方程的简化形式:

$$\begin{cases} \partial_\tau n + \partial_\xi [nu] = 0, \\ \partial_\tau m + \partial_\xi [mu] = 0, \\ \partial_\tau [mu] + \partial_\xi [mu^2 + p] = \partial_\xi [\varepsilon \partial_\xi u]. \end{cases}$$

$$(1.3)$$

我们假设液体不可压,即流体密度是常数,气体是多方的,这样我们就可以得到压力项的表达式,

$$p = C\rho_g^\gamma, C > 0, \gamma > 1,$$

根据 $\alpha_g + \rho_l = 1$,

$$p = p(m,n) = C\rho_l^\gamma \left(\frac{n}{\rho_l - m}\right)^\gamma,$$

而黏性系数 ε,一般认为其取值与质量函数有关,即

$$\varepsilon = \varepsilon(n,m) = k \frac{n^\beta}{(\rho_l - m)^{\beta+1}},$$

或者

$$\varepsilon = \varepsilon(m) = k \frac{m^\beta}{(\rho_l - m)^{\beta+1}}.$$

其中 k 为正常数。

该模型在一个自由边界环境中,根据边界条件

的不同,又分为流体间断连续连接到真空和流体连续到真空。当流体间断连续连接到真空时,Evje 和 Karlsen[2]研究了自由边界值的问题,在此研究中,$\varepsilon = \varepsilon(n,m)$,通过能量法证明了当 $\beta \in (0,1/3)$ 时,该问题的弱解的整体存在性和唯一性;之后,Yao 和 Zhu[3]改进了 Evje 和 Karlsen[2]的结果,证明了当 $\beta \in (0,1]$ 时两相流模型的弱解的存在性和解的渐近性态;就此问题,刘青青和朱长江[4]也做了相应的研究,得到了 m,n 的渐近行为和衰减率。而当自由边界值连续到真空时,Evje 等[1]得到当 $\varepsilon = \varepsilon(n,m)$,$\beta \in (0,1/3)$ 时的弱解的整体存在性。

以上研究均为黏性系数不为常数时得到的结果,当黏性系数为常数时,Yao 和 Zhu[5]考虑了流体间断连续连接到真空的边界值问题,得到解的存在性及唯一性。而当液体可压,气体多方时,Evje 和 Karlsen[6]就考虑了当黏性系数为常数时,一维空间中流体间断连续连接到真空时两相流模型的 Cauchy 问题,证明了弱解的存在性。由此,我们发现对一般的黏性两项流模型的解的性态的研究较多,而对带其他项的两相流模型的研究相对较少,本文就针对带 Korteweg 项的两相流模型进行研究,下面将给出本文研究的方程。

2 带 Korteweg 项的两相流模型的推导

本文将研究在一维空间中,当 $\beta = 0$ 时,带 Korteweg 项的两相流模型的存在性。首先将(1.3)进行变换,通过引进变量

$$c = \frac{n}{m}, Q(m) = \frac{m}{\rho_l - m} = \frac{\alpha_l}{1 - \alpha_l} \geqslant 0,$$

以及 Lagrangian 坐标变换

$$x = \int_{a(\tau)}^{\xi} m(y,\tau) dy, t = \tau,$$

所以我们可以得到本文研究的方程

$$\begin{cases} c_t = 0, \\ Q(m)_t + \rho_l Q(m)^2 u_x = 0, \\ u_t + p(c, Q(m))_x = (E(c, Q(m)) u_x)_x, \end{cases}$$

其中

$$p(c, Q(m)) = c^\gamma Q(m)^\gamma,$$

$$E(c, Q(m)) = m \varepsilon Q(m,n) = c^\beta Q(m)^{\beta+1}.$$

进一步,特别的,取 $\beta = 0, v = \frac{1}{Q(m)}$,时这样我们就能得到 $p(c,v) = \frac{c^\gamma}{v^\gamma}$ 进而我们有

$$\begin{cases} c_t = 0, \\ v_t - \rho_l u_x = 0, \\ u_t + p(c,v)_x = (u_x/v)_x。 \end{cases}$$

在此基础上,本文考虑在 $[0,1]$ 上的带 Korteweg 项的两相流模型,即

$$\begin{cases} c_t = 0, \\ v_t - \rho_l u_x = 0, \\ u_t + p(c,v)_x = (u_x/v)_x - v_{xxx}, \end{cases} \tag{1.4}$$

有初始条件

$$c(x,0) = c_0 \in H^2([0,1]), v(x,0) = v_0 \in H^1([0,1]), u(x,0) = u_0 \in L^2([0,1]), \tag{1.5}$$

边界条件

$$v_x(0,t) = v_x(1,t) = 0, u(0,t) = u(1,t) = 0。 \tag{1.6}$$

经过推导,我们知道(1.4)是有一定的物理意义的,接下来我们将证明带 Korteweg 项的液体-气体两相流模型的初边值问题的弱解的整体存在性。

3 带 Korteweg 项的两相流模型弱解的存在性

因为要研究弱解的存在性,所以首先给出弱解在本方程中要满足的条件。

根据弱解的定义,若上述方程的解 (c,v,u) 满足下列条件,我们就称它是方程的一个弱解

$$c(x,t) \in H^2([0,1]),$$
$$v(x,t) \in C([0,\infty);H^1([0,1])) \bigcap C((0,\infty);H^2([0,1])),$$
$$u(x,t) \in C([0,\infty);L^2([0,1])) \bigcap C((0,\infty);H^1([0,1])),$$
$$c(x,t) = c_0, v(x,0) = v_0, u(x,0) = u_0,$$
$$v_x(0,x) = v_x(1,t) = 0, u(0,t) = u(1,t) = 0。$$

由此可以知道,如果方程(1.4)~(1.6)的解满足上述条件,那么方程的弱解就是存在的。

4 结语

本文主要给出带 Korteweg 项的两相流模型的推导及弱解存在的条件,后续研究将进一步论证弱解存在的意义,并将对软件缺陷进行技术分析,尽量避免此公式在软件缺陷预测中对预测结果的影响。

参考文献

[1] Evje S, Flatten T, Friis H A. Global weak solutions for a viscous liquid-gas mode with transition to single-phase gas flow and vacuum [J]. Nonlinear Anal., 2009, 70: 3864-3886.

[2] Evje S, Karlsen K H. Global weak solutions for a viscous liquid-gas model with singular pressure law [J]. Commun. Pure. Appl. Anal., 2009, 8: 1867-1894.

[3] Yao L, Zhu C J. Free boundary value problem for a viscous two-phase model with mass-dependent viscosity [J]. J. Differential Equations, 2009, 247: 2705-2739.

[4] Liu Q Q, Zhu C J. Asymptotic behavior of a viscous liquid-gas model with mass-dependent viscosity and vacuum [J]. J. Differential Equations, 2012, 252: 2492-2519.

[5] Yao L, Zhu C J. Existence and uniqueness of global weak solution to a two-phase flow model with vacuum [J]. Math. Ann., 2011, 349: 903-928.

[6] Evje S, Karlsen K H. Global existence of weak solutions for a viscous two-phase model [J]. J. Differential Equations, 2008, 245: 2660-2703.

作者简介:杜静,青岛滨海学院助教,硕士

通信地址:青岛西海岸新区嘉陵江西路 425 号

联系方式:1441680190@qq.com

发表期刊:青岛滨海学院学报,2019,14(57):75-77。

基于 ISFLA 的软件缺陷预测框架

于 芳 杜 静 高 薇

（青岛滨海学院，青岛 266555）

摘要：针对软件缺陷特征选择中存在的特征空间降维和搜索空间大的问题，将改进后的混合蛙跳算法应用到软件缺陷预测框架中。利用该框架的两级结构和改进后的混合蛙跳算法（SFLA）自身的优点，避免了其他启发式算法在缺陷预测中存在的容易产生局部最优或者参数优化过程后期的收敛速度比较慢的情况。分别采用常见的几种软件缺陷预测方法和基于改进后的 SFLA 算法的软件缺陷预测框架，对美国国家航空航天局（NASA）的软件缺陷数据库里的部分数据集和 Eclipse 下的 file 级数据进行了仿真实验。实验结果表明，基于改进后的混合蛙跳算法（SFLA）的软件缺陷预测框架有效地提高了软件缺陷预测的性能。

关键词：混合蛙跳算法；软件缺陷预测框架；启发式算法；局部最优

软件缺陷是软件产品中引起软件不能按照预定需求实现的瑕疵。为了降低软件缺陷数量，需要对软件产品进行完整的测试。但由于测试活动往往是在软件开发完成之后才能进行，并且由于当前的软件产品的复杂度越来越高，仅仅依赖软件测试难以控制软件产品的发布质量。为了更好地提高软件质量，同时也为了降低软件产品研发成本，对软件模块的缺陷进行预测是一个经济有效的方法。

软件缺陷预测的目的在于预测那些隐藏的、还未被发现的缺陷数目和类型等。软件缺陷预测最早出现于 20 世纪 70 年代，发展到今天已经有了上百个相关的软件预测模型。与软件缺陷预测模型相对应的典型的软件缺陷预测方法有：线性判别（LDA）、布尔差别函数（BDF）、分类回归树（CART）、支持向量机（SVM）、人工神经网络（ANN）等[1]。

蚁群优化算法[2]（ACO）作为一种模拟蚂蚁种群进化的启发式搜索算法，也被应用于软件缺陷预测中。但由于蚁群优化算法中群体之间缺少直接的交流，容易产生局部最优或者参数优化过程后期的收敛速度比较慢的情况。混合蛙跳算法[3]（SFLA）作为一种元启发式算法，注重各组中青蛙之间的交流和组与组之间的信息交流，既有局部搜索也有全局协同搜索。混合蛙跳算法具有搜索能力强、算法简单、灵活性大和鲁棒性强等优点。

本文提出了一种软件缺陷预测框架，该框架基于改进后的 SFLA 算法。此框架采用两级结构，先在局部范围内进行初级优化。再在全局范围内根据阈值筛选出最终的特征子集，从而完成一次完整的缺陷预测过程。

1 相关工作

1.1 混合蛙跳算法

从生物学视角出发，一群青蛙怎样才能快速有效地寻找到食物呢？借鉴局部寻优和不同子群体间进行信息交流的方法，首先将一群青蛙划分为多个子群体；其次将每只青蛙和食物之间的距离作为一条信息与其他青蛙的对应信息进行交流。把距离最远的与距离最近的进行对比，从而移动相应的位置进行距离的调整。当各个子群体位置优化到一定程度后，再对总群体里的各个子群体进行混合运算，从而满足最终的设定条件。

2003 年美国研究人员 Eusuff 和 Lansey 提出了一种新的元启发式算法——混合蛙跳算法 SFLA

(Shuffled Frog Leaping Algorithm)[3]。

SFLA 的算法过程如下[4]:假定青蛙的群体规模为 Q,初始种群 $X=(X_1,X_2,\cdots,X_q)$。

对于按照随机方法产生的青蛙种群,计算每个青蛙个体的适应度函数 $f(x_i)$,并根据计算出来的 $f(x_i)$ 值大小按照降序进行排序。再将青蛙子群的循环放到整个的青蛙种群中去。

将整个青蛙种群划分为 C 个子群,每个子群中包含 L 只青蛙,即 $T=C\times L$。

在优化过程中,将 X_1 放入第 1 个子群,X_2 放入第 2 个子群,X_c 放入第 C 个子群中,X_{c+1} 放入第 1 个子群,X_{c+2} 放入第 2 个子群,$\cdots$,直到最后一个个体放入 X_c 中。

记录下每个子群中适应度值最好的青蛙为 G_b 和适应度值最差的青蛙为 G_w,整个蛙群中最优适应度的青蛙个体为 X_b。

每次局部搜索更新策略中,只对 G_w 进行操作,以提高其适应度。青蛙子群内部搜索策略为:

$$\text{sd}_{(s)}=R(G_b-G_w) \tag{1}$$

$$G_x=G_w+\text{sd}_{(s)},\ -\text{sd}_{(max)}\leqslant\text{sd}_{(s)}\leqslant\text{sd}_{(max)} \tag{2}$$

其中 R 表示 $[0,1]$ 内的随机数,$\text{sd}_{(max)}$ 表示青蛙的移动最大步长。

SFLA 的寻优法则为:新青蛙个体 G_n 如果其适应度值大于原有青蛙个体 G_w,则 G_n 取代 G_w 成为青蛙子群内新的个体。否则,用 X_b 代替 G_b,按照式(1)、式(2)重新操作,结果若有改进,则取代 G_w;如果没有改进,则随机生成一个体取代 G_w。重复上面操作,直到青蛙子群达到设定的迭代次数。当所有青蛙子群局部搜索完成之后,将种群中的所有个体重新排序,划分子群,然后再进行子群局部搜索,如此反复,直到达到设定的群体进化代数为止。

1.2 改进型混合蛙跳算法

最差青蛙的新位置可能始终处于当前位置和最优青蛙位置之间的线性范围内。即使根据随机解去更新最差青蛙的位置,也不能确保随机解会更优。同时,仅根据最优青蛙位置更新最差青蛙位置,缺少与其他位置青蛙个体的交流,降低了青蛙种群的适应性。在混合蛙跳算法中,最差蛙的移动步长不确定,可能存在学习步长过大而漏掉全局最

优点。而在利用 SFLA 算法寻优的后期,种群中青蛙个体之间的差异缩小,移动步长也随之减小,从而降低了整个算法的收敛精度。

为了使最差青蛙个体能与其他青蛙充分交流,在改进型的 SFLA 算法的移动步长中引入了子群中其他的青蛙个体,同时通过三角函数[5]的调节,使改进型的 SFLA 算法的局部搜索和全局搜索两方面都有比较好的表现。同时,为了提高搜索精度,新产生的青蛙个体以其自身为原点,在其自身到本子群最优蛙之间的最大半径内进行搜索。

$$\text{sd}_{(k)}=2\times\sin\left(\frac{t\pi}{2G}\right)\times R\times[x(k)_b-x(k)_w]+$$
$$R\times[x(k)_i-x(k)_w] \tag{3}$$

$$\text{sd}_{(k)}=2\times\sin\left(\frac{t\pi}{2G}\right)\times R\times[x(g)_b-x(k)_w]+$$
$$R\times[x(k)_i-x(k)_w] \tag{4}$$

$$x_{(new)}=2\times\cos\left(\frac{t\pi}{2G}\right)\times R\times r_{max}\times x(k)_s \tag{5}$$

其中,$t=1,2,\cdots,G$,G 为固定的进化迭代次数,r_{max} 为青蛙个体自身到本子群中最优蛙之间的最大半径,R 为 $(0,1)$ 之间的随机数。$\text{sd}_{(k)}$ 为第 k 个青蛙子群最差蛙的移动步长。$x(k)_s$ 为第 k 个青蛙子群中随机选择的青蛙个体。$x(k)_b$、$x(k)_w$ 和 $x(g)_b$ 表示第 k 个青蛙子群中的最好、最差和全局最优的青蛙个体。x_{new} 为青蛙子群中随机产生的新青蛙个体。

2 基于改进型 SFLA 方法软件缺陷预测框架的建立

假定特征子集有 $m\times n$ 个。

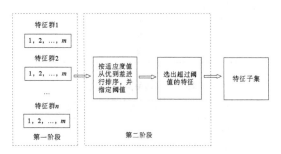

图 1　基于改进型 SFLA 的软件缺陷预测框架

第一阶段:特征群内局部优化。在特征子群内局部搜索进化时是依靠子群中的最差个体向子群内

最优个体进行随机靠拢,使得群体中的所有个体的差异性逐步缩小,从而产生了聚拢效应。利用改进型的SFLA算法动态调整搜索步长和青蛙个体位置。

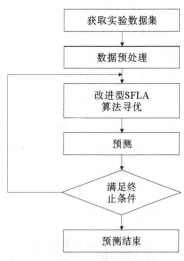

```
获取实验数据集
    ↓
数据预处理
    ↓
改进型SFLA
算法寻优
    ↓
预测
    ↓
满足终
止条件
    ↓
预测结束
```

图2　局部优化流程

第二阶段:全局信息交互。按照适应度值进行排序,适应度值高(特征相关性高)的排序在前。同时需要给出一个阈值来选出最后的特征子集。

阈值设定公式,即计算出所有青蛙个体位置的均值。

$$t = \frac{1}{n} \sum_{i=1}^{n} x_{(i)} \tag{6}$$

3　基于SFLA软件缺陷预测框架实验

3.1　实验数据

本实验选取了Eclipse标准数据集[6]的file级数据和美国国家航天局(NASA)[7]的软件度量数据库中的部分数据集。

表1　Eclipse实验数据

数据集	样本数	缺陷数
file2.0	6729	975
file2.1	7888	854
file3.0	10593	1568

表2　NASA实验数据

数据集	模块数	缺陷模块
JM1	10878	2102
CM1	505	48
KC1	2107	325
PC1	1107	76

3.2　评价准则

(1)Accuracy

$$Accuracy = \frac{TN + TP}{TN + FP + FN + TP}$$

准确度(Accuracy):分类结果正确的模块个数占全部测试实例的比例。其中TP是进行了正确分类的实例(也称为正例)。FN是进行了错误分类的实例,但被错误地当作正例。TN是进行了正确分类的实例(也称为负例)。FP是进行了错误分类的实例,但被错误地当作负例。

(2)Precision

$$Precision = \frac{TP}{TP + FN}$$

精确率(Precision):预测结果与实际存在的情况相一致的缺陷模块数量占预测为缺陷模块的比例。

(3)Recall

$$Recall = \frac{TP}{TP + FP}$$

查全率(Recall):实际有缺陷模块被正确预测的概率。

(4)F-measure

$$F-measure = \frac{2}{\frac{1}{precision} + \frac{1}{recall}}$$

F-度量(F-measure):精确率和查全率的调和平均数。

3.3　实验结果及分析

深度森林[8](Multi-Grained Cascade Forest,geForest)是当前常用的一种软件缺陷预测方法,深度森林算法是一种新型的深度结构学习算法,在深度神经网络算法之外开辟了一条新的思路。从表3中可以看出,在准确度、精确率、查全率和F-度量四项评价指标内,本文提出的改进型SFLA方法与geForest方法相比都有不同程度的性能提升,说明该方法对Eclipse实验数据下的file级数据具有比较好的缺陷预测能力。

聚类分析[9](Cluster Analysis,CA)和BP神经网络是当前常见的软件缺陷预测方法。从表4-7中可以看出,对于NASA的部分数据集,本文提出的改进型 SFLA 方法与传统 BP 神经网络、CA 相比在准确度、精确率、查全率和 F-度量四项评价指标内也都有不同程度的预测性能的提升。说明该方法对 NASA 的部分数据集也有很好的缺陷预测能力。

表 3   在 Eclipse 实验数据下 geForest 与改进型 SFLA 的缺陷预测结果

	geForest				改进型 SFLA			
	Accuracy	Precision	Recall	*F*-measure	Accuracy	Precision	Recall	*F*-measure
file2.0	0.8845	0.6708	0.4031	0.5036	0.8857	0.6710	0.4502	0.5389
file2.1	0.8555	0.3208	0.2998	0.3099	0.8565	0.3214	0.3013	0.3110
file3.0	0.8505	0.4912	0.2832	0.3593	0.8513	0.4917	0.2914	0.3659

表 4   在 JM1 测试集下的各缺陷预测方法预测结果比较

预测方法	Accuracy	Precision	Recall	*F*-measure
BP	0.890	0.913	0.785	0.844
CA	0.888	0.866	0.717	0.784
改进型 SFLA	0.911	0.921	0.802	0.857

表 5   在 CM1 测试集下的各缺陷预测方法预测结果比较

预测方法	Accuracy	Precision	Recall	*F*-measure
BP	0.905	0.942	0.882	0.911
CA	0.882	0.892	0.824	0.857
改进型 SFLA	0.923	0.951	0.897	0.923

表 6   在 KC1 测试集下的各缺陷方法预测结果比较

预测方法	Accuracy	Precision	Recall	*F*-measure
BP	0.901	0.921	0.885	0.903
CA	0.868	0.853	0.764	0.806
改进型 SFLA	0.915	0.939	0.887	0.912

表 7   在 PC1 测试集下的各缺陷方法预测结果比较

预测方法	Accuracy	Precision	Recall	*F*-measure
BP	0.912	0.949	0.894	0.921
CA	0.874	0.895	0.824	0.858
改进型 SFLA	0.926	0.952	0.901	0.926

4   结语

本文提出了一种基于改进后的 SFLA 算法下的软件缺陷预测框架,并在 Eclipse 里的 file 级数据和 NASA 的部分数据集下进行了初步验证,该框架与其他方法相比对缺陷预测性能都有提升。该研究工作仍存在需要进一步探讨和研究的地方,主要包括:①数据集中本身存在类不平衡问题,下一步工作需要针对此问题进一步修改预测框架,从而更好地缓解此问题对缺陷预测性能的影响;②下一阶段工作中尝试其他算法来帮助该预测框架进一步提升其预测性能。

参考文献

[1] 王青,伍书剑,李明树. 软件缺陷预测技术[J]. 软件学报,2008, 19(7): 1565-1580.

[2] DORIGO M. Ant Colonies for the Traveling Salesman Problem [J]. Biosystems, 1997, 43(2): 73-81.

[3] Eusuff M M, Lansey K E, Pasha F. Shuffled frog leaping algorithm: A mimetic meta-heuristic for discrete optimization [J]. Engineering Optimization, 2006. 38(2): 129-151.

[4] 刘立群,王联国,火久元,等. 基于模糊阈值补偿的混合蛙跳算法[J]. 计算机工程, 2014, 40(5): 168-172.

[5] 常小刚,赵红星. 基于三角函数搜索因子的混合蛙跳算法[J]. 计算机工程与科学, 2016, 38(11): 2363-2364.

[6] Zimmermann T, Premraj R, Zeller A. Predicting Defects for Eclipse[C]. International Workshop on Predictor MODELS in Software Engineering. IEEE, 2007: 9.

[7] NASA. The NASA Metrics Data Program [OL]. http://mdp.ivv.nasa.gov.

[8] ZHOU Z H, FENG J. Deep Forest: Towards An Alternative to Deep Neural Network [C]. IJCAI-17. 2017: 3553-3559.

[9] Khoshgoftaar T M, Liu Y, Seliya N. A muti-objective module-order model for software quality enhancement [J]. IEEE Transactions on Evolutionary Computation, 2004, 8(6): 593-608.

作者简介:于芳,青岛滨海学院工程师,硕士

通信地址:青岛西海岸新区嘉陵江西路 425 号

联系方式:13614283271@139.com

基金项目:软件缺陷预测技术分析与改进(2019KY09)(校级项目)

助力乡村振兴战略，
推动农村农业农民全面发展

杭州市实施乡村振兴战略对青岛的启示

翟 慧

（中共青岛西海岸新区工委党校,青岛,266404）

摘要:党的十九大提出了乡村振兴战略,并作为国家战略。乡村振兴战略的提出对于坚持五大发展理念,建设中国特色社会主义现代化强国,实现中华民族伟大复兴中国梦具有重大的意义。青岛市作为改革开放前沿阵地,加快落实乡村振兴战略是当前的重要任务。本文全面分析了青岛市实施乡村振兴战略的现状,深刻分析了青岛市实施乡村振兴战略采取的措施,介绍了杭州市实施乡村战略的经验,并且总结出杭州实施乡村振兴战略对青岛的启示,旨在为青岛市实施乡村振兴真略提供参考价值。

关键词:杭州;乡村振兴战略;青岛;启示

实施乡村振兴战略,是党的十九大做出的重大决策部署,是全面建成小康社会、全面建设社会主义现代化国家的重大历史任务,是新时代做好"三农"工作的总抓手。打造乡村振兴齐鲁样板是习总书记对山东的殷切嘱托,青岛市委十二届五次全会将实施乡村振兴战略列入十五大攻势。因此,青岛市加快实施乡村振兴战略,需要借鉴杭州市、上海市等发达城市经验,制定规划引领的理念,为实施乡村振兴战略奠定基础。

1 杭州市实施乡村振兴战略的主要经验作法

杭州在实施乡村振兴战略中,起步早、标准高、行动快,围绕推进五大振兴,构建了组织框架、政策体系和推进机制,乡村振兴工作取得的成效走在全国前列。

1.1 坚持高位推动

建立组织领导体制,完善工作制度,出台实施乡村振兴战略规划及有关配套政策。杭州市搭建以市委、市政府主要领导担任组长的"1＋10"组织架构,将区市和部门都列入年度考核。

1.2 坚持城乡融合

在实施乡村振兴过程中,始终坚持城乡融合理念,推动城市资源向乡村延伸、公共服务向乡村覆盖,城乡融合发展水平走在了全国前列。村庄整合

和土地整理方面,推进行政村整合,提高了资源利用效益,为乡村振兴打下良好基础。杭州市桐庐县2004年完成了合村并居,将405个行政村调整为183个行政村。采取财政支持、区县协作、联乡结村等多种方式,全面消除集体经济薄弱村。加快补齐人居环境短板,杭州市坚持开展"五水共治"治理农村生活污水,推进乡镇垃圾分类和减量化资源化处理,行政村污水和垃圾处理已经全部达到要求。

1.3 坚持规划引领

坚持整体谋划。杭州坚持规划高标准,结合各自城市定位,高起点高标准谋划。杭州按照建设"大花园"和全域景区化标准,完成"三江两岸"生态景观保护与建设,加强古村、古宅的保护修缮,成功创建3A级村落景区43个。

1.4 坚持创新驱动

始终站在解放思想的前沿、干事创业的前沿,敢想敢试,勇于打破条条框框,坚持创新的思维和工作方法,推进乡村振兴闯开路子。在工作激励方面,杭州市对乡村振兴工作进行专项考核有专项资金。

1.5 坚持多元化投入

在资金投入上,坚持财政投入和社会运营相结合,创新方式引导社会资本参与乡村振兴,形成财政投入为主、社会运营为辅的多元化投入机制。"十二五"期间,杭州市在每年保持支农资金预算和增幅不

变的前提下,每年再安排城乡统筹专项资金10亿元,其中7亿元用于美丽乡村建设,平均每个美丽乡村中心村享受市级补助资金超过1000万元。

2 青岛市实施乡村振兴战略存在的问题及采取措施

青岛市在实施乡村振兴战略工作中,进行了许多探索,也取得了一定成效,但是,与先进地区相比,存在问题较多。如乡村振兴战略规划需要完善;行政村数量多、规模小;村级集体经济薄弱,经营性收入低于3万元的村2250个、占比37.4%;市级"三农"投入数量少、比重低,以美丽乡村建设市级投入为例,青岛市共有村庄6015个,是杭州市的2.95倍;每年安排美丽乡村建设资金2.74亿元,则仅为杭州的27.4%。为此,补短板,找差距,创举措是青岛市实施乡村振兴战略的重要任务。

2.1 组织振兴要深化拓展"莱西经验"

乡村振兴中的关键是组织振兴,而组织振兴需以提升农村基层党组织力为首要工作。全面推进农村社区化党委建设,实现社区党群服务中心全覆盖,畅通为民服务最后一公里。完善以财政投入为主的稳定增长的村级组织运转经费保障制度,提高村级组织运转经费保障标准。坚持以自治为基、法治为本、德治为先,建设一批公共法律服务中心,推进民主法治示范村建设,构建党组织领导下的三治融合工作推进机制。深化枫桥经验,制定村级基本公共服务清单,厘清政府和村级支出负担范围。发展壮大村级集体经济。建立强企帮弱村、强村联弱村制度,推动经济薄弱村庄加快发展。

2.2 产业振兴要进行产业转型

以土地规模化、组织企业化、经营市场化、技术现代化、服务专业化为方向,不断深化农业供给侧结构性改革,提升都市现代农业发展水平。推进土地规模化。以镇为单位整建制推进规模经营,推广"公司＋合作社＋村集体＋农户"模式,到2022年土地规模化经营率达到75%。推进三区、两基地建设,建成粮食功能区300万亩、现代农业产业园1000家。推进组织企业化。实施农业全产业链"十百千"工程,重点打造15条10亿元特色产业链、8

条百亿元产业链、2条千亿元产业链,不断提升经济效益。推进技术现代化。以现代种业为主攻方向,加快青岛国际种都核心区建设,争创国家农业高新技术产业示范区。

2.3 生态振兴要加快建设"五美融合"

围绕生态美、生产美、生活美、服务美、人文美"五美融合"理念,加快改善乡村面貌,让乡村成为国际大都市建设的靓丽底色。调整优化村庄布局,落实《青岛市农村新型社区和美丽乡村发展规划（2015—2030年）》,按照城镇型社区、农村新型社区和特色村庄分类推进,从服务融合入手,有序推进组织融合、居住融合、经济融合、产业融合、文化融合,逐步实现村庄社区化发展。推进农村人居环境整治三年行动进程。推进农村垃圾和污水处理、厕所改造、村容村貌提升,力争到2022年农村生活垃圾分类村庄实现全覆盖,村庄生活污水处理率达到65%。打造美丽乡村齐鲁样板村。按照片区化规划、标准化建设、景区化提升的要求,持续推进美丽乡村"十百千"创建,力争到2022年建成100个省级乡村振兴示范村,省级美丽乡村覆盖率达到40%。

2.4 人才振兴要集聚攻坚

壮大农村实用人才队伍。加快农村实用人才培养,建立职业农民制度,到2022年培养农村实用人才25万人、新型职业农民10万人。开展新型农业经营主体带头人轮训,加大现代青年农场主培养力度,破解谁来种地难题。壮大农村双创队伍,建立乡村创新创业引导基金,以乡情乡愁为纽带,吸引工商企业主、院校科研人员、创投人才、高校毕业生、返乡青年、退伍军人等下乡创业创新。

2.5 文化振兴要塑造淳朴文明良好乡风

坚持物质文明和精神文明一起抓,培育文明乡风、良好家风、淳朴民风,提振农民精气神。培育农村新时代新风尚。弘扬社会主义核心价值观,建设新时代文明实践中心,力争到2022年县级及以上文明村镇达标率80%以上。用好村规民约、乡风评议等载体,推进移风易俗,建强农村红白理事会、道德评议会等群众自治组织。全面繁荣农村文化,加快构建农村现代文化服务体系,提升镇、村文体基础设施建设水平,到2022年村级综合文化中心覆盖率达到 100%。

2.6 要激发农村发展活力

坚持城乡等值化理念,推动城乡要素自由流动、平等交换,实现新型城镇化和乡村振兴协同发展。深化农村土地制度改革,制定农村闲散土地综合整治方案,开展农村土地整治试点,落实耕地占补平衡政策。深化农村金融支农制度改革。创新农村金融产品和服务,助力工商资本、社会资本投资农业农村。探索开展农民专业合作社信用互助业务、农产品价格指数保险和"保险+期货"业务模式三项试点。

3 杭州市实施乡村战略的经验对青岛市的启示

打造乡村振兴齐鲁样板是习总书记对山东的殷切嘱托,青岛市委十二届五次全会将实施乡村振兴战略列入"十五大攻势"。因此,要认真落实市委、市政府决策部署,学习借鉴外地经验,集中精兵强将,发展乡村振兴强劲攻势,为建设开放、现代、活力、时尚的国际大都市提供乡村新动能。

3.1 实施乡村振兴战略必须健全完善城乡融合发展规划体系,做到一张蓝图绘到底

杭州经验表明,实施乡村振兴战略要坚持以适度超前的理念规划引领,做到注重质量、有序推进。建议由青岛市有关部门牵头,以各区市为单位,编制完善县域乡村建设规划,按照建设新社区、发展中心村、整治一般村、保护特色村的思路,明确长久保留中心村、集聚改造村、逐步撤并村和特色保护村等,使村庄规划与区(市)土地利用总体规划、土地整治规划、农村社区建设规划、生态环境保护规划等多规融合,实现一本规划、一张蓝图。

3.2 实施乡村振兴战略必须积极推进合村并居

开展合村并居,有利于降低村级组织运转成本,减少行政资源浪费,拓宽村干部选拔范围和视野,提高村级班子战斗力和凝聚力。建议由青岛市民政局牵头,对合村并居工作开展调研,在充分论证基础上,研究制定具体实施方案。

3.3 实施乡村振兴战略必须着力壮大村级集体经济

发展村级集体经济是加强农村基层党组织建设的根基。建议青岛市进一步强化发展壮大村级集体经济政策研究,建立完善强区强企结对帮扶机制,推行"三资""四制"发展模式,推动资源变资产、资金变股金、农民变股东,增强集体经济、造血能力和发展活力。

3.4 实施乡村振兴战略必须强化资金投入

杭州等地经验表明,推进乡村振兴必须构建多元化保障机制,解决钱从哪里来的问题,做到真金白银投入。建议青岛市研究制定实施乡村振兴战略财政投入保障政策,确保财政投入持续稳定增长。新增财政投入重点聚焦乡村产业振兴、田园综合体建设、农村人居环境整治、美丽乡村创建等。

3.5 实施乡村振兴战略必须完善乡村振兴领导体制

落实五级书记抓乡村振兴要求,建议成立青岛市实施乡村振兴战略工作领导小组,与市委农业农村委员会合署,实行市委书记和市长任组长的双组长制,建立五大振兴工作专班,研究制定乡村振兴齐鲁样板青岛模式标准体系,出台五级书记抓乡村振兴责任的实施细则、区(市)党政领导班子和领导干部推进乡村振兴战略的实绩考核意见。

参考文献

[1] 何晨. 推进乡村振兴战略,杭州定下"三步走"目标任务[N]. 钱江晚报, 2018-04-13.

[2] 青岛市乡村振兴战略规划(2018—2022).

[3] 张国栋. 刘家义到青岛调研乡村振兴战略推进情况[EB/OL]. 山东政府网, 2018-5-21.

[4] 董进智. 关于实施乡村振兴战略的思考[J]. 农村工作通讯, 2017(22):15-18.

[5] 党的第十九大报告学习辅导百问[M]. 党建读物出版社, 学习出版社, 2017:10.

[6] 杜志雄, 惠超. 发挥金融对推进乡村振兴战略的支撑作用[J]. 农村金融研究, 2018(2):26-29.

作者简介:瞿慧,中共青岛西海岸新区工委党校,办公室副主任

通信地址:青岛市黄岛区海湾路 1368 号

联系方式:534510904@qq.com

乡村振兴的"沙北头经验"

崔坤家

(青岛市市场经济研究会,中共青岛西海岸新区工委党校,青岛,266404)

摘要:青岛沙北头蔬菜专业合作社理事长王桂欣带领社员在乡村振兴中担当作为,积累了乡村振兴的"沙北头经验"。他们因地制宜,瞄准市场需求,尊重自然条件,确定主导产业;细分市场需求,创新生产方式,做优主导产业;紧跟市场需求,依靠科学技术,升级主导产业。他们通过让村干部带头接受新生事物、在产业链上建立党组织,保证各类乡村组织规范运行,推动乡村组织振兴。王桂欣善于学习,崇尚创新,具有新农商的鲜明特质;重信守诺,勇担责任,具备深厚的人格魅力;搭建平台,培养人才,带动乡村人才振兴。

关键词:乡村振兴;合作社;党组织带头人;担当作为

位于平度市仁兆镇的青岛沙北头蔬菜专业合作社成立于2007年9月,依靠"买全国、卖世界"的蔬菜经营模式,年出口圆葱等蔬菜3500多万吨,创外汇2000多万美元;合作社有社员815户,人均收入远超3万元。截至2019年,合作社理事长王桂欣拥有电商经历16年,曾连续8年成为阿里巴巴圆葱类标王,客户遍布韩国、欧洲等10余个国家和地区,先后完成贸易额3000多万美元。合作社带动本地农民及国内其他地方百姓发家致富,积累了乡村振兴的"沙北头经验",其传奇般发展历程引人思考。

1 坚持市场导向因地制宜实现乡村产业振兴

1.1 瞄准市场需求,尊重自然条件,确定主导产业

沙北头村周边地势平坦,集中连片土地面积大,花生、小麦是利润低微的传统农作物。合作社创始人王桂欣从1997年开始从事蔬菜的种植、加工和销售,从事圆葱生意的韩国商人韩载载到仁兆镇考察后认为,本地半沙半土的土壤条件适宜种植在韩国需求量很大的圆葱,在韩商通过签订意向书提供种子、技术的条件下,合作社开启了圆葱种植之旅。合作社虽然一开始缺乏经验赚钱不多,但

2008年200亩的种植面积带来收入25万元,成为合作社收获的第一桶金,此后逐渐改变了平度市仁兆镇及周边地区的圆葱销售模式和销售范围,做大做强了圆葱产业,促使仁兆蔬菜走向了国际市场,合作社理事长王桂欣也先后被山东电视台、中央电视台等媒体称为"圆葱王"。

1.2 细分市场需求,创新生产方式,做优主导产业

创新是沙北头合作社经营理念的灵魂,合作社适应市场变化,做到"人无我有,人有我优,人优我强"。一是根据市场供求规律,调节自身市场行为。种得好是根本,卖得好是关键,品种好是重点。韩、日圆葱需求量虽然大,但合作社面临市场混乱、价格下降的苦恼。在了解到韩国、日本喜欢大个头,中东及俄罗斯等国家喜欢中等个头,而东南亚国家喜欢小个头圆葱后,针对韩日外贸业务,合作社引进了直径9~12厘米的日本水果圆葱品种,亩产达到11300千克,是过去产量的2倍,在别人每吨卖435美元时,合作社卖到600美元。二是眼光向外,扩大种植面积,延长种植时间,做大产业链条。平度本地的圆葱种植,受到种植面积和季节的局限。合作社打开眼界,拓展思路,根据各地经纬度不同、气候差异,利用适宜圆葱种植的不同时节,在全国

设点布局 6 个生产基地。2014 年，合作社省内外订单种植圆葱 2000 多亩：云南省元谋县基地 3 月收获，四川省西昌基地 4 月收获，河南省新野县基地 5 月收获，山东省平度市基地 6 月至 7 月收获，甘肃省民勤县基地 9 月至 11 月收获，甘肃省酒泉市基地 9 月至 11 月收获。[1] 王桂欣改变过去每年带团队到各地现场指导种植、管理的方式，借助远程视频监控实时掌握圆葱长势、收成，生产效率大为提高。得益于国家对绿色蔬菜高速公路运输的支持政策，这种独具创新的产业思路有力地保证了合作社向全球客户全年提供新鲜货源，不仅实现了合作社自身效益最大化，也有力地带动了各地经济发展。

1.3 紧跟市场需求，依靠科学技术，升级主导产业

随着人们生活水平的提高和消费习惯的改变，乡村产业的供给侧改革势在必行。青岛沙北头蔬菜专业合作社密切关注产业变革趋势，放远眼光，敢想敢做，先人一步制定 15 年规划，做到"三个一代"：生产一代、储存一代、研发一代。他们目前精心呵护的"生产一代"即圆葱产业，而"储存一代"则是喜欢外出考察的理事长王桂欣 2015 年在莱西老乡某专家的帮助下，从云南带回的高科技盆景葡萄栽培技术。合作社投资 150 多万元建成了盆景葡萄大棚，成功亩产 1000 颗，每颗产 4 盆盆景葡萄，这种既可食用又可观赏的葡萄曾成为青岛上合峰会指定专用产品，网上售价每盆 80 元，利用顺丰快递发往各地，可实现年收入 32 万元；他们还发明了流动性销售模式：把大盆景葡萄运载到崂山等风景名胜区，让游客现场采摘、品尝、购买，减省了中间物流环节，丰富了消费体验，实际上实现了由销售单一商品到销售体验活动的飞跃，"储存一代"发展前景十分看好。另外，合作社联合广西大学国家荔枝研究院，打造国内首家热带水果北方繁育基地，"研发一代"盆景荔枝大棚，利用已经掌握的温度、湿度、光照等控制技术，提高果品甜度，首批 460 颗荔枝已试栽成功，争取瞄准青岛、北京等北方旅游市场，实现规模化生产和销售。

2 发挥党员先锋模范作用促进合作社和各种组织深度融合推动乡村组织振兴

青岛沙北头蔬菜专业合作社从成立到发展壮大的历程，表现出以下几个特色亮点。

2.1 村干部带头接受新生事物

2007 年《农民专业合作社法》颁布前，村民为了生计自发种植大蒜、芋头、大姜等经济作物，亩产仅几千斤，且销售困难，鉴于此，已是村支书的王桂欣敏锐认识到，合作社是农业发展的大趋势。他相信党和国家会通过法律支持农民发展，农民应勇于摆脱惯性思维，及时消除对新生事物的迷惑，借力自我发展。《农民专业合作社法》颁布时，他立即着手成立蔬菜合作社，但无一人表示支持。为了取得法人资格，王桂欣从其他四位两委干部入手做工作，凑齐了 5 张身份证，自出资金 6000 元，其他四位干部每人出资 1000 元，共筹得 10000 元注册资本，办理了合作社营业执照，吸收社员 252 人。

2.2 党组织建在产业链上

沙北头合作社的业务范围涵盖生产、加工、销售、培训等多个领域。合作社成立后先是择机建立了党支部，又于 2013 年成立了青岛沙北头蔬菜专业合作社党委，通过党组织建设和合作社经济建设的相互融合，实现良性发展。一是合作社发挥党员示范带动作用，凝聚社员力量，促进产业发展。为保证产品出口标准，合作社在蔬菜生产、物资供应、科技指导、产品经销等环节统一管理。理事长王桂欣亲自带头，鼓励党员种植户学习新技术、试种新品种、承担生产风险，通过"党员示范田"党建品牌，党员带动社员、社员带动群众，逐步转变群众观念，共同融入农业现代化大潮。二是依托产业发展，壮大党的基层组织。合作社党委先后建立了沙北头、沟东、十甲、青岛宏祥农产品有限公司、青岛惠德蔬菜有限公司、青岛兆丰农产有限公司党支部，通过"合作社＋党员＋致富能手"的组织体系，把致富能手培养成党员、把党员培养成致富能手、把优秀党员培养成后备干部。[2] 目前，沙北头合作社的党建模式已为即墨等青岛周边区市借鉴复制。

2.3 各类乡村组织规范运行

沙北头合作社法人由村支部书记兼任，一方面

有利于保证村集体经济收入来源，支持村内各项事业发展；另一方面有利于为合作社有效提供土地流转等各方面服务，两者相得益彰。由于合作社与村民委员会都是独立法人，实践中两者做到了财务独立，规范运行，以保证新型经济组织和基层村民自治组织健康稳定发展。规范运行的合作社得到了各级政府的支持：2016 年成立的沙北头农民创业园迄今已获国家、青岛等财政支持 600 万元。

3 崇尚创新创业依靠优秀基层党组织带头人带动乡村人才振兴

乡村振兴，人才是关键。王桂欣同志身兼沙北头村党支部书记、村委会主任，青岛市沙北头蔬菜专业合作社党委书记、理事长，平度市农民创新创业协会会长等多种职务。青岛沙北头蔬菜专业合作社的成功，离不开这位懂农业、爱农村、爱农民的优秀基层党组织带头人。

3.1 善于学习，崇尚创新，鲜明特质成就新农商

王桂欣有着基层党组织带头人深厚的为民情怀，他说："只要是对村民有利的，只要是能让群众得实惠的，那都是我追求的！"为了践行人生追求，他尽快熟悉电子商务。2003 年 51 岁的王桂欣开始学习电商知识，在阿里巴巴注册国内诚信通和国外出口通，把蔬菜卖到韩国、欧洲。他时常上网查阅资料和信息，始终坚持自学并对周围农民言传身教，他切身感受到："不管是谁，不学习就会落后，就接受不了新事物，就跟不上时代发展步伐。"实践中，为了借鉴经验少走弯路，王桂欣善于走出去考察外面的世界。他到云南省实地考察的收获——盆景葡萄栽培技术，有力地促进了合作社产业的升级换代。

3.2 重信守诺，勇担责任，铸就做人金字招牌

认识王桂欣的人对他客观公正的评价是：诚信、务实、有眼光，富有爱心。王桂欣曾经从美国引进红皮圆葱种子，与菜农签订了保护价回收合同，由于菜农疏于学习，按常规方法种植管理，导致损失。王桂欣没有漠视菜农利益，他及时组织人员深入受损乡镇，逐村逐户量地赔偿，共赔付资金 7 万

多元，以实际行动阐释了诚信经营的理念。另外，他还时刻不忘履行社会责任：十几年来资助两名甘肃孤儿；自担村庄"五化"资金 16 万元；通过平度慈善总会王桂欣基金会帮助了多名重特大疾病患者。

3.3 搭建平台，培养人才，小康路上同圆梦

沙北头农民创业园成立时吸引 11 家创业实体入住，110 名返乡农民、下岗工人入园，实现农民在家门口的脱贫致富。合作社成立沙北头庄户学院，采用课堂培训与基地实践相结合的方式，让"田秀才""土专家"做"先生"，突出蔬菜种植、土壤改良、蔬菜电子商务等特色产业实用技术培训，以及精准扶贫知识传播，送技能、送文化、送岗位，累计培训当地农民 4000 多名，有效提升了农民素质。2016年 9 月王桂欣当选平度市农民创新创业协会会长后，团结带领理事会同仁，把握党的政策，珍惜国家中小城市综合改革的机会，广泛调研，借力发展，吸收会员 500 多人，在全市形成了一个创新创业的网络。他还利用授课机会，将自己的创新创业经验，用真诚朴实的语言，分享给不同地域的众多同行。

王桂欣的美德善行和突出业绩得到了组织认可。2018 年 5 月，其家庭被全国妇联选为 2018 年度全国"最美家庭"；同年 7 月 1 日，王桂欣被山东省委、山东省委组织部授予全省"担当作为好书记"荣誉称号，被山东省委给予记一等功奖励；合作社被评为"山东省明星合作社"。

参考文献

[1] 央视网视频《走遍中国》. 洋葱王的"洋粉丝"[EB/OL]. http://tv.cntv.cn/video/C10352/ef6cea0a91ca447a8bd644aeb97 fba28, 2017-09-15.

[2] 青岛文明网. 王桂欣平度市仁兆镇沙北头村党支部书记[EB/OL]. http://qd.wenming.cn/qdhr/201701/t20170120_306738 5.html, 2017-01-20.

作者简介：崔坤家，中共青岛西海岸新区工委党校，高级讲师；青岛藏马山旅游度假区开发建设指挥部乡村振兴研究员
通信地址：青岛市黄岛区海湾路 1368 号
联系方式：jiaoncui@163.com

乡村振兴视野下新型职业农民培育研究

——以青岛西海岸新区为例

郭岩岩

（中共青岛西海岸新区工委党校，青岛，266404）

摘要：党的十九大报告强调，要始终把解决好"三农"问题作为全党工作的重中之重，并首次提出实施乡村振兴战略。为贯彻落实乡村振兴战略，国家加大对新型职业农民的培育力度。本文以青岛西海岸新区为例，从培育新型职业农民的意义入手，对新区职业农民的培育现状进行分析，并指出目前仍存在着培育内生动力不足、培训覆盖面窄、制度创新不足的问题。最后从以乡村振兴为统领、以农民需求为导向、以制度创新为根本三个层面提出新区新型职业农民培育的对策建议。

关键词：乡村振兴；职业农民；培育

2018年由国务院公布的《中共中央国务院关于实施乡村振兴战略的意见》强调，实施乡村振兴战略，必须破解人才瓶颈制约。要把人力资本开发放在首要位置，畅通智力、技术、管理下乡通道，造就更多乡土人才，聚天下人才而用之。推进乡村人才振兴，首先要推进农民的职业化和现代化水平。新型职业农民作为推进乡村振兴的重要实施主体，在市场信息占有、科技知识运用方面具有独特优势，还可以发挥组织领导功能，将分散的农户联合起来，充分利用土地、科技、金融等诸多要素，实现资源的合理优化配置，推动农业农村改革综合效应的形成。

青岛市西海岸新区（以下简称"新区"）高度重视新型职业农民培训工作，连续四年将"开展生产经营型、专业技能型和专业服务型培训，增强农村新型经营主体带头人和现代农业从业人员的创业就业能力"的工作内容，列入全区重点办好城乡建设和改善人民生活方面实事之一。可见，新型职业农民的培育具有非常重要的现实意义。

1 新型职业农民培育的现实意义

新型职业农民是指以农业生产或经营作为主

要经济来源，具备较高的文化素养、科学素质或者管理技能的农民。习近平总书记在参加2017年"两会"四川代表团审议时指出，就地培养更多爱农业、懂技术、善经营的新型职业农民。可见在乡村振兴的背景下，加强对新型职业农民的培育是一个必然的趋势。

1.1 壮大新型经营主体，深化农村改革的重大举措

党的十九大报告指出，要发展多种形式适度规模经营，要培育新型农业经营主体，促进农村一、二、三产业融合发展。我国正处于农业的重要转型时期，原有的小规模、粗放型的经营模式已经不适合经济发展的要求。加快培育专业大户、农民合作社、农业企业等新型农业经营主体是深化农村改革的重大任务，对于推进乡村振兴、统筹城乡发展具有重要的现实意义。而新型职业农民作为新型农业经营主体的关键要素，具有对普通农户的辐射带动作用，对于加速土地流转、增加农民收入具有很大的意义。培育新型职业农民，有利于从整体上提升农民的素质和能力，优化农民结构，扶持发展农业大户、家庭农场、农业合作社、农业产业化龙头企业等新型农业经营主体，这对于继续深化农民基本

经营制度改革有着重要的推动作用。

1.2 发展现代农业、保障重要农产品有效供给的关键环节

党的十九大报告中提出"要构建现代农业产业体系、生产体系、经营体系"。而我国农业产业单一,在产业融合方面层次较低、技术水平低下、农业产值相对较少。我国农业经济的发展方向是要发展现代农业,构建现代农业产业体系、生产体系、经营体系,这就需要依靠规模化经营、技术和劳动者素质的提升。而新型职业农民无论是从素质、技术实力还是经营水平方面都具有一定优势,是推动现代农业发展的重要主体。新型职业农业从构成群体来说,一般包括农业大户、信息中介、合作社成员以及专业技术人员,这些人员构成了现代农业发展的基本主体,进而构建现代化农业生产体系、经营体系和服务体系。另一方面,新型职业农民从自身优势来说,擅长利用科技和信息优势,运用最小的投入获得最大的产出,提高农业经济的发展效率,这是发展现代农业的基础条件。因此,应加强对新型职业农民的培育,全面提升农民的各项综合素质和能力,提升农业从业者的层次,让农民成为一个体面的职业。

1.3 解决"谁来种地,如何种地"的有效途径

我国既是一个人口大国,又是一个农业大国,要养活众多的人口必须解决"谁来种地,如何种地",这是关系国计民生的一个重要问题,而新型职业农民的培育是解决这一问题的有效途径。

一是新型职业农民以从事农业生产或经营为职业,解决了谁来种地的问题。新区58%以上的农村劳动力外出打工,1/3的村外出务工人数达到70%以上,农业从业人员中50岁以上的超过40%,农民老龄化、农业副业化问题突出。这种背景下必须加快培养新型职业农民,让更多的农民留在农村,调动农民参与农业生产的积极性,提升农民的整体素质,真正解决"谁来种地"的问题。

二是新型职业农民作为新型农业经营体系的主体,解决了如何种地的问题。加快新型职业农民队伍建设,从政策、宣传、环境等层面引导和扶持新型职业农民发展,可以提升农民的专业化水平,促进现代农业的发展,从制度层面破解如何种地的难题。

2 新区职业农民培育的现状分析

近年来,西海岸新区积极培育新型职业农民,推动农村创新发展。2017年5月在绿色硅谷科技培训中心创建了"全国首批新型职业农民培育示范基地",这是青岛市唯一、全省仅有的五个示范基地之一。两年来,举办蓝莓、茶叶、食用菌等专业培训班110余期,完成市区两级政府实事"新型职业农民技能培训"5519人。举办农药使用、农业经营管理等培训班33期,培训人员1664人。新区职业农民的培育具体分析如下。

2.1 注重把新型职业农民培育与我区特色农业发展相结合

围绕全区提升蓝莓、茶叶、食用菌特色产业,打造优质蔬菜、高端果品、特色花卉的产业布局,优化专业设置和课程体系,根据各镇(街)特色产业发展需要和学员生产经营实际,设置相应的专业,选择合适的课程,开展模块化教学,分段式培训。

2.2 注重把新型职业农民培训与田间学校、实训基地创建相结合

积极引导和鼓励产业特色鲜明、基础条件完善、培训条件成熟的农业企业、合作社等生产经营主体,创建农民田间学校和实训基地,作为全区农民培训体系的重要延伸和组成部分。成功创建的"全国首批新型职业农民培育示范基地"和全区创建的17处农民田间学校,涵盖了蓝莓、茶叶、食用菌三大特色产业和果、菜、瓜等特色作物,以及农业机械、水产养殖等产业。学校、基地利用农民相对集中、培训相对就近、理论与实践紧密结合的优势开展培训工作,实现理论学习与实践锻炼的有机结合与融会贯通。

2.3 注重把新型职业农民培育与培育新型经营主体相结合

在新型经营主体中推行新型职业农民持证上岗制度,每个规模以上的农业企业、园区基地,至少有1名以上持有"新型职业农民资格证书"的管理人员或技术人员。加大对新型职业农民扶持政策

的创设力度，并与区农发局的各类计划项目协同配套支持，推动项目建设向新型经营主体带头人倾斜，不断增强其综合实力与自主发展能力。同时，在新型职业农民培育过程中，面向现代青年农场主、合作社带头人、农业企业和园区基地负责人等，把新型农业经营主体作为培训基地，把经营主体带头人作为兼职教师和学习榜样，统筹利用他们自己的生产基地和现成的培训设施等资源，结合企业发展方向和生产经营需求，根据他们的培训意向，采取订单式培训。紧扣农作物生长周期，带着问题现场培训、现场指导交流。组织学员参观考察特色园区、基地，开阔眼界、启迪思维，提高生产经营理念和技能。

3　新区新型职业农民培育的困境

目前，新区对新型职业农民的培育仍然处于探索阶段，在很多方面仍存在着一些问题。

3.1　以短期培训代替培育，农民内生性培育严重不足

新区为了更好地培训新型职业农民，通过农民田间学校和示范基地的建设，构建起了以农广校为主体、多方资源广泛参与的"一主多元"新型职业农民教育培训体系。新型职业农民的培育是一个长期、系统的工程，依靠短期培训难以从根本上提升农民的素质和能力，但新区多数以短期结业的形式对新型职业农民予以认定，对于后期的继续教育和培训相对不足，跟踪服务不到位。其次，群众自发学习动力不足。区政府出台政策鼓励农民参加培训，但由于很多农民对于新型职业农民的认识尚处于初级阶段，学习的主动性和积极性不足，导致组织培训存在一定的难度。

3.2　培训覆盖面、培训层次有待提高

新区职业农民培训覆盖面、培训层次与现代农业发展和农民需求还有一定的差距。首先，教育培训覆盖面多来自种植大户、合作社、农业企业，对普通农民的培训较少，不利于普通农民素质的提高和角色的转换。其次，培训层次以技术培训为主，对于经营、销售、信息化管理的培训内容涉及相对较少，以半脱产和不脱产为主，全脱产的很少，以农广

校和专家授课为主，专家跟踪指导的很少，不能满足新型职业农民的多样化需求。

3.3　农村制度创新不足，阻碍新型职业农民的成长

为加强新型职业农民培训工作的领导，成立了"西海岸新区新型职业农民技能培训工作领导小组"。同时，设立专项资金，将新型职业农民技能培训补助经费纳入区级财政预算。从现有政策上来看，支持新型职业农民培育的政策仍不完善，仅仅从培育经费上予以保障，在土地、税收、金融等方面未能给予相关的优惠制度安排，这从某种程度上限制了新型职业农民的发展。比如一些农民通过培训学习了新型的技术和管理思路，却由于缺乏资金支持难以开展新技术生产和规模化经营。

4　推进新型职业农民培育的对策分析

4.1　以乡村振兴为统领，加大职业农民培育力度

为深入贯彻实施乡村振兴战略的部署，就地培养更多爱农业、懂技术、善经营的新型职业农民，满足地方农业转型发展的人才需求，新区要继续完善培育计划，创新培育指标体系。

一是要放宽准入条件，让更多的农民享有培训的机会。新型职业农民的培育不应局限于提升现有新型职业农民的素质和专业能力，也应该加大对潜在新型农民的培育，特别是青年农民的培育。从供给侧结构性改革出发，围绕发展现代农业的要求，确定各个村庄的发展目标和培训项目，有针对性地对农民进行专业化培训。

二是加大培训力度。有序推进脱产、半脱产相结合的培训机制的建立和完善，逐步将新型职业农民的培育纳入大中专教育的范畴。

4.2　以农民需求为导向，提升职业农民培育精度

立足以农业现代化发展为中心，以农民增收为目标，以技术、管理、创业为主线，形成符合农业生产规律和农民学习特点的"分段式、参与式、菜单式"培育模式。开展培训需求调查，进一步制定完善新型职业农民培育标准、课程体系，按照精细培

训、因需施教的原则,根据教育培训对象的学历、类型和产业特点,分类制定对应的培训方案,实施精准按需培训。善于加强课堂教学创新,根据农民的特点和需求,探索适合农民接受程度的课程安排、教学方式和教学方法,推进建设更多的田间地头学校,方便农民就近学习。根据培训对象的个体差异,创新课程安排,采取多样化教学,将课堂授课和课下指导相结合,将理论和实践相贯通,从供给方面最大程度地满足农民的个性化需求。另外为使新型职业农民真正掌握学习内容,教育培训机构要开展跟踪调查,实现课堂内外的有机衔接。

4.3 以制度创新为保障,强化职业农民培育深度

政府应该强化领导,统筹安排,加大力度支持新型职业农民的培育,建立以政府为主导的全方位、多层次的培育体系,特别是要多鼓励农业龙头企业参与进来。农业龙头企业有实力、有师资,与培育企业发展所需的农户结合起来有动力。

一是要加强政策对接,确保新型职业农民享受到新型经营主体的优惠政策。要逐步将新型职业农民与新型农业经营主体、返乡下乡创新创业政策结合起来,确保新型职业农民能够享受土地流转、产业扶持等新型农业经营主体政策措施,以及国家支持返乡创业的扶持政策措施,例如,贷款优惠、收入补贴、税收优惠等。

二是加大投入和宣传,积极推进新型职业农民的典型示范带动作用。政府要对新型职业农民的培育加大资金投入力度,提升培育的层次和水平,逐步由短期培训向中期、长期培训发展,形成一套完整的政策扶持体系,确保新型职业农民素质提升的成果转化。政府应该鼓励农民积极参加新型职业农民的培训,并对表现突出、带富能力强的新型职业农民实施恰当的奖励政策,以起到典型示范作用。

参考文献

[1] 王庆云,李成华,王力红. 关于新型职业农民培育工程的意义及政策建议[J]. 农业与技术,2015,35(12):206.
[2] 陈美球,廖彩荣,刘桃菊. 乡村振兴、集体经济组织与土地使用制度创新——基于江西黄溪村的实践分析[J]. 南京农业大学学报,2018,18(2):27-34.
[3] 赵立波,焦修伟,马鑫. 青岛市新型职业农民培育工作的做法、成效与建议[J]. 中国农技推广,2016,32(8):15-17.

作者简介:郭岩岩,中共青岛西海岸新区工委党校,讲师
通信地址:青岛市黄岛区海湾路1368号
联系方式:454295363@qq.com

青岛西海岸新区
以乡村公共文化服务供给侧改革促文化振兴的思考

周春华

（中共青岛西海岸新区工委党校，青岛，266404）

摘要：文化振兴既为乡村振兴提供精神支柱，也是乡村振兴的重要目标之一。为推动乡村文化振兴，青岛西海岸新区在农村公共文化服务体系建设方面进行了实践探索，但也遇到了不少困难和问题，必须从供给主体多元化、供给产品精品化、供给方式多样化、消费健康化、队伍专业化等方面加以解决。

关键词：乡村振兴；公共文化服务；供给侧改革；文化振兴

党的十九大做出实施乡村振兴战略的重大部署，其中，乡村"文化振兴"分量很重，它可为乡村振兴提供精神支撑。近年来，围绕实现乡村文化振兴目标，青岛西海岸新区不断推进公共文化服务供给侧改革，群众文化获得感大幅提升。但目前，青岛西海岸新区农村公共文化服务状况，在很大程度上成为制约乡村文化振兴的重要因素，必须从乡村公共文化服务供给侧发力，助力乡村文化振兴目标实现。

1 青岛西海岸新区乡村公共文化服务供给侧改革存在的突出问题

近年来，青岛西海岸新区大力实施文化引领战略，公共文化服务体系建设坚持政府主导、突出群众主体、力求共建共享，公共文化服务"有设施、有队伍、有活动、有品牌、有扶持、有创新"的"六有"格局基本形成。但城乡公共文化服务供给不平衡、乡村公共文化服务发展不充分等，在很大程度上制约了乡村振兴目标的实现，亟待从供给侧持续发力。

1.1 乡村公共文化服务供需失衡

总体上看，青岛西海岸新区公共文化服务供不应求、供非所求同时并存。一是供给能力不足。随着生活水平的提高，新区农民群众的文化需求不断提升，且呈多样化、高端化趋势。但除满足农民基本的文化需要外，政府难以提供更多更好的公共文化服务。由于公共文化服务更多地依赖政府投资和部门投入，社会投入比重较低加剧了供需矛盾。二是供给方式单一。目前，乡村公共文化服务的提供，基本上由政府部门拍板和安排，由于群众文化需求信息对接渠道不畅，供非所需在所难免。这不仅造成了文化资源和资金的浪费，还挫伤了群众参与的积极性。

1.2 乡村公共文化服务管理粗放

在公共文化产品的供给和服务中，政府部门主观倾向主导的现象依然存在，尚未建立起有效的群众需求反馈机制，许多文化设施建好后被闲置或被挪用，文化功能难以发挥。在公共文化服务体系建设上也存在重建设、轻管理问题，导致有效供给不足。一些农家书屋、村文化大院等由于管理制度不健全、管理人才不专业，导致管理粗放，服务不精细。不少村公共文化设施形同虚设，难以给农民带来实惠。

1.3 乡村公共文化服务人才短缺

总体来看，青岛西海岸新区农村文化服务人才奇缺，学历低，专业素质不平衡，镇、村级公共文化服务基本没有专职人员，多为兼职，导致深层次服务供给不足,既不能满足基层文化发展繁荣的要求,也不能适应基层群众多样化的文化需求。一些基层文化干部分外工作多,文化工作成了"辅业",难有成就与建树,因而提拔的机会少之又少,再加上待遇低、工作累,难以激发工作热情与创造性。同时,由于现行事业人员招录存在缺陷,有专业特长的文化人才难以被录用。此外,在镇街道层面,文化专业人才没有编制只能混岗或兼职。文化市场执法人员更少,很难对文化市场进行有效监管。

2 青岛西海岸新区乡村公共文化服务供给侧改革的对策

2.1 推动供给主体多元化

公共文化产品及服务的提供,受政府财力等因素制约,政府不可能包揽一切。这就要求从公共文化供给端发力,推动公共文化供给主体由一元化向多元化转变,实现公共文化服务提供主体和供给方式多元化,逐步形成政府主导、社会参与、多元投入的供给格局。为此,政府要改变过去统包统揽的做法,调动各种社会力量,支持、投身乡村公共文化服务供给,为农民提供更丰富的文化服务。

2.1.1 打牢财政供给基础

提升乡村公共文化服务水平,政府责无旁贷,要依据农民实际需求,超前进行谋划,建立优先保证乡村公共文化服务的投入机制并列入财政预算。要把文化财政投入的重点放在农村,落实和提高农村文化工作人员的福利待遇,促进公共文化服务向西部农村延伸,加快新区公共文化服务均等化、一体化进程,实现公共文化城乡合理配置、高效利用。

2.1.2 拓宽供给渠道

乡村公共文化服务供给内容很广,涉及众多部门。多头、分散的乡村公共文化供给,一方面,可能出现重复供给,浪费富贵的文化资源。另一方面,也可能出现"踢球"现象,导致"三不管",使文化惠民败在"最后一公里"上。因此,新区应制定公共文化服务供给规划,坚持集中与分散相结合原则,在政府主导下,开设公共文化服务集成供给渠道,分层次、有针对性地为乡村提供更加精准的公共文化服务产品,提高乡村公共文化服务供给效能。

2.1.3 鼓励社会力量参与

建设乡村公共文化服务体系,政府部门是"主导"而非"主体",万不可大包大揽,要善于"借鸡生蛋""借船出海"。政府部门要制定有关政策,鼓励和引导社会力量参与、支持乡村公共文化事业振兴。要把引导政策用活,财税调节方式用足,大力培育各类非营利文化组织,引导和动员社会各方面的文化力量,为乡村公共文化服务体系建设献计献策、出力尽力,最大限度满足群众日益增长多层次、多样化文化需求。

2.2 推动供给产品精品化

去库存与增加有效供给,是推进新区乡村公共文化供给侧改革非常重要的两个关键点。文化生产和文化供给的主要任务是提供有价值的文化产品,要多创造文化精品,满足群众的文化诉求。一要坚持正确导向。要深入贯彻习近平总书记关于文艺工作的重要指示精神,抓住文化工作中心任务,坚持以人民为中心的创作导向,始终坚持社会效益第一,把创作生产优秀文化作品作为文艺工作的重要任务,努力生产更多传播当代中国价值观念、体现新区创新、创业、创造精神、反映新区人崇高审美追求的精品力作,为人民群众提供多姿多彩、向上向善、怡养情怀的精神食粮。聚焦中国梦、新区梦时代主题,大力弘扬社会主义核心价值观和新区"先行先试、善作善成"精神,高度重视文化熏陶和感化作用的发挥,使文化产品既"养眼""提神"又"润心",不断提升新区人的文化素质和社会文明程度。二要实施精品战略。优化艺术创作规划,加强文化资源统筹,强化精品意识和工匠精神,争取更多优秀作品入选国家舞台艺术精品创作工程,大力扶持优秀小戏小品、网络剧、舞台剧等的创作生产,活跃百姓舞台。重点扶持红色基因传承、农村题材、传统文化题材的创作生产,下大气力集中优势资源打造新区文化精品。三要建设智慧文化。深化文化资源信息化、数字化,推动新区智慧文化建设,进一步拓展乡村公共文化共建共享渠道,不断提高乡村公共文化服务供给能力。顺应时代进步和信息化发展要求,加快实施文化信息资源共享工程、公共电子阅览室建设工程、数字农家书屋建设工程,实现新区公共文化资源共建共享工程全覆盖。贯彻落实"整合、共享、均等、便利"理念,构建新区公共文化服务数字化平台。将新区政府买单的演出、展览、培训、节会等各类公益文化活动包装成数字文化产品,以"菜单"形式在网上向全区发布。百姓网上免费预约后可轻松享受或参与,特别是可通过手机 APP 软件,将新区公共文化"大餐"轻松放入群众"口袋"中。

2.3　推动供给方式多样化

在乡村公共文化服务供给方式上,要着力实现三大转变。

2.3.1　从"粗放"向"精准"转变

实现公共文化服务理念的革命性转变,变传统的自上而下的单一供给方式为双向的供需互补模式,坚持需求导向,建立健全基层群众文化需求预判、跟踪、反馈机制。在开展文化惠民活动之前,进行深入细致的群众需求调查研究;开展文化惠民工作过程中和结束后,要及时收集、汇总、整理群众需求回应,随后有的放矢地进行相应需求调整与变更。要常态化做好群众文化需求跟踪服务,在公共文化服务、文化产品供给与农民群众之间搭建桥梁,让新区农民群众享受最需要的公共文化服务和最满意的文化产品。同时,要积极开展菜单式、订单式服务,努力实现乡村公共文化服务"适销对路"、供对所需。

2.3.2　从"办文化"向"管文化"转变

要加快转变文化管理部门职能,将属于市场调节的"办文化"交还市场,将属于政府职责范围的"管文化"切实管好,一般来讲,经营性文化产业由市场自由配置,公益性文化事业由新区政府托底。在文化发展中,政府要不断强化政策制定、市场监管、公共服务等方面的职能,通过进一步简政放权,激活各类市场主体"办文化"的积极性、主动性、创造性,大力释放文化改革红利。在青岛西海岸新区开展的国家级文化创新工程项目、山东省文化创新奖"小品进社区"等各种群众文化活动中,区文化部门为各类活动的开展提供宏观策划、经费保障等措施,构建了"政府搭台、群众唱戏、专家指点"的文化活动新模式,政府由办文化向管文化转变迈出坚实

步伐,由管微观向管宏观转变实现重大突破。

2.3.3　从"送文化"向"种文化"转变

建立自上而下和自下而上的双向供给机制,坚持"送"文化与"种"文化相结合。在此基础上,不断加大"种""育"文化的力度,积极创造条件和机会,展示各类"种文化"成果,吸引广大群众广泛参与。要坚持融"种"文化与"送"文化之中,在送文化节目的同时,给乡村文艺爱好者送去文艺辅导、说唱讲座等文化技能,让村民在潜移默化中提升文化素养,增强文化自信,进而由被动的文化旁观者变为主动的文化参与者,既生产创造文化产品,又享受品鉴文化产品,实现乡村文化的共建、共创、共享。

2.4　推动人才队伍专业化

鉴于乡村文化专职、专业人才十分短缺的情况,应从以下三方面解决。一是增加人手。按照上级有关文件精神,配足公共文化专职队伍。认真核定镇(街)、社区等基层文化单位的人员编制,尽快解决"有岗无人""专岗不专人"的问题。二是提升素质。制定乡村文化人才定期培训、在岗轮训规划,建立健全多层次、多渠道的乡村公共文化服务人才培训和继续教育制度,对新区乡村各类文化工作人员进行全员培训,提升业务素质和服务水平。三是广纳贤才。注重发挥乡村"草根"文化人才作用,鼓励、支持各类民间文化协会、文艺团体的建设和发展,支持民间艺人从事乡村文化艺术服务。对民间优秀文化人才及具有文艺特长的乡贤,实施亲情化的"回家"工程,动员他们发挥自身优势,积极参加各类乡村公共文化服务,为乡亲们提供各种文化"大餐"。放手发动新区社会各界人士志愿参与公益性乡村文化服务活动,让更多有理想、有抱负、有情怀的文化志愿者通过各种方式,为新区乡村文化振兴贡献力量。

2.5　推动文化消费健康化

2.5.1　加强文化消费观培养

文化消费观念受人的思想观念影响,文化消费的价值取向和偏好,在一定程度上反映着群众受教育的程度。一方面,要大力发展先进文化,提供高质量的文化产品,抵制"三俗"产品。另一方面,要用社会主义核心价值观和习近平新时代中国特

社会主义思想教育、武装农民群众,特别要重视农村青少年道德情操教育,培养其高尚儒雅的文化消费习惯与倾向,加强文化消费自律,自觉抵制低俗庸俗媚俗之风,养成健康向上的文化消费价值取向。

2.5.2　加强文化消费引导

信息化时代,媒体对消费的引导作用不容小觑。对乡村文化消费来说,大众传媒具有影响消费取向的作用。可通过开设电视节目、开辟报刊专栏等强化传统媒体的正确宣传与引导,也可利用互联网、手机 APP 等新媒体,充分发挥其更广泛的社会影响力进行宣传引导。要尽快打通乡村文化消费品的流通路径,将大量高质量、正能量的文化产品以便捷的网络传播到广大乡村,主动占领乡村文化阵地,让低俗文化消费品在新区乡村无以立足。

2.5.3　加强文化消费评价

探索建立新区乡村文化消费指标体系和农村家庭文化消费指数体系,对新区乡村文化消费环境、文化消费支出、文化消费满意度等进行实时监测,有关部门定期进行分析研判,及时调研供给内容与服务方式,以更有效地引导乡村文化消费。

2.6　推动文化管理法治化

坚持依法治文,加大监管力度,进一步净化乡村文化市场。坚持一手抓文化繁荣,一手抓文化市场监管。加大乡村文化市场扫黄打非和综合执法力度,完善市场监管机制,保护知识产权。一要健全监管制度。建立警示名单和黑名单制度,为乡村文化市场经营划出清晰的"红线"和"底线",依法行政、严格执法,以严厉的惩戒机制抵制低俗供给。二要搞活文化产业。加大政策扶持力度,推动乡村文化与旅游等产业的融合,创新文化业态,加速乡村文化产业向高质量转型。要强力打造新区乡村"文化航母"。促进民营文化企业、小微文化企业健康发展,发展一批专、精、特、新的中小型文化企业,培育形成新区乡村文化振兴的"百花园"。

作者简介:周春华,中共青岛西海岸新区工委党校,高级讲师
通信地址:青岛市黄岛区海湾路 1368 号
联系方式:jndxzch@126.com

基于熵权 TOPSIS 法的青岛市耕地
生态安全评价及障碍因子诊断

王树德　刘钰坤

(青岛市地理学会,青岛大学旅游与地理科学学院地理与城乡规划系,青岛,266071)

摘要:以青岛市为例,在青岛市土地利用情况和生态现状分析的前提下,采用熵权 TOPSIS 法和障碍度模型,选择土地的生态压力、状态和响应作为三个子系统,并选择了 14 个指标,构建青岛土地生态安全评价的指标体系和障碍度模型。然后,使用熵权 TOPSIS 法和障碍度模型分析对青岛市的土地生态安全状况及障碍因子进行分析,得出如下结论:①青岛市的土地生态安全状况现在整体处于逐渐变差的趋势;②压力指数和响应指数对耕地生态安全状况影响较大;③2005~2016 年各分类指标障碍度变化总体处于波动状态;④影响耕地生态安全最大的障碍因子前三位分别由单位耕地 GDP 产值(R4)、农民人均纯收入(R2)、第三产业占 GDP 比重(R3)变更为农电集约度(S2)、有效灌溉面积比率(R1)、单位耕地面积粮食产量(S1)。

关键词:青岛市;耕地生态安全;障碍度;TOPSIS 法

1 引言

土地是人类生存和生活的前提,人类的大多数经济社会活动都要在土地上进行。但是随着经济的发展,土地生态安全中的耕地生态安全出现了越来越多的问题。青岛作为山东省的重要城市,经济发展迅速,一系列城市化与工业化的快速发展,使得青岛的耕地生态安全面临隐藏的威胁。因此本文拟对青岛市的耕地生态安全状况及其障碍度进行分析研究。

关于土地生态安全评价,现在主要有两种典型的指标体系:土地条件变化评价指标体系与压力-状态-响应评价指标体系。本文计划采用压力-状态-响应指标体系,在对青岛市土地利用现状和生态现状分析的前提下,找出反映青岛市耕地资源各方面特征的指标数据,采用熵权 TOPSIS 法构建出评价指标体系和障碍度模型。然后对得到的数据进行处理,做出压力-状态-响应变化图,并按照评价标准划分出 2005~2016 年青岛市耕地生态安全等级。最后根据结果分析青岛耕地生态安全变化趋势并提出具体措施。本文将择取 14 项指标对青岛的耕地生态安全进行评估及障碍度分析,期望能在青岛经济发展和城市化过程中发挥理论支持、建言献策的作用。

2 耕地生态安全评价及障碍因子诊断方法

2.1 熵权 TOPSIS 法

TOPSIS 法是系统工程有限方案多目标决策分析的一种常用方法,该方法能够客观全面地反映耕地生态状况的动态变化,通过在目标空间中定义一个测度,以此测量目标靠近正理想解和远离负理想解的程度来评估土地利用的绩效水平。[1]熵权 TOPSIS 法相对于传统的 TOPSIS 法,主要是根据耕地生态安全的复杂性改进了评价对象与正、负理想解的公式,其具体计算步骤如下。

(1)指标数据标准化。评价指标通过极值标准化来消除量纲影响,其公式如下:

正向指标公式:$y_{i,j} = (x_{ij} - \min x_j)/(\max x_j - \min x_j)$ 　　　　　　　　　(1)

负向指标公式:$y_{i,j}=(\min x_j - x_{ij})/(\max x_j - \min x_j)$ (2)

式中:x_j 为第 j 个指标的实际值,$\max x_j$ 和 $\min x_j$ 分别为第 j 个指标数据中的最大值和最小值。

(2)评价指标的熵:

$$H_i=-\sum_{j=1}^{m}f_{ij}\ln f_{ij}/\ln m \quad (3)$$

式中:$f_{ij}=y_{ij}/\sum_{j=1}^{m}y_{ij}$,假设 $f_{ij}=0$ 时,$f_{ij}\ln f_{ij}=0$;

(3)各指标的权证:

$$W=(1-H_i)/(n-\sum_{t=1}^{n}H_i) \quad (4)$$

(4)构建决策矩阵 Z:

$$Z=|Z_{ij}|_{m*n}=|W_j*Y_{ij}|_{m*n} \quad (5)$$

(5)确定正理想解和负理想解:

正理想解为各属性值达到最优的解,负理想解为各属性值达到的最劣解,负理想解为各属性值达到的最劣解;分别以加权规范化决策矩阵中的最大值和最小值来代表正理想解和负理想解:

正理想解:$Z^+=[\max Z_{ij}],(i=1,2,3,\cdots\cdots n)$ (6)

负理想解:$Z^-=[\min Z_{ij}],i=(1,2,3,\cdots\cdots n)$ (7)

(6)计算各评价对象到正理想解及负理想解的距离:

$$D_i^+=\sqrt{\sum_{j=1}^{m}(Z_{ij}-Z^+)^2} \quad (8)$$

$$D_i^-=\sqrt{\sum_{j=1}^{m}(Z_{ij}-Z^-)^2} \quad (9)$$

式中:D^+ 越小,说明评价对象越接近正理想解,耕地的生态安全越好;D^- 越小,说明评价对象越接近负理想解,耕地生态安全越差。

(7)计算贴近度 C,贴近度 C 表示各评价对象与理想解的接近程度:

$$C_i=D_i^+/(D_i^++D_i^-) \quad (10)$$

式中:C_i 介于 0 到 1 之间,能够综合反映出 D^+ 和 D^- 2 个距离指标所反映的评价对象安全状态,C_i 越大,表明评价对象越接近理想解,土地生态状况越安全。

2.2 障碍度模型

采用障碍度模型对耕地生态安全进行病理诊断,引入因子贡献度、指标偏离度和障碍度 3 个指标,通过对障碍度的大小排序可以确定区域耕地生态安全障碍因素的主次关系和各障碍因素对生态安全的影响程度。其公式为:

$$R_j=r_j\times W_j \quad (11)$$

式中:R_j 为因子贡献度;r_j 为第 j 项单项因素权重;W_j 为第 j 项单项因素所属的第 i 个子目标权重。

$$P_j=1-a_j \quad (12)$$

式中:P_{ij} 为指标偏离度;a_j 为单项指标标准化值,标准化值采用极值标准化法得到。

$$A_j=P_j\times R_j/\sum_{i=1}^{m}(P_j\times R_j)\times 100\% \quad (13)$$

在分析各单项因子限制程度基础上,进一步分析各准则层对耕地生态安全的障碍度,其公式为

$$U_i=\sum A_{ij} \quad (14)$$

式中:A_{ij} 为各单项指标的障碍度。

2.3 耕地资源生态安全评价标准

耕地生态安全到现在仍没有明确的统一的分级标准,因此,本文在相关研究的基础上[2],将耕地安全状况分为 7 个等级,具体分级如下表1。

表 1 耕地生态安全评价分级指标

安全指数	等级	安全状态
(0-0.20]	I	恶化级
(0.20-0.35]	II	风险级
(0.35-0.50]	III	敏感级
(0.50-0.60]	IV	临界安全级
(0.60-0.75]	V	一般安全级
(0.75-0.90]	VI	比较安全级
(0.90-1.0]	VII	安全级

3 耕地资源生态安全评价及障碍度模型计算

3.1 评价数据来源与耕地生态安全评价指标体系构建

所有数据均来自青岛统计年鉴(2006～2017)[3]。为了保证指标体系的科学与准确,本文根据 P-S-R 框架模型,结合已有学者观点,设立了青岛市此方面评价的架构。并在青岛市耕地利用

现状及现有生态安全状况基础上,依据 P-S-R 模型的原则,使用层次分析法,将指标体系分为指标层、准则层与目标层。目标层为在此方面之总目标。准则层分为响应、状态与压力三个子系统。然后在指标层选出了 14 个评价指标。构建了耕地生态安全指标体系(见表2)。

表2　耕地生态安全评价评价指标及权重

评价目标层	评价因素层	评价指标层	权重
耕地生态安全	压力 P	第一产业 GDP 比重 P1(%)	0.0935
		人均粮食占有量 P2(人/t)	0.0671
		人口密度 P4(人/km²)	0.0430
		人均耕地面积 P4(人/ha)	0.1041
		非农人口比重 P5(%)	0.0092
		单位耕地面积化肥施用量 P6(kg/km²)	0.0198
	响应 S	单位耕地面积粮食产量 S1(kg/km²)	0.0944
		农电集约度 S2(kw/ha)	0.0729
		单位耕地机械动力 S3(kw/ha)	0.0502
		土地垦殖率 S4(%)	0.0967
	状态 R	有效灌溉面积比率 R1(%)	0.0710
		农民人均纯收入 R2(人/元)	0.1028
		第三产业占 GDP 比重 R3(%)	0.1026
		单位耕地 GDP 产值 R4(亿元/ha)	0.0728

3.2　计算及结果

3.2.1　计算各指标权重

采用公式(3)和(4)计算各指标权重。计算结果如表2所示。

3.2.2　计算贴近度

根据第三章中的公式(5)、(6)、(7)、(8)、(9)、(10)计算贴近度 C。计算结果见表3。

表3　青岛市耕地各指标的贴近度 C

指标	D^+	D^-	C_i
2005	0.034776954	0.042948037	0.4474
2006	0.055491096	0.032651511	0.6296
2007	0.051600047	0.032357943	0.6146
2008	0.04550234	0.0350112	0.5652
2009	0.045763543	0.038141804	0.5454
2010	0.036821095	0.043184044	0.4602
2011	0.035266144	0.046895494	0.4292
2012	0.028530213	0.052652449	0.3514
2013	0.035684115	0.051480262	0.4094
2014	0.037406869	0.052122269	0.4178
2015	0.038730452	0.053399126	0.4204
2016	0.028749635	0.056655151	0.3366

3.2.3　计算各分类指标障碍度

根据公式(13)(14),计算各分类指标障碍度和各指标层不同年份主要因子障碍度,计算结果见表4、表5。

表4　青岛市耕地生态安全各指标障碍度

指标	压力	状态	响应
2005	39.29	39.96	53.39
2006	51.19	33.01	50.41
2007	56.44	29.34	45.18
2008	47.59	26.01	41.05
2009	45.19	21.07	34.90
2010	50.95	17.76	27.24
2011	50.55	13.80	20.09
2012	34.55	36.16	34.31
2013	47.80	48.59	34.18
2014	55.19	40.96	23.88
2015	56.63	39.78	21.43
2016	64.62	53.56	13.95

在各指标障碍度变化中,可以看出压力的障碍度总体较高。在 2005～2011 年,状态指数和响应指数的障碍度呈下降趋势,在 2011 年之后,障碍度又同时快速升高。响应指数在 2012 年后又呈现下降趋势,状态指数则处于波动中。

表 5　2005～2016 年青岛市耕地生态安全指标层主要障碍因子障碍度

年份	项目	指标排序				
		1	2	3	4	5
2005	障碍因素	R4	R2	R3	S4	S3
	障碍度	0.1719	0.1642	0.1480	0.1447	0.1191
2009	障碍因素	S4	P4	R1	R3	R4
	障碍度	0.1316	0.1264	0.1177	0.1051	0.1042
2013	障碍因素	S2	R1	S1	P2	S3
	障碍度	0.2171	0.2028	0.1544	0.1326	0.1144
2016	障碍因素	P2	S2	S3	S1	P1
	障碍度	0.1890	0.1789	0.1761	0.1675	0.1330

由此表格可以得出:2005～2009 年,影响耕地生态安全最大的障碍因子前三位分别是:单位耕地 GDP 产值(R4)、农民人均纯收入(R2)、第三产业占 GDP 比重(R3)、土地垦殖率(S4)、人均耕地面积(P4)、有效灌溉面积比率(R1);2009～2013 年,影响耕地生态安全最大的障碍因子前三位分别是:土地垦殖率(S4)、人均耕地面积(P4)、有效灌溉面积比率(R1)、农电集约度(S2)、单位耕地面积粮食产量(S1);2013～2016 年,影响耕地生态安全最大的障碍因子前三位分别是:农电集约度(S2)、有效灌溉面积比率(R1)、单位耕地面积粮食产量(S1)、人均粮食占有量(P2)、单位耕地机械动力(S3)。

3.2.4　青岛市耕地生态安全评价结果

根据前面求得的贴近度 C_i 和耕地生态安全评价分级指标得出 2005～2016 年青岛市耕地生态安全状况变化情况,如下表 6 所示。

由表 6 可以看出,2005～2007 年,青岛市耕地生态安全指标处于上升趋势,依据耕地安全等级分级标准,2006 年耕地安全状况明显提升。而在 2008～2016 年,总体呈现下降的趋势,耕地安全状况逐渐变差。尤其是 2010 年,耕地安全状况由临界安全级直接降为敏感级,令人担忧。

表 6　青岛市耕地生态安全状况变化

指标	C_i	生态安全等级
2005	0.4474	敏感级
2006	0.6296	一般安全级
2007	0.6146	一般安全级
2008	0.5652	临界安全级
2009	0.5454	临界安全级
2010	0.4602	敏感级
2011	0.4292	敏感级
2012	0.3514	敏感级
2013	0.4094	敏感级
2014	0.4178	敏感级
2015	0.4204	敏感级
2016	0.3366	风险级

4　青岛市耕地资源生态安全优化策略

4.1　自然策略

4.1.1　培养懂农业的人才,提高单位耕地产量

随着现代科学技术的不断发展,原始的农业生产技术已经跟不上现代社会的需求,加上对农药和化肥的滥用,导致耕地环境不断被破坏,所以我们要培养新时代懂农业的人才到农村去,只有这样才能在既有的耕地面积的基础上,提高单位耕地粮食产量。

4.1.2　对土地进行科学合理的规划

通过主要因子障碍度分析发现，土地垦殖率和人均耕地面积是影响青岛市耕地生态安全的重要原因。为了城市进一步发展，青岛市相关部门必须对土地利用进行合理科学的规划，避免土地浪费现象的出现。在规划时，应充分考虑不同土地类型的比例和位置，防止污染源对耕地、未利用土地的污染，防止耕地被浪费与破坏。同时，要在规划发展的基础上保证人均耕地面积的合理性，要坚持保护土地生态安全与土地开发和经济建设并重。[15]

4.2　经济策略

4.2.1　加大耕地科技建设投入，生产物美价廉的农业机械化产品

经济和科学技术的发展，对农业产生了巨大影响，现代机械化农业已经成为农业发展的必然趋势。在障碍因子分析中，单位耕地机械动力也是重要影响因素，所以我们要加大对农业相关科技投入与研发，为耕地的发展提供动力，大规模的农业生产，对耕地的保护也将更加有力。

4.2.2　制定合理的粮食价格，保证农民的正当权益

现在粮食价格普遍不高，农民靠种地取得的收入有限，并不能满足家庭支出，导致越来越多的农村人口到城市中寻找工作，使耕地资源不能得以充分利用，所以制定合理价格，提高农民纯收入是保护耕地和农业的重要方法。

4.3　社会策略

4.3.1　提高人口质量

青岛市随着经济的不断发展，农村人口越来越多地流入城市，使青岛的耕地被荒废，相对加大了其他耕地的压力，所以应不断提高人口质量，培养懂农业、爱农村的高质量人才到农村去，从而缓解因人口过多带来的资源紧缺、耕地超负荷等生态安全问题。

4.3.2　加强耕地生态安全的监督与管理

制定强力有效的监督与管理政策，建立耕地生态监督奖惩制度，尤其是对农村的优良耕地的保护，要落到实处，在考虑对农村经济发展的同时保证耕地的保护。

参考文献

[1] 邓元杰，张秋月，曲比伟石. 基于熵权 TOPSIS 法的内江市耕地安全评价及障碍因子诊断[J]. 云南地理环境研究，2016，28(5)：61-68.

[2] 王怡旖. 济南市土地资源生态安全评价研究[D]. 青岛大学，2015.

[3] 青岛市统计局. 青岛市统计年鉴. 2006-2017.

作者简介：王树德，青岛大学旅游与地理科学学院，副教授

通信地址：青岛市宁夏路 308 号

联系方式：wsdwww@126.com

利用乡土地理课程资源培养学生的区域认知能力

吴晶晶[1]　路洪海[2]　任瑞春[3]　梁维卿[3]　张绪良[1]

(1.青岛市地理学会,青岛大学旅游与地理科学学院,青岛,266071;

2.聊城大学环境与规划学院,聊城,252059;3.青岛弘毅中学,青岛,266042)

摘要:区域认知能力是根据人地和谐观的基本思想和认知方法进行地理实践活动的能力。乡土地理课程资源是中学生身边的真实地理环境,利用乡土地理课程资源培养和提高中学生的区域认知能力能够达到较好的教学效果。其途径包括通过概括乡土地理特征培养学生的区域概括能力,通过分析乡土地理教学案例培养学生的区域分析能力,通过创设生活化的问题情境培养学生的区域评价能力,以及通过评价区域发展模式培养学生的区域预测能力等。

关键词:区域认知能力;地理核心素养;乡土地理课程资源;地理教学

地理核心素养包括区域认知能力、人地协调观、综合思维和地理实践能力4个方面,其中:区域认知能力是指对人地关系地域系统进行分析、解释和预测的能力。地理核心素养培养就是让学生掌握区域认知方法,能够从区域视角认识地理现象,培养学生的区域认知能力是中学地理课程教学的重要目标,也是近年来中学地理课程教学研究的热点。[1-2]要培养学生的区域认知能力,仅依靠教材呈现的内容是不够的,还需要更多知识载体。乡土地理课程资源是离学生最近、最佳的教学资源之一。学生在生活中看到、听到和切身感受到家乡的自然地理环境、乡土文化是最直观的地理课程资源。在地理教学过程中,可以选择既具有典型性又富有趣味性的乡土资源作为载体引导学生理解、分析、解释不同地域相同或不同的现象。乡土地理课程资源不仅有助于学生将理论知识与生活实际结合,将抽象知识形象化,还有助于激发学生的学习兴趣,引导学生主动参与课堂学习活动,使他们能够学以致用,积极利用地理知识分析和解决生活中的地理知识,提升学生的区域概括能力、区域分析能力、区域评价能力及区域预测能力。

长期以来,很多中学并未有效地开发和利用乡土地理课程资源培养学生的区域认知能力。其原因主要为:①中学地理教师缺乏对乡土地理课程资源的认知,多数地区的教育部门和学校对于乡土地理课程资源缺少统一的研究和开发;②中学课程门数和教学内容多,地理教师即使希望应用乡土地理课程资源开展地理教学活动,培养学生的区域认知能力,学校也无法安排充足的课时开展教学;③由于缺少正式出版的教材,各地乡土地理课程的理论性、典型性不强;④随着网络技术的发展,智能手机的普及,学生探究现实世界的兴趣日益降低,缺少对乡土地理的感性认识。所以,研究利用乡土地理课程资源培养中学生的区域认知能力有助于其地理核心素养培养和完整知识结构的形成,具有重要的意义。

1 区域认知能力

区域认知能力是在人地和谐观指导下分析、解释和预测人地关系地域系统特点和问题的能力与方法,是地理核心素养的重要组成部分。[3]掌握区域认知能力是正确概括区域地理特征,分析和解释特定区域地理现象,发现区域发展过程中存在的问题,形成解决区域地理问题策略,提出区域可持续发展建议的前提。根据认知和实践的需要,按照一定标准将地球表层划分为不同类型、不同空间尺度和不同功能的区域。[4]通过研究和概括区域不同尺度的地理特征,了解各地理要素间相互影响与作用的关系,分析区域开发方式及其有利和不利条件,把握区域间的联系,可以为区域开发提供理论依据。区域认知能力包括区域概括能力、区域分析能力、区域评价能力和区域预测能力4个方面。

区域概括能力是地理工作者能够形成对区域一般认识的能力,即能够概括区域地理位置、自然地理和人文地理特征以及认识区域各要素相互作用的原理,形成区域综合意识,比较区域差异,发现不同区域的差异性、联系性等的能力。

区域分析能力是分析某一区域的地理现象、地理过程时应具体问题具体分析,就是从特定角度分析区域的区位条件、分布特征、形成过程、演变规律和成因,辩证地看待其产生影响的能力。

区域评价能力要求学习地理知识不应纸上谈兵,而应学以致用,将所学知识用于参与家乡建设。要求学生能够通过全面分析,客观地评价某一区域在人类活动影响下形成的地理特征与开发条件,并且能够自主选择适合该区域地理特征的区域发展模式。

区域预测能力是指在分析区域开发的各种有利条件和不利条件基础上,根据区域开发现状,预测未来区域开发过程中可能出现的问题,因地制宜地提出符合区域地理特征的解决问题的措施。

2 培养学生区域认知能力的意义

2.1 有利于以较高效率获取地理知识

新地理课程标准提出了"学习对生活、对终身发展有用的地理"的基本理念。学生要形成"置身于特定区域研究和分析地理问题和地理现象"的思维模式,应在地理学习过程中从区域认知视角因地制宜地了解和掌握从乡土到全球、从过去到现在的地理现象与过程。经过多次练习以后,学生面对某一地理现象或地理过程时,就能利用已建立的思维范式,将该地理现象或地理过程置于某一区域内进行研究和分析。这有利于学生以较高的效率获取

地理知识,提高学生的空间思维能力和综合分析能力。

2.2 有利于推动学生应用地理知识

日常生活、人口、资源和环境等与地理现象、地理过程密不可分,在这些事象中都隐藏着许多地理知识。要学习对生活有用的地理,乡土地理课程资源就是地理知识与学生生活最完美的结合。地理教师要利用乡土地理课程资源培养学生的区域认知能力,引导他们从区域角度观察生活中的地理现象,发现、分析、尝试解答地理问题,用所学地理知识指导生活。如流经聊城市的徒骇河河面宽广,河水清澈,然而河道两侧却没有建造临河社区,而是营造了大面积的河岸绿化带。通过引导学生对这一现象的观察与分析,学生从区域角度理解了人地协调观,达到了培养学生地理核心素养的教学目标。

3 培养学生区域认知能力的教学策略

3.1 乡土地理课程资源

乡土地理课程资源是指在学校所处区域范围内,可以用于地理教学中的一切乡土地理资源[5],如地形、气候、水文、植被和土壤等自然地理要素,矿产资源、土地资源和水资源等自然资源,工农业生产、社区文化、民俗风情和名胜古迹等具有区域特色的人文地理现象。由于地理学有较强的区域性和实践性,中学地理课程教学易受实践教学条件制约,容易引起学生学习地理兴趣不高、学习视野比较狭窄等问题。[6]为了提高中学地理课程教学质量,地理教师应不断进行地理教学手段和教学方式革新,让教学形式越来越多样化,将乡土地理课程资源应用到教学中引导学生形成区域认知能力。乡土地理课程资源来源于学生生活的区域,是教学过程中最容易被学生接受和理解的地理课程教学资源,将乡土地理课程资源和中学地理教学有机结合,能够丰富地理课程教学内容,提高学生学习参与度,学生通过近距离观察或实验研究地理现象和地理过程,认识家乡的自然地理环境和人文地理环境,由浅入深地认识不同尺度区域的地理现象和地理过程,可以有效地培养他们的区域认知能力。

3.2　利用乡土地理课程资源培养学生的区域概括能力

由于纬度位置、海陆位置、大气环流和发展历史等不同因素影响,在世界范围内各区域之间都存在着差异,各个区域也都有其独特特征。在教学过程中让学生研究所在区域的乡土地理特征,能够培养学生的区域概括能力。分析某一区域的乡土地理特征是学生了解区域整体性及区域间联系性、差异性的基础。获得区域概括能力是区域认知素养最低层次的要求。大多数区域有多个特征,学生要概括某一区域的地理特征,应该首先对该区域的地理特征进行综合分析,找出其包含的子要素,并逐一对子要素特征进行概括。乡土地理是学生生活中接触最多的资源,也是学生认识区域最小的空间尺度,学生对此有强烈的熟悉感和亲切感,立足于乡土地理,由此及彼,由浅入深。

教师通过引导学生研究总结所在区域的乡土地理特征,可以培养学生形成地理综合思维,总结归纳出概括区域地理特征的一般过程和方法。学习区域地理时,可以先引导学生了解家乡所在区域,概括该区域的乡土地理特征。如从地质、地貌、气候、水文、土壤、植被、生物和矿产等方面入手,概括山东省聊城市的自然地理特征。教师可以指导学生采用问卷调查、查阅文献资料及实地考察等方法开展研究性学习,概括某一区域的乡土地理环境。步骤为:①确定研究对象和研究内容。选择所在区域的某一地理要素作为研究性学习的研究对象,教师引导学生对该地理要素进行综合分析。②选择研究方法。研究性学习有问卷调查、实地考察、野外调查、走访参观博物馆和纪念馆等诸多方法,由于乡土地理具有可接触性、可观察性,是学生生活中的地理,学生能够很方便地以实践的形式自主探究,主动获取乡土地理信息资源。③制订研究计划,进行小组分工。研究性学习需要一定的计划和流程,首先学生应根据研究主题和研究方法制定完善度高、可行性强的研究方案,然后根据研究小组内学生的兴趣爱好与特长进行分工。④收集、整理资料。以小组为单位收集所需的乡土地理资料,从中选取有用的文字、图表和音频等资料,并按照需要对资料的表达、地图、各种图表和计算机模拟等手段对进行全面、深入地归类整理和分析,得到规律和研究结论。⑤分析、展示。整合各小组的研究成果,以论文、报告等形式展现出来,并进行讨论交流和评价。教师对各小组的研究结果进行点评,提出修改完善的建议,使研究内容更系统,更加丰富完整。

3.3　分析乡土地理案例,培养学生的区域分析能力

引导学生从不同角度分析区域的区位条件,从特定的时空角度探究某一区域各种地理现象的形成过程、演变规律、成因及其影响。中学地理教材中有许多案例供教师授课使用,但遥远地区的案例对学生太过抽象,这就需要教师选择典型、恰当的乡土地理案例,强化教材案例教学。我国近代地理学奠基人竺可桢指出,"凡教学地理,必须自己知至未知,自儿童日常所惯于见闻之物,而推置于未睹未闻"[7]。所以,地理教学必须从乡土地理入手,其来自学生的生活环境,具有普通案例无可比拟的优势。乡土案例是培养学生区域认知能力的重要载体,学生能够根据已知原理和规律分析地理因素对家乡的农业、工业和生活的影响。[8]乡土地理环境中蕴含着大量有价值的、贴近实际的教学资源[9],合理利用乡土地理课程能够使教材知识更容易被学生理解,使地理课堂教学更贴近学生生活,具有举一反三的效果。分析乡土地理教学案例,还能够弥补地理理论教学与实践结合不紧密的不足,能够将学生带入特定的地理环境中,引导学生总结出分析地理案例的一般方法,提高学生利用地理知识解决生活实际问题的能力和区域分析能力。教师应选取具有一定难度、能够体现一般地理规律的案例教学,利用个别地理现象总结一般地理规律,才能激发学生的探究兴趣。在教学过程中,可以通过探究式教学,分析乡土地理案例,步骤为:①提出地理问题。根据要分析的乡土案例,让学生在教师的指导下自主发现问题、提出问题。②提出假设和猜想。针对要探究的问题,引导学生将已有知识和经验与问题建立联系,鼓励学生提出假设,并根据假设探究解决问题的方法和途径。③收集资料。引

导学生根据猜想和假设，利用图书馆、网络、报刊、广播和电视等途径收集资料。为使学生在最短时间内获得最有价值的信息，教师可以向学生推荐一些可能包含有用资料的网站和书刊等。④整理分析资料。学生对收集到或已知的地理信息资料进行整理、分析、归纳、抽象和概括等，引导学生分析各种资料和地理信息间的联系和差异，以发现研究问题的规律。⑤得出结论。通过归纳分析资料与信息，采用区域分析的一般方法总结出探究问题的答案。⑥表达与交流。将研究成果在班级内进行分享和交流，学生相互点评，提出补充完善和改进不足的意见与建议，教师及时总结与点评。[4]

由于乡土地理教学案例缺乏普遍性，因此需要乡土地理教学案例与教材案例结合，才能更好地从中抽象出一般的规律与原理，总结区域综合特征，同时注意知识的迁移利用，将已经掌握的地理学研究方法运用到解决实际地理问题的过程中，起到融会贯通的作用。

3.4 创设生活化的问题情境，培养学生的区域评价能力

在教学过程中利用乡土地理课程资源创设生活化问题情境，能够培养学生的区域评价能力。学生内心的乡土情结使乡土地理教学资源更具吸引力，教师在授课过程中运用乡土地理课程资源开展情景教学对提升学生的区域认知能力、区域评价能力具有积极意义。地理教学中的许多问题对于学生太过抽象，教师可以利用乡土地理资源创设生活化问题情境，引导学生思考地理现象和地理过程的成因。生活化地理问题情境是指教师以地理课程教学内容为依据，选取学生熟悉的、具趣味性的地理现象创设的相对复杂的情境，设计有一定难度的真实问题，引导学生观察并概括归纳区域空间格局，分析区域的地理特征，观察区域地理过程，在此基础上进行区域现状评价、预测现状发展趋势，提出地理因果联系推理与依存关系分析，以及绘图与图解等具体学习任务。[4]选取特定的乡土地理现象创设生活化情境，根据区域评价结论设置研究分析的地理问题，引导学生建立地理理论知识与生活实践的联系，形象地表达抽象的地理理论知识，有利

于学生主动参与课堂学习，利用所学的地理学理论解释生活现象和解决现实问题。基本教学程序可归纳为创设情境、探究问题、展示结论及归纳提升等环节。[4]

创设情境。地理教学情境可以分为图像情境、实验情境、语音情境和游戏情境等类型。[3]根据教学目标和教材内容，教师选择恰当的乡土地理现象，通过语言描述、角色扮演等方式创设问题情境，激发学生的学习兴趣，并提出地理问题。

探究问题。地理环境影响区域发展，区域发展也是人为活动影响地理环境的过程。所以，区域评价包括评价影响区域发展的自然地理特征和人文地理特征，区域发展对地理环境的影响。

展示结论。由于乡土地理教学案例来自学生熟悉的生活实际，所以经过教师的有效引导，很多学生能够结合乡土特征及发展状态，评价区域发展模式，并提出建议。

归纳提升。在评价过程中，使学生领悟到区域发展要遵循人地关系协调原则、可持续原则，不可过度开发。同时在梳理、分析乡土地理教学案例的基础上，归纳出区域评价的一般方法，并应于其他区域的评价中，实现知识的迁移。

3.5 评价区域发展模式，培养学生的区域预测能力

区域发展模式有以农业为主的发展模式、以工业为主的发展模式、以服务业为主或以三大产业混合为主的发展模式等类型[4]，因区域地理环境差异而不同。学生掌握区域预测能力，可以在评价特定区域发展模式区位条件的基础上，预测未来区域发展可能出现的问题，根据区域地理特征，提出区域可持续发展建议。通过利用乡土地理课程资源，让学生评价区域发展模式，学生对家乡的区域发展现状会有更深入的了解，主动将乡土地理知识汇集在一起，并联系实际进行预测，形成建设家乡的内心驱动力。

4 结论

在中学地理课程教学过程中，利用乡土地理课程资源培养学生的区域认知能力具有积极意义。

区域认知能力是地理核心素养的重要构成要素之一,在形成地理核心素养过程中具有承上启下的作用。乡土地理作为最接近学生生活实际的教育资源而受到地理教育者的关注。应用乡土地理资源教学作为学生理解知识的切入点,可以使学生获得对书本知识的切身感受,随着区域尺度的扩大,学生能够认识从乡土到全球的地理事象,形成良好的区域认知能力。所以,中学地理教师要巧用乡土地理课程资源,通过概括、分析乡土地理特征培养学生的区域认知能力,利用乡土地理案例开展教学,培养学生的区域分析能力,通过创设生活化教学情境培养学生的区域评价能力,引导学生评价区域发展模式,培养学生的区域预测能力[4]。

参考文献

[1] 焦莉. 结合乡土地理落实学科核心素养的培养[J]. 地理教学,2017(17):31-34.

[2] 周东洁. 高中地理"区域认知"素养培育的策略[J]. 教育艺术研究,2017(10):67.

[3] 赵周霞. 初中地理"区域认知"素养的培养方案研究[J]. 文理导航,2017(11):78.

[4] 程玲玲,李俊峰. 基于乡土资源的区域认知素养提升路径[J]. 地理教学,2017(11):17-21.

[5] 鲍涵,崔天数,赵爽,等. 高中乡土地理课程资源的开发与利用[J]. 中学地理,2014(6):12-14.

[6] 张菊珍. 开发乡土地理资源 落实地理核心素养[J]. 中学地理,2017(9):37-38.

[7] 转引自洪清. 浅析"乡土地理案例"在地理教学中的应用[J]. 新校园理论,2012(12):175-176.

[8] 程国际. 基于乡土资源的地理核心素养培养研究[J]. 教育界,2017(34):55-56.

[9] 侯刘起,李帅. 基于乡土资源的高中学生地理核心素养的培养[J]. 地理教学,2016(4):22-24.

作者简介:吴晶晶,青岛市地理学会会员,青岛大学旅游与地理科学学院地理专业在读硕士研究生

通信地址:青岛市宁夏路 308 号

联系方式:1105842904@qq.com

发表期刊:高师理科学刊,2018,38(12):99-103.

产业兴旺助力山东乡村振兴

——以青岛市黄岛区蓝莓产业为例

卢甜甜　谢海军

（青岛滨海学院，青岛，266555）

摘要：产业兴旺是乡村振兴的首要任务，也是乡村振兴其他要求得以实现的前提。山东省农业产业多，产业发展选择空间大，青岛市黄岛区（原胶南市）蓝莓产业是山东省众多产业中的一个。经过多年的发展，黄岛区蓝莓产业在种植模式选择、鲜果深加工、品牌打造及宣传、多渠道销售、蓝莓文化建设等方面积累了宝贵经验，带动地方经济发展。当然，产业长远发展仍然需要摆正定位、稳固优势、加入新元素、建设新文化、赋予产业更多生机和活力，让一个产业带动一个地区，缓解社会就业压力，促进农民增收，实现乡村振兴。

关键词：乡村振兴；产业兴旺；青岛市黄岛区（原胶南市）；蓝莓产业

1　前言

产业兴旺是乡村振兴战略的首要要求，也是最关键的任务，因为产业兴旺尤其是农业兴旺事关国家发展大局，国民吃得饱、吃得好、吃得健康，才是完成其他使命的保障。山东省是全国的农业大省，农业是山东的"金字招牌"，其农业总产值和出口总额都位居全国首位，而这些成就的取得离不开乡村这一主体发力。目前，山东省的常住人口数量已经超过 1 亿，按照城镇化率 62% 计算，仍有 3800 万的乡村居民，其中 60 岁以上老年人口约 798 万，乡村缺少人气、生机、活力和创造力，城镇快速发展与乡村发展滞后所带来的城乡发展不平衡、乡村发展不充分等问题在山东省尤为突出。所以，乡村振兴势在必行，通过发展特色产业来吸引人才和留住劳动力未尝不是改善这一局面的良策。山东省的特色产业比较多，每一个乡村都有挖掘和发展特色产业的潜力。本文以青岛市黄岛区蓝莓产业的融合发展为例，分析特色产业助推山东乡村振兴的前景。

2　青岛市黄岛区蓝莓产业的发展状况

蓝莓产业的发展从初步研究阶段、规模化种植试验示范阶段到现在的快速发展阶段仅用了短短

的 20 年时间，蓝莓已从贵族水果走向普通百姓的餐桌，成为当前大众普遍认可的健康养生水果。山东省的蓝莓规模化种植最早，栽培面积和产量一直位列全国前列，蓝莓设施栽培面积和产量稳居全国第一（表 1），而山东省的蓝莓主产区位于胶东半岛一带，青岛市黄岛区的蓝莓产业占有举足轻重的地位。

表 1　2017～2018 年山东省蓝莓设施栽培面积与产量

年份	温室栽培面积（hm²）	温室产量（t）	冷棚栽培面积（hm²）	冷棚产量（t）
2017	300	2000	1000	7000
2018	607	4200	1400	18000

数据来源：中国蓝莓产业发展报告。

黄岛区位于黄海之滨、胶州湾畔、青岛西海岸，属滨海低山丘陵区，加之北温带季风气候特质和偏酸性砂壤土条件，光照资源丰富，非常适宜蓝莓种植，是我国北方蓝莓的露地最佳优势产区。2015年，黄岛区蓝莓种植面积就达到 6573.3 hm²，产量为 25798 t（表 2）。2017 年，黄岛区蓝莓种植面积虽有所减少，但由于科学种植及设施栽培技术的应用，使得产量下降幅度并不大。目前，黄岛区蓝莓

年产值大约 17.8 亿元,直接带动农民增收约 7 亿元。蓝莓产业的出现为黄岛区的农户提供了新的发展动力,乡村振兴步步推进。

表 2　2015～2017 年青岛市黄岛区蓝莓种植面积及产量

	2015	2016	2017
种植面积(hm²)	6573.3	6514	6374
产量(t)	25798	16852	23212

数据来源:中国蓝莓产业发展报告。

3　青岛市黄岛区蓝莓产业的融合发展之路

经过多年努力,黄岛区蓝莓种植初步形成了从品种引进与种苗繁育到基地种植、鲜果深加工及多渠道销售的完整产业链,有效实现了一、二、三产业的融合,被称为"中国北方蓝莓产业化的摇篮",为带动乡村经济发展和人民增收发挥了重要作用。

3.1　蓝莓的种植

随着广大消费者对蓝莓的深入认识,农户种植蓝莓的积极性也大大提高。当前,黄岛区蓝莓种植大致形成了以"企业＋合作社＋基地＋农户"的发展模式采用"露天＋冷棚＋温室(设施栽培)"的生产方式的思路,种植适宜品种蓝丰、塞拉、都克、北陆等,延长蓝莓的市场供应时间。

从发展模式上看,黄岛区蓝莓种植主要靠龙头企业牵头,合作社发力,种植散户种植。首先,龙头企业为有效控制蓝莓原料供应和蓝莓品质,通过土地流转租用大片土地建设蓝莓生产基地,包括优良品种的选育、培育,蓝莓的规模化种植等,农户通过土地入股得到租金或股金,再进入基地或者蓝莓生产园区打工获取薪金(蓝莓鲜果极易受损和挤压,无法采用机械化采摘方式,目前仍需人工采摘),这种方式一方面能够满足龙头企业生产经营需要,另一方面"双重保障"也促使农民收入提升。其次,合作社中间发力,成为联系蓝莓生产加工企业与农户之间的桥梁,作为"中间人",合作社既要为农户争取利益,确保农户种植的蓝莓能够以满意的价格销售出去,还要保证蓝莓生产加工企业能够获得品质优良的蓝莓鲜果,合作社的出现,为一些中小型蓝莓生产加工企业提供了稳定的货源,为农户尤其是散户的蓝莓销售找到了方向。最后,蓝莓种植散户进行小面积的种植,然后通过合作社或者直接联系企业,将蓝莓销售出去。综合来看,龙头企业牵头的规模化基地种植仍然是最主要的方式,合作社和散户在蓝莓种植及销售方面劣势明显,所占的比例较少。从生产方式上看,黄岛区蓝莓主要通过露天、温室、冷棚三种方式,露天生产供应鲜果的时间大致从 6 月中旬至 8 月初,温室生产果实能在 4 月下旬至 5 月中旬成熟上市,冷棚生产可以使某些蓝莓品种提早到 5 月中旬至 6 月中旬采收,因而黄岛蓝莓供应期限延长到 4 个月左右,填补仅凭露天生产带来的"市场空档"。

3.2　蓝莓的深加工

蓝莓的消耗分为鲜果和加工两大方面,目前黄岛区蓝莓的消耗主要以鲜果销售为主,约占65.2%,但随着人们对生活质量要求的提高,蓝莓加工制品也慢慢打开市场,从蓝莓酒、蓝莓果酱、蓝莓果冻、蓝莓果汁,到蓝莓饼干、月饼、甜酒酿、酸奶、粽子、馒头……各种蓝莓加工产品让更多消费者品尝到蓝莓的健康与美味,蓝莓鲜果中花青素含量很高,是抗衰老的主要元素,因此也备受美容养颜保健品喜好者的青睐。

目前,黄岛区以蓝莓生产加工为核心的龙头企业初步形成,比如沃林现代农业(青岛)有限公司和青岛杰诚食品有限公司。还有一些小企业也异军突起,比如青岛紫斐蓝莓酒业公司,专门从事蓝莓酒生产,公司建立蓝莓生产基地 2000 多亩,拥有年产 1000 多吨的加工车间,生产蓝莓酒类型 10 余种,附带蓝莓果干及蓝莓酵素,产品销往世界各地。黄岛区各大企业都能够充分利用当地优势,进行蓝莓鲜果深加工,延长蓝莓产业链,丰富蓝莓产品表现形式,成功打造"胶南蓝莓"品牌。

3.3　蓝莓的品牌创建及销售

"胶南蓝莓"被农业部评为地理标志保护农产品,企业也就此根据自身特色成立自己的品牌,如青岛蓝玫瑰果实有限公司的"蓝宝实",获国际有机食品认证的四大品牌"沃林""慧海""农园彩珠""健康农庄",其中"沃林"蓝莓被评为青岛市十大名特优农产品品牌。品牌的成功打造助推胶南蓝莓销售,黄岛区在总结多年发展经验的基础上,不断拓展蓝莓的销售形式。首先，蓝莓鲜果传统销售，采摘后的鲜果销往各大加工企业、大型超市、果品批发市场、农贸市场等，可用于直接食用或蓝莓深加工，期间合作社发挥协调作用，联系农户及企业，以免蓝莓滞销，这是当下最主要的蓝莓销售方式。其次，网上零售及提前预订，电子商务的出现拓宽了胶南蓝莓的销路，一方面，农户通过网上商店直接销售蓝莓给消费者，减少中间商，让利消费者，另一方面，当地农产品信息网站及企业商务网站上发布有关蓝莓的信息，开启提前预订销售方式，农户按订单生产，在一定程度上避免了盲目种植，减少了滞销风险。再次，体验式、情景式营销，开展休闲采摘活动，吸引有外出游玩倾向的消费者，为他们提供采摘场所，比如佳沃蓝莓园、厚人蓝莓采摘园、青岛隆辉农业生态观光园、青岛宝康蓝莓园、理务关慧海生态园等。据相关部门统计，到2017年，黄岛区蓝莓可采摘面积约7.8万亩，仅2017年就吸引游客213万人次，旅游收入达到1.8亿元，直接促进农民增收。最后，作为"蓝莓之乡"，黄岛也注重"蓝莓文化"的培养及宣传，最具地方特色的便是"青岛蓝莓节"，每年6至7月蓝莓节期间，为游客提供多条路线，吸引游客到蓝莓生态园和蓝莓采摘基地观光、采摘，让"健康、休闲、放松、亲近自然"的理念深入人心，跟"青岛啤酒节"一样，成功打造胶南蓝莓文化招牌。

4　青岛市黄岛区蓝莓产业发展的影响

4.1　带动乡村经济发展，提升农户收入水平

蓝莓产业的规模化发展优化了黄岛的产业结构，使传统产业与特色产业协调发展。对于乡村而言，种植小麦、玉米等基础作物仍是保证国家粮食安全的重要举措，但收入水平有限，按照目前市场平均价格，每亩收入1450元左右。蓝莓作为特色产业，为农业产业的发展注入新的活力，蓝莓每亩产量为1000～1500 kg，按照每千克16元的收购保护价计算，农户蓝莓种植每亩可收入1.6～2.4万元，收入明显提升。因此，近年黄岛区农户在政府的指导下合理规划农作物种植结构，理性扩大蓝莓种植规模，通过多重产业发力，提升整体收入水平，

实现人均年增收4000元以上。

4.2　缓解社会就业压力，激发乡村工作热情

前些年的"城市热"浪潮影响了社会各阶层劳动力，"城市机会多"的观念驱使劳动力大规模向城市转移，导致城市道路拥挤、住房紧张、就业竞争激烈、工作压力大，再加上社会保障的不完善，城市里的务工人员倍感焦虑，幸福指数较低。然而，今天乡村却成为人们追求幸福、实现价值的新领地。黄岛区蓝莓产业的发展需要劳动力，在种植、管理、采摘、深加工、营销推广等各个环节都需要人工，本地农户利用空闲时间去蓝莓基地打工，每天人工费80至100元左右，蓝莓深加工企业招聘当地有技术能力的人员进厂作业，为农户提供工作岗位，蓝莓的营销推广需要专业人才，所以企业也面向社会招聘求职人员，这些岗位的出现缓解了社会就业压力，并且农户也因为有更多劳动增收机会而提升工作积极性，乡村的日益发展甚至还吸引了部分优秀大学生回乡创业，为乡村发展填筑活力。

4.3　丰富人们日常生活，改变农户精神面貌

黄岛蓝莓产业越来越被社会熟知，很多城市居民慕名而来参加"蓝莓文化节"，进行蓝莓采摘活动，借此机会，农户向游客展示自己的蓝莓产品及地方风俗文化，宣传黄岛区"红色旅游景区"及风土人情，吸引更多的游客前来游玩，提高了当地名气，也给农户带来更多客户。"人逢喜事精神爽"，如今黄岛区农户的追求已经不仅仅局限于增收上，还延伸到精神提升及文明发扬上。为了能够吸引更多游客前来，农户自发组织募捐修路、改造危房、建立公共卫生间、建设农村文娱设施等，农户也不断提升素质，文明用语，友善待人，使整个乡村处于一种热闹、文明、快乐、和谐的氛围之中。

5　启示

黄岛蓝莓产业仅是山东省众多特色产业中的一个，借鉴黄岛蓝莓的发展之路，要想产业兴旺，必须延长产业链，实现一、二、三产业融合发展，把好质量关，不断扩大农产品的附加价值，提高服务质量，加强品牌建设，让消费者因为一款产品记住一个品牌，因为一个品牌记住一个地方，因为一个地

方带动一方经济,乡村振兴才并非空话。

　　产业兴旺是实现乡村振兴战略其他要求的基础。首先,产业兴旺可以带动地方经济发展和农民增收。地方发展有了更加丰富的资本活力,政府可以充分协调利用这些民间闲散资本进行基础设施建设,打破依靠财政支撑的被动局面,农民收入增加,当然这也是农民能从产业发展中得到的最直接利益,稳定的收入来源在一定程度上缓解了国家扶贫工作压力,不失为一种"造血式"扶贫的有效手段。其次,产业兴旺可以吸纳就业,缓解社会就业压力。当前城市劳动力资源饱和与乡村劳动力资源不足之间的矛盾仍比较突出,乡村青壮年劳动力迫于生活压力进城务工,乡村地区老幼病残比重大,乡村"空心化",发展活力不足,而产业发展会在一定程度上吸引城市务工人员返乡,甚至吸引大学生回乡创业,农业是未来十大最具发展潜力的行业之一,农户也逐渐意识到农业的魅力,特色产业将是他们的致富之路。最后,产业兴旺会促进生态宜居、乡风文明和乡村有效治理。仓廪实而知礼节,衣食足而知荣辱,乡村居民收入增加了,居民需求也会从物质需求向精神需求转变,关注生态和环境保护,关注乡村文明和文化礼节,站在社会主人翁的立场积极开展乡村管理工作,乡村繁荣和谐顺理成章。

参考文献

[1] 赵旭,黄秉杰.胶南蓝莓产业发展新探[J].经济研究导刊,2014,28:57-58.

[2] 刘俊,韩燕红,吕春霞.基于SWOT分析的胶南蓝莓产业发展战略[J].重庆理工大学学报(社会科学),2010(2):57-60.

[3] 晨晓光.中国蓝莓产业发展报告(种植篇)[DB/OL].http://www.360doc.com/content/17/0222/21/36163859_631229636.shtml,2017-2-22.

作者简介:卢甜甜,青岛滨海学院,助教;谢海军,青岛滨海学院,教授,院长

通信地址:青岛市西海岸新区嘉陵江西路425号

联系方式:zitiankaixin@163.com

基金项目:山东省社会科学普及应用研究项目"乡村振兴战略与山东农村发展"2018-SKZC-08阶段性成果

以现状促发展，以问题强监管，创新驱动宠物饲料行业新发展

闫韩韩　　徐桂英

（青岛西海岸新区畜牧兽医协会，青岛西海岸新区农业农村局，青岛，266400）

摘要： 随着国内宠物饲养的水平不断进步，宠物饲料已经被广大消费者普遍接受，宠物主人对宠物的食品要求已经由"吃饱""吃好"阶段逐渐向"营养健康"阶段过渡，人们对宠物的饲养水平也越来越高。在宠物饲料需求大增的同时，宠物饲料存在质量的参差不齐，产品更新换代的缓慢和滞后，相关法规、规定衔接不洽等问题。2018 年 4 月 27 日，农业农村部第 20 号、21 号、22 号公告公布，自 2018 年 6 月 1 日起实施，过渡期到 2019 年 9 月 1 日，宠物饲料行业划归饲料行业监管。新的发展形势下，宠物饲料行业将迸发出更大的发展动力。

关键词： 宠物饲料；问题；发展

1992 年中国小动物协会成立，标志着国内宠物行业的形成。随着经济的发展，我国宠物市场从诞生到快速发展阶段，仅用了二十几年的时间。现在，国内饲养宠物的人越来越多，随着经济水平的提高，人们对宠物的饲养水平也越来越高，而选择营养全面、均衡的宠物饲料饲喂宠物，能使宠物更健康，在保健牙齿与骨骼、靓丽毛发与肤色、促进消化、保护肠道等方面都有显著的提升。但是由于之前宠物饲料相关法规、规范性文件尚未出台，行业标准无法可依，生产经营监管标准缺乏，各类宠物饲料质量水平参差不齐，有的甚至存在安全隐患，监管面临巨大的挑战，执法难上加难。2018 年 4 月 27 日，农业农村部第 20 号、21 号、22 号公告（以下简称 20 号公告、21 号公告、22 号公告）公布，自 2018 年 6 月 1 日起实施，过渡期到 2019 年 9 月 1 日，宠物饲料行业划归饲料行业监管，划分了种类，将宠物配合饲料、宠物添加剂预混合饲料纳入生产许可管理。这标志着宠物饲料行业有了正式的行业法规，行业发展实现了有法可依，这将为整个宠物饲料行业有序、高效发展起到规范作用。

1　宠物饲料行业现状

以笔者所在的西海岸新区为例。西海岸新区地处胶东半岛，陆海交通条件便捷，区内含前湾港和董家口港，具有极大的出口便利优势。20 世纪 90 年代末，是新区宠物饲料发展的开端，在之后的 10 年中宠物饲料生产企业逐年增加。到 2006 年新区出口宠物饲料的生产企业已经小成规模。2010 年中国宠物行业步入快速发展阶段之后，宠物饲料生产企业在新区如雨后春笋般涌现，形成了初具规模的宠物饲料生产基地。目前新区统计在册的宠物饲料生产企业有 48 家，其中出口企业 22 家，有 24 个出口证。具有烘干、高温高压蒸煮等多类型的鸡整只、绕牛皮棒、鸡肉火腿肠等 300 余个品种。主要出口韩国、美国、欧盟、加拿大、中国香港等多个国家和地区。据统计，2018 年全年出口产品 2.1 万吨，产值 1.4372 亿美元；全年内销产品 7100 吨，产值 3.1 亿元，共计折合人民币 12.96 亿元。

自 2018 年 6 月 1 日宠物饲料划归饲料行业监管之后，虽然畜牧兽医部门进行了大量的宣传、培训，仍旧有很多宠物饲料生产企业尤其是出口企业不能正确认识纳入监管的意义，认为只要不"违

法"，还是像以前一样生产经营就可以，相关的制度、记录依旧。

2　当前宠物饲料行业存在的问题

2.1　品种创新程度低，产品同质化严重

目前市场上销售的日粮、狗咬胶、火腿、罐头等产品，主要是生产厂家的不同和配方、细分程度的不同，产品同质化非常严重。个别企业尤其是小型企业自主创新的新品种，因为质量或销售方式等的问题，最后往往不是下架就是无疾而终。而比较有能力的企业，多数为出口企业，采用订单式生产，客户或者定制企业要求什么就生产什么，缺乏创新动力。目前，市场上销售的宠物饲料多为"天然粮"，因其生产成本和技术难度都较低，市场利润却较高；更重要的是国内消费者目前对"无谷粮"[1]的认知程度有限，所以国内市场"无谷粮"的普及很少。

2.2　经营门槛低，销售人员专业知识不足

在经营环节上，宠物饲料多在超市、宠物医院、宠物用品店、电商平台等进行销售。因为宠物饲料经营是不设许可的，经营门槛低，人员专业知识不足，对宠物饲料，尤其是进口品牌和套牌生产的产品真假辨识不清，对宠物饲料相关法律法规和规范性文件了解不足，导致购入的产品存在各种的问题。其次缺乏严格的经营制度，对采购、销售、维护、售后等环节掌控力度不够，导致部分销售者糊里糊涂地卖，消费者糊里糊涂地买。

2.3　消费主观意识强，随意性高

消费者方面，据了解，目前国内宠物医院、超市等场所销售的宠物饲料主要由国外品牌、性价比较高的国产品牌组成，国内普通品牌多由电商销售。选择宠物饲料饲喂宠物的大部分消费者，一是为了保障宠物的健康和美观，二是投喂方便。很多消费者喜欢选购进口品牌的宠物饲料，但往往因为对进口宠物饲料产品真假辨识、价格昂贵和经常断货等问题，不能正常使用。在采购的时候受经济能力、商家活动、宠物口感喜欢等方面影响较大，个别消费者还存在在商家搞活动或"双十一""双十二"等电商平台活动期间，一下子买下一年的量的情况。之前宠物饲料未出台相关法规、规范性文件，企业

的产品标准和产品标签的制作多数参照了食品的标准，没有专门的法规依据。笔者在日常监管执法过程中曾遇到过某产品质量标准上写的是一年，但在产品标签上标示的却是18个月的情况。20号公告出台后，企业的产品质量标准需要在企业标准信息公共服务平台进行公示。绝大多数消费者对这个公示平台[2]不了解，不能掌握各个企业各种产品的质量标准，也就无法辨别产品标签上标示的保质期是否正确。

2.4　生产过程控制待加强，相关制度记录待健全

宠物饲料产品质量的源头还是在生产环节。生产环节把住了质量关，意味着产品成功了一半。当前大部分宠物饲料生产企业受人员与机构、配套条件、工艺设备、质量检验等方面的影响，不符合宠物饲料生产企业许可条件，生产宠物零食的企业条件则更低一点。①人员问题。当前宠物饲料生产企业的人员(以西海岸新区宠物饲料生产企业为例)，多为食品行业人员转型，对食品生产比较了解，生产过程中多沿用食品生产品控管理。存在的不足是这部分人年龄偏大，对新知识尤其是新出台的20号公告等接受和掌握起来较慢。②设施、工艺问题。新区当前48家宠物饲料生产企业，仅有一家办理了宠物饲料生产许可，其余47家目前生产的均为宠物零食。在生产设备、设施和工艺流程等方面均比较简单，以滚揉、缠绕、烘干等为主，无更深一层次的加工工艺，设备也多使用滚揉机、切片机、烘干设备等为主，部分企业有异物检除设备。③相关制度建立健全问题。根据《宠物饲料管理办法》要求，宠物饲料生产企业应建立健全采购、生产、检验、销售、仓储、留样观察等管理制度，公示产品质量标准。目前，在过渡期内仍旧有宠物饲料生产企业未建立健全各项规章制度和完善相关记录。

2.5　相关行业法规、规定要求的落实问题

《宠物饲料卫生规定》自2019年1月1日起开始正式执行，《宠物饲料标签规定》在2019年9月1日起开始执行，自2019年5月1日起宠物饲料生产企业使用的饲料添加剂均应当具有相应的饲料许可证明文件。这些时间点有的已到期，有的即将

到期,但对于部分宠物饲料生产企业来说这些规定要想真正落实到位还需要投入更多的人力和物力。

前面总结的是当前宠物饲料行业各个环节存在的问题。总体来说,当前我国宠物饲料行业发展存在很大潜力,在出台了相关的法规、规范性文件,纳入饲料行业监管之后,新的发展形势下,宠物饲料行业将迸发出更大的发展动力,会以更快的速度向国际化靠拢,更多更优品种的宠物饲料将进入市场,为消费者和宠物们提供更多的选择。宠物饲料行业经济效益逐年上升,是经济效益较高的朝阳产业,能有效提高当地居民就业问题,带动地方的经济发展,具有很好的经济效益和社会效益,相信在新的行业法规、规定的规范下,在从业人员和监管部门等的共同努力下,宠物饲料行业将会获得更大的进步。

注释

[1] "无谷粮"是指不含玉米、小麦、麦麸、谷物壳等谷类,以蔬菜、水果等低碳水化合物和鲜肉为原料制作的高蛋白、中脂肪、低碳水化合物的宠物粮,具有低过敏、易消化、高吸收率、安全、卫生的特点。在营养方面,和国内主流的"天然粮"相比,"无谷粮"营养配比更为丰富,各项营养价值更完善,产品蛋白质和脂肪含量较高。

[2] 信息公示平台网址:http://www.cpbz.gov.cn/。

作者简介:闫韩韩,青岛西海岸新区农业农村局,畜牧师
通信地址:青岛市黄岛区双珠路 353 号
联系方式:15753223126

落实监管责任,规范经营秩序, 创新兽用生物制品经营新机制

梁媛媛　徐　慧

(青岛市西海岸新区农业农村局,青岛,266400)

摘要:兽用生物制品是一种特殊的兽药,是预防动物疫病不可缺少的重要物质基础。近年来,我国兽用生物制品的质量得到显著提高。受人用疫苗事件的影响,畜牧兽医监管部门对兽用生物制品监管力度进一步加强,青岛市西海岸新区农业农村局畜牧兽医中心始终把兽用生物制品管理作为兽药监管的重中之重,通过建章立制、反复实践论证和不断创新完善,逐步建立起了兽用生物制品管理工作的新机制。自2017年6月1日起,设立兽用生物制品直供点,创新兽用生物制品经营新机制。

关键词:兽用生物制品;经营;监管

兽用生物制品是一种特殊的兽药,是预防动物疫病不可缺少的重要物质基础。青岛市西海岸新区(以下简称"新区")始终把兽用生物制品管理作为兽药监管的重中之重。近年来,根据《兽药管理条例》《兽用生物制品经营管理办法》及上级有关指示精神,结新区实际,通过建章立制、反复实践论证和不断创新完善,逐步建立起了兽用生物制品管理工作的新机制。新区自2017年6月1日起,为加强兽用生物制品管理,保证兽用生物制品质量,规范兽用生物制品经营行为,兼顾服务便民的原则,设立兽用生物制品直供点。兽用生物制品经营新机制实施一年来运行顺利。

1　加强组织领导,强化监管责任

为进一步规范兽用生物制品市场秩序,打击超范围经营兽用生物制品和违规使用兽用生物制品违法行为,维护正常的防疫秩序,新区组织开展了兽用生物制品专项整治行动,分别于2017年和2018年组织了全区兽用生物制品直供点工作会议暨生物制品基础知识培训,并召开了兽用生物制品质量安全管理工作会议。

2　加大宣传力度,营造舆论氛围

前些年,由于对兽用生物制品的管理和宣传力度不够,广大兽药经营业户和使用单位对兽用生物制品的有关知识缺乏,仍然存在无证非法经营现象,甚至经营一些无批准文号、中试或套用批准文号的兽用生物制品,同时,兽用生物制品生产企业的非法推销和外地兽药经营企业的夹带经营,使兽用生物制品的经营出现了无序的混乱局面,给动物防疫工作和畜牧业健康发展带来了隐患。为此,我们组织畜牧科技人员通过乡镇集市宣传、入户指导,将《兽用生物制品经营管理办法》等宣传资料发放到兽药生产经营企业、贩运经纪人、规模养殖场(户)等业主手中,加强对兽用生物制品生产、经营和使用从业人员的法规宣传和教育培训,普及兽用生物制品专业知识,提高其守法意识和安全意识。张贴宣传挂图3000张,发放宣传材料10000余份。同时加大有奖举报宣传力度,鼓励群众和媒体对违法犯罪行为进行监督和举报,营造社会共治的良好氛围。

3　规范经营行为,确保兽用生物制品质量

新区镇街距城区路途远近不一,养殖户要到合

法地经营企业并购买疫苗难度大（如路途遥远、防疫时机不当、冷链系统的保障）。因此，为保证兽用生物制品质量、规范兽用生物制品经营行为、兼顾服务便民的原则，我们设立兽用生物制品直供点，直供点供应的兽用生物制品为非强制免疫用兽用生物制品。出台了设立兽用生物制品直供点的文件，制定兽药产品供应规范（Good Supply Practice，GSP），检查人员依据黄岛区兽用生物制品直供点现场检查评定标准，按照每个乡镇（街）设立 1 处兽用生物制品直供点的原则，对新区申报的兽药经营企业进行现场验收，从优确定了 20 家交通便利、管理规范的企业作为兽用生物制品直供点。我们将全区唯一取得《兽用生物制品经营许可证》的青岛琛达动物健康管理有限公司作为兽用生物制品配送企业。直供点存放的兽用生物制品由青岛琛达动物健康管理有限公司负责对兽用生物制品进行统一进货、统一配送、统一管理、统一价格、统一兽药产品质量管理，其他兽药经营企业一律不得经营、储存兽用生物制品。各直供点根据各镇街养殖量情况，提前提报生物制品使用品种和数量，每周定期由青岛琛达动物健康管理有限公司用保温车统一配送到各直供点，从而极大地方便了广大养殖业户的使用，确保了全区非国家强制免疫用生物制品的质量。

4　加大监督力度，严厉打击违法经营行为

为进一步规范辖区内的蛋（肉）鸡养殖场、皮毛动物养殖场、动物诊疗机构等单位兽用生物制品的使用，严厉查处无证及经营假劣、失效疫苗的违法行为，对发现的违法行为要及时提交线索，依法予以严厉惩处。在日常监管过程中，我们主要注重以下几个方面：一是兽用生物制品生产企业直接销售到我区内的蛋（肉）鸡养殖场、皮毛动物养殖场、动物诊疗机构等使用单位的，告知其到辖区动监站办理备案；二是清理假劣疫苗（无批准文号、无进口许可证、无中文标识）；三是禁止合同养殖单位以放养的名义夹带经营兽用生物制品；四是严禁兽用生物制品生产企业在未办理兽用生物制品经营许可证的情况下，在我区设立中转站、仓库。通过开展专项清理整顿活动，进一步规范了我区兽用生物制品的经营和使用秩序，构筑起我区动物防疫的安全屏障。

总之，通过近几年对兽用生物制品管理工作的探索，新区兽用生物制品的管理逐步走上了规范化的轨道，保证了动物防疫工作的顺利实施，为全区畜牧业又好又快发展奠定了坚实基础。

作者简介：梁媛媛，青岛市西海岸新区农业农村局，助理兽　　　医师
通信地址：青岛市黄岛区双珠路 353 号
联系方式：155249731@qq.com

畜禽养殖废弃物处理和资源化利用工作存在的问题与建议

刘玉华　徐桂英

(青岛市西海岸新区农业农村局畜牧兽医中心,青岛,266400)

摘要:全面开展畜禽规模养殖场粪污处理设施配建,强力推进畜禽养殖污染整治工作是切实履行畜牧兽医主管部门畜牧业环境保护工作职责,是贯彻绿色发展理念的必然要求,是实现畜牧业可持续发展的重要任务。加强规模养殖场废弃物处理设施配建工作已是势在必行。

关键词:畜禽养殖废弃物;存在问题;建议

畜牧业是青岛市西海岸新区(以下简称"新区")农业的主要产业之一,在改善人们膳食结构、提高人们生活质量、增加农民收入等方面做出了积极的贡献。但随着畜禽养殖业的快速发展,规模养殖场数量大幅度增加,在大中型养殖场迅速发展的同时,养殖场废弃物处理利用情况堪忧,造成了周围环境的污染,影响附近居民的身体健康,制约养殖场的发展。

1 畜禽养殖废弃物处理和资源化利用工作存在问题

虽然山东省畜禽养殖污染治理和资源化利用工作取得了一定成效,但与群众的期盼和发展现代畜牧业的需求相比,还存在着一定问题。

1.1 畜禽养殖粪污处理基础设施条件差

小规模养殖场和散养户没有或缺少必要的粪便处理和病死畜禽无害处理设施和设备。现有小型规模养殖场大多数由20世纪80年代末的小型养殖户发展而来,缺乏整体的布局规划和场区建设规划,造成畜禽养殖废弃物处理建设用地和基础设施与当前要求存在一定的差距,具有一定的配建难度。

1.2 中小规模养殖场粪污处理不规范,处理利用环节存在问题多

中小规模养殖场畜禽粪污垃圾量大,粪污资金投入少而且不规范。中小规模养殖场为了保证盈利,在粪便无害化处理和病死畜禽无害化处理上投入很少,仅有少数养殖场有粪便处理配套的设施设备,其余大部分存在处理能力与粪便产量(饲养规模)不匹配、粪便储存设施容量不足,露天存放及雨污混合,粪水存储困难等处理能力不足、处理不彻底的问题。

1.3 部分养殖场户环保意识淡薄

有些养殖场户第一责任人意识淡漠,对养殖污染治理紧迫性缺乏认识,没有把环保作为长远发展的重要支撑和基础,对设施配建积极性不高,依赖政府思想较强,只注重养殖增效,忽视环境治理。粪污处理设备设施资金投入大,回收缓慢,效益低。如新区春晖肉鸡养殖园,目前发酵后出售,每只鸡0.05～0.16元的效益,准备投资150万元上设施。据老板介绍,投资150万元,最快5年内才可收回全部投资。林佑春生态养殖有限公司存栏500头猪,日产约1000 kg粪污,发酵后,基本满足本场日常生活用,夏天用不了,冬天不够用,所产肥料自用

于周边果园,效益不明显或看不到效益。

1.4 政策性扶持资金与实际需求差距大

近几年来,各级制定出台了一系列扶持政策,对促进生态环保养殖业发展起到了较好的作用。但是由于资金数量有限,"粥少僧多",短时间内难以从根本上解决中小养殖场养殖粪污问题。

1.5 缺少切实可行的配建指导技术

农业部现行的畜禽规模养殖场粪污资源化利用设施建设规范较为广泛,缺少具体性,在指导配建工作中可操控性弱,给指导工作带来一定难度。

2 规模养殖场废弃物处理设施配建工作的建议

2.1 落实政策扶持,推进项目实施

进一步积极争取、整合青岛市级以上种养业和畜禽粪污资源化利用项目财政资金,认真落实青岛市《关于印发 2018～2019 年推进畜禽养殖废弃物资源化利用工作方案的通知》要求,加强畜禽养殖场(户)与商品有机肥生产企业对接,采用企业自我转化、第三方代加工、合作加工等方式就近就地处理畜禽养殖粪便。同时探讨秸秆资源化利用补贴与粪便生产有机肥相结合,实现秸秆最大化利用。

2.2 规范配建标准,提高配建质量

按照农业部《畜禽规模养殖场粪污资源化利用设施建设规范(试行)》(以下简称《规范》)要求指导且进一步规范畜禽规模养殖场(区)废弃物处理设施配建标准,严格建设标准和质量,对符合《规范》要求且能够正常运转的认定为已配建,对不符合《规范》要求的限期整改,跟踪指导,直至达到配建要求标准。

2.3 完善配建档案,做到"一场一册"

结合农业部开展的养殖场备案信息和专业粪污资源化利用机构基础信息统一赋码工作,对配建工作档案进行整理建档。对所有达到省定标准的规模养殖场,按照农业部《规范》的要求进行登记处理设施配建情况,建立工作档案,对所有规模养殖场处理设施配建做到"一场一册",将指导意见书、照片、指导巡查记录等相关材料及时存档,做到每个规模养殖场建档齐全完善。

2.4 加大宣传力度,推广专业化处理模式

支持专业化公司、养殖场或农民专业合作社等建设有机肥加工厂。重点推广青岛绿色家园生态科技发展有限公司牛羊粪污处理模式、青岛喜鹊山生态养猪场生猪粪污处理模式、青岛禽之宝琅琊鸡育种有限公司家禽粪污处理模式、青岛康大集团家兔粪污处理模式,提高畜禽养殖废弃物的利用水平和效率。支持养殖场等社会各级市场主体采用畜禽养殖废弃物集中处理、资源化利用的全量化能源利用新模式,促进规模养殖场新旧动能转换,实现资源充分利用。

2.5 严格执法监管,加强查处移交

加大执法监管,落实规模养殖场环评制度,实施规模养殖场分类管理,对新建养殖场结构调整用地严审严批,要求其污染防治设施及畜禽排泄物综合利用设施必须与主体工程同时设计、同时施工、同时投产使用;对改扩建养殖场配套设施建设合格的定期检查监管,对拒不建设污染防治配套设施或者自行建设的配套设施不合格拒不整改、未经无害化处理直接排放畜禽养殖废弃物等违反《环境保护法》《畜禽规模养殖污染防治条例》的行为,及时移送环保部门严格依法查处。

作者简介:刘玉华,青岛市西海岸新区农业农村局,高级兽医师

通信地址:青岛市黄岛区双珠路 353 号

联系方式:jnslyh@126.com

全面开展粪污资源化利用工作，创新推动新区畜牧业转型升级

徐桂英　　闫韩韩

（青岛市黄岛区科协，青岛市黄岛区畜牧兽医学会，青岛西海岸新区农业农村局，青岛，266400）

摘要：青岛西海岸新区深入贯彻乡村振兴战略，推进美丽乡村建设，充分发扬先行先试、善作善成的新区精神，牢固树立五大发展理念，有效推进畜禽养殖粪污资源化利用工作，引领新区畜禽养殖绿色发展，创新推动新区畜牧业转型升级。

关键词：畜禽养殖；粪污；资源化利用

近年来，西海岸新区按照上级部门关于加强畜禽养殖污染治理一系列重要部署，坚持都市型高端特色现代畜牧业发展定位，积极推行绿色发展理念，加强畜禽养殖污染治理，有效推进了畜禽养殖粪污资源化利用工作。

1　总体情况

近几年来，西海岸新区畜产品综合生产能力显著提升，为全区畜产品供给做出了较大贡献，在加速生产发展的同时，畜牧部门坚持生态保护并重，不断加大力度推进畜禽养殖废弃物治理工作。经统计，全区畜禽粪便年产生总量为48万吨，可用于消纳畜禽粪便的土地总面积为136.54万亩，承载力约683万吨，农田畜禽粪便负荷量平均为5.27吨/公顷，远低于国家环保部门提出的每公顷土地承载30～45吨的理论负荷量。目前，全区规模养殖场区粪污处理设施配建率达到100%，畜禽粪便处理利用率达到86%，畜禽养殖污水处理利用率达到66%，粪污综合利用率达到83%以上。畜禽养殖废弃物资源化利用进入全面推进、挖潜增效的新阶段。

2　开展的主要工作

近几年，西海岸新区对畜禽养殖废弃物处理和资源化利用高度重视，全区大多规模化养殖场（小区）在粪污综合利用方面提升了档次，提高了畜牧业的发展质量和效益。

2.1　切实抓好畜禽养殖粪污源头减排工作

狠抓畜禽养殖粪污源头减排工作，推进现代畜牧业示范园区、"退户进区"养殖小区和畜禽养殖标准化示范场"两区一场"建设，应用生态发酵床、全混合日粮（TMR）、干清粪等先进技术，推广标准化健康养殖等管理模式。2013年以来建设现代畜牧业示范园区3处，"退户进区"养殖小区4处，畜禽健康养殖项目7处，生猪养殖场标准化改扩建项目养殖场15处，创建畜禽养殖标准化示范场16处，畜禽养殖废弃物源头减排成效明显。

2.2　切实抓好畜禽养殖粪污综合治理工作

目前，全区大中规模养殖场粪污处理基本达到要求，而小规模或散养户大多存在处理能力不足、处理不彻底等问题，为加大畜禽粪污综合治理力度，畜牧部门一是采取有效措施加大规模化养殖场无害化处理设施改造力度；二是指导新建的畜禽养殖小区严格按照标准建设污水处理设施；三是利用"科技入户"活动之机深入各养殖场户，对没有排污沟或沉淀池等污水处理设备设施的养殖场户跟踪服务。目前，全区畜禽粪污综合利用率显著提高，生态环保畜牧业建设取得初步成效。

2.3 切实做好粪污处理综合利用指导工作

连续5年将畜禽生态养殖模式推广列入全区畜牧业主推技术，通过以发放宣传资料、现场指导、微信、短信等方式，全面推广生产沼气、自然发酵处理后还田利用、生产商品有机肥、垫料发酵床及农牧结合等方式方法，鼓励和引导养殖场户通过这些处理技术基本实现粪污综合利用。同时积极推行畜禽粪污处理设施"12321"改造，目前正处于快速完善阶段。

2.4 切实加强粪污处理综合利用督导检查工作

定期对废水、异味、畜禽粪便、其他固体废弃物的治理和综合利用设施运行、管理及维护等情况进行检查指导。对检查中存在的突出问题，根据畜禽环境污染防治技术规范，提出整改意见，下达了《畜禽养殖场（户）畜禽粪污综合利用整改指导意见书》，发放《畜禽养殖污染防治责任告知书》，确保粪污处理利用设施正常有效运行。

2.5 切实做好粪污治理项目的政策扶持工作

积极争取、整合青岛市级以上种养业和畜禽粪污资源化利用项目财政资金，主动联系养殖企业参与项目建设。2017年，积极落实市级畜禽粪便处理示范创建项目，建成了3处有机肥加工场点并正常运行。2018年上半年，根据青岛市《关于印发2018～2019年推进畜禽养殖废弃物资源化利用工作方案的通知》要求，并对符合条件规模养殖场逐一入场进行技术指导，成功申报了3处养殖场参与"粪污综合利用先进模式创新示范项目"，在政策促动下，目前全区已建成10处利用畜禽粪污加工商品有机肥场（点），且运行效果良好。

3 存在的主要问题

3.1 部分养殖户环保意识淡薄

有些养殖场户第一责任人意识淡薄，对设施配建积极性不高，依赖政府思想较强，只注重养殖增效，在粪污治理资金上投入偏少，大部分存在处理能力与粪便产量不匹配或"三防"设施配建不规范等问题。

3.2 政策性扶持影响面偏小

虽然近两年来各级制定出台了一系列扶持政策，对促进生态环保养殖业发展起到了较好的作用。但是资金数量有限，养殖专业户无缘享有补贴资金，建议拓宽政策补贴辐射面，给配建养殖户一定补贴。

3.3 粪便后处理工作问题突出

部分养殖户储粪池储满后，受季节影响或销售受限，粪便不能及时清运处理，导致污染外排现象时有出现，有的养殖专业户无奈将粪便丢掉处理，养殖户们期盼着能有粪污处理中心，随时收集粪便进行集中处理。

4 下一步工作建议

当前，政府、企业、社会对加快畜禽粪污治理和资源化利用的认识程度前所未有。在下一步工作中，新区将坚持畜牧业与保护环境协调发展，以发展方式转变为主线，以畜禽养殖废弃物减量化产生、无害化处理、资源化利用为重点，优化区域布局，推进规模养殖，促进种养循环，建立病死畜禽无害化处理长效机制，发展废弃物综合利用产业，走产出高效、产品安全、资源节约、环境友好的畜牧业现代化道路，实现畜禽养殖污染防治和畜牧业生产发展"共赢"。

加强规模化畜禽养殖场管理，配套建设"两分离"及污水贮存、处理、资源化利用设施；散养密集区要实行畜禽粪便污水分户收集、集中处理利用；推行农牧结合循环利用模式，探索建立畜禽养殖等有机废弃物综合利用的收集、转化、应用三级网络社会化运营机制；加强引导，鼓励实行"畜禽养殖—粪便综合利用—种植"相结合的生态循环发展模式。到2020年，全区规模化养殖场畜禽粪便和污水处理利用率分别达到90%和68%以上。

作者简介：徐桂英，青岛西海岸新区农业农村局，兽医师
通信地址：青岛市黄岛区双珠路353号
联系方式：xuguiying1978@126.com

基于粒子群的模糊神经网络养殖池塘溶氧预测研究

赵景波　薛秉鑫

（青岛理工大学，青岛，266520）

摘要：溶氧是水产养殖中一项重要指标，与水产品生长有着十分密切的关系。为准确预测养殖池塘溶氧含量，降低水产养殖风险，本文提出基于小波包分析和粒子群算法优化模糊神经网络的组合预测模型。首先使用小波包变换对采集的原始信号进行消噪处理，接着将处理后的逼近信号分为训练数据和测试数据，利用训练数据对模糊神经网络进行训练，并使用粒子群算法对网络参数进行优化，最后利用测试数据进行溶氧预测并检验预测模型的性能。通过对比试验，分别证明了粒子群算法和小波包变换的有效性；预测溶氧值时，基于小波包变换，粒子群算法与 BP 算法相比，误差指标均方根误差（RMSE）、平均相对误差均值（MAPE）和平均绝对误差（MAE）分别降低了 22.75、3.97 和 22.86 个百分点；基于粒子群算法，有小波包变换和无小波包变换相比，三项指标分别降低了 16.82、3.36 和 16.65 个百分点。研究表明：小波包分析和粒子群算法可提高预测精度，该组合模型可对溶氧进行有效预测。

关键词：溶氧预测；模糊神经网络；粒子群算法；小波包分析

溶氧是水产养殖中一项重要的参考指标，对水产养殖的产量有重要影响。池塘溶氧受温度、光照、氨氮和浮游生物等多种因素影响，各影响因素之间存在复杂的相互关系，传统的经验估算无法准确判断溶氧含量，错误判断会影响水产养殖的产量，造成经济损失。掌握水中溶氧变化情况，实现溶氧含量的准确预测对现代水产养殖具有十分重要的经济价值和现实意义。

目前，国内外学者提出一些对溶氧进行预测研究的方法。张垒等[1]建立基于小波神经网络的预测模型对天然水体溶氧进行预测研究；马从国等[2]研制了一种基于无线传感网的水产养殖池塘溶氧智能监控系统，实现对池塘溶氧的分布测量、智能控制和集中管理；Liu 等[3]提出基于改进粒子群优化的最小二乘支持向量回归法预测河蟹养殖中溶氧含量，并将其预测结果与 BP 神经网络的预测结果进行对比；Emamgholizadeh 等[4]建立人工神经网络和 ANFIS 模型对溶氧进行计算并得到了较好的试验结果；Heddam[5]提出基于去噪方法的自适应模糊神经网络对溶氧进行预测，并将其预测结果与多元线性回归模型进行比较分析；宦娟等[6]提出了一种基于经验模态分解和自适应扰动粒子群优化最小二乘支持向量机的组合预测模型，提高了溶氧的预测精度和有效性。

本研究采用粒子群算法[7-11]优化的模糊神经网络[12-15]对溶氧进行预测，并弥补了常规 BP 算法收敛速度慢、易陷入局部极值点的缺陷。采用池塘水体温度、氨氮、pH 和亚硝酸盐氮作为模糊神经网络的输入变量，并采用小波包分析[16-18]对采集的信号进行消噪处理，神经网络的输出变量则是池塘溶氧。

1　溶氧影响因子确定和数据采集

1.1　溶氧影响因子确定

与溶氧含量有关的因素有光照、风速、气压、水温、底泥耗氧、浮游动植物耗氧、化学耗氧，以及注入新水和增氧机使用等。由于研究的是露天池塘，注入新水和增氧机使用都是人为调控。注入新水时溶氧增加较少,开增氧机的时间也基本固定,这些因素可以隐含在其他因素中,因此在输入中省去这2个因素。由于条件限制,环境因素无法准确测量,所以选择在相似的晴朗天气下对数据进行采集,尽量避免由于天气变化对溶氧预测的干扰。在相关因素中,底泥和浮游动物的耗氧量较小,对溶氧含量的影响很小,浮游植物在夜间进行呼吸作用耗氧量大,但无法对其进行检测,因此这3个因素也不予考虑。淡水池塘养殖中,化学耗氧量较高,对溶氧含量影响较大,但其检测非常困难,因此本研究选择pH、氨氮和亚硝酸盐氮3个可测因素来反映池塘的化学耗氧量,且这3个因素均在一定程度上会对溶氧含量造成影响。

1.2　数据采集

试验选在青岛某水产养殖场,该养殖场占地面积145 hm²,建有池塘循环水系统,配备增氧机、溶氧检测仪和水产养殖远程无线监控系统等现代渔业设备。研究数据来源于远程无线监控系统,每2 h在线采集一次数据,选取2017年夏季相似的晴朗天气共33 d,获得数据396组。对数据进行筛选,保留数据375组。取360组数据对模糊神经网络进行训练,剩余的15组数据则用于对神经网络的性能进行检验。

2　小波包分析理论

小波包分析为信号处理提供了一种更加精细的分析方法,通过将频带进行多层次划分,可对小波分析没有细分的高频部分做进一步分解。小波包分析可根据分析信号特征,自适应地选择相应的频带,使之与信号频谱相匹配,从而提高了时频分辨率。采用分解图的形式表明小波分解和小波包分解的区别,以3层分解为例,如图1、图2所示。图中,s表示信号,A表示低频,D表示高频,序号表示分解的层数。

小波包分解算法[16]由$\{d_l^{j+1,n}\}$求$\{d_l^{j,2n}\}$与$\{d_l^{j,2n+1}\}$。

$$\begin{cases} d_l^{j,2n} = \sum a_{k-2l}\, d_k^{j+1,n} \\ d_l^{j,2n+1} = \sum a_{k-2l}\, d_k^{j+1,n} \end{cases} \quad (1)$$

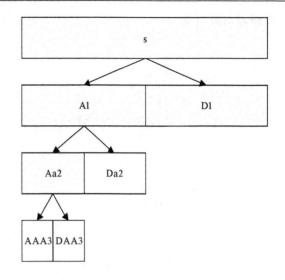

图1　信号的三层小波分解

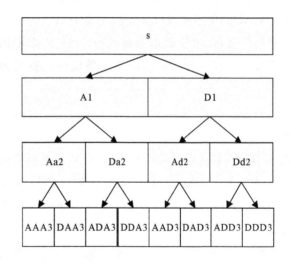

图2　信号的三层小波包分解

小波包重构算法由$\{d_l^{j,2n}\}$与$\{d_l^{j,2n+1}\}$求$\{d_l^{j+1,n}\}$。

$$d_l^{j+1,n} = \sum_k [h_{l-2k}\, d_k^{j,2n} + g_{l-2k}\, d_k^{j,2n+1}] \quad (2)$$

3　基于粒子群算法优化的模糊神经网络

3.1　模糊神经网络模型

模糊神经网络是模糊集理论和神经网络相结合的产物,既有神经网络的大规模并行处理能力、自学习能力和自适应能力,又可以处理模糊信息,完成模糊推理功能,性能优越。

该预测模型为多输入单输出的4层网络模型,如图3所示。这4层分别是输入层、模糊化层、模糊规则层和输出层。

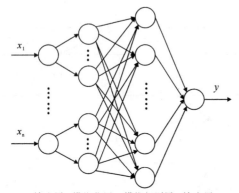

输入层　模糊化层　模糊规则层　输出层

图 3　模糊神经网络结构

第一层为输入层,输入层神经元个数与输入变量个数相同,输入向量为 $x=(x_1,x_2,\cdots,x_n)^T$。y 为输出层变量,由于输出变量只有一个,所以输出层只有一个神经元。系统的第 j 条模糊规则可表示为:

$$R_j:if\ x_1=X_{1j},x_2=X_{2j},\cdots,x_n=X_{nj},then\ y=Y_j,\qquad(3)$$

式中:Y_j—第 j 条规则的结果,j 取决于模糊规则层神经元个数;X_{ij}—输入变量所对应的模糊子集,$i=1,2,\cdots,n$,j 取决于每个输入变量的模糊子集数。

第二层为模糊化层,计算每个输入变量的隶属度。采用正态分布函数作为隶属度函数,第 i 个输入变量满足模糊子集 X_{ij} 的计算公式为

$$\mu_{X_{ij}}(x_i)=exp\left[-\frac{(x_i-m_{ij})^2}{\sigma_{ij}^2}\right]\qquad(4)$$

式中:m_{ij}—正态分布函数的期望,σ_{ij}—标准差,输入变量的隶属度完全由参数 m_{ij} 和 σ_{ij} 决定。

第三层为模糊规则层,本次设计根据模糊理论定义模糊化层和模糊规则层的连接权值为

$$\mu_j=\mu_{X_{1j}}(x_1)\times\mu_{X_{2j}}(x_2)\times\cdots\times\mu_{X_{nj}}(x_n)=exp\left[-\sum_{i=1}^{n}\frac{(x_i-m_{ij})^2}{\sigma_{ij}^2}\right]\qquad(5)$$

式中:$\mu_{X_{ij}}(x_i)$ 为输入变量 x_i 对模糊子集 X_{ij} 的隶属度。

模糊神经网络第三层到第四层完成模糊决策功能,假设系统中有 m 条规则,本次设计使用加权

平均法[12]进行去模糊化处理,得到输出为

$$y=\frac{\sum_{j=1}^{m}w_j\mu_j}{\sum_{j=1}^{m}\mu_j}\qquad(6)$$

式中:w_j 为模糊规则层与输出层之间的连接权值。

对模糊神经网络进行训练,需要确定的参数为正态分布函数的期望 m_{ij} 和标准差 σ_{ij} 以及连接权值 w_j。神经网络常用的算法为梯度下降法,该算法收敛速度慢,容易陷入局部最优化问题,难以得到全局最优解。为解决这一问题,本研究采用具有全局优化性能的粒子群算法对模糊神经网络的参数进行优化。

3.2　粒子群优化算法

3.2.1　粒子群算法的数学描述

如果在某个 D 维空间内寻找目标,种群由 m 个粒子构成。种群中每个粒子有它自己的位置,将第 i 个粒子的位置采用 $x_i=(x_{i1},x_{i2},\cdots,x_{iD})$,$i=1,2,\cdots,m$ 表示,其速度也是一个 D 维向量记为 $v_i=(v_{i1},v_{i2},\cdots,v_{iD})$。每个粒子在经过一个新的位置时,就与之前所经过的所有位置进行比较,当第 i 个粒子飞行到某一位置后,设它所经过的最优位置为 $p_i=(p_{i1},p_{i2},\cdots,p_{iD})$。而将粒子群中所有的粒子所经过的最优位置进行比较,得到所有粒子所经过的最优位置,并将它表示为 $p_g=(p_{g1},p_{g2},\cdots,p_{gD})$。每个粒子按照下列公式[10]进行位置变化

$$v_{id}(t+1)=w\,v_{id}(t)+c_1\,r_1(p_{id}-x_{id}(t))+c_2\,r_2(p_{gd}-x_{id}(t)),\qquad(7)$$

$$x_{id}(t+1)=x_{id}(t)+v_{id}(t+1),\qquad(8)$$

式中:i—粒子数,$i=1,2,\cdots,m$;d—空间维数,$d=1,2,\cdots,D$;w 为惯性权重且为非负数;加速因子 c_1 和 c_2 定义为常数;r_1 和 r_2 是随机数且在 0 和 1 之间均匀分布;$x_{id}(t)\in[-x_{max},x_{max}]$,$v_{id}\in[-v_{max},v_{max}]$,$x_{max}$ 和 v_{max} 是非负数。

3.2.2　算法流程图

粒子群算法流程图如图 4 所示。随机初始化粒子的位置和速度,计算粒子适应度值,进行粒子位置与最优位置比较并判断是否满足收敛准则。若满足,输出粒子位置作为粒子群最优位置;若不

满足,更新粒子的位置和速度,迭代继续。

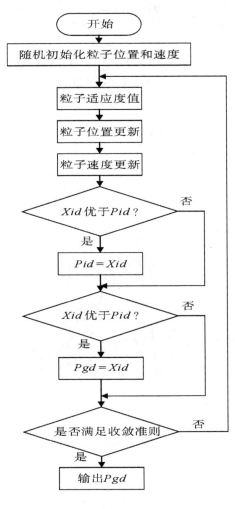

图 4　粒子群算法流程图

3.2.3　适应度函数和参数优化步骤

用粒子群算法优化模糊神经网络的连接权值和隶属度函数,即设粒子群的位置向量 x_i 的元素是模糊神经网络的连接权值、隶属度函数的期望和标准差。神经网络的训练主要是为了使网络中的参数误差最小,因此,适应度函数可以定义为

$$f = \frac{1}{N_s} \sum_{i=1}^{N_s} (Y_i - y_i), \qquad (9)$$

式中:N_s — 训练集样本数;Y_i — 期望输出;y_i — 实际输出。

基于粒子群算法的参数优化步骤:①初始化,随机初始化每个粒子的位置和速度,确定种群数目、惯性权重和加速因子等参数;②计算每个初始粒子的适应度值,p_i 为当前粒子最优位置,p_g 为

粒子群最优位置;③根据公式(7)、(8)更新粒子的位置和速度,产生新的粒子;④返回步骤②,直到满足收敛准则,迭代停止,全局极值即为训练问题的最优解。

4　预测模型建立与仿真分析

4.1　预测模型建立

养殖池塘的溶氧变化复杂,本研究提出基于小波包分析和粒子群算法优化模糊神经网络的组合预测模型,利用多相关因子预测溶氧含量。模型输入变量为温度、亚硝酸盐、氨氮和 pH,输出变量为池塘溶氧。预测流程图如图 5 所示,建模步骤如下。

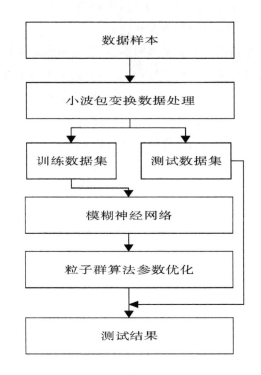

图 5　预测流程图

(1)小波包变换消噪处理。远程无线监控系统对数据进行采集,对采集的原始信号进行小波包变换,设置分解尺度为 3,选择逼近信号并将数据分为训练数据和测试数据。

(2)模糊神经网络建立与训练。通过聚类算法[19-22]确定神经网络的结构,利用 Kohonen 网络对模糊隶属度个数进行选取,确定每个输入变量分为 3 个模糊子集,因此模糊神经网络的结构为 4-12-

81-1。随后利用训练数据对模糊神经网络进行训练。

(3)网络参数优化。初始化粒子群算法,设置种群数目为30,加速因子为$c_1 = c_2 = 2$,适应度阈值为0.001,最大允许迭代次数为350。

(4)模型预测。利用测试数据对模型进行验证,得到最终预测结果。

4.2　仿真分析与讨论

4.2.1　小波包变换数据处理

远程无线监控系统对数据进行采集,以溶氧为例,获得溶氧曲线如图6所示。对该原始信号进行小波包分解,选择分解尺度为3。对其尺度系数和小波系数进行重构,得到逼近信号和细节信号如图7所示,并利用逼近信号建立数据集。

4.2.2　仿真结果与讨论

构造两类模糊神经网络,一类采用梯度下降法训练神经网络参数(FNN),另一类则采用粒子群算法(FNN-PSO)。实验数据经小波包变换进行消噪处理。实测样本数据和模型预测值如表1所示,两类模糊神经网络的性能对比如图8所示。

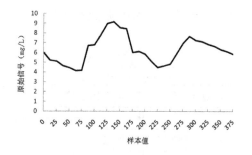

图6　溶氧浓度曲线

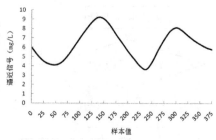

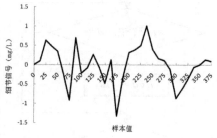

图7　小波包分解后的逼近信号和细节信号

表1　实测样本和模型预测值

编号	温度/(℃)	亚硝酸盐/(mg/L)	氨氮/(mg/L)	pH	溶氧/(mg/L)	FNN预测值	FNN-PSO预测值
1	20.1	0.011	0.078	7.2	6.18	6.53	6.30
2	18.7	0.035	0.066	7.9	5.75	5.39	5.61
3	18.1	0.006	0.045	8.4	5.16	5.54	5.29
4	19.6	0.038	0.081	7.5	6.36	6.70	6.50
5	17.5	0.008	0.061	6.8	5.25	5.62	5.36
6	19.3	0.024	0.065	7.4	6.30	6.62	6.47
7	19.1	0.024	0.088	8.0	5.55	5.16	5.45
8	19.7	0.008	0.070	7.5	5.92	5.54	5.78
9	18.9	0.041	0.066	7.8	5.80	6.12	5.91
10	18.5	0.025	0.108	7.1	6.33	6.66	6.44
11	17.8	0.018	0.058	6.6	5.15	4.78	5.08
12	18.4	0.028	0.075	8.2	5.65	5.30	5.54
13	18.5	0.026	0.085	7.7	5.82	5.46	5.70
14	19.9	0.036	0.081	7.3	6.28	5.97	6.18
15	19.4	0.012	0.077	7.6	6.01	6.32	6.15

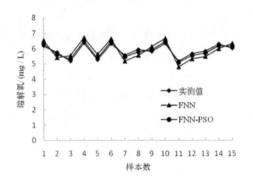

图 8　FNN 和 FNN-PSO 性能对比图

选用均方根误差（RMSE），平均相对误差均值（MAPE）和平均绝对误差（MAE）[6]对表 1 数据进行误差分析，得到误差指标如表 2 所示。

$$R_{\mathrm{RMSE}} = \sqrt{\frac{1}{N} \sum_{i=1}^{N} (y_i - \hat{y_i})^2} \qquad (10)$$

$$M_{\mathrm{MAPE}} = \frac{1}{N} \sum_{i=1}^{N} \left| \frac{y_i - \hat{y_i}}{y_i} \right| \qquad (11)$$

$$M_{\mathrm{MAE}} = \frac{1}{N} \sum_{i=1}^{N} | y_i - \hat{y_i} | \qquad (12)$$

式中：y_i—真实值，$\hat{y_i}$—预测值，N—样本总数。

表 2　预测结果误差指标

预测模型	误差指标		
	RMSE/%	MAPE/%	MAE/%
FNN	35.03	6.04	34.93
FNN-PSO	12.28	2.07	12.07

表 1 测试结果表明，进行测试的 15 组数据中，FNN-PSO 对溶氧的预测值和实测值之差在 $|\Delta| < 0.15$ mg/L 之内的为 14 组，占测试样本数的 93%，大于 0.15 mg/L 的仅有 1 组，误差为 0.17 mg/L。由表 2 可知，实验数据经小波包变换处理后，预测溶氧值时，FNN-PSO 与 FNN 相比，误差指标 RMSE、MAPE、MAE 分别降低了 22.75、3.97、22.86 个百分点。各项误差指标证明了粒子群算法的有效性，预测精度要高于常规的 BP 算法。根据图 8 可以直观地看出基于小波包变换和粒子群算法优化模糊神经网络的组合预测模型对实测样本具有较好的拟合能力。

通过对比研究，进一步证明小波包变换的有效性。选择 FNN-PSO 为预测模型，将实验数据分为两类：一类是经小波包变换进行消噪处理的数据，另一类则是未经处理的原始数据。对预测结果进行误差分析，得到误差指标如表 3 所示。

表 3　预测结果误差指标

试验数据	误差指标		
	RMSE/%	MAPE/%	MAE/%
原始数据	29.10	5.43	28.72
处理数据	12.28	2.07	12.07

由表 3 可知，在相同的预测模型条件下，预测溶氧值时，选用小波包变换处理的数据与原始数据相比，误差指标 RMSE、MAPE、MAE 分别降低了 16.82、3.36、16.65 个百分点。综合以上仿真结果，本研究提出的基于小波包变换和粒子群算法优化的模糊神经网络模型可对溶氧值进行有效预测并具有较高的预测精度，在水产养殖溶氧调控方面具有一定的实际参考价值。

5　结论

基于小波包变换和粒子群算法优化模糊神经网络的组合预测模型具有较高的预测精度，可保证 93% 的预测数据和实测数据的误差小于 0.15 mg/L。通过对养殖池塘溶氧的有效预测，可及时掌握溶氧变化情况，对水产养殖的调控与管理具有一定的实际参考价值。

参考文献

[1] 张垒,邹志红.基于小波神经网络的天然水体溶解氧预测研究[J].数学的实践与认识,2016,46(16):122-127.

[2] 马从国,赵德安,王建国,等.基于无线传感器网络的水产养殖池塘溶解氧智能监控系统[J].农业工程学报,2015,31(7):193-200.

[3] Liu S Y, Xu L Q, Li D L, et al. Prediction of dissolved oxygen content in river crab culture based on least squares support vector regression optimized by improved particle swarm optimization[J]. Computers and Electronics in Agriculture, 2013, 95(4): 82-91.

[4] Emamgholizadeh S, Kashi H, Marofpoor I, et al. Prediction of

water quality parameters of Karoon River (Iran) by artificial intelligence-based models[J]. International Journal of Environmental Science and Technology, 2014, 11(3):645-656.

[5] Heddam S. Modeling hourly dissolved oxygen concentration (DO) using two different adaptive neuro-fuzzy inference systems (ANFIS): a comparative study[J]. Environmental Monitoring and Assessment, 2014, 186(1):597-619.

[6] 宦娟,曹伟建,秦益霖,等.基于经验模态分解和最小二乘支持向量机的溶氧预测[J].渔业现代化,2017,44(4):37-43.

[7] 何怡刚,祝文姬,周炎涛,等.基于粒子群算法的模拟电路故障诊断方法[J].电工技术学报,2010,25(6):163-171.

[8] 汪庆年,饶利强,龚文军,等.基于PSO优化的BP神经网络在电动机绝缘剩余寿命预测中的应用[J].水电能源科学,2015,33(12):161-164.

[9] 田景芝,杜晓昕,郑永杰,等.基于PSO-BP神经网络的加氢脱硫柴油硫含量的预测研究[J].石油化工,2017,46(1):62-67.

[10] 李涛,梅成林,刘波峰,等.基于粒子群的模糊神经网络铅酸蓄电池SOC估计[J].电源技术,2017,41(1):64-67.

[11] 雷建和,万斌,刘明,等.基于粒子群算法的四旋翼仿人智能控制器设计[J].计算机仿真,2018,35(1):27-32.

[12] 郭连喜,邓长辉.基于模糊神经网络的池塘溶解氧预测模型[J].水产学报,2006,30(2):225-229.

[13] Jiang S F, Zhang C M, Zhang S. Two-stage structural damage detection using fuzzy neural networks and data fusion techniques[J]. Expert Systems with Applications, 2011, 38(1):511-519.

[14] 钱伟,何志祥,张德银,等.基于模糊神经网络的火灾传感器特征参数融合算法[J].传感技术学报,2017,30(12):1906-1911.

[15] 司景萍,马继昌,牛家骅,等.基于模糊神经网络的智能故障诊断专家系统[J].振动与冲击,2017,36(4):164-171.

[16] 于志伟,苏宝库,曾鸣.小波包分析技术在大型电机转子故障诊断系统中的应用[J].中国电机工程学报,2005,25(22):158-162.

[17] Xu L Q, Liu S Y. Study of short-term water quality prediction model based on wavelet neural network[J]. Mathematical & Computer Modelling, 2013, 58(3-4):807-813.

[18] 李志刚,刘伯颖,李玲玲,等.基于小波包变换及RBF神经网络的继电器寿命预测[J].电工技术学报,2015,30(14):233-240.

[19] 苏纯,胡红萍,刘辉,等.基于Kohonen网络的激光超声缺陷探测研究[J].数学的实践与认识,2014,44(23):185-190.

[20] 马卫,马全富.有监督的Kohonen神经网络聚类算法在癌症诊断中的应用[J].微电子学与计算机,2014,31(12):108-110.

[21] 高峰,刘江,李艳,等.基于Kohonen自组织竞争网络的机床温度测点辨识研究[J].中国机械工程,2014,25(7):862-866.

[22] 杨权,白艳萍.模糊神经网络在多源数据融合中的应用研究[J].数学的实践与认识,2015,45(10):163-168.

作者简介:赵景波,青岛理工大学信息与控制工程学院副院长,副教授

通信地址:青岛市黄岛区嘉陵江东路777号,青岛理工大学

联系方式:zhaojingbo6666@163.com

发表期刊:渔业现代化,2018,45(4):8-14,20.

以改革创新精神，
全面推进健康青岛建设

健康中国前景下的健康青岛发展研究

于　红

（青岛市社会科学院，青岛，26000）

摘要：建设健康城市正逐渐成为城市发展的重要目标，该文明确了健康城市建设在城市建设中的地位与作用，分析了健康青岛城市建设的现状及存在的问题，提出了强化城市建设健康理念，加强健康管理；发展健康消费，促进健康产业发展；营造健康城市建设的法制环境保障；重视公共卫生建设等对策建议，期望能为促进健康城市发展提供可资借鉴经验。

关键词：健康中国；健康青岛；发展研究

习近平总书记在党的十九大报告中指出"实施健康中国战略，为人民群众提供全方位全周期健康服务"。为推进健康中国建设，国家从"五位一体"总体布局和"四个全面"战略高度出发，制定了《健康中国2030规划纲要》。为贯彻落实《"健康中国2030"规划纲要》，提高市民健康水平，推进健康青岛发展，2018年5月，青岛市委市政府制定了《"健康青岛2030"行动方案》，围绕"共建共享、全民健康"中心思想，将健康融入城市建设政策中，目的就是更加全面地多角度地维护和提升全市人民健康水平，为青岛市迈进国际化城市的新征程奠定坚实的健康基础。

1　健康城市建设在城市发展中地位和作用

1.1　健康城市建设是城市走向国际化的必然要求

城市建设发展中面临着诸多有待解决的问题，如交通拥挤、食品安全、社会治安、生态环境污染等，这些不利因素正逐渐影响着市民生活质量和城市的健康发展。因此，健康城市建设是城市国际化进程中最合乎民意的一种战略选择。城市不应仅仅片面追求经济增长效率，更需要追求人之身心、人与人、人与社区、人与社会、人与自然的和谐。健康城市建设正是从注重以人为本，体现人文关怀的角度出发，建立健康的、充满活力的、生态环保的、资源可持续发展的新型城市，所以说只有具备健康人群、健康环境和健康社区的城市，才是真正意义上的国际化现代化城市，只有健康城市才是国际化城市发展的根本要求。

1.2　健康城市建设促进城市更好地实现战略定位

城市战略定位是城市形象的定位，包括所处城市带的战略位置、城市空间发展目标、城市产业战略定位、城市功能战略定位等。随着全球化和国际市场的形成与发展，各城市都希冀通过确定战略定位来吸引和聚集有利于城市发展的要素资源，来提升城市吸引力和凝聚力。而城市发展最基础、最核心的战略目标是民生福祉，即人民的幸福感和满足感的获得。在城市建设和管理中，随着经济社会发展，环境、交通、能源、市政设施、教育、卫生等问题都成为城市管理的难题，而健康城市建设中针对城市健康问题而采取的综合行动策略，既满足了广大人民群众的服务需求，又体现了政府管理城市的基本职责，因此，健康城市建设可以促进城市更好地实现战略定位。

1.3　健康城市建设增强城市文化的软实力

文化体现一座城市的精神风貌，文化软实力是提升城市的核心竞争力的重要因素之一。健康城市建设的最终目标是促进和提高市民健康水平和思想道德、科学文化素质。因此,健康城市建设与文化产业发展有着车之两轮、鸟之两翼的相辅相成的关系,健康城市建设可以为社会公众提供实物实态的健康文化产品和服务,如健康书籍、健康场所以及娱乐服务、体育产业等,这些不仅发展了城市文化产业,倡导有益的文化消费,又能围绕城市核心价值观建设,既增添城市文化的亲和力,又抵制和消除不良文化教育产品所带来的不良影响。这对推动和提升城市文化软实力有着重要意义。

2　健康青岛城市建设的现状

2.1　健康产业布局体系基本形成

随着"健康中国"战略的推进实施,青岛医养健康产业显现出快速发展的态势。青岛市提出了健康产业空间布局理念以及空间布局结构:一是依托市内区域,建设包括医疗服务、疗养康复、健康养老、健康管理、医学教育、健康产品研发在内的健康高端服务集聚区,打造全球慢病康复愈养基地;二是依托各区市沿海和海岛等资源优势,优化疗养康复、养生健身等健康产业,培育成特色突出、具备国际水准的健康疗养和健康旅游示范带;三是依托崂山北麓区域、胶州湾北部红岛区域、西海岸灵山湾区域,建设三大健康产业集聚区;四是按照城乡统筹发展的思路,充分发挥主城区对周边农村区域的辐射作用,促进健康产业全域发展,形成组团。[1]同时青岛市提出 2022 年发展目标是打造为医养健康产业千亿级城市。预计 2022 年,青岛医养健康产业增加值将达到 1700 亿元,占地区生产总值的 11% 左右,成为国内重要的区域医疗中心、健康旅游示范基地、国际健康养生宜居名城。[2]

2.2　塑造"健康青岛"品牌卓见成效

青岛市通过本地举办的各类节庆活动,如啤酒节、海洋节、世界园艺博览会等带来的辐射作用宣传和推介我市健康和充满活力并适宜人居的城市形象,将我市的医疗资源与山、海、温泉等旅游资源整合,规划设计适合市民消费的健康契约、幸福套餐等产品,推介到市场,受到广大市民的欢迎。通过开辟近郊的乡村健康旅游项目,将旅游业与中医

医疗、养老、保健、养生等行业融合、互动,充分推动"健康青岛"的品牌传播。此外,青岛市还通过举办各类有影响力的展会,如国际健康产业博览会、国际健康产业论坛等,积极对国内外宣传推介我市健康城市理念与政策。[3]

青岛因在"大健康"领域如环保、健身等方面举措得力和理念先进,在健康投入、相关保障等方面效果明显,2018 年首届健康中国年度标志城市推选中,青岛与深圳、苏州等 11 个城市获评"健康中国"年度标志城市。

2.3　政府主导,公众参与

一是对市民开展《健康大讲堂》宣传教育,组织专家现场为广大市民解惑释疑专业的健康知识,营造人人追求健康理念的氛围。二是举办"运动青岛健康城市"为主题的健身活动,比如健康跑、海水浴场万人游、登山节等市民积极参与的活动。这些深受社会各界及广大市民的喜爱的健身活动,为城市增添了运动活力。三是开展健康城市生态环境建设的市民参与活动。通过设立"无车日",倡导广大市民日常生活中树立健康与生态环保的生活理念;通过积极打造"无烟企业""无烟医疗机构"等无烟场所,为广大市民提供更健康的工作和生活环境。另外,还通过实施《青岛市文明行为促进条例》规定,确定对行经人行道的车辆要停车礼让行人等法规,这些都为我市营造良好规范的生态环境秩序、对确保群众健康安全起到了保驾护航的作用。四是落实便民服务,推行智慧医疗。通过互联网+医疗健康行动计划,建设覆盖全市市民的健康信息服务平台,实现所有市属医院就诊"一卡通",减轻了市民就医挂号等烦琐手续。启用"120"互联急救移动终端,开通生命绿色通道。开展服务市民的健康义诊活动,服务群众 38.3 万多人次。

3　健康青岛城市建设中存在的不足

3.1　城市规划管理中的健康管理关注不高

城市规划管理应以人为本,人的健康和人的全面发展应放在城市管理的首要位置考虑,但在实际中,城市规划管理偏重于城市的外在形象,而忽视城市内在的健康功能。空间资源、停车场等配置低

效;城市管理中多重视经济和商业配置,忽视休闲场所和医疗卫生设施配置;重视城市住房的经济利益,忽视住房对健康的影响;重视城市功能区划,忽视人际社会交往的健康作用。

3.2 城市公共服务中对公共卫生投入不足

随着我市城市现代化不断发展,医疗卫生保障机构依然不能与城市现代化同步发展,尤其是对公共卫生的投入不足,看病难、看病贵问题仍然存在,直接影响市民的健康和生活;近年来城市医保体系的投入虽然持续增长,但各种弱势群体医保资金依然尚不足以支撑其充分就医;医疗资源供给竞争不充分、大医院过度拥挤、城市社区卫生服务及预防保健服务不足,流动人口就医难的问题依然存在。

3.3 健康产业发展依然不足

虽然我市医养健康产业发展取得了一定成绩,但与我国健康城市发展的比较好的城市比较,我市的健康城市发展依然存在着不足。一是产业层次不高、链条短、供给能力不强,与市场需求还有不相适应的地方。二是市场主体发育主体还有待加强,医养健康产业市场主体规模较小,专业化程度不高,缺少大企业、大集团以及龙头品牌企业。三是科技创新、人才支撑能力较弱,与产业迈向中高端还有一些差距。四是体制机制不健全,虽然有关部门出台了一系列推动医养健康产业发展的政策措施,但有的措施落实不到位,有的配套政策跟不上。

4 健康青岛建设中的对策建议

4.1 强化城市建设健康理念,加强健康管理

健康城市的特征应该是美丽、开放、时尚,充满活力与生态适宜。因此,城市规划建设管理中要体现人文关怀,重大市政建设方案的实施要在网上公示或召开市民听证会等,让市民在城市建设和规划设计活动中多发挥其主观能动性。市政公用设施设计建设、管理的全过程中要体现为民、便民理念。在城市空间设计中应强调以人为本的规划设计原理,不应只追求形式美观,还要考虑使用者的基本功能,这些都应体现在城市空间中适合市民出行和休闲娱乐等规划设计的细节中。

政府是城市管理的主体与主导,政府要把"大

健康观"融入城市建设规划和具体行动中,城市管理要以系统化原则,以健康目标为出发点,将健康融入城市规划管理的各大要素中,在充分发挥土地资源价值的同时,重视城市管理中的健康管理理念,对城市建设加强宏观管理,建立科学考评机制实施科学考核与评估,促进健康城市建设规范发展。

4.2 发展健康消费,促进健康产业发展

目前,健康消费既是公共投资领域和私人投资领域的主力军,也是公共消费和私人消费的重要领域。[4]在教育方面,有健康推广、健康促进、健康理论等;在食品工业方面,有营养保健食品研制、绿色食品开发等;在休闲方面,有健康旅游、运动健身等;在医疗方面,有健康检查中心、健康设备制造业等。总之,健康城市建设必然体现在人们对健康消费需求不断增长的过程中,健康城市建设不仅要提高市民的健康意识,而且还应研判健康消费的方向与形势,并以健康产品、健康信息、健康服务吸引市民的健康消费需求,从而拓展市民健康消费领域的多元化,同时也能更好地促进与健康产业相关的其他产业,如医疗保险产业、医疗保障品产业、药品产业以及这些产业市场产品的连锁产业市场的发展。[5]

4.3 提高城市健康水平,发展公共事业

一座城市健康水平的高低,决定着城市发展是否充满活力,体现在市民对所获得的物质需求和精神需求的满足感以及由此带来的生理和心理上的幸福和快乐,如居住、安全、健康、艺术等方面的满足乃至和谐的社会环境等。因此,健康城市建设中必须把完善城市福利政策和发展公共事业相结合。在完善城市福利政策方面,如制定政策维护市场效率,实施公共投资,举办社会公共服务,针对城市弱势群体实行救助和扶持等方面的政策。不仅如此,健康城市建设中,在完善政策的同时,还要充分利用城市公共资源举办和发展公共事业,为市民提供良好居住环境和公共社会福利等。

4.4 营造健康城市建设的法制保障

城市发展经济的目的就是要提高和改善老百姓的生活质量和生存环境,通过健康城市建设,建

立健康安全保障体系,倡导健康生活理念。对城市建设而言,依法治市是一项基础性工作,健康城市建设同样需要法制保障,通过地方立法等形式来打造健康城市建设的法律环境,在制定和完善各项法律法规过程中,凸显健康思维,逐渐营造健康城市建设法制保障的环境氛围。健康城市建设法制保障涉及诸多部门的法律法规,营造法制环境就要对相关法律法规中的健康城市内容进行宣传,使市民全面了解。同时要根据青岛的实际情况,对相关法律法规进行适当梳理,确保健康城市建设的各项指标具有法律授权。健康城市建设作为复杂的社会系统工程,政府作为责任管理部门,应发挥好主导作用,进行检查督促,并制定和完善健康城市建设的相关法律法规。[6]

4.5 重视公共卫生建设,优化营商环境

健康城市建设过程中,政府首先必须重视公共卫生建设,在制定城市管理策略中应实施公共卫生优先发展的方针,为市民提供良好的健康服务和医疗卫生保障,提高城市建设中的健康服务水平。目前我市正积极学赶深圳,发展民营经济,优化营商环境和良好的公共卫生服务环境,这也是发展营商环境的不可或缺的一项内容。吸引外来投资除了需要一定的优惠政策和高效的管理服务以及健全的基础设施支撑外,还包括更多的软环境建设。因此,健康城市建设的着眼点不仅仅在于对外树立城市形象,同时更重要的还在于改善内部环境,为民营企业创造更多的适宜发展的条件,促进城市经济发展。

参考文献

[1-2] 青岛市人民政府关于印发青岛市医养健康产业发展规划(2018-2022年)的通知.青岛市人民公报,2018-11-30.

[3] "健康青岛",打造一张城市新名片[EB/OL]http://news.hex-un.com/2014-08-2/167767245.html.

[4] 崇加梅,周广荣.扩大内需的又一个驱动轮:发展健康消费[J].价格与市场,2000(6):29-30.

[5] 李明,宁健,薛丽华.新世纪卫生产业发展面临的挑战与对策[J].中国卫生事业管理,2003(3):132-134.

[6] 江捍平.健康与城市.城市现代化的新思维[M].中国社会科学出版社,2010:168-170.

作者简介:于红,青岛市社会科学院,副编审

通信地址:山东路12号甲,帝威国际大厦606

联系方式:alen_qdsky@163.com

基于医养融合的田园综合体建设路径选择的探讨

孙启泮

（青岛市社会科学院,青岛,266071）

摘要:田园综合体是农业现代化、田园生活、服务业现代化在农村、农业现代化过程中必然发展起来的,目的是通过现代服务业深度融合到现代农业中,并借助工业现代化和科技现代化实现一、二、三产业深度融合的一种可持续性发展模式。将田园综合体建设成为一个高端医养融合的养老（养生）产业,应充分利用本地自然地理条件、生态环境和中医优势,引入社会资本,引进优秀的企业,把医养融合的养老（养生）产业化、高端化,优化经济结构,促进经济发展。政府加强国土资源的规划建设、招商引资的政策优惠实施、金融融资渠道畅通以及税收支持。

关键词:医养融合;田园综合体;路径选择;第六产业

"田园综合体"是农业现代化、田园生活、服务业现代化在农村、农业现代化过程中必然发展起来的,目的是通过现代服务业深度融合到现代农业中,并借助工业现代化和科技现代化实现一、二、三产业深度融合的一种可持续性发展模式。田园综合体的建设能够更好地实现乡村振兴战略,深化农村供给侧结构性改革,构建现代化的农业生产经营体系,有利于农村土地经营权的流转、提高土地利用率和农民生产的积极性,有利于推动农业从产量优先转向质量优先,实现农村一、二、三产业深度融合发展,形成中国特色的第六产业,增强农业、农村、农民的创新力、创造力,提高竞争力,并打造一个特色的产业集群,从而提高农村经济发展水平和加速我国农业国际化进程,促进我国城乡一体化发展。

1 建设田园综合体需要厘清的几个问题

激活乡村农业、农村、农民三者关系,重构农业生产、生活、生态结构,是乡村经济发展的着眼点。2017年,中央一号文件提出了乡村田园综合体建设,中共十九大提出了乡村振兴战略,2018年乡村振兴战略上升为国家战略。目前全国已有多个省市开展了田园综合体的试点工作。通过对国内田园综合体试点工作和国外田园综合体实际运行,以及学术研究成果的论证,打造基于医养融合的田园综合体,是乡村振兴战略的重要内容,将会成为促进当地经济发展的一种新兴产业模式,将会成为第六产业的主体。

1.1 田园综合体不是采摘园

近几年,各种采摘园如雨后春笋在市郊、农村冒出,受到了广大村民和城市居民的欢迎,一到采摘的季节,便会出现人满为患的景象。这种以采摘园形式出现的农业园区并不是真正意义上的田园综合体。农业园区只是农业现代化比较初级的形式,通过农业科技和企业管理经营,实现特色农业、精品农业的示范、展示,不仅没有实现一、二、三产业的深度融合,也没有社区居住服务功能。采摘园更大的弊端是具有季节性,每年采摘的时间很短,难以支撑经济、社会效益持续发展。

1.2 田园综合体不是美丽乡村建设

2016年三部委（住建部、发改委、财政部）提出美丽乡村建设。美丽乡村建设主要指在生态环境、人文环境和社会文明等方面的建设,表现为乡村基础设施建设、农村厕所革命、生态环境治理,实现人与自然的和谐相处。田园综合体显然并不会局限在这些方面,而是涵盖美丽乡村建设的方方面面。

田园综合体具有明确产业发展模式和工业反哺农业发展导向,以企业经营贯通一、二、三产业,打造以农业为主体的第六产业集群。

1.3 田园综合体不是特色小镇

2016 年三部委(住建部、发改委和财政部)提出在全国推进特色小镇建设。我国地域广阔,人文资源、经济资源、生态资源极为丰富。培育特色小镇就是利用本地的特色资源,并以特色资源为中心培育周边产业发展,实现小镇的特色资源产业化,促进当地的经济发展,提高城乡居民的生活水平。特色小镇的产业强调主题特色并聚集相关产业,落脚点在于城镇。田园综合体落脚点在现代农业,延伸到二、三产业,实现第六产业。

因此,田园综合体应该具备:①以农业为基础,一、二、三产业深度融合,第六产业是其常态,生产、生活、生态同步发展,农村、农业、农民"三位"一体;②医养融合的养老养生是其固有功能;③其业务运营具有不间断性;④其主要的运营客体具有固定性;⑤具备完善的生产体系、运行体系、经营体系、生态体系、服务体系等支撑体系。

2 需要建立一批真正意义上的田园综合体

2.1 建设田园综合体是城乡一体化的必然要求

建设田园综合体是乡村振兴、农村农业快速发展的客观要求,是乡村振兴战略的必然要求。当前,农村、农业、农民的发展滞后于城市的发展。农村农业的发展已经到了需要转型升级、全面创新跨越式发展阶段。

建设田园综合体是实现新旧动能转换的创新方式。随着城乡一体化的进一步发展,农业如何发展、农民如何增收都面临着巨大的压力。观光园、采摘园、美丽乡村建设以及特色小镇的开发尽管在一定程度上促进了农村农业的发展和农民的增收,但是缺乏后劲、可持续性差、缺乏系统性,不能实现全面发展。

建设田园综合体是实现农村居民和城市居民的供给侧和需求侧的有机统一。随着经济社会的发展,农村空心化、老龄化愈来愈严重,越来越多的年轻人离开农村奔向大城市享受城市现代化的生活,农村的社会功能退化、公共服务劣质化,农村的供给侧弱化。城镇居民经济收入的提高使其对乡村生态旅游、农业休闲、农事体验的需求越来越强烈。田园综合体作为一个平台将城乡居民的供给侧和需求侧有机统一。

2.2 需要建设基于医养融合的养老(养生)的高端创意性田园综合体产业

首先,将田园综合体建设成为一个高端医养融合的养老(养生)产业。充分利用本地自然地理条件、生态环境和中医优势,引入社会资本,引进优秀的企业,把医养融合的养老(养生)产业化、高端化,优化经济结构,促进经济发展。

其次,将田园综合体建设成为一个城乡居民热衷参与的,集农事体验、旅游休闲、文化学习为一体的园区。田园综合体需要多维度发展,不仅可以作为高端产业优化经济结构促进经济发展,也可以为城乡居民提供生产、生活、生态、休闲的园区,实现人与自然和谐相处。

3 发起乡村振兴攻势,打造一个基于医养融合养老(养生)的田园综合体样板和示范区

3.1 加强组织领导,在农业农村部门设立部门联席会议办公室

基于医养融合养老(养生)田园综合体是以农业现代化为基础,一、二、三产业深度融合的第六产业,其建设将会涉及财政部门、民政部门、医保部门、社保部门、人事部门、文化旅游部门、国土资源部门、生态环境部门等部门的协调和落实。

3.2 加强规划制定,有序推进田园综合体建设

制定中长期《田园综合体规划》。准确确定阶段性任务,发起攻势集中力量解决当前样板和示范区建设。把握节奏梯次推进田园综合体建设,最终建设一个国内先进、国际知名的田园综合体。

3.3 加大政策的支持力度,优化激励政策

田园综合体的建设需要政府引导、市场主导、企业参与。政府加强国土资源的规划建设、招商引资的政策优惠实施、金融融资渠道畅通以及税收支持。在土地供应上,深化农村土地制度改革,统筹

协调农村土地征收和流转、集体经营性建设用地入市。市场化主导政府和企业的参与，建立企业准入程序、风险控制和分担模式。深化异地医疗保险结算制度，完善相关土地配套政策。优化招商引资的激励政策。

3.4　打造一个基于医养融合养老（养生）的田园综合体样板和示范区

对于建设田园综合体没有现成的政策和成熟的经验，如何建设田园综合体、建设什么样的田园综合体是一个摸索过程。因此，有必要通过试点形成能够在全市乃至全省可复制、可推广的田园综合体样板和示范区。

构建国际领先的基于中医药医养融合的田园综合体，其中，国际中医药产业将以田园综合体作为主体目标；基于医养融合养老（养生）田园综合体的功能定位是以中医药医疗康复、科技研发和养生管理为核心，中医养生养老、文化体验、休闲旅游以及相关服务综合配套等功能相辅助；通过建设和运营基于医养融合养老（养生）的田园综合体，服务于国际寻医客户及辐射周边，引领健康产业高端化和健康生活新风尚。

突出生态主题，延长生态产业链条，包括生态修复产业、生态种养殖产业、生态养生健康产业等，以医、养产业为主导，引领一、二、三产业有机融合。定位多平台协作，创新医养融合，挖掘并发挥区域优势，促进经济结构转型升级。通过第一产业发展特色农业产业化，带动城乡统筹；第二产业创新驱动、转型升级、跨越发展；第三产业发展现代服务业，形成产业集聚与经济辐射效应。充分发挥好中药材种养殖、休闲旅游的基础产业优势，着力培育医养融合的生态养生健康主导产业，积极发展现代农林业、历史人文民俗旅游、文化创意、山地体育运动等新兴产业形态，拓展产业线条，增强产业内涵，实现产业融合化、品牌高端化。

参考文献

[1] 卢贵敏.田园综合体试点：理念、模式与推进思路[J].地方财政研究，2017(7)：8-13.
[2] 李铜山.论乡村振兴战略的政策底蕴[J].中州学刊，2017(12)：1-6.

作者简介：孙启泮，青岛市社会科学院，副研究员
通信地址：青岛市市南区山东路12号甲，帝威国际大厦603室
联系方式：sunqipan@163.com

借鉴先进经验推进青岛市分级诊疗的思考

于淑娥

（青岛市社会科学院，青岛，266071）

摘要：健康越来越成为全体居民的追求。新一轮医改以来，青岛市以推进分级诊疗、现代医院管理、全民医保、药品供应保障、综合监管"五项制度"建设为重点，推动全市医改工作取得了明显成效，但与人民群众的卫生健康需求和社会各界的期待相比，还存在一定的矛盾和问题。本文以调查问卷为依托对青岛市分级诊疗情况及存在的问题进行分析，借鉴国内外先进经验，提出对策建议。

关键词：分级诊疗；先进经验；思考；青岛市

新一轮医改启动以来，青岛市以推进分级诊疗、现代医院管理、全民医保、药品供应保障、综合监管"五项制度"建设为重点，推动全市医改不断向纵深发展。《青岛市分级诊疗制度建设实施方案》2016年颁布实施，围绕保基本、强基层、建机制的总体要求，提出"不断完善医疗服务体系分工协作机制和科学保障机制，逐步建立基层首诊、双向转诊、急慢分治、上下联动的分级诊疗模式"，"到2020年，建立健全符合青岛市实际的分级诊疗制度"。截至2018年6月底，全市19所三级医院全部参与医联体建设，分级诊疗居民与基层医疗机构签约率常住人口为31%、重点人群达58%。为了征集青岛市居民对青岛市分级诊疗的有关信息，笔者在青岛市所辖10个区市，采取入户一对一调查形式进行了问卷调查，回收有效问卷1000份。统计分析如下。

1 青岛市分级诊疗基本情况调查

1.1 居民对分级诊疗持肯定态度

当问及"您对分级诊疗的看法"（多项选择，限选3项）时，持肯定态度的占绝对多数，共有1157人次。其中有33.1%的被访者认为可以"促进医疗资源下沉，提升基层服务能力"，23.0%的被访者认为"分级诊疗有利于调整和优化卫生资源布局，提高医疗资源配置和使用效率"，33.8%的被访者认

为"解决人民群众看病就医问题，增强人民群众获得感"，25.8%的被访者认为"分级诊疗制度应大力推进"。仅有12.8%的被访者认为"就是搞形式，没有实际意义"对分级诊疗持否定态度。当然，40.5%的被访者认为"分级诊疗效果不明显，看病难、看病贵依然存在，还有很大改革空间"，28.9%的被访者认为社区医疗机构"全科医生太少，满足不了基层民众需要"，24.9%的被访者认为"需要和大医院建立实际的医联体才可能从根本上解决问题"。

1.2 居民与社区及基层医疗机构签约不高

当问及"您是否与社区医疗机构签约"时，55%的被访者回答"是"，但仍有45%的被访者没有签约；而被访者未签约的原因则集中在"对医生水平不信赖，怕误事""药品品种不全"和"医疗服务项目有限"三个方面，也有不少被访者将"社区医院药品价格贵，没有宣传的那样好"排在前三位。

2 存在的主要问题及原因分析

2.1 近1/2被访者未与社区医院（基层医疗机构）签约

如上居民未签约的原因，说明基层医疗卫生机构服务能力不足，难以满足群众医疗需求，大部分基层社区卫生机构就医人数较少，到大医院看病仍是很多患者的首选。调查显示，在"您不舒服时首

选的医疗机构是哪里"，44.5%的被访者选择"市级大医院"，近30%的被访者选择"县（区）级医院"，两者之和为72.5%，就是说近2/3的被访者首选医疗机构在县（区）级以上，选择"社区卫生服务中心/乡镇卫生院""社区卫生服务站/村卫生室"占的比较低，分别为10.90%和11.30%。

2.2 家庭医生签约服务刚刚起步，一些医联体实际运营效果不佳，分级诊疗的制度尚需推进

调查显示，对于"您选择医疗机构的标准和原因是什么"这一问题，"医疗水平高""离家近"和"有知名专家"是被访者最看重的选择标准，占比分别达51.7%、46.1%和33.3%。紧随其后的两个选择标准和原因为"医疗费用低"和"医保定点医院"，选择人数占比分别达28.5%和24.4%。在签约的被访者中，"签约后感觉""很方便，社区拿药不用挂号排队"（占据第一位），"医生服务好，看病耐心细致"占第二位，而"就医环境好"和"向大医院转诊方便快捷"等选择人数很少。

2.3 基层医疗机构与大医院医保目录不统一，有些药品在社区卫生机构配不到，影响了分级诊疗的开展

3 国内外先进经验

3.1 国外分级诊疗的经验

国外不同国家分级诊疗模式选择有其不同的主导力量。英国推行的主要是政府主导下的分级诊疗模式。美国的分级诊疗制度普遍实行按病种组付费的支付方式，除了兼顾政府、医院、患者各方利益，还能约束患者的就医行为，有利于双向转诊的有序进行。日本则通过将医疗机构进行精细的分类，构建了区域医疗三级医疗圈，形成了医疗供给方主导的分级诊疗制度。各国的分级诊疗制度虽然主导力量不同，但都有其制度共性：一是严格的转诊制度，高等级医疗机构几乎不设门诊，患者绝大部分都来自下级医疗机构的转诊；二是强大的基层医疗服务能力支撑；三是明晰的激励约束补偿机制。

3.2 国内试点省市分级诊疗实践探索

国内分级诊疗试点省市，都结合各地实际采取了不同的模式。

3.2.1 首诊在社区

上海的社区疗试医疗机构组合（即1家社区、一家二级医院、一家三级医院）签约最为典型，居民签约后，可享受家庭医生提供的8项服务。以便捷配药为例，很多患者不愿到基层就诊是因为基层药品种类不齐全。而签约后，居民将享受"长处方"或"延处方"待遇。长处方，即对诊断明确、病情稳定、需要长期服药的签约慢性病患者可一次开具治疗性药物1~2月药量；延处方，即签约居民需要延续上级医疗机构长期用药医嘱的，家庭医生可以开具相应处方。杭州围绕"患者愿意去、基层接得住、医院舍得放"的目标做好制度设计，广州市、青海省、甘肃省则通过支付手段来干预"盲目看病"、限制病人流向等，基本建立了分级诊疗制度。

3.2.2 培养和吸引全科医生到基层医疗机构服务

基层医疗机构在分级诊疗体系中的作用不言而喻，但它们所需的全科医生却是医疗系统中的稀缺资源。全科医生又称家庭医师或家庭医生，一般是以门诊形式处理常见病、多发病及一般急症的多面手。社区全科医生工作的另一个特点是上门服务，全科医生常以家访的形式上门处理家庭的病人，根据不同病人情况为其建立家庭病床和医疗档案。全科医生要求知识面更广，鉴别能力更强，看病不需要借助很多医疗器械设备，主要靠经验分析。全科医生工作量特别大，内容比较杂，包括大量的健康管理工作，比如慢性病的管理，对特殊人群、残疾人和老人上门随访，家庭病床的出诊服务，传染病的防治。

上海市闵行区对家庭医生实行全面预算管理，制定了基本项目标化工作量指导标准，将社区基本服务项目分为基本诊疗、基本公共卫生服务、社区护理、家庭医生服务等6大类155项，按具体内容不同形成311项标化工作。基层医务人员在年初自行规划1年的工作总量，通过上级部门的审核，形成预算审批表。通过日常记录，数据会导入社区卫生综合管理平台，自动生成实际绩效，进行薪酬分配，同时进行全程监管和评定。通过全面预算管理，将工作时间、强度、风险等联系起来，调动了基层医务人员积极性,提高了基层服务水平。

3.2.3　分级诊疗从慢病先行的厦门经验

所谓慢病,是指慢性非传染性疾病。厦门市推出"三师共管"模式,即由1名三级医院的专科医师、1名社区卫生中心全科医生或中医和1名经培训认证的健康管理师组成团队,为入网的慢性病患者提供定制化、连续性诊疗。其中,"三师"分工明确:专科医师负责诊断、制定个体化治疗方案;全科医生或中医负责执行诊疗方案,掌握病情变化,随时处置或中药调理,将病情控制不良的患者信息及时反馈至专科医生;健康管理师负责日常随访与健康教育,并安排随诊时间及双向转诊事宜。慢病下到基层后,又专门出台政策使社区慢性病用药和三级医院基本一致。"三师共管"慢病患者下沉明显:三级大医院以慢病为主的普通门诊量下降约15%,基层诊疗服务量则提升约36%。

4　推进青岛市分级诊疗制度改革的建议

针对分级诊疗制度建设中的关键环节,应集中解决好制约分级诊疗的"瓶颈"问题,推进城市紧密型医联体和县域医共体建设,加强基层医疗服务体系建设,做实、做细、做优家庭医生签约,提升服务能力,增强群众医改获得感。

4.1　完善分级诊疗需加强基层医疗机构软硬件建设,提升基层医疗服务机构服务能力和服务质量

调查显示,被访者对"加强社区健康服务中心医疗设施和药品配备""提升基层医疗机构医疗水平"的建议最多,其次是"改进基层服务机构的服务态度和医生的医德医风"及"各级医疗机构实行差别化发展"。可见,青岛居民(被访者)认为完善分级诊疗制度,提升青岛市基层医疗机构软件(医疗水平)硬件(医疗设备和药品配备)设施至关重要。市民选择大医院、不选择基层医疗机构,根本原因也在于目前基层医疗机构的医疗水平尚未得到市民的充分认可。为此,一是实施社区医疗机构全科医生队伍优化提升工程。通过优化增量、提升存量、提高基层医疗人员待遇,提升基层医疗机构的

公共卫生服务能力。二是加强基层医疗机构的药品和设备配备。完善基本药物目录,保障基层医疗机构医保目录药品的供应。三是提升基层医疗卫生机构中医药服务能力和医疗康复服务能力,加强中医药特色诊疗区建设,充分发挥中医药在常见病、多发病和慢性病防治中的作用。

4.2　建设符合青岛实际的医联体

在大力提升基层医疗机构服务能力、培养高水平全科医生的同时,加强符合青岛实际的医联体建设,实现不同级别、不同类型医疗机构之间的有序转诊,完善双向转诊,有序推进分级诊疗制度。

4.3　探索建立分级诊疗长效机制

落实政府办医责任,协调好领导、保障、管理、监督等各方面的责任。加大医药采购使用的监管力度,加强医疗服务质量和安全等重点领域的监管,特别是对疫苗和一些关系到生命安全的药物,必须进一步加大监管力度。建立长效激励约束机制,促进优质医疗资源下沉,把分级诊疗做到实处,有效解决老百姓看病难、看病贵的问题。

参考文献

[1] 青岛市人民政府办公厅.关于印发青岛市分级诊疗制度建设实施方案的通知[EB/OL]. http://www.qingdao.gov.cn/n172/n68422/n68424/n31280703/n31280705/160929162127684678.html,2016-09-29.

[2] 肖月,赵琨,史黎炜,丁千.浅析分级诊疗体系建设国际经验[J].中华医院管理杂志,2015(9):645-647.

[3] 徐慧玲,丁秀伟.上海"海"647签约模式"接地气"守护居民健康[EB/OL].https://www.sohu.com/a/127333913_1147312017-02-27.

[4] 灵犀.上海闵行区试点改革凸显家庭医生年收入提升[EB/OL].微医全科,http://www.sohu.com/a/237538372_456048,2018-06-24.

[5] 薛志伟.厦门市"三师共管"创新健康管理[EB/OL].http://news.163.com/16/1130/07/C73PU14B000187V8.html2016-11-30.

作者简介:于淑娥,青岛市社会科学院,研究员

通信地址:青岛市市南区山东路12号甲,帝威国际大厦603室

联系方式:yuse63@163.com

微信平台知信行健康教育对高血压患者自我管理行为及生活质量的影响

摘要：为探讨基于微信平台知信行健康教育对高血压患者自我管理行为及生活质量的影响，2016
年1月至2017年1月选择在我院进行治疗的120例高血压病患者进行研究。采用随机数字表法将
患者分为2组，每组各60例。对照组与观察组分别行常规健康教育，基于微信平台的知信行健康教
育。以干预前后血压、自我管理行为及生活质量作为评价指标。结果显示：干预后两组收缩压与舒张
压均明显下降（$P<0.05$），但观察组下降幅度明显大于对照组（$P<0.05$）。干预后两组自我管理及生
后质量均明显升高（$P<0.05$），且观察组升高幅度更大（$P<0.05$）。基于微信平台知信行健康教育较
传统健康教育可明显控制高血压患者血压，提高其自我管理行为，改善生活质量。

关键词：微信；知信行；健康教育；高血压

高血压是以体循环动脉血压增高、伴有心脏等重要脏器功能或器质性病变的临床综合征，高血压被公认为心脑血管病最主要的危险因素，随着人口老龄化，高血压的患病率明显上升。[1,2]随着高血压研究的不断深入，高血压病患者的生活质量逐渐被人们所关注，改善高血压患者的生活质量已成为治疗的主要目的之一。调查数据显示，我国高血压患者自我管理能力较差，是影响其生活质量的一个重要因素。自我管理行为与患者疾病相关知识、信念及行为有着密切的关系，只有掌握充分的知识，建立健康、积极的信念才可主动形成有益健康的行为。[3]知信行模式是指通过获取知识，形成正确态度及监理健康行为。[4]微信是腾讯公司开发的一种即时通讯工具，已被广泛运用于冠心病等多种疾病的延续性护理中，但基于微信平台对高血压患者进行知信行健康教育方面的研究较少，因此本研究旨在为高血压患者的管理提供新的思路。

1 资料与方法

1.1 一般资料

选择2016年1月至2017年1月在我院进行治疗的120例高血压病患者进行研究。纳入标准：①符合《美国2014年美国成人高血压治疗指南》[5]中原发性高血压的相关诊断；②读写功能正常；③患者已同意；④拥有智能手机并会使用微信进行聊天；⑤可与医护人员沟通无障碍，并配合医护人员的治疗。排除标准：①重要脏器严重疾病患者；②无法独立生活者；③恶性肿瘤患者。采用随机数字表法将患者分为2组，每组各60例。其中对照组男性36例，女性24例；年龄42～68岁，平均（57.39±4.27）岁；病程8.25±1.28年。对照组男性33例，女性27例；年龄40～66岁，平均（55.21±4.61）岁；病程8.73±1.05年。两组患者性别、年龄、病程等一般资料差异均无统计学意义（$P>0.05$）。

1.2 方法

对照组采用常规健康教育：主要在输液前、入

院后及出院前对患者通过语言教育、健康处方等方式进行宣教,宣教的内容主要为高血压病的基础知识、配合治疗的重要性、高血压的常规治疗方法及用药常识,日常注意事项等。观察组则采用基于微信平台的知信行健康教育,具体步骤如下:(1)①成立微信平台健康教育小组:以自愿为原则报名选取3名护理人员、1名医师组成健康教育小组,投票选举一名组长负责人员安排与分工。②小组成员到已开展过知信行健康教育的单位学习等方式进行学习,根据查阅文献、外出学习及预试验的结果制定健康教育方法、内容、实施细则及步骤,制定了《微信平台知信行健康教育标准化操作规程》,对小组成员进行统一培训。(2)①实施步骤:知识宣教:在患者入组时首先对其进行高血压疾病相关知识了解程度的评估,通过微信"一对一"语音、视频等对患者知识薄弱处进行补充,同时对患者当前需要解决的健康问题及自我管理方法进行宣教,通过循序渐进、多次讲解等方式让患者知识得到巩固。另外,可通过图片展示,以及将专家授课内容制作成视频短片等形式宣教,但注意将视频短片控制在15分钟以内,每次讲授1~2个关键知识点即可,避免因时间过长而引起患者的反感。还可通过微信公众号定期推送一些高血压病未得到良好控制而发展为心血管疾病的"负面教材"以引起患者的警惕。②信念培养:在对患者进行高血压疾病态度评估的基础上对其进行正确信念的培养。主要通过网络访谈的形式,每两个月对患者访谈30分钟左右。在首次访谈时先以轻松的谈话建立与患者良好的信任关系,并就患者的评估情况与其进行分析,指出态度、信念方面错误的地方,对不按时服药的患者了解其未按时服药的原因,协助患者通过设置手机闹钟等方式解决,同时与患者探讨按时按量服药的重要性。在后续的访谈中侧重于改变患者对于高血压的错误观念,形成良好的态度,向患者展示遵循科学治疗方式患者的治疗效果,同时邀请患者家属共同参与对患者信念的提升,对于态度明显改变的患

者及时地进行鼓励与赞扬,维持其信心。③行为引导:对患者术后的心理、饮食、运动、自我监测等方面根据患者个人情况给予个性化饮食处方及运动处方,同时通过建立病友微信群使患者之间加强交流,将观察组患者每5人分为1个小组,由小组成员选举出一名组长通过微信运动等工具对患者运动情况进行监督,当患者连续3天未达到要求时及时地进行干预,加强患者间的互相监督从而使患者形成良好的自我管理行为。两组患者干预时间均为1年。

1.3　评价指标

以干预前后血压、自我管理行为及生活质量作为评价指标。①血压测量:测量前30分钟避免吸烟、喝茶及剧烈运动,在休息5分钟后取仰卧位进行血压测量3次后取平均值。②自我管理行为:采用刘宁等编制的《高血压病人自我管理量表》[6]。该表共4个维度,共21个条目,每个条目1~5分,总分21~105分,得分越高则自我管理水平越高。该表总Cronbach's α系数为0.854,内容效度指数为0.976,各条目因子最大负荷值均在0.4以上。③采用SF-36量表[7]对患者生活质量进行对比,该表分为8个领域共36个条目,每个条目1~5分,总分36~180分,得分越高则生活质量水平越高。该表8个领域Cronbach's α系数为0.60~0.90,方差累计贡献达65.4%,各领域相关系数为0.60~0.93。

1.4　统计学方法

采用SPSS22.0统计学软件进行数据分析,计数资料采用卡方检验,计量资料采用 t 检验,均以 $P < 0.05$ 认为差异具有统计学意义。

2　结果

2.1　两组患者干预前后血压对比

干预后两组收缩压与舒张压均明显下降($P < 0.05$),但观察组下降幅度明显大于对照组($P < 0.05$)。结果见表1。

2.2　两组自我管理行为及生活质量对比

干预后两组自我管理及生后质量均明显升高

（$P<0.05$），且观察组升高幅度更大（$P<0.05$）。　结果见表2。

表1　两组患者干预前后血压对比

组别	舒张压		收缩压	
	干预前	干预后	干预前	干预后
对照组（$n=60$）	143.02±12.17	141.02±8.95	88.20±7.81	83.27±9.08
观察组（$n=60$）	145.09±11.88	122.09±8.17*	86.92±8.06	72.29±7.38*
t 值	−1.093	3.142	1.229	6.293
P 值	0.336	0.009	0.271	0.000

注：干预前后两组对比 $P<0.05$。

表2　两组自我管理行为及生活质量对比

组别	自我管理		生活质量	
	干预前	干预后	干预前	干预后
对照组（$n=60$）	63.28±6.92	81.61±8.07*	89.75±10.25	107.59±10.03*
观察组（$n=60$）	65.03±7.31	90.17±9.05*	88.33±9.74	129.22±11.74*
t 值	−1.093	3.142	1.229	6.293
P 值	0.336	0.009	0.271	0.000

3　讨论

本研究结果显示，无论是在血压控制还是在患者的自我管理行为及生活质量方面，基于微信平台的知信行健康教育均较传统的健康教育有着明显的优势。分析原因可能与以下原因有关：高血压患者自我管理水平的提高与其高血压病相关健康之水平密切相关，基于微信平台的知信行健康教育通过将健康知识以图片、视频短片、"一对一"交谈、公众号推送短文等多种形式对患者进行宣教，使得患者更容易接受与理解。同时，微信平台可以使患者随时随地都能接受专业的健康教育，其信息还可保存并反复浏览以增强患者的记忆，再者微信还可以使患者与病友及医护人员进行交流，对于树立正确的健康态度和信念有着重要的帮助。有研究显示，通过定时向患者手机发送健康信息能够起到一定的警醒作用，另有研究者通过微信平台向患者发送健康信息和定时服药提醒发现能够提高患者的服药依从性。[8]本研究通过微信运动功能对患者每日步行情况进行监测，当患者连续3天未达到指定要求的运动量时，由小组长主动询问情况并告知医护人员，必要时进行针对性的干预，能够促使患者形成长期坚持运动的良好习惯，而提高患者生活质量。在进行微信平台知信行健康教育时应注意以下几点：①在对患者进行"一对一"交流时，注意时间的选择应避开患者工作或休息时间，可选在晚7～9点这个时间段进行。②为了避免耽误患者休息，每次视频交谈时间控制在30分钟左右，健康教育宣传短片长度控制在15分钟以内，同时注意语言的深入浅出以便让大部分患者可以接受。

综上所述，基于微信平台知信行健康教育较传统健康教育可明显控制高血压患者血压，提高其自我管理行为水平、改善生活质量。本研究样本量较小且指标较为单一，后续将增加样本量与指标深入研究。

参考文献

[1] Sundström J, Arima H, Jackson R, et al. Effects of blood pressure reduction in mild hypertension：a systematic review and meta-analysis[J]. Ann. Intern. Med., 2015, 162(3)：184

[2] 俞蔚，杨丽，严静，等. 浙江省3市社区居民高血压前期流行病学调查[J]. 中华流行病学杂志, 2013, 34(11)：1059-1062.

[3] 张振香，李艳红，张秋实，等. 中年高血压患者自我管理现状及影响因素分析[J]. 中国全科医学, 2012, 15(2)：117-119.

[4] 江红芳. 知信行健康教育模式在老年高血压合并糖尿病病人中的应用[J]. 全科护理, 2016, 14(26)：2790-2792.

[5] 梁峰,胡大一,沈珠军,等.2014年美国成人高血压治疗指南[J].中华临床医师杂志:电子版,2014,8(2):70-76.

[6] 刘宁,张婧珺,鱼星锋,等.高血压病人自我管理量表的研制与信效度检验[J].护理研究,2015,(14):1764-1767.

[7] 潘雁,叶颖,朱珺,等.应用SF-36量表分析高血压患者生命质量(QOL)的影响因素[J].复旦学报(医学版),2014,41(2):205-209.

[8] 李香风,刘薇.微信对改善癌症患者疼痛强度及服药依从性的效果评价[J].中华护理杂志,2015,50(12):1454-1457.

作者简介:赵丽,青岛西海岸新区中心医院血液内科肾内科护士长,主管护师

通信地址:青岛市黄岛区黄浦江路9号

联系方式:1974mu@163.com

青岛西海岸新区餐饮具消毒状况抽样调查报告

梁永革　李　妮　薛　君　祝　聪

(青岛西海岸新区药检所,青岛,266555)

摘要:为了解青岛西海岸新区中小学食堂、幼儿园食堂、配送餐单位餐饮具和集中消毒餐饮具的卫生消毒状况,为一线监管提供依据,保障受众饮食安全,本文随机抽样,采用大肠菌群纸片法进行无菌采样和实验室检测,并结合现场抽样时发现的问题,对检测结果进行汇总分析,剖析原因和存在的问题。结果表明,在高风险餐饮业及集中消毒餐饮具管理中,存在一些亟待解决的问题,应切实加强管理。

关键词:餐饮具;卫生消毒;检测;管理

餐饮具的卫生消毒状况,直接影响就餐人员的身体健康[1],在实际生活中,又容易被忽视。为引起监管、业内、用餐等各层面的重视,形成社会共治的局面,减少肠道传染病和食源性疾病传播,2018年9~12月,我们选择风险程度高、受众群体特殊、与基层群众关系密切的环节和产品,开展了青岛西海岸新区高风险餐饮业及集中消毒餐饮具随机抽样检测和现场检查,并将情况分析进行报告和论述。

1　方法

1.1　抽验检查对象

随机抽取青岛西海岸新区已取得餐饮服务许可证的62家餐饮单位,其中,高中、初中、小学、幼儿园食堂40家,配送餐单位10家,使用集中消毒餐饮具的小餐饮店12家。

1.2　抽验检查方法

1.2.1　采样方法

采用大肠菌群纸片法《GB14934-94 食(饮)具消毒卫生标准》[2]进行采样。随机抽取被抽验单位消毒后待用餐饮具,每单位抽取5~10份不等数量的样品。按照GB14934—94要求,将纸片用无菌生理盐水润湿后,立即贴于餐饮具内侧表面,每件样品贴纸两张(25 cm²/张),30 s后取下,放入无菌塑料袋内带回实验室进行培养。筷子每5根为1件样品,按无菌操作要求,将纸片用无菌生理盐水润湿后,立即用筷子进口端5 cm抹拭纸片,每份样品抹拭2张纸片。

1.2.2　检验方法

将已采样的纸片置于37℃恒温培养箱中培养16~18 h,取出观察结果。若纸片变黄,在黄色背景上出现红色斑点或片状红晕则为大肠菌群阳性。若纸片保持紫色不变,为大肠菌群阴性,表明无大肠菌群生长。

1.2.3　检查内容

采用现场查看、询问的方式,对餐饮具的消毒方法、保洁方法、消毒和保洁设施的使用情况进行现场检查,汇总分析检查、检测发现的问题。

2　结果

本次抽验共抽取样本438批次,产品总合格率达到81%。其中:高中、初中、小学及幼儿食堂自行消毒餐具232批次,合格180批次,合格率77%;配餐公司自行消毒餐具56批次,合格44批次,合格率78.6%;集中消毒餐具112批次,合格107批次,合格率95.5%;小餐饮自行消毒餐具38批次,合格24批次,合格率63.2%(见表1)。

表1　餐饮具抽验结果汇总表

单位性质	消毒方式	抽样批次	合格批次	占百分比(%)	不合格批次	占百分比(%)
高中食堂	蒸汽消毒	43	25	58.1	18	41.9
	84消毒	8	2	25.0	6	75.0
初中食堂	蒸汽消毒	103	97	94.2	6	5.8
	84消毒	8	5	62.5	3	37.5
小学食堂	蒸汽消毒	60	45	75.0	15	25.0
幼儿园食堂	蒸汽消毒	10	6	60.0	4	40.0
配餐公司	蒸汽消毒	56	44	78.6	12	21.4
集中消毒	集中消毒	112	107	95.5	5	4.5
小餐饮	热水、84消毒	27	15	55.6	12	44.4
	蒸汽消毒	11	9	81.8	2	18.2
合计		438	355	81.1	83	18.9

3　讨论

本次抽验结果表明,青岛西海岸新区餐饮业各环节餐饮具的卫生消毒状况总体情况还是比较好的,但从现场检查情况看,高风险餐饮业餐饮具的卫生消毒情况,并不像数据反映的那样乐观,与国家规定的餐饮具消毒合格率应该在90%以上还有差距[3],并存在一些亟待解决的问题。具体情况讨论如下。

3.1　各层面重视程度不够

目前,对餐饮具卫生消毒的管理,往往停留在口头重视的层面上。在实际工作中,各层面均不同程度地忽视了该项工作的重要性,出现了监管者没有把这项工作列入重点监管内容,餐饮单位、集中消毒单位管理者没有给予足够的重视,餐饮单位、集中消毒单位具体工作人员洗消毒工作落实不到位等现象。

餐饮具消毒是预防肠道传染病,切断食源性疾病传播的重要手段之一。对此,无论是监管部门,还是餐饮单位、餐饮具集中消毒单位,都必须引起高度重视。建议充分发挥三磷酸腺苷(ATP)快检仪器的作用,将餐饮具卫生消毒情况纳入日常监管的必查项目,引导和督促餐饮单位重视和加强餐饮具的卫生消毒管理。

3.2　卫生消毒常识不足

从抽样检测的情况来看,大部分一线工作人员,尤其是餐饮具洗、消毒操作人员操作不规范,不严格执行"一洗、二清、三消毒、四保洁"的制度[4];刷洗不认真,洗后的餐具常留有食物残渣和油渍;蒸汽消毒计时不准、不使用蒸汽消毒,药物消毒浓度配比不当;对已消毒的餐饮具不入保洁柜、随意存放等问题突出,这些问题也是造成餐饮具卫生消毒不合格的重要原因。

建议把餐饮具卫生消毒法律法规及相关知识纳入培训内容,加强对餐饮单位负责人和从业人员的食品安全知识培训,不断提高其法律意识、卫生意识,并对其进一步加强餐饮具消毒和保洁的技术指导,使其正确掌握和运用高效消毒方法,提升餐饮单位管理水平和从业人员的实际操作能力,做好餐饮具卫生消毒工作。

3.3　消毒方法使用不当

表2　餐饮具消毒方法效果对比

消毒方式	抽样批次	合格批次	占百分比(%)	不合格批次	占百分比(%)
蒸汽消毒	283	226	79.9	57	20.1
热水、84消毒	43	22	51.1	21	48.9
集中消毒	112	107	95.5	5	4.0
合计	438	355	81.1	83	18.9

从表2统计结果看,84消毒液、热水消毒等方法的实际效果明显低于蒸汽消毒[5]。但实际工作中,不少单位为降低成本或简化程序,仍然使用"84消毒液"、热水消毒等比较原始的方法,使消毒效果大打折扣。

建议在大、中型集体食堂,尤其是中小学校食堂及幼儿园食堂,提倡使用耐高温餐饮具,积极推行蒸汽消毒方法,减少使用84消毒液、热水、紫外线消毒等低效消毒方法,并以点带面,在全区稳步推广。

3.4　小餐饮店餐饮具管理欠规范

目前,城区的小餐馆、小吃店大部分使用自己消毒处理的餐饮具,由于消毒方法落后、消毒不规范,所以合格率较低(见表3)。农村地区的小餐馆、小吃店,大部分都使用了集中消毒餐饮具,尽管检测合格率较高,但也存在许多问题:例如集中消毒餐饮具不标明消毒日期、保质期、包装破损等,有的涉嫌洗消剂残留超标,有的索证索票制度不严格,存在使用过期餐饮具等。

表 3　城市农村餐饮具抽验情况对比表

区域类型	抽样批次	合格批次	占百分比(%)	不合格批次	占百分比(%)
城区	253	201	79.4	52	20.6
农村	185	162	87.6	23	12.4
合计	438	355	81.1	83	18.9

建议对集中消毒单位从生产、使用两个方面加强双向管理。生产方面,卫生健康部门应加强对集中消毒单位的事前、事中、事后监管;使用方面,市场监管部门应进一步加大集中消毒餐饮具使用环节的检查力度,增加抽检频率,督促餐饮单位规范对供货单位资质审查、备案、验收、保管、使用等过程的管理,确保集中消毒餐饮具始终符合卫生要求。

3.5　配餐单位餐饮具存有隐患

尽管配餐单位的餐饮具整体检验合格率较高,但并不能真实反映配送餐单位餐饮具的现状。主要原因是配餐单位普遍使用蒸汽消毒方法,在一定程度上掩盖了操作不规范、管理不规范带来的不良后果。由于配餐单位一次配餐数量大、储存运输时间长等高风险因素较多,所以仍应给予足够的重视。在抽验过程中,我们发现配餐单位普遍存在清洗不彻底、消毒后餐具存放不当、消毒与使用间隔时间太长、个别单位仍使用蒸汽消毒以外的消毒方法等问题。

对此,建议加强对集中配送餐单位餐饮具的管理,增加监督检查频次。重点是规范其清洗、消毒、保存、使用等环节的行为,确保配餐用餐饮具的卫生安全,杜绝群体性食源性疾病的发生。

参考文献

[1] 许明,赵杨.天津某区餐饮具卫生消毒质量调查[J].中国消毒学杂志,2015,32(7):689.

[2] 中华人民共和国卫生部.《GB14934-94 食(饮)具消毒卫生标准》[S].1994-01-24批准,1994-08-01实施.

[3] 吴海平,徐佩华,周晓红.县级城镇餐饮业餐具消毒效果调查报告[J].中国消毒学杂志,2013,30(5):447-448.

[4] 石彩芳,韩颖.左权县2007-2009年餐饮具卫生消毒监测结果评价[J].山西医药杂志,2011,40(3):217.

[5] 许明,赵杨.天津某区餐饮具卫生消毒质量调查[J].中国消毒学杂志,2015,32(7):691.

作者简介:梁永革,青岛西海岸新区药检所所长,主任药师
通信地址:青岛市黄岛区珠江路577号
联系方式:lyg010101@sina.com

糖尿病酮症酸中毒合并急性心力衰竭的急救与护理分析

刘东伟　庄玉群　王　坤　逄淑秀　李　娜

(青岛市西海岸新区人民医院急诊科,青岛,266000)

摘要:为探讨和分析糖尿病酮症酸中毒合并急性心力衰竭急救与护理措施,本文选取2017年1月~2017年12月我院收治的32例糖尿病酮症酸中毒合并急性心力衰竭患者为样本展开研究。根据患者的病情变化,为患者实施急救治疗,并给予全方位护理;总结患者的急救效果。结果显示,全部32例患者,经过急救与护理后,28例患者抢救成功,抢救成功率为87.5%;4例患者死亡。对于糖尿病酮症酸中毒合并急性心力衰竭患者,根据患者病情状况给予有效的治疗和急救,临床疗效较为理想,能够有效控制并发症,降低临床死亡率。

关键词:糖尿病;酮症酸中毒;心力衰竭;急救;护理

近年来,糖尿病的发病率逐年上升,对人们的健康构成严重威胁。糖尿病容易导致多种并发症,糖尿病酮症酸中毒就是较为严重的一种。该病症会损伤身体脏器功能,对生命构成直接威胁。糖尿病酮症酸中毒患者并发急性心力衰竭时,病情发展十分迅速,治疗难度进一步提升,临床上有较高的死亡率。为了进一步探讨和分析糖尿病酮症酸中毒合并急性心力衰竭急救与护理措施,我院特实施此次研究,并对结果进行分析。

1 资料与方法

1.1 一般资料

选取2017年1月~2017年12月我院收治的32例糖尿病酮症酸中毒合并急性心力衰竭患者展开研究。其中包括男性患者18例,女性患者14例,患者中年龄最大者为86岁,年龄最小者为55岁,平均年龄为(67.8±4.7)岁。

1.2 方法

1.2.1 治疗酮症酸中毒

治疗酮症酸中毒的关键是要控制血糖。首先将250~500 mL生理盐水与12~24 U胰岛素混合后为患者实施静脉滴注;滴注期间要加强巡视,为患者半小时测量一次血糖,并根据血糖状况调整胰岛素使用量;如果治疗后短时间血糖无变化,应加倍胰岛素使用量。患者的血糖水平控制到13.9 mmol/L以下,则可暂停胰岛素滴注。在此过程中,患者的血糖下降速度应当控制在每小时下降3.9~6.1 mmol较为合适。此后,根据医师制定的治疗方案,给予患者胰岛素皮下注射以控制血糖水平。

1.2.2 治疗心力衰竭

按照医师的要求,将150 mg胺碘酮与50 mL 5%的葡萄糖容易充分混合,以每小时2.0 mL的速度为患者实施静脉微量泵入,期间对患者的心电图变化保持密切关注,观测患者的心率、血压是否下降,半小时记录患者的心率、血压、呼吸等指标,医师根据记录的指标对泵入用药量做适当调节。

2 结果

全部32例患者,经过急救与护理后,28例患者抢救成功,抢救成功率为87.5%,4例患者死亡。

3 急救护理

3.1 氧疗

患者入院确诊后，迅速为患者实施吸氧，根据患者的实际状况决选择鼻导管或者面罩，决定给氧速度；患者病情严重，剧痛难忍的情况下，为患者提供 5～6 L/min 的氧流量，并且将氧浓度控制在 40％左右；病情稳定以后，可将氧流量逐步调整到 3～4 L/min。通过给予患者氧疗，能有效缓解患者心肌缺氧的状况。所以，氧疗是面对急性心力衰竭患者的首要急救措施。

3.2 建立静脉通路

对于该类患者，必须迅速为患者建立静脉通路，条件允许的情况下实施静脉留置针穿刺，该操作对于急救成功与否至关重要。通过静脉同路建立，能够以最快速度为患者输注急救药物，从而实现治疗效果。此外，观察患者的实际状况需要的情况下，至少要建立两组静脉通路，以保证抢救治疗。此后，要随时检测患者静脉通路的畅通性，确保给药及时有效。

3.3 用药护理

在抢救患者的过程中，要保证遵医嘱用药，并做好用药护理，同时将除颤器、相关抢救药品准备好。①胺碘酮由于具有较强的刺激性，容易使患者产生不良反应，所以用药后，要严密观察患者的状况，最大程度降低由于护理不当而引发的不良反应。②使用地高辛之前，必须对患者的脉搏实施测量，低于 60 次/分钟的患者禁用地高辛；并且次地高辛的治疗量与中毒量之间差异不大，容易导致患者中毒，所以用药后，要仔细观察患者是否出现中毒反应，比如视觉模糊、胃肠道反应等。[1]③利尿剂使用后，患者容易出现口感、乏力、皮肤失去弹性等症状，这些症状都是低血钾症状，所以使用利尿剂后，要做好补钾预防工作。

3.4 胰岛素护理

使用胰岛素的过程中，要根据患者的体重、饮食状况，对胰岛素用量做出合理调整，血糖有效控制以后，每天至少测量 3 次血糖，作为医师调整胰岛素用量的依据。另外，要严格观察患者是否出现低血糖症状，特别是置泵 3～7 天内，容易发生低血糖反应。[2]

3.5 心理护理

患者由于心力衰竭，会产生各种痛苦情绪，尤其会产生濒死感。护理人员要及时与患者沟通，给予患者治疗的信心，保持良好的配合。

4 小结

综上所述，对于糖尿病酮症酸中毒合并急性心力衰竭患者，根据患者病情状况给予有效的治疗和急救，临床疗效较为理想，能够有效控制并发症，降低临床死亡率。

参考文献

[1] 张大惠. 胺碘酮治疗心衰合并心律失常患者的护理体会[J]. 医药前沿，2012, 2(11)：732-734.

[2] 刘薇. 糖尿病患者控制血糖的护理体会[J]. 现代医学杂志，2011, 18(8)：45.

作者简介：刘东伟，青岛西海岸新区人民医院，急诊科副主任，主治医师

通信地址：青岛市黄岛区人民路 287 号

联系方式：58104367@qq.com

刺络疗法在治疗脑血管疾病中的应用

刘世勤

（青岛市老科学技术工作者协会，青岛杏林医药连锁有限公司，青岛，266000）

摘要：刺血疗法有着悠久的历史，是古代人在生产劳动中发明创造出来的。该疗法适用于"病在血脉"的各种疾患。刺血疗法在临床上是常规消毒后用三棱针或采血针在其穴位或部位进行针刺的一种方法，其手法要轻、准、快，刺血的深度一般0.1～0.2寸，不宜过深。一次刺血出血量一般在1～10 mL。对治疗脑血管中的疾病疗效显著，深受患者的好评。

关键词：刺络法；治中风；疗效快

刺络疗法也称针刺疗法，古代称为"启脉"，是中华民族的劳动人民在长期生产生活中经验的积累，有着悠久的历史，它对保障人民的身体健康起着重要的作用。

在旧石器时代，人们就用"砭石"在体表割开出血或割开排脓，来治疗各种疾患。到新石器时代，人们使用竹子或骨骼做成各种针具，来治疗疾患。到了仰韶时期，出现了陶器，人们就用破碎的陶瓷片进行放血治疗各种疾病。早在2000多年前的《黄帝内经》就记载有九针疗法，即用不同的九种形状和用途针来治疗各种疾病，也为放血疗法奠定了理论和临床基础。晋代皇甫谧编写的《针灸甲乙经》、金元朝的罗天益撰写的《卫生宝鉴》、明清时期杨继洲的《针灸大成》、清代的《痧胀玉衡》等均都有论述。近代以来，特别是1949年以后，刺络疗法得到长足的发展，目前在临床治疗各种疾病多达100多种，对人民的身体健康起到积极的促进作用。

1 刺血疗法的作用机制

刺血疗法是以中医基础理论指导下，依据经络学说和气血学说为理论，通过刺络放血祛除邪气达到活血祛瘀、调和气血、散寒止痛、平衡阴阳和恢复正气的一种内病外治方法，具有见效快、疗效高的作用。

《灵枢·海伦》指出："内属于脏腑，外络于肢节"，中医经络学说认为：经络具有由里及表，通达内外，联络肢节的作用，是气血运行的通道。机体的内外平衡和协调，脏腑及四肢百骸、肌肤筋脉、五官七窍各组织器官的正常生理活动及相互密切配合，都是通过经络的联系而成为一个有机的统一整体。通过经络系统协调阴阳气血的运行和平衡，使机体不断适应各种内外环境的变化，内充外固。《素问·生气通天论》指出："阴平阳秘，精神乃治，阴阳离决，精气乃绝"。《素问遗篇·刺法论》指出："正气存内，邪不可干"，是保持人体正常生理活动的需要。

中医学认为，气血是人体生理功能活动的根本。若气血运行发生障碍，就会发生气滞血瘀的状态，导致一系列的病理变化，产生一系列的红、肿、热痛等实证；或产生肢体麻木、肌肤萎缩、功能减退等虚证。

《黄帝内经》指出："血有余，则泻其盛经出其血……视其血络，刺出其血，无令恶血得入于经，以成其疾。"《针灸大成》指出："人之气血凝滞而不通，犹水之凝滞而不通也。水之不通，决之使流于胡海，气血不通，针之使周于经脉"。刺络疗法就是《黄帝内经》所指出的"通其经脉，调其气血，调虚实。"致使"经脉畅通，营复阴阳。"这就是刺络疗法的作用机制所在。

2　刺络疗法的功效

从中医理论和作用机制来看，刺络疗法归纳概括起来主要有以下几方面的功效。

一是泄热解毒。刺络放血具有很好的泄热解毒作用。如上呼吸道感染及各种炎症感染疾病引起的高热，通常在耳尖或大椎刺络放血，一般在半小时左右，体温下降 1～2 度。再如一些感染性疾病，例如急性乳腺炎、丹毒、疖肿、红丝疗及马蜂毒蛇咬伤，立即在患处或伤处刺血，即可使毒液排出，有条件再配上拔罐，可收到立竿见影的效果。

二是止痛消肿。刺络放血还有一个突出的作用就是止痛。中医认为，通则不痛，痛则不通。如刺络放血治疗神经性头疼、关节疼痛、结石疼痛、扭伤疼痛等痛症都能起到很好的止痛效果。

三是调和气血。刺络疗法具有调和气血、疏肝解郁、开窍醒神之功效。如对头痛、眩晕、尿闭，甚至惊厥、昏迷等，都可起到有效的治疗。

四是通络化瘀。刺络放血之后，达到疏通经络、畅通气血、祛除瘀滞、舒筋活络的功效，从而起到消肿、止痛、化瘀的治疗目的。在临床上广泛用于因气滞血瘀所导致的各种疼痛，如跌打损伤、软组织损伤引起的肢体肿胀、疼痛、活动受限等症状。

五是镇静安神。刺络放血有镇静安神的作用。对失眠、精神分裂症、癫痫、癔症、破伤风等都有较好的治疗作用。它主要是通过调气理血，畅通经络，舒经解郁，使脏腑气血得到恢复，使之脏腑恢复正常的生理功能。正如朱丹溪指出："气血冲和，万病不生，一有怫郁，诸病生矣。"

六是开窍醒脑。刺络疗法具有泻热、凉血、启闭开窍、醒神清脑的功效，对于晕厥，惊厥，不省人事的患者，如昏迷、晕厥、休克、高血压、中暑、毒蛇咬伤等急症，经刺血治疗后，患者立即恢复意识，转危为安，简便而有效。

七是祛风止痒。中医认为痒症是风气存在于血脉中的表现，明朝李中梓提出"治风先治血，血行风自灭"的治疗原则，各种血症刺络放血后，均可达到"行气活血、温经活血"，气、血、脉都通了，则"风"气无处留存，止痒的效果就达到了。

八是畅通气血。中医认为气为血之帅，气虚则血不能达于肢端，就会出现肢端麻木的感觉。在患侧肢端刺血后，使气血畅通，麻木就消失了。

九是提高免疫力。刺血疗法激发了人体的防御机制，调动人体的免疫功能，从而达到增强人体免疫力的功效。

3　刺血疗法在脑血管疾病中的应用

脑血管疾病主要包括头痛、眩晕（高血压）、脑卒中（中风）等疾患。

3.1　头痛

头痛分为整个头痛、前额痛、后头痛、两侧疼痛等，总称头痛。按照国际头痛学会的分类，可分为偏头痛、紧张型头痛、急性头痛、慢性阵发性半边头痛、非器质性病变头痛、头颅外伤引起的头痛、血管疾病性头痛、血管性颅内疾病引起的头痛、其他物品的应用和机械引起的头痛、非颅脑感染引起的头痛。头痛既是一种常见病症，又是一个常见症状。其病因病机是六淫之邪外袭或内伤诸疾皆可导致头痛。一是风邪侵袭，上犯巅顶，经络阻遏，或挟湿邪蒙蔽清窍而发头痛；二是情志所伤，肝失疏泄，气滞不畅，郁而化火，上扰清窍而发头痛；三是肾水不足，脑海空虚，水不涵木而发头痛；四是禀赋虚弱，营血亏虚，不能上荣于脑而发头痛；五是恣食肥甘，脾失健运，湿痰上蒙而发头痛；六是外伤跌扑，气血瘀滞，脉络被阻而发头痛。

3.2　眩晕

眩晕是一种常见自觉症状。"眩"是指眼花，轻者稍闭目休息即可恢复，重者两眼昏花缭乱，视物不明；"晕"是指头晕，轻者如坐舟车，飘摇不定，重者旋摇不止，难于站立，昏昏晕倒，恶心呕吐。其病因病机是：忧郁恼怒、恣食厚味、劳伤过度、气血虚弱。一是素体阳盛，情志不舒，气郁化火，风阳升动致肝阳上亢而眩晕；二是恣食厚味，脾失健化，痰湿中阻，清阳不升而发眩晕；三是劳伤过度，肾精亏损，不能上充于脑而发眩晕。四是病后体虚，气血虚弱，脑失所养而发眩晕。

3.3　脑卒中

脑卒中是指猝然昏仆，不省人事伴口角歪斜，语言不利，半身不遂；或不经昏仆仅以口歪、半身不遂为主要症状的一种疾病。其病因病机是风、火、痰为主因，病及心、肝、脾、肾等脏。本病的形成有以下几种因素：一是因正气不足，卫外不固，外邪入中经络，气血痹阻；二是劳累过度，肝肾阴虚，气血上逆；三是饮食不洁，恣食厚味，脾虚痰热内盛，风邪挟痰上升，蒙蔽清窍；四是五志过极、暴怒伤肝，引动心火，风火相煽，气血上冲。

综上所述，头痛、眩晕、脑卒中这三种疾病从病因病机来看，主要受外邪侵袭，内伤情志，造成经络瘀阻、脉络不通、气血瘀滞而发疾病。我们除了用常规的经典穴位治疗之外，可以在颈椎部位做刺络放血，可收到满意的疗效。其具体方法是：在颈椎第三、第四节旁开 1 寸处，采用一次性采血针刺络放血，并拔罐，留罐 5～10 分钟，每次连续放血 3 次，总共放血 5～10 mL。一般 1 次即见效。对于好转的患者也可每周治疗 1 次，一般 3 次即可收到满意的效果。然后在刺络部位进行正常的消毒处理。

刺络放血的疗效及特点：刺络放血后达到清瘀阻、通经络、行气血的效果。患者明显感到眼睛明亮，头痛、眩晕减轻，头脑清楚，眩晕者血压明显降低；脑卒中患者头脑清晰，偏瘫部位活动范围增大，效果好的当即可以行动。

以上是个人在临床上运用刺络疗法治疗脑血管疾病的一些粗浅体会和做法，与各位专家及同仁们分享。

作者简介：刘世勤，青岛杏林医药连锁有限公司，副主任医师
通信地址：青岛市市北区通榆路 49 号
联系方式：jq0528@126.com

中医辨证治疗更年期综合征

刘世勤

(青岛市老科学技术工作者协会,青岛杏林医药连锁有限公司,青岛,266000)

摘要:更年期是人进入老年时期的一种特有的症状。更年期男女都有,常见女性症状比较多。它是人体各项功能下降引起的一系列精神紧张、焦虑等症状。中医认为其肾气渐衰,冲任亏虚,天癸将竭,精血不足,阴阳失调所致。其调理原则是固肾为主,兼疏肝健脾。

关键词:更年期;固肾气;度晚年

更年期是指由中年期过渡到老年期的一个特定时期。它与性别没有关系,男性和女性都有这一生理阶段。人随着年龄的增长,身体内性激素水平不断提高,到中年以后其性激素开始不断下降,身体和心理出现相应的变化。女性更年期,也称围绝经期综合征,妇女到 45～55 岁因卵巢功能衰退直至消失,会引起女性内分泌失调和自主神经紊乱,月经消失。绝经期以后,其雌性激素快速下降,更年期的症状和体征就出现了,主要表现为月经紊乱,周期缩短或延长,经量减少或增多,还会出现头晕、心悸、耳鸣、健忘、失眠、烦躁、潮热出汗、精神疲倦、血压波动,甚至出现情志异常等症状和体征。男性多在 56 岁前后,出现雄性激素下降呈渐进性,精子生成能力自然衰退,精神与神经状况、血管功能与性功能不断减退的一系列症状,称为男性更年期综合征。其症状没有女性那样明显,主要表现为情绪不稳定、容易激动甚而抑郁、头痛、失眠、心悸、血压波动、性欲减退进而出现阳痿等现象。男性更年期症状没有女性明显。

更年期综合征历代医学界都有论述,《黄帝内经》的"素问·上古天真论"曰:"七七任脉虚,太冲脉衰少,天癸竭,地道不通,故形坏而无子也。"冲、任脉虚衰是更年期综合征的主要病理机制。妇女49 岁左右是冲、任脉功能逐渐衰退的过渡期,机体就会发生阴阳失衡。

1 女性更年期常见症状

一是阵热潮红,这是妇女进入更年期的主要症状,阵热潮红的根本原因是缺钙。由于人到更年期雌性激素下降,血液中钙的减少导致妇女一阵阵发热,脸红出汗,还会心慌头晕。

二是心血管问题。更年期会引起妇女的收缩压升高。血压升高会导致头晕头痛、眼发胀、胸闷心慌。有的妇女在更年期还会出现冠心病、糖尿病等。

三是神经障碍。表现为情绪不稳定、易怒、易激动,有时自己还难以控制;也有的表现为抑郁、失眠、不爱说话。

四是性冷淡、性功能减退。由于雌性激素水平的下降,从而产生性冷淡的症状。具体表现为阴道干燥,失去弹性,引发性生活疼痛,产生对性生活的厌倦、反感,造成性冷淡。

五是雌性激素降低造成骨质疏松。骨质疏松容易造成骨折和腰、背、四肢疼痛,还有部分会有肩周炎、颈椎病等。

2 男性更年期

"男性更年期"是西方学者海勒于 1939 年提出来的,其主要症状如下。

一是肾气减弱,精血供应日趋不足,出现了"肝阴血亏"的现象。

二是自身体质减退、疾病上身、劳逸过度、精神紧张、社会压力大的影响,导致出现一系列功能紊乱的症状。

三是由于不健康的生活习惯,如吸烟、酗酒等都会诱发更年期的提前到来。

3　中医治疗方法

中医临床上治疗更年期综合征的方法很多,如针刺、穴位注射,电针、耳针,艾灸、拔罐、中药等,在这里重点介绍针灸、耳针、中药三种方法。

3.1　针灸

取穴:百会、印堂、心俞、厥阴俞、肝俞、脾俞、肾俞、神门、合谷、足三里、三阴交、太溪。失眠加内关穴;心烦易怒加太冲穴。

治疗:采用毫针平补平泻手法,每次留针 30 分钟,每日一次,10 次一个疗程,休息 3 天,进行下一疗程,一般治疗 2 个月。

3.2　耳针

取穴:内分泌、内生殖器、肾。失眠多梦加心、耳神门、皮质下;心悸加心、交感、小肠;血压高加耳尖、降压沟、角窝上;潮热加交感、肺;耳鸣加内耳、肾。

治疗:辨证取穴 4～6 个,用王不留行籽贴压耳穴,每次取一侧耳穴,两耳交替贴压,4 天更换一次,10 次一个疗程,每天按压穴位 5 次,每次 5 分钟。

3.3　中药

辨证常分为脾肾两虚型,属于虚证型;阴虚肝旺型,属于虚中加实型两种类型。

脾肾两虚型主要临床症状:口淡、胃脘满闷饱胀、呃气、纳少、四肢软弱、无力、浮肿、肢寒、腰胀酸痛、尿频或失禁、便溏,舌苔白溃,脉沉细或沉退。

药方:生黄芪 30 g、炒白术 15 g、茯苓 20 g、砂仁 12 g、淮山药 30 g、焦三仙谷 20 g、菟丝子 30 g、仙灵脾 20 g、仙茅 15 g、覆盆子 20 g、杜仲 25 g、川断 15 g、熟地 15 g、炒白芍 20 g、芡实 20 g、炙甘草 13 g、补骨脂 15 g、茯苓皮 15 g;经血较多淋漓不尽

者加姜皮 10 g、车前子 15 g、棕榈炭 15 g、煅牡蛎 30 g、阿胶 10 g、艾叶炭 10 g。

阴虚肝旺型主要临床症状:头晕、头痛、耳鸣、眼干涩、口干苦、多梦少寐、手足发热、胸闷气短、心悸、烘热汗出、血压升高,舌苔少或苔薄而干、质红,脉细数或弦细数,还有人出现血压高。

方药:生地 20 g、赤白芍各 15 g、女贞子 20 g、麦冬 15 g、沙参 15 g、百合 20 g、石斛 15 g、黄精 15 g、山萸肉 15 g、牡丹皮 12 g、柴胡 15 g、郁金 20 g、川楝子 15 g、黄芩 15 g、菊花 10 g、泽泻 12 g、甘草 8 g、旱莲草 15 g。

加减:

血压高者加牛夕 15 g、钩藤 15 g;

失眠重者加柏子仁 15 g、炒枣仁 30 g、夜交藤 20 g、合欢花 15 g、生龙齿 30 g;

出汗多者加浮小麦 40 g、牡蛎 30 g;

胸闷气短者加瓜蒌 20 g、薤白 20 g、蒲黄 15 g、当归 20 g、川芎 12 g、桃仁 12 g。

以上方药水煎服,每日 1 付,早晚分服。

临床经验证明,以上疗法治疗更年期综合征,对于缓解更年期症状,并且对绝经期骨质疏松症有明显的预防和治疗作用。

更年期是人生的自然规律,机体为适应这些变化就会出现一些暂时的症状,经过一段时间的调整后,大多数人的症状会自然消失,重者需要服用中药调理,症状也会明显得到改善,身体得到恢复。因此,进入更年期的同志,应奔着积极的心态,放松心情来迎接更年期的各种生理和心理的变化,保持平和的心态,适量运动,均衡膳食和充足睡眠,均可顺利度过这一时期。

*作者简介:*刘世勤,青岛杏林医药连锁有限公司,副主任医师

通信地址:青岛市市北区通榆路 49 号

联系方式:jq0528@126.com

贴敷疗法在中风病症治疗中的应用

曲月蓉

（青岛市老科学技术工作者协会，青岛丰硕堂医疗有限公司，青岛，266000）

摘要：贴敷疗法有着悠久的历史，是一种传统的中医内病外治方法，在临床各科外治方法中占有重要地位。该疗法遵循"辨证、选穴、用药"的治则。选穴是提高疗效的重要方面，其主要作用是温经通络、活血祛风、利水消肿、温肺祛痰。通过在穴位上贴敷中药，使其通过皮肤进入经络，导入脏腑，直达病灶，从而激发正气，调整阴阳，达到治疗的效果。

关键词：贴敷法；治中风；疗效高

贴敷疗法是中医内病外治方法之一，又称外敷疗法、穴位贴敷疗法。该疗法有着悠久的历史，《黄帝内经·灵枢·经脉篇》就有记载。东汉时期医圣张仲景在《伤寒杂病论》中记载烙、外敷、熨、药浴等多种外治方法。晋唐时期的葛洪《肘后备急方》、唐代的孙思邈《孙真人海上方》、宋代的《太平圣惠方》《圣济总录》、明代的《普济方》《本草纲目》等均记载了较多贴敷穴位和贴敷药方。至清代，贴敷疗法发展至比较成熟阶段，形成了比较完整的理论体系，而且把贴敷疗法运用到内、外、妇、幼、皮肤、五官等各科。

贴敷疗法的特点：与口服药相比具有更加简便、实用且副作用较少。

贴敷疗法是以中医基础理论和中药学为指导，运用"外治之理，即内治之理"，将各种药物打成粉末或将药物进行提取，与其他辅料一起制成膏状，直接贴敷于皮肤、穴位来治疗各种疾病的一种方法。

贴敷疗法的作用原理是药物直达皮肤病灶而发挥药物的作用，激发全身的经气即药物通过皮毛腠理而沟通内外，循经络到达脏腑，调整脏腑气血阴阳，营养周身，抗御外邪，保卫机体，进而达到扶正祛邪的治疗疾病目的。贴敷疗法在民间流行甚广，方法颇多，归纳起来主要有冷敷法和热敷法。冷敷法是将药物降温后，直接对患处或穴位进行冷疗的方法，主要用于热毒蕴结实证，其用药物的药性多是苦寒。热敷贴法又称热熨疗法、熨疗法、热敷法、药熨等疗法，又分为干湿两种。干热敷法是将中药加热后置于袋中，趁热敷于患处治疗疾病的一种方法。湿热敷法也分两种，一种是将中药加热煮沸取其汁，用毛巾浸泡药汁中，拧成半干，敷于患处；另一种是将中药装入袋中，进行加热后，直接敷于患处。

贴敷疗法常用的剂型很多，常用有散剂、糊剂、饼剂、膏剂、丸剂、锭剂等。

贴敷疗法具有温经通络、健脾和胃、活血祛风、化瘀消肿、温肺祛痰、祛风散寒、化瘀止痛、消积导滞、通阳启闭、调和营卫、调理脏腑等功效。

贴敷疗法在治疗"中风"中的应用：中风是指猝然昏仆，不省人事，口眼歪斜，语言不清，半身身体不遂为主症的一种疾病。其特点是起病急骤，古人曰："如矢石之中的，若暴风之疾速"，症见多端，其变化速度与自然界的风性——善行数变的特点相似，故称其为"中风"，亦称"脑卒中"，《伤寒论》有"中风"病名。该病的发病率和死亡率偏高，约有80%以上的患者会留下不同程度的功能障碍，并常留下后遗症，是威胁人类生命的一大病患。

现代医学中的脑出血、脑血栓、脑栓塞、蜘蛛网下腔出血及周围性面神经麻痹等均归属中医的"中风"范围。

病因:

(1)情志郁怒:五志过极,心火暴甚,气郁化火,肝阳上亢,迫血上行,以致猝然发病。

(2)饮食不节:过食肥味甘厚,脾失健运,聚湿生痰,痰郁化热,引动肝风,夹痰上扰,致病发作。

(3)过度劳累:过度劳累,阴血暗耗,形神失养,虚阳化风扰动为患。

(4)精气亏虚:随着进入中老年,精气渐虚,出现头晕、头痛,肝肾阴虚于下,肝阳偏亢于上而致病。

(5)气候变化:本病与季节气候变化有关,特别是入冬骤然变冷,寒邪入侵,血脉循环受阻而致病。

病机:

(1)病位在脑。中风猝然昏仆,不省人事,多因风阳痰火内盛,"血之与气,并走于上",上冲于脑部,故其病位在脑。

(2)肝肾阴虚是致病的根源,风、火、痰、瘀是发病的起因。医圣张仲景在《非风论》指出:"凡此病者,多以素不能填,或七情内伤,或酒色过度,先伤五脏之真阴。"五脏之阴,以肝肾为主,盖肝藏血,肾藏精,所以肝肾阴虚是患中风病的根本原因。

(3)阴阳失调、气血逆乱是造成中风的主要病机。轻者中经络,重者入脏腑:一是肝肾阴虚阳亢,遇到劳累、恼怒、房事不节、醉酒等诱因,造成阴阳严重失调,气血逆乱而致卒中;二是从发病部位看,有深有浅,病情有轻有重,有的中经络,有的中脏腑。

辨证分型及要点:

(1)中风先兆:多因气血上逆而致病,其主要症状是眩晕、心悸、肌肤不仁、肢体麻木、手足乏力、关节酸痛、舌强语謇等,舌苔薄白,脉浮数。

治则:化痰通络。

贴敷穴位:内关、合谷、丰隆、委中、三阴交、足三里。

药物配方:白芥子、延胡索、半夏、胆南星、川芎各 10 g。

用法:将上药物打粉密封保存。贴敷时取药粉适量与姜汁调和,做成直径 1 cm、厚度 2 mm 的软药饼,采用医用外贴固定贴在穴位上,每日贴敷 1 次,每次贴敷 4～6 小时,10 次为一个疗程。

(2)中经络:病位较浅,病情较轻,一般无神志变化。

经络空虚,风邪入中,可出现手足麻木,口角歪斜,舌强语謇、语言不利,甚至出现半身不遂,其舌苔薄白,脉弦滑或弦数。

肝肾阴虚,气逆上扰,可见头晕、头痛、耳鸣目眩,有的可能突发口角歪斜,舌强语謇,肢体麻木,半身不遂,舌红苔黄,脉弦细而数或弦滑。

治则:平肝活血通络。

贴敷穴位:内关、尺泽、委中、足三里、三阴交、太冲。

药物配方:决明子、牛膝、天麻、川芎各 15 g,白芥子 10 g。

用法:将上述药物打粉密封保存。贴敷时取药粉适量与姜汁调和,做成直径 1 cm、厚度 2 mm 的软药饼,采用医用外贴固定贴在穴位上,每日贴敷 1 次,每次贴敷 4～6 小时,10 次为一个疗程。

(3)中脏腑:病位较深,病情危重,根据病因、病机可分为闭证和脱证。

闭证的症状是突然昏仆,不省人事,半身不遂,牙关紧闭,两手握固,面赤气粗,喉中痰鸣,二便不利,舌质淡紫,苔薄白,脉细涩或细弱。

治则:益气化瘀通络。

贴敷穴位:内关、委中、气海、血海、三阴交、足三里。

药物配方:黄芪、红花、桃仁、党参、川芎各 15 g,延胡索 10 g。

用法:将上药物打粉密封保存。贴敷时取药粉适量与姜汁调和,做成直径 1 cm、厚度 2 mm 的软药饼,采用医用外贴固定贴在穴位上,每日贴敷 1 次,每次贴敷 4～6 小时,10 次为一个疗程。

脱证的症状是突然昏仆,不省人事,目合口张,鼻鼾息微,手撒肢冷,二便失禁,脉细弱。如见汗出如油,瞳孔散大或两侧不对称,脉微欲绝或浮大无根。

治则:滋阴养肝肾。

贴敷穴位:内关、合谷、关元、肾俞、三阴交、足三里。

药物配方：山茱萸、当归、独活、杜仲、川芎各15 g，肉桂、延胡索各 10 g。

用法：将上药物打粉密封保存。贴敷时取药粉适量与姜汁调和，做成直径 1 cm、厚度 2 mm 的软药饼，采用医用外贴固定贴在穴位上，一般每日贴敷 1 次，每次贴敷 4～6 小时，10 次为一个疗程。

在治疗过程中要做好以下事项：

1.多与患者交流，调整好心态，树立战胜疾病的信心。

2.积极锻炼四肢的功能，避免肌肉僵硬和神经萎缩。

3.要保持室内通风，注意保暖。

4.对卧床的患者，要经常翻身，翻身后要给予按摩，防止褥疮的发生。

5.在饮食上要做到多样化，营养要丰富，又要易于消化。要细嚼慢咽，防止食物进入食道。

作者简介：曲月蓉，青岛丰硕堂医疗有限公司主管药师

通信地址：青岛市市北区南九水路 17 号

联系方式：jq0528@126.com

平胃散加味联合三钾二橼络合铋治疗幽门螺杆菌相关慢性萎缩性胃炎的疗效观察

张佩霞　王冰洁

(齐鲁医院青岛院区，青岛，266035)

摘要：为了观察平胃散加味联合三钾二橼络合铋治疗幽门螺杆菌相关慢性萎缩性胃炎的临床疗效，将66例患者随机分为治疗组和对照组各33例；治疗组予平胃散加味联合三钾二橼络合铋，每次120 mg，1天4次，配合中药煎剂，每日1剂，每次150 mL，每日2次；对照组予单纯西药三钾二橼络合铋治疗，每次120 mg，1天4次；疗程均4周，疗程结束后分别对两组临床疗效进行统计分析。结果表明两组治疗后均有效，但在改善症状方面，治疗组疗效优于对照组($P < 0.05$)。因此，平胃散加味联合三钾二橼络合铋治疗幽门螺杆菌相关慢性萎缩性胃炎具有更好的临床疗效。

关键词：平胃散；慢性萎缩性胃炎；幽门螺杆

慢性萎缩性胃炎(CAG)是消化系统疾病临床常见病之一，病情复杂，反复迁延。CAG的发病率随着年龄而递增，而且随着现代诊断技术的发展与提高，其检出率也增加，出现低龄化趋势。目前，西医尚未有理想的药物级治疗手段。中医药对本病的治疗优势明显，大大提高了治愈率。本文以健脾益气、化湿解毒为治疗原则，取得了较满意的疗效。

幽门螺杆菌(Hp)是革兰氏阴性、微需氧的细菌，多存在于胃部及十二指肠的各区域内，能够引起胃黏膜轻微的炎症，导致胃及十二指肠溃疡与胃癌。Marshall和Warren首次发现，Hp是一种单极、多鞭毛、末端钝圆、螺旋形弯曲的细菌，长2.5~4.0 μm，宽0.5~1.0 μm。幽门螺杆菌的环境氧要求5%~8%，在大气或绝对厌氧环境下不能生长。根除Hp不仅可以缓解胃黏膜的炎症程度，而且能预防胃黏膜的进一步萎缩及肠化生，是治疗萎缩性胃炎的关键。[1]

平胃散出自宋代《太平惠民和剂局方》，沿用至今已800多年。原方由苍术、厚朴、陈皮、甘草、生姜、大枣组成，燥湿健脾，行气和胃，能消能散。方中苍术健脾燥湿；厚朴行气消满；佐以陈皮理气和

胃，芳香醒脾；甘草甘缓和中，调和诸药。加白术、茯苓健脾助运；法半夏燥湿化痰，降逆止呕，白芍甘松开郁醒脾，理气止痛，香附理气开郁，白及收敛止血，消肿生机。虚寒胃痛加制附子干姜，合并溃疡加海螵蛸；纳呆、胀甚加木香、砂仁；呕吐涎沫加炒吴茱萸、姜半夏；呃逆加代赭石、金沸草等。

苍术、厚朴、陈皮、甘草组成了平胃散，四药相组功可燥湿运脾、行气和胃，实乃芳香化湿的图本之治。苍术与厚朴相伍，则燥湿除胀之功尤胜，使湿化气行则脾得运化，使湿毒之邪绝其变生之源；与陈皮相配健脾运胃之功尤显，中焦脾胃得畅则诸邪无所从生。[2]该方剂具有较强的抗溃疡保护调节胃肠功能能力，又具有抗炎、抗氧化、抗病原微生物作用，特别是对幽门螺旋杆菌有抑制作用，对胃十二指肠溃疡有一定的治疗作用。

1 资料与方法

1.1 临床资料

临床观察66例采用中药治疗慢性萎缩性胃炎病人，按就诊先后顺序分别纳入治疗组和对照组33例，其中治疗组男性18例，女性15例，年龄最小者

33 岁,最大者 50 岁,病程最长为 5 年,最短 3 个月;对照组中男性 17 例,女性 16 例,年龄最小者 30 岁,最大者 49 岁,病程最长为 5 年,最短 2 个月。两组的平均年龄分别为 48.7 岁与 49.2 岁,两组患者的性别、年龄、病程等一般资料无明显差异,$P >$ 0.05,无统计学差异,两组间具有可比性(表 1)。

表 1 两组患者性别、平均年龄、平均病程分布比较

组别	例数	男	女	平均年龄(岁)	病程(月)
治疗组	33	18	17	40.56±12.04	39.45±25.32
对照组	33	15	16	41.68±11.80	38.3±23.42

1.2 纳入标准

符合西医诊断为幽门螺杆菌性相关性胃炎且符合中医辨证分型标准,并且年龄在 18 岁至 60 岁之间的前来我院门诊及住院就诊的患者;入组前知情同意且自觉入组者均可纳入本临床研究。

1.3 排除标准

不符合纳入标准的患者:伴有消化道溃疡、消化道肿瘤、幽门梗阻的患者;合并有严重心、肺、脑疾病以及患有精神类疾病的患者;妊娠期以及哺乳期女性。

1.4 治疗方法

治疗组采用中药平胃散加味联合三钾二橼络合铋治疗,每次 120 mg,1 天 4 次,配合中药煎剂,每日 1 剂每次 150 mL,每日 2 次;对照组予单纯西药三钾二橼络合铋治疗,每次 120 mg,1 天 4 次;疗程均为 4 周,两组都以治疗 1 疗程结束后进行疗效比较。

方药:苍术 10 g、厚朴 15 g、陈皮 20 g、甘草 6 g、乌贼骨 10 g、苦参 10 g、黄芪 15 g、姜半夏 10 g、生地榆 20 g、丁香 5 g、石斛 20 g、知母 20 g、砂仁 5 g、白薇 20 g、旋复花 8 g、马齿苋 20 g、桃仁 15 g、鳖甲 20 g。

加减:口干者,芦根与白茅根 15 g、葛根 15 g、天冬 20 g;呃逆,桔梗 20 g、木香 10 g、昆布 20 g。

1.5 临床疗效观察

1.5.1 观察方法

观察治疗 1 周、2 周及治疗后 6 周症状缓解情况及药物不良反应发生情况,治疗开始前及结束后 4 周行 C^{13} 呼气试验。

1.5.2 疗效评价

① 症状评分标准:胃脘痛、腹胀、嘈杂、泛酸、烧心、纳差、呃逆症状的程度及缓解情况,在治疗开始后 1 周、2 周及治疗结束后 4 周采用评分量表评估症状的改善情况。临床症状按无、轻、中、重分别计 0 分、1 分、2 分、3 分。

② Hp 根除率:2 组均在治疗后 4 周行 C^{13} 呼气试验,阴性者为根治,阳性者为根治失败。

1.6 统计学方法

应用 SPSS 20.0 软件进行数据处理,计量资料采用($\chi \pm s$)表示,符合正态分布用 T 检验,计数资料采用卡方检验。检验水准为 $\alpha = 0.05$。

2 结果

2.1 Hp 根除率

治疗后 4 周复查 C^{13} 尿素呼气试验,治疗组阴性 31 例,阳性 1 例,根除率 96.9%;对照组阴性 25 例,阳性 5 例,根除率 83.3%。两组之间具有统计学差异($P < 0.05$),见表 2。

表 2 两组治疗前后 C^{13} 呼气试验结果对照

组别	治疗前平均 C^{13} DOB	治疗前的阳性率	治疗后平均 C^{13} DOB	治疗后阳性率
男性组	14.2	82.3%	6.1	60.8%
女性组	13.6	81.1%	5.9	59.5%

2.2 临床症状积分

胃脘痛、腹胀、嘈杂、反酸、烧心、纳差、呃逆症状积分在两组治疗后均明显改善($P < 0.05$),治疗组改善更明显($P < 0.05$),见表 3。

表 3 两组治疗前后症状积分对比($\overline{X} \pm S$)

组别	例数	时间	胃痛	腹胀	嘈杂	反酸	烧心	呃逆	总分
治疗组	33	治疗前	2.56±0.36	3.10±0.41	1.80±0.44	2.12±0.52	1.55±0.50	1.60±0.35	11.1±2.08
		治疗后	0.84±0.34*	1.21±0.46*	0.2±0.31*	0.18±0.22*	0.35±0.30*	0.64±0.36*	3.42±1.99*
对照组	33	治疗前	2.60±0.33	3.08±0.44	1.74±0.52	2.06±0.45	1.65±0.30	1.56±0.36	12.69±2.4
		治疗后	1.33±0.40	1.70±0.30	0.86±0.50	0.30±0.22	0.55±0.26	1.02±0.42	5.76±2.1

注:表示治疗后对照组比较 $P < 0.05$。

3　结论

Hp 相关性萎缩性胃炎是消化科临床常见的疾病之一,该病在消化系统疾病中的发生率很高。近年来,随着抗生素的滥用等原因,Hp 的耐药率越来越高[3-4],导致根除率越来越低[5]。如何提高 Hp 根除率,选择更有效的治疗方案是当前临床医生普遍关注的问题。

平胃散联合三钾二橼络合铋疗法是治疗 Hp 相关性萎缩性胃炎的有效方案,其疗效优于单纯西药三钾二橼络合铋,临床疗效可靠,可以提高 Hp 根除率、改善临床症状,修复胃黏膜损伤,值得临床研究推广。

参考文献

[1] 彭海平.加味半夏泻心汤治疗幽门螺杆菌相关性萎缩性胃炎 32 例[J].临症经验,2015,28(2):94.

[2] 杨静波.六君子汤合平胃散治 52 例慢性萎缩性胃炎的临床研究[J].四川中医,2007,25(7):48.

[3] 中国抗癌协会.新编常见恶性肿瘤诊治规范[M].北京:中国协和医科大学出版社,1999,773-785.

[4] 中华医学会消化病学分会.中国慢性胃炎共识意见[J].中华消化杂志,2013,33(1):5-16.

[5] 中华医学会消化病学分会.全国慢性胃炎研讨会共识意见[J].现代消化介入诊疗杂志,2000,5(2):1-4.

作者简介:张佩霞,齐鲁医院青岛院区主治医师

通信地址:青岛市市北区合肥路 758 号

联系方式:3061342281@qq.com

中药治疗痛风的临床效果观察

张佩霞　　王冰洁

（齐鲁医院青岛院区，青岛，266035）

摘要：为观察中药对痛风临床治疗效果，于 2003 年 2 月至 2017 年 7 月期间，在齐鲁医院青岛院区及社区采用不同方法治疗痛风患者 97 例。患者分为实验组与对照组。其中实验组 48 例，对照组 49 例，进行对比治疗。实验组采用传统中药疗法，对照组采用常规治疗，将两组治疗结果进行统计学分析。结果表明实验组 48 例患者中，疗效显著 17 例，疗效一般 22 例，几乎无效 9 例，有效率 81.25%；对照组 49 例患者中，疗效显著 22 例，疗效一般 20 例，几乎无效 7 例，有效率 85.71%。本研究证明中医治疗痛风效果相当好，值得临床推广应用。

关键词：痛风；中药；中医临床治疗观察；临床治疗

痛风是嘌呤代谢系统紊乱、尿酸排泄减少引起的一种晶体性疾病。可表现为急性复发性关节炎、痛风石形成、痛风石性慢性关节炎、尿酸性肾病、尿酸性尿路结石，严重者可出现关节致残和肾功能不全，其临床表现主要为急性起病的关节红肿疼痛及高尿酸血症。大多数以第一趾关节痛，也可侵犯全身多个关节，可反复发作，也可自行缓解。急性期以骤然发作和剧烈疼痛为特点，发作与缓解交替出现，病程长，迁延难愈。

青岛大学附属医院苗志敏在《教你战胜痛风》中指出，由于青岛居民有食用海鲜、喝啤酒等饮食习惯，容易导致痛风，其发病率比内陆地区高 2% 左右。男性患者率比女性高 20 倍。山东省内人群调查表明，5000 名受访者中有 1.96% 的男性患有痛风。对 480 个人做调查得到结果是整个人群中的患病率为 2% 左右。总之，痛风是沿海地区（青岛）的特色病、地方病，而酒精和海鲜又是痛风发病的两项重要诱发因素，所以爱好喝啤酒、吃海鲜（蛤蜊）的岛城市民发病率高，而内陆地区的发病率不足 1%，沿海地区的发病率是内陆地区的 2 倍。

1　实验方式

1.1　研究对象

2003 年 2 月至 2017 年 7 月，笔者将 97 例痛风患者划分为实验组和对照组两组，分别施以中药和西药两种方法进行治疗。实验组 48 人，平均年龄 50.3 岁，平均病程 7.8 年。实验组和对照组在人数、年龄和病程上无明显的统计学差异，适合作为对照试验和研究对象。

1.2　实验组

选用中药进行临床辨证，对原发性痛风进行有效的治疗，基本方以四妙勇安汤合独活寄生汤加味。

急性期治疗以关节红肿热痛为主症，苔黄腻、脉滑数。

方药组成：生地 15 g、丹参 20 g、桃仁 10 g、红花 10 g、双花 15 g、玄参 12 g、当归 12 g、甘草 9 g、黄柏 12 g、防己 10 g、威灵仙 25 g、白芍 15 g、桔梗 12 g、车前子 15 g、泽泻 12 g、鸡血藤 15 g、川芎 10 g、川牛膝 12 g、独活 12 g、羌活 15 g、寄生 12 g、狗脊 12 g、忍冬藤 10 g。

恢复期或寒重者以除寒湿、补肝肾，温阳通为主。

如关节疼痛减轻，症状改善，苔薄白，舌体胖大,脉沉弦者在原方基础上加减,减桃仁、红花、双花、泽泻、黄柏。

根据病情在同随症加减:加入杜仲、桑葚、菟丝子、女贞子、覆盆子等等。

以上方药根据病情症状随症加减,水煎服日 1 剂,一般疗效 7～14 天,连用 3 个疗程。

1.3　对照组

以抗风湿、止痛、改善痛风症状的西药为主。

(1)抗风湿类药物:双氯芬酸钠缓释胶囊,50 mg,日一次或两次口服用药。

(2)降尿酸、缓解痛风症状类药物:苯溴马隆,50 mg,日一次。

痛风急性发作,尿酸增高时给予患者应用药物,7～14 天为一疗程,治疗 3 个疗程,根据病情随时调整药量,直到症状得到有效控制为宜。

2　结果分析

实验的原始数据利用统计软件 R 语言进行分析,使用 wilcoxon 秩和检验对中医和西医疗法实验结果进行分析,所有检验以 95% 置信概率为标准,即 P 值的阈值为 0.05。

表 1　实验结果

组别	疗效显著(例)	疗效一般(例)	几乎无效(例)	总有效率(%)
实验组	17	22	9	81.25%
对照组	22	20	7	85.71%

为了能够比较实验组和对照组是否具有统计学上的差异,我们将实验结果(疗效)数据化(见表1),赋予等同疗效的结果等同的权值,疗效显著为2,疗效一般为1,几乎无效的为0,显然两组数据均不符合正态分布,而且经过普通的 Iogistro 变换或者 box-cox 变换都无法正态化原始数据,导致无法使用两样本 t-检验,所以我们采用 wilcoxon 秩和检验,经检验对数据率本身的正态性没有要求,P 值由 R 软件最终计算的结果为 $P=0.3317$($P>$0.05),故两个样本均值之间无显著差异,即实验组(中医治疗)和对照组(西医治疗)3 个疗程对痛风的

治疗效果无统计差异,几乎同样高效。

3　讨论

对于目前的痛风治疗,笔者认为无法采用有针对性、有效合理的药物进行治疗,多以控制急性发作、缓解疼痛和预防并发症为主。西医治疗以降尿酸为重点,从而达到控制痛风、防止患者反复急性发作和预防肾功能损害的目的。但西药治疗副作用较为明显,尤其对胃肠道及肾脏的损害较为显著,不宜长时间服用。

痛风在中医属痹症,痛风历节范畴,中医认为痛风的发生,多为久食肥甘厚味之人群,采用急则治其标,缓则治其本,配伍遵循寒热和阴阳、苦平调升降、补泻顾虚实调之古训,治实不忘虚,治虚不忘实。

在关节红肿热痛急性期,大便秘结,小便短赤者均以加减方为主,苍术、黄柏、防己、威灵仙、泽泻、车前子、双花等配合治疗,若遇到年事已高,病程日久者常反复发作,伴有腰膝酸疼、尿频气虚者多加入鸡血藤、桑葚、狗脊、桑寄生、菟丝子、覆盆子等。

急性痛风内脏功能的表现。外因诱发全身症状和局部症状同时出现,而以局部关节症状为主的疾病,具有疼痛剧烈、起病急骤、又反复发作等特点。近几年来由于人民生活水平的提高,饮食结构的不合理,加之青岛地区受到海洋气候环境因素的影响,痛风发病率呈上升趋势,给人们的健康带来了不可避免的威胁。因此积极防治痛风受到了医学界的广泛关注,但现代医学对痛风尚无根治方法。

采用中药治疗既能控制症状又能缓解病情,还能减少毒副作用,在中药治疗痛风的疗效和安全性上提供循证医学证据,并且研究结果得到了广泛的认可和应用,为中药临床应用提供了有效可靠的证据。

参考文献

[1] 吴东海,王国春.临床风湿病学[M].北京:人民卫生出版社,2008.

[2] 刘湘源.不容忽视痛风的降尿酸治疗[J].中华风湿病学杂志，2010,14(6):361-363.

[3] 吴东海.痛风：我们应该做什么，还可以做什么？[J].中华风湿病学杂志,2010,14(3):513-515.

[4] 毛磊峰.辨证分型治疗痛风性关节炎 56 例[J].实用中医内科杂志,2008,22(4):94.

[5] 方策,于志强.分型辨质痛风性关节炎 112 例[J].辽宁中医杂志,2000,27(2):66.

[6] 苗志敏.教你如何战胜痛风[M].北京：人民卫生出版社,2011.

作者简介：张佩霞,齐鲁医院青岛院区主治医师

通信地址：青岛市市北区合肥路 758 号

联系方式：3061342281@qq.com

足三里穴在临床中的应用

于启龙　　曲月蓉

（青岛市老科学技术工作者协会,青岛市城市管理局,青岛,266002）

摘要:足三里是中医针灸学的一个大穴,针灸学的"四总歌"第一句就是"肚腹三里留",就是说腹部的疾病都可以选择足三里穴来治疗,这是我国古代针灸医师临床经验的结晶。足三里穴是足阳明胃经在腿上的穴位,可以调理三焦,即远端取穴。可以治疗脾、胃、肾的疾病,其主要功能是:调理胃肠,健脾胃,降气逆,化积滞宁心神,利湿热,补中气,抗衰老。它是临床中医各科用得比较多的穴位。

关键词:足三里;调脾胃;强身体

1 足三里穴概述

足三里穴也称为三里、胃管、下三里,是足阳明胃经之合穴,胃腑的下合穴,五腧穴之一。《黄帝内经》的"素问·针解篇第五十四"指出:"所谓三里者,下膝三寸也。"足三里是在下肢,是相对于上肢而言,上肢为手三里。三里是指穴内物质作用的范围,足三里是指胃经气血物质在此形成较大的范围,也就是治病范围广泛,也可以说通过调理这个穴位对身体进行多种多样的调理,即对腹部的上、中、下三部诸症均可以调理。

足三里穴的标准定位:在小腿前外侧,犊鼻下3寸,距胫骨前缘一横指。

穴位的取法:正坐屈膝,犊鼻下3寸,距胫骨前缘一横指。

穴位的针刺法:

(1)直刺0.5～1.5寸,其针感沿足阳明胃经胫骨下行至足趾部。

(2)理气止痛时可采用龙虎交战法。

(3)消肿利水时可采用子午捣臼法。

穴位的灸法:

(1)艾条灸一般10～20分钟。

(2)艾灶灸或温针灸一般5～10壮。

(3)健身保健灸:可采用化脓灸法,一般一年一次,也可采用药物天灸。

2 足三里穴的功能与主治

足三里穴为足阳明胃经之合穴,具有调和气血、补虚强身的功效,并能防治多种疾病的功能,是一个保健身体的大穴。

足三里穴的主治范围是从头到脚,即肚腹疾患、心神疾患、胸肺疾患、少腹疾患、妇女疾患以及经脉所过部位的疾患,还有水肿、耳鸣、鼻疾、头晕、真气不足、脏气虚惫、五劳七伤等疾患。

3 各科临床配穴的应用

3.1 内科疾病

3.1.1 呼吸系统疾患

感冒:足三里、大椎。

支气管哮喘:足三里、肺俞、列缺、肾俞、膻中、太溪、天突、定喘。

慢性支气管炎:足三里、大椎、大杼、风门、定喘、肺俞、膏肓、脾俞、肾俞、尺泽、膻中、关元、气海、丰隆。

3.1.2 循环系统疾患

心律失常:心俞、曲池、内关、膻中、神门、足三里、三阴交。

气血虚弱心悸:心俞、膈俞、脾俞、巨阙、通里、足三里。

眩晕:百会、曲池、丰隆、太冲、足三里。

气血不足眩晕:百会、膈俞、脾俞、风池、足三里。

3.1.3 消化系统疾患

胃炎：中脘、合谷、丰隆、公孙、足三里。

脾胃虚寒胃痛：脾俞、胃俞、中脘、章门、足三里、三阴交。

郁热胃痛：胃俞、中脘、内关、公孙、足三里。

腹泻：

脾虚泄泻：脾俞、关元俞、中脘、天枢、足三里。

肾虚泄泻：肾俞、命门、中脘、天枢、足三里。

肝郁脾虚泄泻：肝俞、中脘、天枢、行间、阳陵泉、足三里。

便秘：中脘、天枢、关元、气海、支沟、列缺、上巨虚、太溪、照海、太冲、足三里。

热解便秘：大肠俞、天枢、曲池、合谷、上巨虚、足三里。

呃逆：膻中、中脘、膈俞、内关、足三里。

3.1.4 泌尿生殖系统疾患

尿潴留：关元、气海、中极、足三里、三阴交、太冲、涌泉。

肾炎：百会、肾俞、关元、气海、中脘、足三里、三阴交。

前列腺炎：肾俞、关元、足三里、三阴交。

3.2 外科疾患

关节炎：大椎、身柱、至阳、神道、筋缩、脾俞、肾俞、关元俞、委中、阳陵泉、足三里、太溪。

膝关节痛：阳陵泉、鹤顶、膝眼、足三里。

下肢酸痛：髀关、伏兔、绝骨、阳陵泉、足三里。

腰椎间盘突出：命门、腰阳关、气海俞、大肠俞、腰眼、委中、环跳、悬钟。

3.3 妇科疾患

痛经：血海、阳陵泉、足三里、三阴交。

闭经：脾俞、肾俞、合谷、关元、中极、子宫、归来、血海、足三里、三阴交。

盆腔炎：关元、子宫、中极、气海、带脉、足三里、三阴交。

乳腺炎：屋翳、乳根、少泽、合谷、足三里、三阴交、太冲。

少乳：膻中、乳根、合谷、少泽、足三里。

更年期综合征：心俞、厥阴俞、肾俞、关元、合谷、神门、太溪、足三里。

3.4 小儿科疾患

小儿高热：大椎、曲池、内关、合谷、足三里、三阴交、十宣。

小儿腹痛：胃俞、大肠俞、天枢、中脘、合谷、足三里、太冲。

小儿腹泻：四缝、足三里、中脘、合谷、天枢。

小儿脾虚疳积：脾俞、胃俞、中脘、章门、天枢、四缝、足三里。

小儿湿热痿证：曲池、阴陵泉、足三里、三阴交。

小儿多动症：神门、内关、足三里、三阴交、太冲。

小儿抽动症：太阳、风池、攒竹、合谷、内关、阴陵泉、足三里、三阴交。

3.5 皮肤科疾患

湿疹：神阙、血海、箕门、足三里、三阴交。

痤疮：曲池、血海神阙、天枢、足三里。

黄褐斑：曲池、合谷、复溜、太冲、足三里。

荨麻疹：大椎、曲池、合谷、神阙、血海、足三里。

足三里穴是我们人体的一个大穴，对身体的五脏六腑都有很大的影响，对提高身体功能和免疫力有很大帮助。我们对该穴位的认识还有待于加深，对穴位的研究和开发还有待进一步加强，其研究成果将为人类的身体健康做出更大贡献。

作者简介：于启龙，青岛市城市管理局主治医师

通信地址：青岛市市南区黄县路5号

联系方式：yql1952@126.com

2 型糖尿病合并冠心病患者
颈动脉内膜中层厚度和斑块的观察

逄淑秀　李　娜　刘东伟　李义亭　庄玉群

（青岛市黄岛区科协,青岛市西海岸新区人民医院,青岛,266400）

摘要:分析 2 型糖尿病(T2DM)合并冠心病(CAD)患者自身的颈动脉内膜中层厚度(cIMT)与斑块。回顾性分析青岛市西海岸新区人民医院于 2015 年 3 月～2018 年 1 月收治的 21 例 T2DM 患者的资料,将其当作 A 组;另将 T2DM 合并 CAD 的 32 例当作 B 组,其中凭借冠状动脉受累相应的支数分成 Ba 组(共 9 例,一支病变)、Bb 组(共 10 例,两支病变)和 Bc 组(共 13 例,三支病变),观察比较其结果。Ba 组、Bb 组和 Bc 组患者的斑块积分、cIMT 多于 A 组患者($P<0.05$),Bc 组患者的斑块积分最大且 cIMT 最厚,其次为 Ba 组患者与 Bb 组患者($P<0.05$);Bc 组患者的斑块诊断检出率大于 A 组患者($P<0.05$)。冠状动脉病变相应的支数逐步增多,斑块积分与 cIMT、斑块诊断检出率逐步升高;cIMT 超声监测能够被当作对 T2DM 合并 CAD 患者施予监测的高效、简易的方式。

关键词:冠心病;颈动脉内膜中层厚度;分析;2 型糖尿病;斑块

在临床中,2 型糖尿病(type 2 diabetes mellitus,T2DM)为十分普遍的代谢紊乱疾病,严重威胁人们的身体健康。T2DM 疾病进程中可出现多种并发症,其中冠心病(coronary artery diseas,CAD)的发生十分普遍,而且 T2DM 患者发生的冠脉病变多为数支重型病变,其预后较差,临床治疗疗效常常欠佳,还较易贻误最优的治疗时间。所以,选取高效且安全的监测方法对于 T2DM 合并 CAD 患者来说十分关键。[1]鉴于此,本研究为了分析 T2DM 合并 CAD 患者自身的 cIMT 与斑块,选出青岛市西海岸新区人民医院于 2015 年 3 月～2018 年 1 月收治的 21 例 T2DM 患者以及 32 例 T2DM 合并 CAD 的患者,观察其颈动脉内膜中层厚度和斑块并进行对比分析。现将具体情况总结如下。

1　基础资料和方法

1.1　临床资料

回顾性分析青岛市西海岸新区人民医院于 2015 年 3 月～2018 年 1 月收治的 21 例 T2DM 患者的资料,将其当作 A 组;另将 T2DM 合并 CAD 的 32 例当作 B 组,并以冠状动脉受累支数进一步分为 Ba 组(共 9 例,一支病变)、Bb 组(共 10 例,两支病变)和 Bc 组(共 13 例,三支病变)。A 组男性、女性患者分别为 12 例和 9 例,患者年龄小于 77 岁且大于 32 岁,年龄均值为(54±16.38)岁。B 组男性、女性患者分别为 18 例和 14 例;患者年龄小于 76 岁且大于 31 岁,年龄均值为(53±15.38)岁。对比两组相关资料,其结果显示无统计学的意义($P>0.05$),可深入对比、研究。

1.2　方式

颈动脉内膜中层厚度(carotid intima-media thickness,cIMT)超声监测:借助 GE Voluson730 式彩色多普勒超声仪(美国)与 SP6-12 型超宽频带线阵探头测算 cIMT,由一位具备丰富经验的医护人员对全部患者实施 cIMT 超声监测,把探头垂直放在颈动脉实施探查与定位,探查至颈总动脉分叉位置即为颈总动脉球部,顺血管长轴开展探查,选出颈总动脉分叉位置近心处 10 mm 长度的内颈总动脉后壁，测算 cIMT，这一数值即最厚的 cIMT 数值。对两边 cIMT 实施测算，并对最大值施予记录。

1.3 数据分析处理

此次研究中所用软件版本为 SPSS 19.9，对斑块积分、cIMT 相关数据进行统计时，选（±s）代表；对斑块诊断检出率相关数据进行统计时，选（%）代表。对比、分析四组相关数据，结果有差距，表明有统计学的意义（$P<0.05$）。

2 结果

2.1 比照四组 cIMT、斑块积分

Ba 组、Bb 组和 Bc 组的斑块积分、cIMT 多于 A 组（$P<0.05$），Bc 组斑块积分最大且 cIMT 最厚，其次为 Ba 组、Bb 组（$P<0.05$）。详情如表 1 所示。

表 1 比照四组 cIMT、斑块积分（±s）

组别	cIMT(mm)	斑块积分（分）
A 组（$n=21$）	0.99±0.34	0.79±0.69
Ba 组（$n=9$）	1.21±0.45	1.59±1.29
Bb 组（$n=10$）	1.43±0.36	2.54±1.15
Bc 组（$n=13$）	1.65±0.33	3.73±2.24

2.2 比照四组斑块诊断检出率

Bc 组斑块诊断检出率大于 A 组（$P<0.05$）。详情如表 2 所示。

表 2 比照四组斑块诊断检出率

组别	斑块诊断检出数和检出率
A 组（$n=21$）	7(33.33%)
Ba 组（$n=9$）	5(55.56%)
Bb 组（$n=10$）	6(60.00%)
Bc 组（$n=13$）	12(92.31%)

3 讨论

研究发现糖尿病人群中冠心病发病率升高明显，这主要是由于两种疾病之间有共同的发病机制，高胰岛素血症和胰岛素抵抗，可造成心肌细胞代谢障碍坏死及凋亡和冠状动脉严重病变等结果，使该类患者心脏损害情况较非糖尿病冠心病患者更为严重。而且在糖尿病人群中，由于疼痛阈值的升高、心脏自主神经损害、β-内啡肽水平的升高、内皮功能受损等因素[2-3]，无症状性心梗发生明显增

加。[4] 虽然冠脉造影是诊断冠状动脉粥样硬化性心脏病的"金标准"，但是由于费用高、有创伤等限制，不能作为冠心病筛查的常用方法。cIMT 增厚为动脉粥样硬化产生进展的最早期表现，有研究人员指出，颈动脉内膜中层增厚为动脉粥样硬化（atherosclerosis，AS）的关键标识，而斑块产生为 AS 相应的特点，能够凸显出身体中其他关键大血管本身的动脉硬化程度。[5] 本研究结果发现，糖尿病患者合并冠心病组 cIMT 显著大于单纯糖尿病组（$P<0.05$）。而且双支以及多支病变患者均较单支病变组的显著增大（$P<0.05$）。提示用颈动脉超声对有冠心病风险的糖尿病患者进行早期检测 cIMT，能够被当作在早期中对 AS 实施评测的指标。

综上所述，由于 cIMT 在糖尿病合并冠心病患者的诊断中具有较高的敏感性和特异性。所以建议对糖尿病患者，尤其是有合并冠心病的患者，常规进行 cIMT 检查，可以达到早期诊断，早期治疗干预，改善患者预后的目的。

参考文献

[1] 张娟，周星佑，蒋敏海. 急性脑梗死患者颈动脉内膜中层厚度性别差异性研究[J]. 医学研究杂志，2016，45(5)：152-154.

[2] Wackers F J, Young L H, Inzucchi S E, et al. Detection of silent myocardial ischemia in asymptomatic diabetic subjects：the DIAD study [J]. Diabetes Care, 2004, 27(8)：1954-1961.

[3] Hikita H, Etsuda H, Takase B, et al. Extent of ischemic stimulus and plasma beta-endorphin levels in silent myocardial ischemia[J]. Am. Heart J., 1998, 135(5Pt1)：813-818.

[4] Rajkumar S V, Rosiñol L, Hussein M, et al. Multicenter, randomized, double-blind, placebo controlled study of thalidomide plus dexamethasone compared with dexamethasone as initial therapy for newly diagnosed multiple myeloma [J]. J. Clin. Oncol., 2008, 26(13)：2171-2177.

[5] 蔡松泉，张慧君. H 型高血压合并急性脑梗死与颈动脉内膜中层厚度的关系分析[J]. 临床合理用药杂志，2017，1(1)：109-110.

作者简介：逢淑秀，青岛市黄岛区人民路 287 号，透析室护士长，主管护师

通信地址：青岛市黄岛区人民路 287 号

联系方式：308889530@qq.com

5例原发性牙根纵裂的临床诊断分析及文献回顾

李会旭[1,2]　刘桂荣[3]　张　艳[1,2]　陈艳青[1,2]　许海平[1,2]　潘克清[1,2]

(1.青岛大学口腔医学院,青岛,266003;2.青岛大学附属医院口腔科,青岛,266003;

3.青岛市市立医院口腔科,青岛,266071)

摘要:[目的]探讨原发性牙根纵裂的病因和诊断方法。[方法]报告5例原发性牙根纵裂患者资料,并结合文献对原发性牙根纵裂的病因、诊断方法进行回顾性分析。[结果]原发性牙根纵裂以磨牙为主。牙根发育缺陷、解剖因素、牙合创伤、牙周炎等因素是导致原发性牙根纵裂的主要因素;根管长度定位仪、X线片、CBCT的应用及牙周探查可以提高诊断的正确率。[结论]牙根纵裂的发生存在易感因素,临床表现复杂多样,临床医师应加强对牙根纵裂的认识,做到早发现、早诊断、早治疗。

关键词:原发性;牙根纵裂;诊断

牙根纵裂(vertical root fracture,VRF)是指发生于牙根的纵向裂开,可从根管向外贯通至牙周膜,是一种非龋性牙体疾病。牙根纵裂常同时侵犯牙体、牙髓和牙周组织,是一种严重的牙齿疾病,其中发生于未做根管治疗牙的牙根纵裂称为原发性牙根纵裂。其病因复杂,发病部位隐蔽,临床症状不典型,早期症状不明显,诊断较为困难,常出现漏诊和误诊,且治疗预后不佳。一旦出现牙根纵折,往往预后很差,需要复杂的治疗,甚至拔除。本文对5例原发性牙根纵裂病例的临床表现和诊疗进行分析,为临床诊断的思路和方法提供参考。

1 病例报告

病例1,患者男,63岁。6年前行左下后牙金属冠修复,2周前左下后牙咬物痛,修复科拆除金属冠。否认夜磨牙、紧咬牙及外伤史,否认偏侧咀嚼习惯,喜食硬性食物。初诊检查(如图1-1至图1-4):口腔卫生状况不佳,牙龈红肿,37缺失,36牙体备牙状态,未探及隐裂及龋坏,冷热诊敏感,疼痛持续数秒,叩痛(++),正常生理动度,根分叉病变Ⅲ度,牙周探诊深度3～5 mm。X线片(如图1-5)示:

36近中根管影像自根尖2/3处管腔变宽,与原有根管影像重叠、延续,增宽部分影像密度较原有根管影像密度低,根分叉区低密度影像,近中根牙周膜间隙增宽。诊断:1、36牙根纵裂(近中根);2、36 Ⅲ度根分叉病变;3、37牙齿缺失。处理:拔除36,可见近中颊根颊舌向纵行劈裂(如图1-6)。择期修复36、37。

病例2,患者男,56岁。左下后牙咬物痛1年。否认夜磨牙、紧咬牙及外伤史,否认偏侧咀嚼习惯,喜食硬性食物。初诊临床检查(如图2-1、图2-2):全口牙齿重度磨耗,36牙冠完整,未见明显龋坏、隐裂纹,牙齿磨耗较重,电活力测定值同对照牙,不松动,叩痛(+),未探及深牙周袋,牙龈正常。上下颌咬合关系紧。X线(如图2-3)示:36近中根牙周膜增宽,根尖大面积低密度影像;CBCT(如图2-4、图2-5)示:36近中根见颊舌向纵向折裂纹,根管影像增宽,近中根牙周膜影像增宽,近中根根尖大面积低密度影像。诊断:①36牙根纵裂(近中根);②36慢性根尖周炎;③牙齿磨耗。处理:患者要求拔除36,可见36近中根颊舌向纵向裂纹(如图2-6)。建议择期修复36。

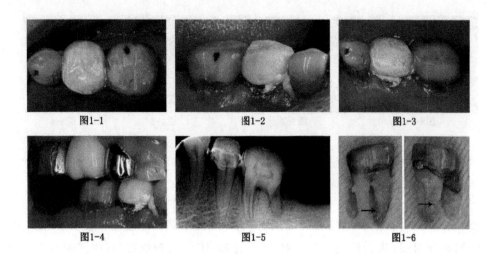

1-1 初诊牙合面观；1-2 初诊颊面观；1-3 初诊舌面观；1-4 初诊咬合观；1-5 初诊 X 线片；1-6 离体牙。箭头示纵折线

图 1　病例 1

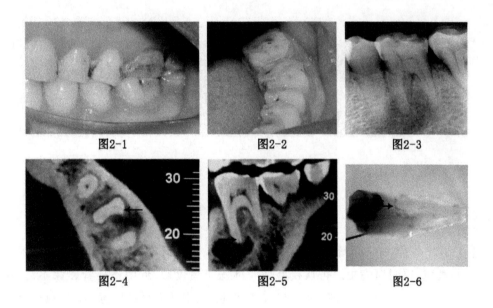

2-1 初诊咬合观；2-1 初诊咬合观；2-3 初诊 X 线片；2-4 CBCT 牙根水平面；2-5 CBCT 牙根矢状面观；2-6 离体牙。箭头示纵折线

图 2　病例 2

病例 3，患者男，71 岁。右下后牙冷热刺激痛、咬物痛 1 月余。否认夜磨牙、紧咬牙史。2 周前于牙周科就诊行刮治冲洗治疗，效果不佳。初诊检查见（如图 3-1）：全口牙齿重度磨耗，47 牙冠完整，重度磨耗，I 度松动，冷热刺激延迟痛，叩痛（＋＋），近中探及深牙周袋，PD＝7 mm，近中牙龈红肿，窦道口尚未自行破溃，探诊溢脓。X 线片（如图 3-2）示：47 窦道口诊断丝指向近中牙根中下段，近中牙槽骨角形吸收至根尖 1/3，近中根管影像不清晰。诊断：①47 近中根牙根纵裂？；②47 牙龈瘘管；③47 牙髓联合病变；④牙齿磨耗。处理：与患者沟通 47 行牙周探查手术，发现近中根牙根纵裂（如图 3-3），拔除 47，可见近中根颊舌向纵行劈裂（如图 3-4）。择期修复 47。

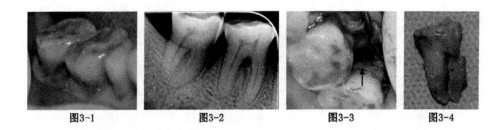

图3-1   图3-2   图3-3   图3-4

3-1 初诊图片;3-2 初诊 X 线片;3-3 牙周探查;3-4 离体牙;箭头示纵折线

图 3   病例 3

病例 4,患者男,62 岁,右上后牙咬物痛 2 周。否认外伤史、偏侧咀嚼习惯,喜食硬性食物。初诊检查见(如图 4-1):16 牙冠完整,未见龋坏、隐裂纹。牙齿磨耗较重,不松动,叩痛(＋＋),近中探及深牙周袋,PD＝7 mm,17 金属冠修复。X 线(如图 4-2)示:16 近中颊根牙槽骨吸收明显,见根折断片分离。诊断:①16 牙根纵裂(近中颊根);②16 牙周牙髓联合病变;17 牙体缺损。处理:拔除 16,可见 16 近中颊根牙根纵向劈裂(如图 4-3)。择期修复 16。

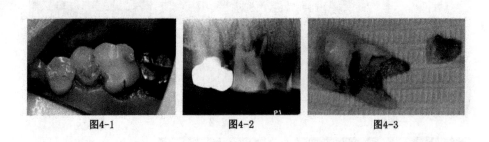

图4-1   图4-2   图4-3

4-1 初诊图片;4-2 初诊 X 线片;4-3 离体牙

图 4   病例 4

病例 5,患者男,64 岁,右下后牙咬物痛 1 月余。1 年前冷热刺激痛、夜间痛病史。否认夜磨牙或紧咬牙史。临床检查见(如图 5-1、图 5-2):口腔卫生情况一般,全口牙龈轻度萎缩,牙列不齐,全口牙齿磨耗较重,46 牙冠完整,未见明显龋坏,叩痛(＋),冷热诊无反应,电活力测试无反应,松动度 I 度,近中牙龈红肿,可探及窄而深的牙周袋,PD＝10 mm,余位点未探及深牙周袋;47 见大面积充填物,叩痛(＋),冷热诊无反应,电活力测试无反应,不松动,未探及深牙周袋。X 线示(如图 5-3):46 近中根尖周大面积低密度影,水滴状,远中根根尖周未见明显低密度影,近中根根管影像不清,根尖区似分离状,余根牙周膜稍增宽;47 牙冠中央高密度影达髓腔,根管内未见显影充填物,根尖周未见明显低密度影。诊断:①46 慢性根尖周炎(近中根牙根纵裂?);②47 牙髓坏死。处理:①46 远中 2 根管行根管治疗(图 5-4)后行牙周翻瓣探查术,46 近中牙根见牙根裂纹(图 5-5),行 46 牙半切除术,拔除近中切除部分(图 5-6);②47 根管治疗。择期冠修复 46、47(如图 5-7、图 5-8)。

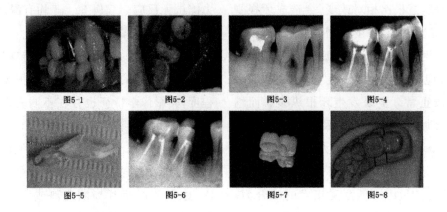

5-1 初诊咬合观；5-2 初诊牙合面观；5-3 初诊 X 线片；5-4 根管治疗后 X 线片；5-5 牙半切部分；

5-6 半切后 X 线片；5-7 烤瓷冠；5-8 烤瓷冠模型试戴

图 5　病例 5

2　病因分析

原发性牙根纵裂的病因复杂，主要与牙根发育缺陷与解剖因素、牙合创伤、牙周炎等因素有关。

牙根纵裂的发生与牙根发育缺陷与解剖因素有关，牙根纵裂易发生在近远中径窄的扁根，且折裂的方向以颊舌向为主。[1]以下颌磨牙的近中根最为常见，其次为上颌磨牙的近中颊根，因其近远中面均有长形纵沟，根尖弯向远中。本组病例中病例1、2、4、5 发生于第一磨牙近中根，病例 3 发生于第二磨牙近中根，与文献报道一致。

文玲英等[2]通过组织学和扫描电镜观察发现，发生折裂的牙根其牙本质小管数目明显减少，有些区域发生小管断裂、扩张、弯曲，有些区域出现裂隙、裂纹或窝状吸收现象；而健侧牙根或健康牙根未见到上述牙体组织缺陷，但发生折裂的同名对称牙却有类似的不利结构。这些牙本质的薄弱环节是削弱根部牙体硬组织抗力，利于折裂发生的不良因素，而且这些结构上的薄弱环节与根折的发生密切相关。

牙根纵裂的发生与牙合创伤有关。曾艳[3]通过光合法和三维有限元法分析牙根纵裂患牙的接触合力分布和患牙在 11 种受力状况下的内应力分布。结果证实牙根纵裂患牙在正中牙合时，接受较大的咬合力且牙根纵裂发生的部位是应力集中而且是拉应力集中的部位，所以接受较大咬合力和有害应力并长期集中在患牙近中根根管壁的颊舌中线部位，是牙根纵裂发病的一个重要因素。常晓荣[4]用 T-Scan Ⅲ咬合分析仪对 8 例 VRF 患者及个别正常牙合者分别进行咬合记录分析证实 VRF 患者全口牙合力分布不均衡，双侧牙合力分布不对称，牙合接触稳定性差。X 线片上牙周组织的变化，可证实患牙牙根承受了过大牙合力，上述病例 X 线检查可见纵裂牙根牙周膜间隙增宽，部分牙可见牙槽骨明显吸收。戴丽霞等[5]研究表明咀嚼磨损使牙形态和高度发生变化，造成咬合生理改变，提示牙合面形态改变可导致的过大牙合力与异常牙合力。赵继志等[6]对 50 例牙列完整、咬合状态良好的男女青年在咬合状态下的咬肌厚度进行测量，发现男性咬肌厚度均大于女性，说明男性的咬肌较女性更粗壮、有力。本组病例中，患者均为男性，这与男性咬合力大有一定关系，且均喜食硬性食物。上述病例牙根纵裂均发生于磨牙的近中根及颊侧根，有较长时间的咬合痛史，咬合关系紧，牙合面磨耗严重，说明咬合力及咬合创伤与牙根纵裂有密切关系。

牙根纵裂的发生与牙周炎有关。黎远皋[7]研究发现牙根纵裂的患根侧均有较深的牙周袋。这可能是由于牙周炎细菌产生的毒素和酶造成牙根吸收，牙根结构逐渐薄弱，最终造成牙根纵裂。戴丽霞等[5]指出对于牙周病变患牙，由于牙槽嵴的吸收,骨内牙根变短,冠根比相对改变,会造成牙根受力支点的改变,尤其在轻、中度牙槽骨吸收降低时,受侧向牙合力作用,牙根所受应力比正常牙要大得多,且侧向咬合应力明显大于垂直咬合[8],从而患牙周炎的牙齿较正常牙更易发生牙根纵裂。而继发性咬合创伤会加重牙槽嵴吸收及牙周支持组织丧失,从而进一步增加牙根所受应力。本组病例中病例1、3、4、5均有牙周组织的破坏,且有较深的牙周袋,导致牙根支持组织不能耐受正常的咬合力,加患者喜食硬性食物,咬合力大,最终导致牙根纵裂。

3 牙根纵裂的诊断

目前牙根纵裂的诊断和治疗都是难点,临床诊断主要依据临床症状、体征及影像学表现,但对于牙根纵裂的检查和诊断尚认识不足,部分病例的表现不典型,常常会误诊为牙髓炎或根尖周炎而盲目治疗,从而给诊断带来了困难。牙根纵裂的早期发现可避免一系列不恰当的临床治疗,并可防止牙周支持组织的进一步吸收,保存足够的牙槽骨有利于缺失牙的修复。

3.1 临床检查

牙根纵裂根据牙根折裂的时间和程度不同,临床症状表现不一。对怀疑牙根纵裂牙齿的检查应该认真仔细。通常多数患牙冠有中重度的磨耗,无明显龋坏及隐裂。早期患牙常表现为咀嚼无力、咬合不适,进行牙髓活力检查时,患根牙髓处于炎症状态,或多根牙非纵裂根髓尚有活力,对温度敏感或迟缓性反应痛,轻中度自发痛;随着牙根纵裂的发展,患根根髓乃至全部牙髓均发生坏死,则表现为牙髓电活力测验无反应,可出现牙患根附近牙龈反复肿胀,溢脓,深牙周袋,瘘道长期不愈,牙体松动等表现。[9]由于牙根纵裂会刺激牙周支持组织的炎症反应,形成窄而深的牙周袋(宽1~2 mm),而袋底恰好为根裂线处,有时可以用精细的牙周探针探及折裂处。本组病例中,病例1处于牙根纵裂早期,患根牙髓处于炎症状态;病例2近中纵裂牙根牙髓坏死,但远中非纵裂根尚有活力,所以电活力测试有反应;病例3、5患牙根髓完全坏死,电活

力测试无反应。病例3、4、5均有深牙周袋。

3.2 根尖X线片

牙根纵裂的早期表现并无特殊性,X线片是临床诊断根纵裂的关键,但根据牙根纵裂的不同严重程度,其影像学特征也存在不同表现。根据其不同表现将牙根纵裂程度分为四度[10]:Ⅰ度:患根根管影像仅在根尖1/3处增宽;Ⅱ度:患根根管影像近1/2~2/3处增宽;Ⅲ度:患根根管影像全长增宽;Ⅳ度:患根根折片横断分离或移位。Pitts[11]证实与根管长轴一致的纵裂纹较易被发现,但临床中应注意与正常的解剖结构相辨别。X线投照角度对早期纵裂线的观察也有一定影响,当水平向4°的偏移可使纵裂线被观察到,所以临床上怀疑牙根纵裂时可行根尖片的偏移投照。但研究表明常规根尖片对牙根纵裂的诊断率仅仅只有35.7%。所以由于部分根裂发生部位隐蔽,缺乏特异的临床表现,二维X线片提供的信息有限,较易发生误诊。部分患牙可在X线上发现清晰折裂线或折裂片移位明显,有些看不到明显折裂线但可看到根中至根尖影像增宽,晚期折裂患牙周围牙槽骨可有吸收,有研究建议同时拍摄患者对侧同名牙的X线片。因为对比读片更易发现患根根管影像增宽现象的存在。病例1见患根根管影像管腔明显变宽,与原有根管影像延续,增宽部分影像密度较原有根管影像密度更低;病例2、3、5患牙牙根牙周膜的增宽及牙槽骨的吸收破坏,未见其他特异性表现;病例4折裂断片明显移位,较易诊断。

3.3 锥形束CT

锥形束CT(Cone Beam Computed Tomography,CBCT)是一种三维X线成像系统,已应用于口腔疾病的检查。在其扫描范围内可得到任何方向、任何层面以及任意间隔的截面图,可以避免解剖结构的重叠,从而更直观、清楚地发现牙根的早期纵裂。[12]Hassan等[13]对比CBCT与X线根尖片对牙根纵裂的诊断能力,结果显示CBCT的诊断敏感度分别为80%,而根尖片敏感度为47.5%。林梓桐等[14]通过对60颗根折牙的CBCT影像学资料分析,证实CBCT可以对根折牙的根折部位、方向,根折移位情况及伴发病变进行精确的定位和评

价。CBCT 能显著提高牙根纵裂的诊断率，比传统 X 线片更加灵敏准确，这已经被大量的临床实验证实。[15-17]这为牙根纵裂在临床的早期诊断和治疗提供了帮助。当 X 线片不能表现出典型的影像特征，而临床症状和体征又高度疑似时，可进一步借助 CBCT 进行检查。病例 2 X 线片检查发现患牙牙根牙周膜的增宽及根尖大面积低密度的影像，拍摄 CBCT 显示 36 近中根纵向折裂纹，证实牙根纵裂，提示若临床难以诊断的牙根纵折患者，CBCT 有很好的诊断作用。

3.4　根管长度测量仪的应用

根管长度测量仪主要用于根管长度的测量，国内外学者通过离体牙来模拟牙根纵裂，实验证实了根管长度测量仪对于牙根纵裂的诊断价值。柏宁等[18]发现，根尖定位仪有助于牙根纵裂的诊断；Al Kadi 等[19]通过离体牙模拟牙根纵裂发现，根尖定位仪能测量到牙根纵裂的准确位置。当牙根有明显纵裂时，根管可与牙周膜相连导电，从而根管长度测量仪能检测到。但对于早期仅有裂线而无裂隙的牙根纵裂，仍有漏诊可能。因此其对牙根纵裂的早期诊断有一定的不明确性。病例 5 X 线见近中患根周围牙槽骨破坏严重，呈日晕状透射影；远中根根尖周未见明显低密度影，用根管长度测量仪未测出近中根长度，高度怀疑近中根牙根纵裂，采用牙周翻瓣探查术，46 近中牙根见纵向裂纹，证实牙根纵裂。

3.5　牙周翻瓣探查术

当患牙怀疑牙根纵折但不能确诊时可行牙周翻瓣探查术，多数患牙可发现牙根折裂线或断片，必要时可用碘酒或甲基蓝染色来确定，但要与牙骨质撕裂相鉴别。有研究表明牙周翻瓣和 CBCT 检查是早期确诊的最佳手段。[20, 21]病例 3、5 X 线片检查见近中牙槽骨不明原因角形吸收，行牙周手术探查证实牙根纵裂。

4　牙根纵裂的治疗

牙根纵裂的治疗是目前的难点。现在牙根纵裂的治疗有大量的尝试方法，如促进裂隙愈合法，牙根黏结再植法，牙周手术治疗，CO_2 激光技术等。

但多数牙根纵裂的牙齿建议拔除，下颌后牙可行牙半切除术，上颌后牙可行截根术。粘结材料常用的有玻璃离子、MTA、双固化树脂树脂水门汀、纤维状复合树脂等。

合理的牙周手术治疗对保存牙根纵裂患牙非常重要。首先对患牙做适当的调牙合处理，然后根据患牙的不同情况进行牙周手术治疗。当牙周组织破坏局限，且牙根仅有裂缝而未完全分裂，或分离碎片较少，而患牙其余部分的牙周组织基本正常，可以在牙周翻瓣后清理牙周肉芽组织后取断片术或 MTA 充填或黏结剂黏结；当下颌磨牙某一牙根裂开，牙周组织破坏严重，健根的牙周无异常时，可行牙半切除术；当上颌磨牙的近中颊根发生纵裂，余牙根及其牙周组织无异常者，可采用近中根截根术。本组病例中，病例 5 牙根纵裂诊断明确及时，未裂牙周状况较好；经根管治疗后行牙半切术并做冠桥修复，取得了较满意的效果。

综上所述，由于牙根纵裂的预后不佳，应该针对病因采取一系列预防措施。临床上对于牙根纵裂的诊断应仔细询问病史及认真做临床检查，了解牙根纵裂的影像学特征，发现其特别性的临床体征。根管长度定位仪和 CBCT 的应用可以提高我们诊断的正确率。在治疗方面各种新型修补黏结材料的应用提高了牙根纵裂患牙的保存率，牙周手术的合理应用已证实是保存患牙的一个有效手段。

参考文献

[1] Khasnis S, Kidiyoor K, Patil A, et al. Vertical root fractures and their management[J]. J. Conserv. Dent., 2014, 17(2): 103-110.

[2] 文玲英, 王志良. 磨牙牙根纵裂的 X 线、组织学和显微结构特征[J]. 口腔医学, 1992(3): 122-124.

[3] 曾艳, 王嘉德, 周书敏. 牙根纵裂患者的咬合应力分析[J]中华口腔医学杂志, 2000, 35(2): 142-143.

[4] 常晓荣, 齐俊丽, 耿瑶, 等. T-Scan Ⅲ 应用于牙根纵裂患者咬合特征分析的初步研究[J]. 口腔医学研究, 2017(2): 202-206.

[5] 戴丽霞, 童万良, 郭金陵. 牙合因素在牙根纵裂发生过程中的作用分析[J]. 上海口腔医学, 2013(1): 68-71.

[6] 赵继志, 戴晴, 赖钦声. 50 例正常青年人咬肌厚度及其与面型关系的 B 型超声测量分析[J]. 中国医学科学院学报, 2001(1): 60-62.

[7] 黎远皋. 牙根纵裂的临床观察及病因分析[J]. 口腔医学, 2006 (1): 39-40.

[8] 陈君, 岳林, 王嘉德, 等. 根管扩大程度与牙根强度和应力分布的关系[J]. 中华口腔医学杂志, 2006(11): 661-663.

[9] 孟占全. 牙根纵裂 5 例的临床诊断分析[J]. 口腔医学, 2014 (3): 239-240.

[10] 俞光岩. 实用口腔科学(第 4 版)[J]. 中国医刊, 2016(12): 4.

[11] Pitts D L, Natkin E. Diagnosis and treatment of vertical root fractures[J]. J. Endod., 1983, 9(8): 338-346.

[12] 宁放, 余强, 曹东. 早期牙根纵裂的锥形束 CT 诊断[J]. 中国医学计算机成像杂志, 2011(6): 506-508.

[13] Hassan B, Metska M E, Ozok A R, et al. Comparison of five cone beam computed tomography systems for the detection of vertical root fractures[J]. J. Endod., 2010, 36(1): 126-129.

[14] 林梓桐, 朱敏, 刘淑, 等. 后牙根折的临床及 CBCT 影像学研究[J]. 口腔医学研究, 2013(10): 929-931+935.

[15] Zou X, Liu D, Yue L, et al. The ability of cone-beam computerized tomography to detect vertical root fractures in endodontically treated and nonendodontically treated teeth: a report of 3 cases[J]. Oral. Surg. Oral. Med. Oral. Pathol. Oral. Radiol. Endod., 2011, 111(6): 797-801.

[16] Tang L, Zhou X D, Wang Y, et al. Detection of vertical root fracture using cone beam computed tomography: report of two cases[J]. Dent. Traumatol., 2011, 27(6): 484-488.

[17] Metska M E, Aartman I H, Wesselink P R, et al. Detection of vertical root fractures in vivo in endodontically treated teeth by cone-beam computed tomography scans[J]. J. Endod., 2012, 38(10): 1344-1347.

[18] 柏宁, 梅予锋. 根尖定位仪应用于牙根纵裂的临床诊断[J]. 口腔医学, 2006(6): 443-444.

[19] Al Kadi H, Sykes L M, Vally Z. Accuracy of the Raypex-4 and Propex apex locators in detecting horizontal and vertical root fractures: an in vitro study[J]. Sadj, 2006, 61(6): 244-247.

[20] Hannig C, Dullin C, Hulsmann M, et al. Three-dimensional, non-destructive visualization of vertical root fractures using flat panel volume detector computer tomography: an ex vivo in vitro case report[J]. Int. Endod. J., 2005, 38(12): 904-913.

[21] Tamse A, Fuss Z, Lustig J, et al. Radiographic features of vertically fractured, endodontically treated maxillary premolars[J]. Oral. Surg. Oral. Med. Oral. Pathol. Oral. Radiol. Endod., 1999, 88(3): 348-352.

作者简介: 李会旭, 青岛大学口腔医学院, 研究生在读

通信地址: 山东省青岛市市南区江苏路 16 号, 青岛大学附属医院门诊楼五楼口腔科

联系方式: lhxdentist@126.com

发表期刊: 口腔医学研究, 2018(11): 1186-1191.

数字双胞胎工厂的实施过程及意义

马勇男　俞文哲　郑庆波　谢福华　马志刚

(青岛市机械电子工程学会,青岛东田智能科技有限公司,青岛,266101)

摘要:数字双胞胎工厂可使管理者直观看到生产状态、设备管理、设备维护等信息。当前我国数字化工厂主要为非可视化的 ERP、MES 等,而可视化的工厂仿真技术发展较缓慢,本文主要阐述可视化数字工厂仿真模型建设过程及效果,主要由三步构成:(1)仿真及工厂运行联动模型建设,实现同步工程仿真;(2)工厂及生产线扫描,同步调整仿真模型,得到与真实工厂误差不到 1 mm 的精确仿真模型;(3)将现场的 PLC 信号(Programmable Logic Controller,可编程逻辑控制器)集成到工厂仿真模型当中,使现实工厂与仿真模型中的虚拟工厂进行联动。最后集成非可视化的设备运行情况及生产监控细节,得到数字双胞胎工厂。

关键词:同步工程;仿真模拟;生产线扫描;数字双胞胎工厂

1　数字化双胞胎的定义

"数字化双胞胎"(Digital Twin)是指以数字化方式拷贝一个物理对象,模拟对象在现实环境中的行为,对产品、制造过程乃至整个工厂进行虚拟仿真,从而提高制造企业产品研发、制造的生产效率。数字双胞胎将人工智能、机器学习和软件分析与空间网络图相集成,以创建活生生的数字仿真模型,这些模型随其物理对应物的变化而更新。该技术充分利用物理模型、传感器、运行历史等数据,集成多学科、多物理量、多尺度、多概率的仿真过程,将整个工厂在虚拟空间中完成映射,从而反映其全生命周期过程。也可根据现有情况和过往载荷,及时分析评估设备是否需要维修,能否承受下次的任务载荷等实时监控设备的运行情况,给管理者一个有效建议。

"数字双胞胎"将现实世界中复杂的产品研发、生产制造和运营维护转换为虚拟世界相对低成本的数字化信息,并进行协同及模型优化,给予现实世界多种方案和选择。通过这对"双胞胎"的虚实链接,数据的不断迭代,模型的不断优化,进而获得最优解决方案。"数字化双胞胎"能帮助企业优化、仿真和测试,最终实现高效的柔性生产,使企业持有市场竞争力。

2　数字双胞胎的分类

数字化双胞胎可以分为两类:与材料及成型相关的数字双胞胎(CAE)、生产相关的数字双胞胎(也叫数字双胞胎工厂)。

2.1　与材料及成型相关的数字双胞胎(CAE)

CAE(Computer Aided Engineering)是用计算机辅助求解复杂工程和产品结构强度、刚度、屈曲稳定性、动力响应、热传导、三维多体接触、弹塑性等力学性能的分析计算以及结构性能的优化等问题的一种近似数值分析方法。

CAE 的重点是对数字双胞胎的"态(如状态、相态、时态等)"进行描述,而这种描述会有两种情况:一种需要在保持几何与结构高度仿真的情况下来描述,另一种是在简化了几何与结构的情况下来描述,如冲压 CAE 成形分析(拉延,冲孔,修边,切割,翻边,压弯,折边,成型,斜碶,整形)、液压 CAE 成形分析、铸造凝固过程的 CAE 分析、碰撞 CAE 仿真分析等,这些都属于与材料及成型相关的数字双胞胎范畴。其特点为"更加逼真地制造产品的虚拟模型,对弥合设计和制造之间的差距以及对接真实和虚拟世界至关重要。"

为使仿真本身更加接近现状，符合材料及结构优化的发展，CAE仿真软件需要不断更新相关数据（材料参数及反映结果）。因此，需提前发现成型相关的材料、形状及结构问题并进行改善解决。

在产品研发领域，CAE可以虚拟数字化产品模型，对其进行仿真测试和验证，以更低的成本做更多的选择。在产品的设计阶段，利用数字双胞胎可以提高设计的准确性，并验证产品在真实环境中的性能。这个阶段的数字双胞胎，主要包括如下功能。

（1）数字模型设计：使用CAD工具开发出满足技术规格的产品虚拟原型，精确地记录产品的各种物理参数，以可视化方式展示出来，并通过一系列的验证手段来检验设计的精准程度。

（2）模拟和仿真：通过一系列可重复、可变参数、可加速的仿真实验，来验证产品在不同外部环境下的性能和表现，在设计阶段完成产品适应性的验证。

2.2 生产相关的数字双胞胎（也叫数字双胞胎工厂）

在产品的制造阶段，利用数字双胞胎可以加快产品导入速度，缩短导入时间、提高设计质量、降低生产成本并提高交付效率。

产品制造阶段的数字双胞胎是一个高度协同的过程，通过数字化手段构建起来的虚拟生产线，将产品本身的数字双胞胎同生产设备、生产过程等其他形态的数字双胞胎高度集成，实现如下的功能。

（1）生产过程仿真：在产品生产之前，就可以通过虚拟生产的方式来模拟在不同产品、不同参数、不同外部条件下的生产过程，实现对产能、效率以及可能出现的生产瓶颈等问题的提前预判，加速新产品导入的过程。

（2）数字化产线：将生产阶段的各种要素，如原材料、设备、工艺配方和工序要求，通过数字化的手段集成在一个紧密协作的生产过程中，并根据既定的规则，自动完成在不同条件组合下的操作，实现自动化的生产过程；同时记录生产过程中的各类数据，为后续的分析和优化提供依据。

（3）关键指标监控和过程能力评估：通过采集生产线上的各种生产设备的实时运行数据，实现全部生产过程的可视化监控，并且通过经验或者机器学习建立关键设备参数、检验指标的监控策略，对出现违背策略的异常情况进行及时处理和调整，实现稳定并不断优化的生产过程。

（4）物理工厂三维仿真：系统严格按照物理工厂建立1：1的3D模型，经3D引擎开发生成高度逼真的仿真工厂，可通过大屏/VR头盔鸟瞰或第一人称漫游，形象、直观。仿真内容包括：工厂建筑及设备布局、产品加工流转过程、物流线运行过程、AGV运行路线、生产设备（含机器人）运行过程、仓库运行过程等。

3 数字双胞胎的应用现状及建设过程

目前我国数字化工厂建设过程中遇到很多挑战，具体所面临的问题如图1所示。

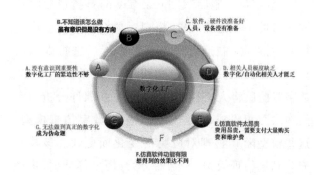

图1 数字化工厂建设存在的问题

目前市面上仿真软件的普遍硬伤为无法处理大数据的数模，于是只能实现部分小数据数模的仿真需求；在仿真软件中最领先的为DMWORKS软件，DMWORKS软件对数模进行了彻底地轻量化，可以在较短时间内迅速实现大数据数模的仿真。

数字双胞胎的建设过程一般分为三步：第一步，建设工厂数字化仿真模型；第二步，生产线及工厂扫描（得到真实的2D&3D工厂布局）；第三步，构建MES实时监控环境（仿真模型与工厂实时联动）。现通过DMWORKS软件的操作实现数字双胞胎的建设过程如下。

3.1 建设工厂数字化仿真模型

利用 3D CAD 数模构建数字化工厂,DM-WORKS 软件工厂数字化仿真模型建设过程如图 2 所示。DMWORKS 软件可以进行如下仿真模型建造:机械运动学定义→单个机器人动作仿真(包括焊枪,抓具)→单工位多台机器人生产仿真→生产线几十台机器人生产仿真→整个工厂几百台机器人大规模生产仿真需求。如图 3 至图 7 所示。

图 2　工厂数字化仿真模型建设过程

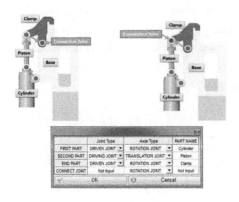

图 3　机械运动学定义

图 4　单个机器人动作仿真

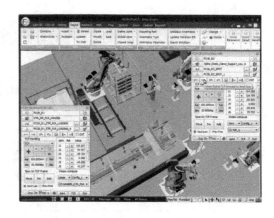

图 5　单工位多台机器人动作仿真

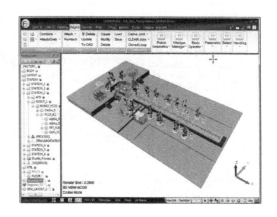

图 6　生产线多台机器人生产仿真

工厂数字化仿真模型为数字双胞胎工厂的基础平台,也是构建数字双胞胎工厂之后的展示平台,具有很高的意义,搭建此平台是数字双胞胎工厂基础中的基础。

在搭建过程当中需要达到同步工程(SE,Synchronization Engineering or Simultaneous Engineering)仿真水平,设备、工艺在设计过程当中要实现(同步仿真→同步反馈)的效果,这意味仿真速度需要非常迅速。

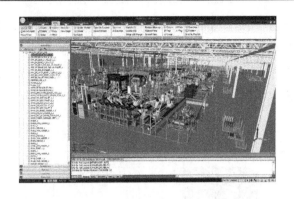

图 7　整个工厂几百台机器人大规模生产仿真

3.2　生产线及工厂扫描(得到真实的 2D&3D 工厂布局)

利用莱卡扫描仪对生产线及工厂进行 3D 扫描,DMWORKS 软件利用 3D 扫描数据构建数字化工厂,3D 扫描数据建设过程如图 8 所示。

利用 DMWORKS 软件构建三维数字化工厂流程如下:选定三维扫描硬件→分析和定义测量位置→执行测量、收集数据、建立数据库→管理三维扫描数据。具体流程如图 9 所示。

图 8　3D 扫描数据建设过程

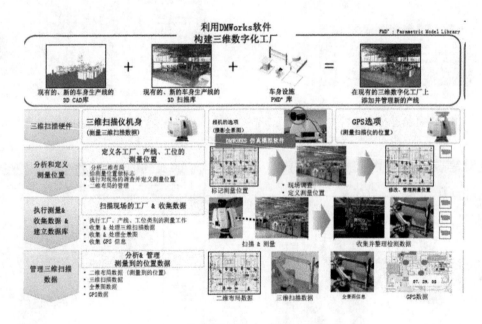

图 9　DMWORKS 软件构建三维数字化工厂流程

工厂扫描利用大型扫描仪对生产线及工厂进行扫描,扫描半径一般为 180 m,一个点最大误差为 3 mm,一般情况下根据生产线及工厂大小选择扫描多个点,最终归为一个模型,将误差控制在 1 mm 以内。扫描点云如图 10 所示。

扫描(点云)数据非常庞大,在一般的软件中很难运行,而在 DMWORKS 软件中对点云数据进行了轻量化,可以实现在 DMWORKS 界面上同时打开生产线或工厂的点云扫描数据和 2D 布局图进行对比,根据扫描数据把理论上的 2D 布局一一调整(目前为人工调整),得到真实的 3D 布局图(图 11)。

通过生产线及工厂扫描步骤得到真实的(误差 ≤1 mm)3D 生产线及工厂模型,这一点非常有意义,否则得不到真实的数字化工厂。真实与现实误差不大于 1 mm 的 2D&3D 工厂布局图,对于将来的生产线规划及工厂改造是非常有帮助的。

3.3　构建 MES 实时监控环境(仿真模型与工厂实时联动)(图 12)

图 10　点云模型

图 11　布局调整

图 12　构建 MES 实时监控环境

实施联动的目的：将客户所使用的 MES 中的多种信息连接至 DMWorks,在 DMWorks 的 2D 或者 3D 画面上显示工厂生产信息及设备的状态等信息,构建工厂多种信息的监控环境,实施厂内多种信息联动如图 13 所示。

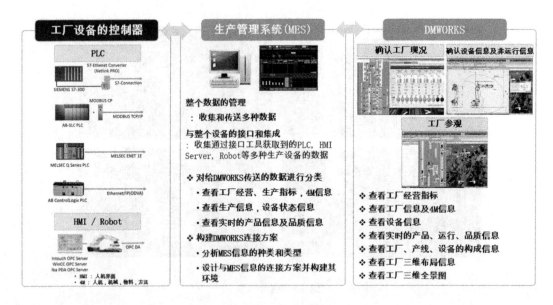

图 13 实施厂内多种信息联动

实施联动需要以下几点准备：

(1)为了确认收集到的数据及设备的接口类型,需要去实际工厂查看;

(2)需要提供设备接口方面的图纸、列表或者是信号列表;

(3)需要确认网络是否构成;

(4)需要提前协商在 DMWORKS 上要显示的 MES 信息的种类;

(5)需要提前协商设备信息的监控种类及内容;

(6)需要提前协商在 DMWORKS 上显示 MES 信息的用户界面环境。

工厂监控室、工艺部门、生产部门、管理者办公室等相关部门可实时查看数字双胞胎工厂的运行情况,数字双胞胎工厂界面如图 14 所示。

4 数字双胞胎工厂的作用及意义

4.1 数据集成与展示

"3D 数字化工厂"并不是对企业原有的 IT 系统进行推翻重构,而是要打破信息孤岛,构建生产、设备、安全等专业管理领域的数据生态系统。系统提供开放性的接口,可实现与第三方系统之间的集成,整合生产运维阶段的 MES、视频监控等专业系统的价值数据,从而成为统一的展示门户。

4.2 生产状态实时监控

仿真工厂与物理工厂实现了数据连接和指令控制,各类生产管理数据在三维仿真工厂中实时展示,极大地提高了可视性和人机交互性。在虚拟的三维环境中,管理员可以实时掌握生产计划执行情况、产品制造进度、设备利用率和故障率等信息。

4.3 仿真工厂实时同步

很多智能工厂需要频繁调整生产线,固定不变的仿真工厂无法满足需求。本系统赋予了管理员场景管理功能,可以根据物理工厂产线变化情况对仿真工厂的设备模型、数据接口等进行修改,从而确保仿真工厂与物理工厂的一致。

4.4 工厂自制设计

系统提供了强大的 3D 可视化工具及设备模型库,并支持三维模型导入。设计人员无须经过复杂的培训就可使用自制工具进行工厂的规划设计,直观地看到设计的立体效果,并能身临其境的进入工厂漫游,评估设计规划的优劣。

图 14 数字双胞胎工厂界面

4.5 设备管理

在设备管理领域,我们可以通过模型模拟设备的运动和工作状态,实现机械和电器的联动。比如电梯运行的维护监控。

4.6 生产管理

在生产管理领域,可将数字化模型构建在生产管理体系中,在运营和生产管理的平台上对生产进行调度、调整和优化。另外能够进一步的是数字仿真镜像和物理世界可以联动起来,数字世界可以进行预测试错等方式提前判断得到结果,自动反馈到物理世界/真实世界从而自动调整生产或者运营方式。

4.7 远程监控和预测性维修

通过读取智能工业产品的传感器或者控制系统的各种实时参数,构建可视化的远程监控,并给予采集的历史数据,构建层次化的部件、子系统乃至整个设备的健康指标体系,使用人工智能实现趋势预测;基于预测的结果,对维修策略以及备品备件的管理策略进行优化,降低和避免客户因为非计划停机带来的损失;优化客户的生产指标;对于很多需要依赖工业装备来实现生产的工业客户,工业

装备参数设置的合理性以及在不同生产条件下的适应性,往往决定了客户产品的质量和交付周期。而工业装备厂商可以通过海量采集的数据,构建起针对不同应用场景、不同生产过程的经验模型,帮助其客户优化参数配置,以改善客户的产品质量和生产效率。

4.8 产品使用反馈

通过采集智能工业产品的实时运行数据,工业产品制造商可以洞悉客户对产品的真实需求,不仅能够帮助客户加速对新产品的导入周期、避免产品错误使用导致的故障、提高产品参数配置的准确性,更能够精确地把握客户需求,避免研发决策失误。

4.9 更全面的分析和预测能力

现有的产品生命周期管理,很少能够实现精准预测,因此往往无法对隐藏在表象下的问题提前进行预判。而数字双胞胎可以结合物联网的数据采集、大数据的处理和人工智能的建模分析,实现对当前状态的评估、对过去发生问题的诊断,以及对未来趋势的预测,并给予分析的结果,模拟各种可能性,提供更全面的决策支持。

4.10　经验的数字化

在传统的工业设计、制造和服务领域,经验往往是一种模糊而很难把握的形态,很难将其作为精准判决的依据。而数字双胞胎的一大关键进步,是可以通过数字化的手段,将原先无法保存的专家经验进行数字化,并提供保存、复制、修改和转移的能力。

5　目前技术的不足

目前只能单方向体现现场生产过程,原因是现场 PLC 信号数据量庞大,所以在现场设备上筛选一部分关键现场信号(PLC)进行通讯(嫁接)到展示平台上,但是反过来在展示平台上修改或设置新的 PLC 后反馈给现场设备中需要反馈所有的 PLC 信号,所以很难实现(以目前的技术仅能实现 2 台机器人的反向输出及反馈),这需要相关技术部门深入研究。

要实现中国制造 2025,智能制造、工业 4.0、工业互联网等新工业发展战略,研究和实施 CPS 十分必要,而数字双胞胎工厂,是 CPS(Cyber-Physical Systems)中的关键核心技术之一。因而,充分实施和推进数字双胞胎工厂的发展,对实现 CPS 这一工业理想极为必要。

作者简介:马勇男,中级技术职称、总经理;

通信地址:山东省青岛市崂山区株洲路 140 号;

联系方式:yoson2@163.com

慢性牙周炎病人中医体质分布特征分析

徐欢欢[1]　吴迎涛[2]

(1.潍坊医学院口腔医学院，潍坊，261053；2.青岛市口腔医院牙周黏膜科，青岛，266071)

摘要：[目的]探讨慢性牙周炎(CP)病人的中医体质分布特征，为 CP 预防和中医治疗提供依据。[方法]将纳入研究的 150 例 CP 病人进行 CP 分度，再采用中医体质辨识系统进行中医体质辨识，采用统计学方法研究 CP 病人中医体质分布规律及其与性别、年龄及疾病分度的关系。[结果]试验组除特禀质和湿热质外，其他中医体质类型与对照组比较，差异有统计学意义($\chi^2 = 5.147 \sim 29.242$，$P < 0.05$)；CP 病人不同性别组中医体质频次分布不同，差异均有统计学意义($\chi^2 = 5.930 \sim 15.184$，$P < 0.05$)；不同程度 CP 病人中医体质频次分布不同，差异均有统计学意义($\chi^2 = 7.107 \sim 21.070$，$P < 0.05$)。[结论]CP 病人中医体质以阳虚质、气虚质和湿热质为主；中医体质受性别因素影响；女性阳虚体质者应作为慢性牙周炎重点防治人群。

关键词：慢性牙周炎；中医体质；慢性牙周炎分度

慢性牙周炎(CP)是多因素引发的牙周组织慢性炎症性疾病，主要特征包括牙周支持组织的丧失、牙周袋的形成和牙齿松动移位等。[1-5]CP 是最常见的口腔疾病，患病率高达40%～60%，不仅破坏口腔健康，与全身健康也密切相关。CP 的始动因素是牙菌斑，其发生发展还受吸烟、遗传、内分泌、全身疾病及压力等因素的影响。[6]目前常规治疗方法以牙周局部治疗为主，但对部分重度 CP 病人治疗效果欠佳[7]，而中医药可以通过全身免疫调节提高疗效并延缓复发[8]。由于中医体质与疾病的发生发展、转归和预后等有明显相关性[9]，本研究采用流行病学和中医体质学的研究方法，探讨 CP 病人的中医体质分布规律及其与疾病分度、年龄、性别等的相关性，为 CP 的中西医结合防治及进一步研究提供思路及依据。

1 资料与方法

1.1 一般资料

选择 2018 年 1 月～2018 年 8 月在青岛市口腔医院牙周科就诊的 CP 病人，筛选出符合纳入标准者 150 例作为试验组，其中男 37 例，女 113 例，年龄 30～74岁，平均年龄(48.20±13.20)岁，病程 3～5 年；另外选择健康者 50 例作为对照组，其中男 13 例，女 37 例，年龄30～75 岁，平均年龄(46.35±13.70)岁。试验组的 CP 诊断积分度参考《牙周病学》(人民卫生出版社，第 4 版，2012 年)中的标准[5]。试验组的纳入标准：年龄 30～75岁、6 个月内未接受过牙周及中医中药治疗者、自愿配合调查者。试验组的排除标准：吸烟者，患严重高血压、糖尿病、血液病等系统性疾病者，不能明确表达主观症状者，问卷填写不全或不实者。

1.2 研究方法

1.2.1 对病人中医体质类型的判定，每一研究对象均由同一高年资中医师协助进行中医体质辨识系统(山东泽熙医疗科技有限公司 ZX-ZY5000)的电子问卷，答题结束后由软件自动生成病人的中医体质判定结果。

1.2.2 中医体质的判定标准平和质判定标准：转化分≥60 分，其他偏颇体质转化分＜30 分，判定结果为是平和质；转化分≥60 分，其他 8 种体质转化分＜40 分，判定结果为基本是平和质；不满足上述条件者，则判定为否。偏颇体质判定条件：转化分≥40 分，判定结果为是偏颇体质；转化分 30～39

分,判定结果为倾向是偏颇体质;转化分＜30分,判定结果为否定偏颇体质[10]。

意义。

1.3 统计学处理

采用EXCEL2007操作平台,由双人录入数据并建立原始数据库。采用SPSS22.0软件进行统计分析,计数资料以百分比表示,采用卡方检验方法对数据进行分析,以$P<0.05$为差异有统计学意义。

2 结果

2.1 两组中医体质类型分布情况比较

试验组除特禀质和湿热质外,其他中医体质类型与对照组比较,差异有统计学意义($\chi^2=5.147\sim29.242,P<0.05$),见表1。

表1 两组间不同中医体质构成比较(例次)

分组	平和质	气虚质	阳虚质	阴虚质	痰湿质	湿热质	血瘀质	气郁质	特禀质
对照组	20	10	17	11	10	14	9	12	4
试验组	34	55	72	43	46	50	44	39	23

注:部分病人为兼杂体质,统计时分开计算体质例数。

2.2 试验组不同性别中医体质类型分布情况比较

男性中医体质以平和质、湿热质多见,女性中医体质以阳虚质、气虚质、血瘀质多见,除阴虚质、痰湿质、湿热质、气郁质外,两者比较差异有显著性($\chi^2=5.930\sim15.184,P<0.05$),见表2。

表2 试验组不同性别中医体质类型比较(例次)

性别	平和质	气虚质	阳虚质	阴虚质	痰湿质	湿热质	血瘀质	气郁质	特禀质
男性	17	9	13	10	12	16	5	6	1
女性	17	46	59	33	34	34	39	33	22

注:部分病人为兼杂体质,统计时分开计算体质例数。

2.3 试验组中医体质类型与CP疾病分度的关系

不同分度中除痰湿质、湿热质、特禀质外,其他中医体质构成差异有统计学意义($\chi^2=7.107\sim21.070,P<0.05$),见表3。

表3 试验组不同程度CP中医体质类型比较(例次)

分度	平和质	气虚质	阳虚质	阴虚质	痰湿质	湿热质	血瘀质	气郁质	特禀质
轻度	20	5	15	8	9	12	4	4	8
中度	13	26	24	15	18	22	19	14	6
重度	1	24	33	20	19	16	21	21	9

注:部分病人为兼杂体质,统计时分开计算体质例数。

2.4 试验组中医体质类型与年龄的关系

根据联合国世界卫生组织提出的年龄段进行分组,即30～44岁为青年组,45～59岁为中年组,60岁及以上为老年组。各年龄组中医体质间,除阳虚质、气虚质和湿热质构成差异有显著性($\chi^2=5.850\sim8.388,P<0.05$),不同年龄组间中医体质构成比较差异无统计学意义($P>0.05$)。见表4。青年组以阳虚质、湿热质、气虚质多见;中年组以阳虚质、气虚质、痰湿质多见;老年组以平和质、阳虚质、湿热质多见。

表4 试验组间不同年龄段中医体质构成比较(例次)

年龄	平和质	气虚质	阳虚质	阴虚质	痰湿质	湿热质	血瘀质	气郁质	特禀质
青年	10	27	31	24	23	30	20	19	15
中年	13	22	31	13	17	13	20	17	7
老年	1	24	33	20	19	16	21	21	9

注：部分病人为兼杂体质，统计时分开计算体质例数。

3 讨论

慢性牙周炎属于中医学中的"牙宣""齿龀""食床"等的范畴。《景岳全书》将牙周病的病因可分为肾虚和胃火两大类，因此目前临床上中医治疗牙周炎多以补肾固齿为治疗原则。[11-14] 体质是指在先天禀赋和后天获得的基础上，形态结构、生理功能和心理状态方面综合影响下形成的固有特质，可受到年龄、生理心理、地域等因素的影响[15-17]，通过研究不同体质类型与疾病的关系，可寻找不同疾病的易感体质，从而为疾病的早期预防提供方向。[18-19]

本研究中的CP病人以阳虚质占比最高，阳虚质又称虚寒体质，主要是指阳气不足。形态结构：多肥白；生理功能：畏寒怕冷、局部体温降低[20]；心理特征：喜静、嗜睡；反应状态：不耐冬，易患感冒、腹泻等疾病[21]。阳虚常见肾阳虚、胃阳虚、脾阳虚等。本研究CP病人中阳虚质占首位的结论与历代中医认为牙周炎病因病机以肾虚为主的观点相近，提示肾阳虚是本组CP病人的首要病机。[22] 本研究对照组中平和质占首位，其次为湿热质和痰湿质。王琦等[23-24]研究发现，一般人群主要体质类型分布由高到低分别是：平和质、气虚质、湿热质、阳虚质、阴虚质、气郁质、血瘀质、痰湿质、特禀质。本研究与其研究基本一致，但又略有不同，本地区健康人群除平和质外，湿热、痰湿体质占比也较高，这与青岛地区地处温带海滨，气候温暖潮湿，居民喜食海鲜类食物，受试人群年龄又以中年为主等因素有关[25-26]。

对比两组的中医体质类型发现，试验组阳虚质比例明显高于对照组，再结合CP病人分度分析，重度CP病人阳虚质数量明显高于轻中度病人，说明阳虚质是重度CP病人的特征性体质。CP为慢性感染性进展性疾病，病程可达数十年。郑燕飞等[27]研究发现慢性病的病机多为虚实夹杂，若不能及时

调养则易迁延形成阳虚体质。由于体质有其遗传性[28]，又在一定程度上受到外界和环境的影响[29]，故阳虚质与重度CP可能存在互为因果的关系。综上所述，推测阳虚质者是重度CP的易感人群。

试验组中不同性别中医体质分布比较，女性阳虚质占首位。中医古籍早有记载，女性多阴有余而阳不足，表现阴柔之体，加之多愁善感，感情细腻，易患阳虚体质[30]。方程等[31]发现生活在经济发达地区的中青年已婚白领女性多表现为阳虚体质，阳虚必有气虚，故女性阳虚体质者应作为CP重点防治人群；另外女性阳虚质还与不同时期女性激素水平、年龄等因素相关[32]。

邸洁等[33]对9个省份的2万多名社区居民进行研究发现，不同年龄段人群相应的体质类型会有差异。本研究纳入的CP病人年龄为30～75岁，除阳虚质、气虚质和湿热质外，其他体质类型在各个年龄阶段差异无统计学意义，这可能与本研究的样本量太小有一定关系。

综上所述，女性阳虚质者是CP的易感人群，提示我们在CP的预防和防治中，可以通过体质辨识进行早期调节或改善偏颇体质状态[34-36]，达到阴平阳密的动态平衡，以减少对疾病的易感性，做到未病先防，即病防变，防患于未然的目的。[37-40]

参考文献

[1] Borgestde F，Regalo S C，Taba M J R，et al. Changes in masticatory performance and quality of life in individuals with chronic periodontitis[J]. J. Periodontol.，2013，84(3)：325-331.

[2] Takeuchi N，Yamamoto T. Correlation between periodontal status and biting force in patientswith chronic periodontitis during the maintenance phase of therapy[J]. J. Clin. Periodontol.，2008，35(3)：215-220.

[3] 邹华丽，王家烯，吴佳璇，等.牙周基础治疗对重度慢性牙周炎患

者咀嚼功能的影响[J].山东医药,2018,58(13):50-52.

[4] Camelo-castillo A, Novoa L, Balsa-Castro C, et al. Relation-ship between periodontitis-associated subgingival microbiota and clinical inflammation by 16S pyrosequencing[J]. J. Clin. Period-ontol., 2015,42(12):1074-1082.

[5] 孟焕新.牙周病学.第4版[M].人民卫生出版社,2012.

[6] 王燕. 慢性牙周炎严重程度与慢性肾病的相关性研究[J].哈尔滨医药,2018,38(01):90-91.

[7] 罗汝茜.基础治疗对慢性牙周炎的疗效及对龈下牙周致病菌的影响观察[J].中外医学研究,2018,16(19):132-133.

[8] 王琦. 中医体质学(TB)[M]. 人民卫生出版社,2005.

[9] 孙广仁,郑洪新. 中医基础理论[M]. 中国中医药出版社,2012.

[10] 中华中医药学会.中医体质分类与判定[J].世界中西医结合杂志,2009,4(4):303-304.

[11] 李晓峰,郭丽云,张孝华,等. 六味地黄丸对糖尿病伴牙周炎大鼠牙周组织中OPG与RANKL的影响[J].世界中西医结合杂志, 2014,9(4):354-356.

[12] 史芳萍,叶何珍,戴巧群. 消炎汤联合补肾固齿丸治疗肾虚火旺型牙周炎疗效观察[J]. 新中医, 2016, 48(08):211-212.

[13] 汪婷婷,申林,苏阳. 六味地黄丸用于绝经期牙周炎病人牙周治疗临床评价[J]. 中国药业,2017,26(1):71-73.

[14] 夏金金,汪涛,刘旭生. 不同体质、证型膜性肾病患者临床病理相关性分析[J].中国实验方剂学杂志, 2016, 22(17):130-135.

[15] 郭蕾,高玉亭,赵雨薇."亚健康体质证候"关系轴应用思路初探[J]. 中医杂志,2017,58(6):533-534.

[16] 朱燕波,严辉,李彦妮,等. 中医体质四个基本原理的实证研究概述[J]. 中医杂志,2018,59(17):1446-1449.

[17] 王文锐. 王琦中医体质学说"体病相关"研究进展[J].中华中医药学刊,2011,29(11):2501-2503.

[18] 千迎旭,史士伟. 浅谈中医整体观、辨证论治思想在常见病愈后康复保健中的临床应用[J]. 光明中医,2015,30(9):1991-1992.

[19] 孟昱林,宋宝国,张海艳,等.唐山市2683例健康体检者中医体质状况调查分析[J].世界中医药,2017,12(9):2228-2231.

[20] 徐福平,罗翠文,孙晨,等. 阳虚质主观怕冷与客观体表温度特征的关系[J]. 广东医学, 2017, 38(11):1641-1644.

[21] 李雅楠,王均衡,殷雨晴,等.阳虚体质理论与科学实证[J].北京中医药大学学报,2017,40(11):894-897.

[22] 吴俊伟,丁旭宣,杨磊,等. 金匮肾气丸联合替硝唑治疗肾气亏损型牙周病的效果[J]. 广东医学, 2015, 36(17):2751-2752.

[23] 王琦. 中医体质学[M]. 人民卫生出版社,2008.

[24] 王琦,朱燕波. 中国一般人群中医体质流行病学调查——基于全国9省市21948例流行病学调查数据[J]. 中华中医药杂志, 2009, 24(1):7-12.

[25] 吴震东,黄启祥,王晓青,等.藿朴夏苓汤对潮汕地区湿热质人群的干预研究[J].新中医,2012,44(2):35-36

[26] 周敏,叶进.汉唐时期中医肾虚概念的历史演变[J].中华中医药杂志,2018,33(5):1937-1940.

[27] 郑燕飞,焦招柱,王济,等.从中医体质角度防治慢性病探讨[J].云南中医学院学报,2013,36(4):82-84.

[28] 段练,廖江铨,胡俊媛,等. 中医体质学说、辨证论治与基因组学的思考[J].世界中西医结合杂志,2018,13(3):302-304.

[29] 叶子怡,李海,陈欣燕,等. 阳虚体质的环境影响因素分析[J]. 广东医学, 2017,38(11):1659-1662.

[30] 王若光,尤昭玲. 试析中医学对男女性别差异的认识[J]. 湖南中医药学院学报,2017,22(1):41-42.

[31] 方程,王济,赵亚,等. 2241例中国城市女性中医体质状况调查分析[J]. 安徽中医药大学学报,2014,33(4):26-29.

[32] Ikebe K, Matsuda K, Kagawa R, et al. Association of masti-catory performance with age, gender, number of teeth, occlu-sal force and salivary flow in Japanese older adults: Is ageing a risk factor for masticatory dysfunction? [J]. Archives of Oral Biology, 2011, 56(10):991-996.

[33] 邸洁,王琦,王洋洋,等. 不同年龄人群中医体质特点对应分析[J]. 中国中西医结合杂志,2014, 34(5):627-630.

[34] 王卓,邓颖,尹伟,等. 四川省疾病预防控制系统口腔卫生工作现状调查[J].华西口腔医学杂志,2015,33(2):178-181.

[35] 徐新宇,何松,王睿淏,等. 从中医体质学说谈《黄帝内经》发病观及养生[J]. 中医药通报,2018,17(5):14-16.

[36] 文乐兮,严秀梅,魏一苇,等."辨体施膳"论女性药膳食疗[J]. 湖南中医药大学学报,2015,35(12):36-39.

[37] 马嘉轶,倪诚. 基于体质与证候辨析的阳虚体质主药主方筛选[J].中华中医药杂志,2016,31(9):3443-3445.

[38] 范文昌,梅全喜. 辨体质药膳养生[J]. 亚太传统医药,2017,13(3):43-45.

[39] 邓旭光,张珊珊,刘娟,等. 中医体质与神经-内分泌-免疫网络的相关性研究[J].深圳中西医结合杂志,2017,27(11):4-5.

[40] 王福燕,周安方,陈好远,等.《内经》"过用致病"的发病观及其指导意义[J]. 时珍国医国药,2014,25(2):422-423.

作者简介:徐欢欢,青岛市口腔医院
通信地址:青岛市市南区德县路17号
联系方式:1802487024@qq.com
基金项目:山东省2017~2018年度中医药科技发展计划项目(2017-344)
发表期刊:精准医学杂志,2019,34(2):155-158.

氧化应激与口腔扁平苔藓的研究进展

李　新　　王赛男　　孙银银　　卢恕来

（青岛市口腔医学会，青岛市市立医院，青岛，266011）

摘要：口腔扁平苔藓（OLP）是一种常见的口腔黏膜慢性炎性疾病，其发病机制尚不明确，最近研究表明 OLP 患者体内存在氧化应激（OS），伴随脂质过氧化的增加，抗氧化防御系统失衡，活性氧族（ROS）及其引起的氧化损伤与 OLP 的发生发展密切相关。通过 OLP 中氧化应激的研究，可进一步阐明 OLP 的发病机制，并为 OLP 的治疗提供新的方向。文中综述了氧化应激与口腔扁平苔藓的研究进展。

关键词：氧化应激（OS）；口腔扁平苔藓（OLP）；活性氧族（ROS）

在机体正常氧化还原反应中，会产生一定数量的活性氧，对机体生命活动具有重要作用。生理水平的活性氧族（reactive oxygen species，ROS）参与调控细胞内环境稳态、信号转导、凋亡等生理活动，具有消灭细菌和病原体、宿主防御和免疫调节的作用。[1]体内存在的酶抗氧化系统和非酶抗氧化系统维持着氧化-抗氧化系统的平衡。氧化应激（oxidative stress，OS）是指由于体内氧化剂-抗氧化剂失衡所导致的 ROS 的过度积累，当 ROS 产生过多时，会导致蛋白质、脂质氧化和 DNA 损伤等，从而抑制它们的正常功能。[2]由于 ROS 的长期释放与堆积，在慢性炎症和癌症发生过程中抗氧化剂的水平有所降低。OS 参与了许多疾病的发病机制，例如牙周病、口腔癌、糖尿病、类风湿性关节炎、慢性肾衰竭、阻塞性睡眠呼吸暂停综合征、HIV[3]、动脉粥样硬化[4]和系统性红斑狼疮[5]等。

近年来关于氧化应激机制的研究也被应用于口腔扁平苔藓（oral lichen planus，OLP）的病因研究与治疗中。OLP 是一种常见的口腔黏膜慢性炎性疾病，在成年人中患病率为 0.1%～4%[6]，是口腔黏膜病中仅次于复发性阿弗他溃疡的第二大常见疾病。最新研究表明 OLP 的患者体内存在 OS 与抗氧化系统平衡失调，OS 反应伴随着炎症反应加重了 OLP 的发病与进展。本文综述了近年来 OS 和 OLP 的研究进展。

1　氧化应激概述

1.1　氧化应激和氧化产物

正常情况下，生物体内的氧化代谢会产生少量自由基，体内的抗氧化系统能及时清除以维持自由基的代谢平衡。但是在一些损伤因素的作用下，可诱导体内大量 ROS 堆积，包括氧化自由基（如超氧阴离子、过氧化亚硝酸盐和羟基）和非自由基活性物质（如过氧化氮、氧化氢、臭氧和次氯酸）[7]，从而产生氧化和抗氧化的不平衡状态，倾向于氧化，导致中性粒细胞炎性浸润，蛋白酶分泌增加，产生大量氧化中间产物，这种状态即为 OS。

1.2　活性氧族的致病机制

现已证实，在真核生物中，90% 的 ROS 产生于线粒体，线粒体功能异常与细胞的氧化损伤有密切关系。[8]当体内 ROS 产生过多或者机体细胞抗氧化能力降低时，OS 就会发生，ROS 通过参与多种细胞信号通路直接或间接导致核酸、蛋白质和脂质损伤，引起炎症、癌症等病理状态的发生。[9]

OLP 作为一种慢性炎症性疾病，机体氧化应激在炎症的病理生理学中起着关键作用。[10]当机体处于氧化应激状态时，细胞损伤超过其修复能力，会导致细胞死亡及细胞外基质分解，释放的细胞因子通过模式识别受体（pattern recognition receptors，PRRs），触发炎症级联反应。[11]此外，OS 条件可诱导脂质过氧化和蛋白质变性，产生氧化特异性表位,其作为有效的损伤相关分子模式(damage-associated molecular pattern,DAMPs),能够通过结合多个 PRRs 引发先天免疫反应。[12]在组织损伤条件下释放的 DAMPs 可以通过激活免疫防御机制引发炎症反应,特别是核因子-κB(NF-κB)。[13]在 OLP 发生发展中,组织修复不能及时进行,持续的氧化应激使炎症反应不断放大,进一步引起组织功能的改变,并伴有持续的全身内环境的紊乱。[14]

2   口腔扁平苔藓中氧化应激的发生与影响

OLP 的病因和发病机制尚不明确,目前认为其发病与遗传因素、免疫因素、感染因素、情绪等相关。[15-16]现普遍认为,OLP 是一种以 T 细胞介导的自身免疫反应为特征的慢性炎症性疾病。[17]在 OS 下,机体细胞会产生过量的 ROS 与细胞中的脂质和蛋白质发生反应和修饰,改变蛋白质的抗原谱,增强了抗原性,从而导致了由自身蛋白的氧化修饰所引起的自身免疫疾病。[18]

近年来,国外学者对于 OS 在 OLP 的发病机制中的作用取得了一定的研究成果。口腔中 OS 的来源包括内源性和外源性,如食物、炎症、吸烟、牙科材料等。[19] OLP 发病机制包括抗原特异性和非特异性机制。抗原特异性机制包括基底角化细胞抗原呈递和 CD8+细胞毒性 T 细胞杀伤抗原特异角化细胞。非特异性机制包括 OLP 病损中肥大细胞脱颗粒和基质金属蛋白酶激活。一方面,OS 参与 OLP 特异性发病机制,OLP 患者存在脂质过氧化的增加,体内增加的丙二醛(MDA)和 4-羟基-2-壬烯醛(4-HNE)通过影响 Bcl-2 和 Bax 的连接方式参与信号传递与细胞凋亡,以及通过影响 NF-κB 活性参与对依赖 CD8+淋巴细胞的线粒体的调控。[20]因此,OS 可能是 OLP 及其并发症的重要发病机制,它的有害作用源于对细胞信号传递及转导基本机制的影响,导致角质形成细胞功能障碍和细胞凋亡。[21]由于 T 淋巴细胞的上皮下浸润引起细胞因子的增加,进而刺激角质细胞产生 ROS。细胞凋亡是 OLP 的一个显著特征,这表明 ROS 可能在 OLP 发展过程中起着关键作用。[2]另一方面,OS 参与 OLP 非特异性发病机制,多种因素如 p53、Bcl-2 家族蛋白、TNF-α、Fas/FasL 途径、颗粒酶 B-穿孔素系统、基质金属蛋白酶-9(MMP-9)与 OLP 病损细胞凋亡和淋巴细胞浸润有关。P53 既可以下调凋亡抑制因子,如 Bcl-2,又可以直接刺激线粒体释放 ROS 从而引起细胞凋亡。同时,ROS 与 Fas 依赖性途径诱导细胞凋亡、TNF-α 的促凋亡信号和抗凋亡信号,颗粒酶的释放,MMP-9 的分泌相关。[22]

3   口腔扁平苔藓中氧化与抗氧化的失衡

在临床研究中,OLP 患者的 OS 状态是通过脂质过氧化产物、氧化蛋白质以及 DNA 氧化和断裂产物进行评估的。脂质过氧化是指脂质如多不饱和脂肪酸与 ROS/RNS 反应生成脂质过氧化物,其终产物比自由基更稳定。对于脂质过氧化研究最多的标志物是丙二醛(MDA)。[23]评估蛋白质氧化的广泛方法是通过 ELISA 或 Western blot 中的特异性抗体和分光光度分析来测量羰基。[24]与脂质过氧化产物相比,羰基蛋白质作为标记物的优势包括氧化蛋白质的早期生产和更大的稳定性。然而,几乎所有类型的 ROS 可以诱导产生羰基,因此,分析蛋白质羰基无法得到准确的氧化应激源。由于唾液羰基和年龄之间相对较高的相关系数,有学者建议蛋白质羰基作为衰老的替代生物标记。[25]ROS/RNS 与 DNA 反应可以导致嘌呤和嘧啶碱基以及脱氧核糖骨架受损[26],8-OHdG 的测量已经被用于使用各种分析方法评估全身氧化 DNA 损伤。[27]此外,还有学者通过测定口腔唾液中 NO 来评估亚硝化应激状态。[28]OS 是一种氧化剂-抗氧化剂系统的不平衡状态,因此,对于抗氧化状态的测定也是不可或缺的,通常通过检测总抗氧化能力(TAC)、谷胱甘肽(GSH)等来评估抗氧化状态。[23]

近十年来,国外学者已证实 OLP 患者体内存在 OS 的增加和氧化与抗氧化系统失衡,但在国内未见相关报道。在评估 OLP 患者氧化应激相关指标时,组织匀浆、血清及唾液常作为检测样本。Scrobot Ş 等[22]选择 9 名 OLP 患者与 4 名健康志愿者,通过评估口腔组织匀浆中 OS 的标志 MDA 和抗氧化防御的指标谷胱甘肽(GSH)发现,OLP 患者 MDA 水平显著高于健康对照组,GSH 水平降低,证实了 OLP 患者脂质过氧化的增加与局部抗氧化系统的改变。Sezer 等[29]将 40 例 OLP 患者与 40 例对照受试者纳入研究,通过检测血清中氧化应激指标,结果发现 OLP 患者血清中 NO、MDA、SOD 均高于健康对照组,而红细胞过氧化氢酶(CAT)要低于健康对照组,表明 OS 增加、脂质过氧化增加和抗氧化防御系统失衡可能参与了扁平苔藓的发病机制。Agha-Hosseini 等[30]将 30 例 OLP 患者和 30 名对照受试者纳入研究,通过用硫代巴比妥酸和铁还原抗氧化潜能(FRAP)测定两组未刺激的全唾液丙二醛(MDA)作为脂质过氧化和 TAC 水平的指标,结果为 OLP 患者唾液中 MDA 的平均水平显著高于对照组,而 OLP 患者的 TAC 高于健康对照组,但没有统计学意义,这说明 OLP 患者体内存在脂质过氧化水平的增加,而抗氧化活性没有显著增加。Abdolsamadi 等[31]通过比较 36 名糜烂型 OLP 和 36 名健康人唾液的总抗氧化能力(TAC)和丙二醛((MDA)和抗氧化维生素(维生素 A,C 和 E)水平,同样证实了 OLP 患者 MDA 水平增高,总抗氧化能力与抗氧化维生素水平降低。考虑到采集样本的难易性,Totan 等[32]通过检测血清和唾液的 OS 指标,得出 OLP 唾液和血清中 MDA 和 8-OHdG 水平显著增加,TAC、GPx 和尿酸水平显著降低。两种体液结论相一致,则可以考虑利用唾液样本的非侵入性和易收集性以及许多疾病导致其成分改变的特点,用于检测相关指标来诊断疾病。除了检测常规的 OS 指标,Battino 等[33]检测唾液中尿酸水平,发现与对照组相比,OLP 患者唾液尿酸显著降低,血清 γ-谷氨酰转移酶(GGT)增加,也可以用于制定治疗策略和监测。

4 氧化应激与口腔扁平苔藓癌变

OLP 是一种常见的慢性、免疫介导的黏膜皮肤疾病。特别是糜烂型的 OLP 有灼痛等症状,病程慢性迁延,甚至还有一定的恶变潜能,严重影响病人的身心健康。[34]OLP 恶性转化的风险长期以来一直有争议,大约在 0.4% 至 3.7% 之间[35],WHO 将其列入癌前状态的范畴。Barbora Vlkova 等[36]通过比较口腔癌前病变患者(白斑、OLP、红斑痣)

和健康对照者的唾液氧化应激和羰基应激标志物,发现癌前病变患者唾液硫代巴比妥酸反应物质(TBARS)和高级糖化终产物(AGEs)明显高于对照组。患者的总抗氧化能力(TAC)和超氧化物歧化酶(SOD)的表达低于年龄匹配的对照组。表明口腔癌前病变患者的脂质过氧化和羰基应激标记物增加,抗氧化酶表达减少导致抗氧化状态下降,此结果有助于揭示口腔癌前病变的病因或发病机制,以及向口腔癌转变的机制。Agha-Hosseini 等[37]通过评估 OLP 和口腔鳞状细胞癌(OSCC)患者唾液中的 MDA、TAC、8-OHdG 发现,OLP 和对照组之间,以及 OLP 和 OSCC 患者之间唾液 TAC 和 MDA 水平没有显著差异。OSCC 患者的 MDA 和 8-OHdG 明显高于对照组,但 TAC 低于对照组。OSCC 患者的 TAC/MDA 比率明显低于 OLP 患者和对照组。与对照组相比,OLP 患者的 TAC/MDA 比率明显较低,但 8-OHdG 较高。这表明 OLP 和 OSCC 患者的 OS 失衡,OLP 患者患癌症的风险增加。国内有学者研究口腔癌中的氧化应激状态,汤晓飞等[38]阐述了口腔癌患者氧化还原状态的改变(MDA、NO 产物等显著增高,抗氧化剂 SOD、CAT、GSH 等显著降低)及吸烟、饮酒、嚼槟榔、维生素、微量元素、放化疗与氧化应激的关系,旨在改善口腔癌患者的 OS 状态的失衡可能成为新的辅助治疗方法,并研究相关机制发现氧化应激蛋白 GSTπ、HO-1 与烟草相关口腔癌的发生发展密切相关,烟草可能是通过激活核转录因子 NF-κB,调控其下游抗氧化基因 GSTπ、HO-1 表达发挥抗氧化作用的。[39]

5 抗氧化治疗与口腔扁平苔藓

一般来说,对于无症状的网状病变一般不需要治疗,只需要观察病损变化,对于萎缩和糜烂/溃疡性病变应及时治疗,减轻伴随的症状,并降低恶性转化的潜在风险。现认为治疗 OLP 最常用的和有用的药物是皮质类固醇[40],其强大的抗炎、镇痛、免疫抑制作用能够迅速缓解局部症状。但由于激素类药物具有肝脏损伤等副作用,局部使用会增加口腔念珠菌感染的风险及黏膜萎缩等,因此,近年来出现一些新的治疗方法,包括激光[41]、局部涂擦芦荟、生物制剂和口服姜黄素等[40],对于这些新方法的安全性和有效性仍需更大范围的临床试验进行验证。其中在 OLP 抗氧化治疗方面,Emilce Riva-rola de Gutierrez 等[42]通过与丙酸氯倍他索-新霉素-制霉菌素霜(CP-NN)进行对比,应用天然抗氧化剂花青素治疗 OLP,对于 EOLP 患者来说,在改善口腔黏膜临床体征计分方面优于 CP-NN 治疗,而两组之间在治疗反应时间、疼痛程度的改变或复发率方面没有统计学上的显著差异,但此研究未检测 OS 相关指标。姜黄素是从姜科、天南星科中的一些植物的根茎中提取的一种化学成分,具有降血脂、抗肿瘤、抗炎、利胆、抗氧化等作用。Lv 等[43]评价了姜黄素在 OLP 中的应用,证明了姜黄素是一种安全的治疗方法,可作为辅助剂与皮质类固醇联合使用,以减少 OLP 患者的疼痛、灼烧感和口腔病变的临床表现。此外草药具有抗氧化、抗炎等作用,有望成为治疗 OLP 的替代疗法[44]。

在 OLP 的发生发展过程中氧化应激起了重要作用,但具体机制尚不明确,仍需要在分子水平上进一步研究。研究 ROS 信号和毒性的疾病状态对于发现新的治疗靶点以开发创新的治疗策略至关重要,OLP 的抗氧化治疗有望成为新的辅助治疗方法。

参考文献

[1] Wells P G, Mccallum G P, Chen C S, et al. Oxidative stress in developmental origins of disease: teratogenesis, neurodevelopmental deficits, and cancer [J]. Toxicological Sciences, 2009, 108(1): 4-18.

[2] Ergun S, Trosala Ş C, Warnakulasuriya S, et al. Evaluation of oxidative stress and antioxidant profile in patients with oral lichen planus [J]. Journal of Oral Pathology & Medicine, 2011, 40(4): 286-293.

[3] Buczko P, Zalewska A, Szarmach I, et al. Saliva and oxidative stress in oral cavity and in some systemic disorders [J]. Journal of Physiology and Pharmacology, 2015, 66(1): 3-9.

[4] Kattoor A J, Pothineni N V, Palagiri D, et al. Oxidative stress in atherosclerosis [J]. Current Atherosclerosis Reports, 2017, 19(11): 42.

[5] 邹雅丹,刘玮,石连杰,等.氧化应激在系统性红斑狼疮中的研究

进展[J].中华医学杂志, 2018, (27): 2213-2216.

[6] Edwards P C, Kelsch R D. Oral lichen planus: clinical presentation and management [J]. Journal of the Canadian Dental Association, 2002, 68(8): 494-499.

[7] 赵海军,陈铁楼,张新海.氧化应激诱发糖尿病性牙周炎作用及机制[J].口腔医学, 2016(3): 273-276.

[8] Skulachev V P. Mitochondria-targeted antioxidants as promising drugs for treatment of age-related brain diseases [J]. Journal of Alzheimer's Disease, 2012, 28(2): 283-289.

[9] Ray P D, Huang B W, Tsuji Y. Reactive oxygen species (ROS) homeostasis and redox regulation in cellular signaling[J]. Cellular Signaling, 2012, 24(5): 981-990.

[10] Liaudet L, Vassalli G, Pacher P. Role of peroxynitrite in the redox regulation of cell signal transduction pathways [J]. Frontiers in Bioscience, 2009, 14(14): 4809.

[11] Chan J K, Roth J, Oppenheim J J, et al. Alarmins: awaiting a clinical response [J]. Journal of Clinical Investigation, 2012, 122(8): 2711-2719.

[12] Kampfrath T, Maiseyeu A, Ying Z K, et al. Chronic fine particulate matter exposure induces systemic vascular dysfunction via NADPH oxidase and TLR4 pathways [J]. Circulation Research, 2011, 108(6): 716.

[13] Lugrin J, Rosenblattvelin N, Parapanov R, et al. The role of oxidative stress during inflammatory processes [J]. Biological Chemistry, 2014, 395(2): 203-230.

[14] Okin D, Medzhitov R. Evolution of inflammatory diseases [J]. Current Biology, 2012, 22(17): R733-R740.

[15] Giannetti L, Dello A D, Spinas E. Oral lichen planus [J]. Journal of Biological Regulators & Homeostatic Agents, 2018, 32(2): 391.

[16] 胡金玉,薛瑞,马梦玉,等. 情绪与口腔扁平苔藓临床分型的关系探讨[J]. 中华老年口腔医学杂志, 2018, 16(5): 297-300.

[17] Di S D, Guida A, Salerno C, et al. Oral lichen planus: a narrative review [J]. Front Biosci, 2014, 6(2): 370-376.

[18] Rahal A, Kumar A, Singh V, et al. Oxidative stress, prooxidants, and antioxidants: the interplay [J]. Biomed Res Int, 2014, 2014: 1-19.

[19] Avezov K, Reznick A Z, Aizenbud D. Oxidative stress in the oral cavity: sources and pathological outcomes [J]. Respir Physiol Neurobiol, 2015, 209: 91-94.

[20] Darczuk D, Krzysciak W, Vyhouskaya P, et al. Salivary oxidative status in patients with oral lichen planus [J]. Journal of Physiology & Pharmacology an Official Journal of the Polish Physiological Society, 2016, 67(6): 885.

[21] Sankari S, Babu N, Rajesh E, et al. Apoptosis in immune-me-

diated diseases [J]. Journal of Pharmacy and Bioallied Sciences, 2015, 7(5): 202.

[22] Scrobotă I, Mocan T, Cătoi C, et al. Histopathological aspects and local implications of oxidative stress in patients with oral lichen planus [J]. Romanian Journal of Morphology and Embryology = Revue roumaine de morphologie et embryologie, 2011, 52(4): 1305.

[23] Tóthová L'Ubomíra, Kamodyová N, Červenka T, et al. Salivary markers of oxidative stress in oral diseases [J]. Frontiers in Cellular & Infection Microbiology, 2015, doi: 10.3389/fcimb.2015.00073.

[24] Cabiscol E, Tamarit J, Ros J. Protein carbonylation: Proteomics, specificity and relevance to aging [J]. Mass Spectrometry Reviews, 2013, 33(1): 21-48.

[25] Wang Z, Wang Y, Liu H, et al. Age-related variations of protein carbonyls in human saliva and plasma: is saliva protein carbonyls an alternative biomarker of aging? [J]. AGE, 2015, 37(3): 1-8.

[26] Halliwell, B. Why and how should we measure oxidative DNA damage in nutritional studies? How far have we come? [J]. Am. J. Clin. Nutr. 2000, 72: 1082-1087.

[27] Henderson P T, Evans M D, Cooke M S. Salvage of oxidized guanine derivatives in the (2'-deoxy)ribonucleotide pool as source of mutations in DNA[J]. Mutat. Res., 2010, 703: 11-17.

[28] Andrukhov O, Haririan H, Bertl K, et al. Nitric oxide production, systemic inflammation and lipid metabolism in periodontitis patients: possible gender aspect[J]. Journal of Clinical Periodontology, 2013, 40(10): 916-923.

[29] Sezer E, Ozugurlu F, Ozyurt H, et al. Lipid peroxidation and antioxidant status in lichen planus[J]. Clinical & Experimental Dermatology, 2007, 32(4): 430-434.

[30] Agha-Hosseini F, Mirzaii-Dizgah I, Mikaili S, et al. Increased salivary lipid peroxidation in human subjects with oral lichen planus [J]. International Journal of Dental Hygiene, 2010, 7(4): 246-250.

[31] Abdolsamadi H, Rafieian N, Goodarzi M T, et al. Levels of salivary antioxidant vitamins and lipid peroxidation in patients with oral lichen planus and healthy individuals[J]. Chonnam Medical Journal, 2014, 50(2): 58.

[32] Totan A, Miricescu D, Parlatescu I, et al. Possible salivary and serum biomarkers for oral lichen planus[J]. Biotechnic & Histochemistry, 2015, 90(7): 552-558.

[33] Battino M, Greabu M, Totan A, et al. Oxidative stress markers in oral lichen planus [J]. Biofactors, 2008, 33(4): 301-310.

[34] Alnasser L, Elmetwally A. Oral lichen planus in Arab countries: a review [J]. Journal of Oral Pathology & Medicine, 2014, 43(10): 723-727.

[35] Ganesh D, Sreenivasan P, Öhman J, et al. Potentially malignant oral disorders and cancer transformation[J]. Anticancer Research, 2018, 38(6): 3223.

[36] Vlkova B, Stanko P, Minarik G, et al. Salivary markers of oxidative stress in patients with oral premalignant lesions [J]. Archives of Oral Biology, 2012, 57(12): 1651-1656.

[37] Agha-Hosseini F, Mirzaiidizgah I, Farmanbar N, et al. Oxidative stress status and DNA damage in saliva of human subjects with oral lichen planus and oral squamous cell carcinoma [J]. Journal of Oral Pathology & Medicine, 2012, 41(10): 736-740.

[38] 赵艳华, 汤晓飞. 氧化应激在口腔癌发生中的作用[J]. 北京口腔医学, 2009, (3): 178-180.

[39] 景新颖, 葛丽华, 杨晶, 等. 氧化应激蛋白 GSTπ 及 HO-1 在烟草相关口腔癌中的表达[J].北京口腔医学, 2017, (3): 121-125.

[40] Alrashdan M S, Cirillo N, McCullough M. Oral lichen planus: a literature review and update [J]. Archives of Dermatological Research, 2016, 308(8): 1-13.

[41] 陈强, 闫元元, 卢恕来. 激光在口腔粘膜病治疗中的研究进展[J]. 中华老年口腔医学杂志, 2017, 15(3): 185-188, 192.

[42] Emilce Rivarola de Gutierrez, Amanda Di Fabio, Susana Salomón, et al. Topical treatment of oral lichen planus with anthocyanins [J]. Medicina Oral Patología Oral Y Cirugía Bucal, 2014, 19(5): e459.

[43] Lv K J, Chen T C, Wang G H, Yao Y N, Yao H. Clinical safety and efficacy of curcumin use for oral lichen planus: a systematic review [J]. J Dermatolog Treat., 2018, 2: 1-26.

[44] Ghahremanlo A, Boroumand N, Ghazvini K, et al. Herbal medicine in oral lichen planus[J]. Phytother Res., 2019, 33(2): 288-293.

作者简介:李新,青岛大学口腔医学院,硕士研究生

通信地址:青岛市市南区江苏路19号

联系方式:kqlixin@foxmail.com

发表刊物:中华老年口腔医学杂志, 2019, 17(2): 65-69.

复方倍他米松并白芍总苷治疗糜烂型口腔扁平苔藓的效果

李　新　王赛男　杨绍滨　吕　晔　王云龙　卢恕来

（青岛市口腔医学会，青岛市市立医院，青岛，266011）

摘要：[目的]观察复方倍他米松并白芍总苷治疗糜烂型口腔扁平苔藓的临床效果。[方法]2015年12月—2016年12月，于青岛市市立医院口腔内科诊治的糜烂型口腔扁平苔藓的病人96例，采用随机数字表法分为3组，每组32例。A组口服白芍总苷胶囊，B组病损黏膜下注射复方倍他米松，C组病损黏膜下注射复方倍他米松并口服白芍总苷胶囊，连续治疗4周后，根据临床治疗效果比较3组的临床疗效、不良反应以及复发率。[结果]B组与C组临床疗效比较，差异无统计学意义（$P > 0.05$），但均高于A组，差异有统计学意义（$Z = 29.391、23.859，P < 0.05$）。A、B、C组病人均未见明显不良反应。随访3月后，A、C组的糜烂复发率明显低于B组，差异有统计学意义（$\chi^2 = 9.014、14.034，P < 0.05$）。[结论]复方倍他米松并白芍总苷治疗糜烂型口腔扁平苔藓临床效果较好，可提高临床疗效，降低复发率，值得临床推广应用。

关键词：扁平苔藓；口腔；倍他米松；白芍；糖苷类；治疗结果

口腔扁平苔藓（OLP）是一种常见的口腔黏膜病，可发生糜烂，糜烂型OLP有灼痛等症状，病程慢性迁延，甚至还有一定的恶变潜能，严重影响病人的身心健康。[1]近年来，OLP的发病率呈逐年上升的趋势[2]，但国内外仍没有根治方法。中西医结合是治疗糜烂型OLP较理想的方法，疗效好且具有相对较好的安全性。[3]OLP是一种T细胞介导的非感染性慢性炎症性疾病，与免疫因素有关，现认为治疗糜烂型OLP最常用的和最有效的药物是糖皮质激素[4]，局部糖皮质激素治疗为一线疗法[5]，但是激素类药物，有肝脏损伤等的副作用，且容易复发。中草药具有抗氧化、抗炎等作用，有望成为治疗OLP的替代疗法。[6]从白芍干燥根中提取的有效成分白芍总苷，具有抗炎、免疫调节、止痛、保肝、抗氧化、改善血液流变学的作用。[7-8]本研究旨在观察复方倍他米松和白芍总苷联用治疗糜烂型OLP病人的临床效果。现将结果报告如下。

1　资料与方法

1.1　一般资料

选取2015年12月至2016年12月于青岛市市立医院口腔内科就诊的糜烂型OLP病人96例作为研究对象，按照随机数字表法分为3组，每组32例。A组男12例，女20例，年龄29～74岁，平均（54.87对象，按照）岁，病程1周～10年，平均（1.23（对象，按）年；B组男9例，女23例，年龄24～79岁，平均（55.00对象，按照）岁，病程2周～10年，平均（1.48（对象，按）年；C组男10例，女22例，年龄25～80岁，平均（54.63对象，按照）岁，病程1周～10年，平均（1.34（对象，按）年。3组病人性别、年龄、病程等比较，差异无统计学意义（$P > 0.05$）。本研究经过青岛市市立医院伦理委员会审议通过，符合医学伦理学要求（伦理审批号：2018临审字第009号）。病人及家属均签署知情同意书。

1.2　纳入和排除标准[9]

①纳入标准：根据病史、临床表现、病理学检查诊断为糜烂型OLP者。②排除标准：患有皮肤、指甲损害，患有其他已确定的口腔黏膜疾病；患有较严重的系统性疾病、肿瘤者；1个月内使用过抗生素、3个月内使用过免疫制剂者；某些药物或银汞合金充填物可能引起苔藓样反应者；3个月内吸烟、嗜

酒者；妊娠期、哺乳期妇女；不能配合治疗的精神病病人、有糖皮质激素治疗禁忌证病人；不能遵医嘱用药者。

1.3　治疗方法

A组病人口服白芍总苷胶囊(帕夫林，宁波立华制药有限公司生产，国药准字 H20055058)，每次0.6 g，每日2次，连服4周；B组病人病损下注射复方倍他米松(得宝松，国药准字 J20140160)，根据病人病损大小，将复方倍他米松注射液混悬液和体积分数 20g/L 盐酸利多卡因注射液(山东华鲁制药有限公司，国药准字 H37022147)1∶1混匀，缓慢注射于病损基底部黏膜下，注射量 0.2 mL/cm²，治疗至15 d 时复方倍他米松用量减半；C组病人口服白芍总苷胶囊并病损下注射复方倍他米松，白芍总苷胶囊连服4周，治疗至15 d 时复方倍他米松用量减半后停药。所有病人每2周复查1次，每次复查观察并记录病人临床体征、疼痛程度以及不良反应情况。随访3个月，记录糜烂复发率。嘱病人治疗期间不使用与本病相关的其他药物，辛辣、刺激等食物和饮料，应食用清淡、富营养、富维生素食物，排除精神因素，改善睡眠。

1.4　观察指标和疗效评定标准

采用牙周探针测算糜烂面积的大小，采用视觉模拟评分法(VAS)评估病人疼痛程度，OLP 病人临床体征、疼痛程度和疗效判断的评分标准见相关文献。[9]

1.5　统计学方法

采用 SPSS22.0 软件进行统计学分析。计量资料以 $\bar{x}\pm s$ 表示，重复测量数据采用重复测量设计方差分析，非重复测量计量数据比较采用单因素方差分析，两两比较采用 LSD-t 检验，等级资料多组间比较采用 Kruskal-Wallis 检验，计数资料比较采用 χ^2 检验，以 $P<0.05$ 为差异有统计学意义。

2　结果

2.1　治疗前后临床体征计分比较

3组病人临床体征计分比较差异有统计学意义($F_{组别}=18.829,P<0.05$)；各组病人临床体征计分随着治疗时间的进展呈下降趋势，差异有统计学意

义($F_{时间}=94.915,P<0.05$)；时间与治疗方法之间存在交互作用，差异有统计学意义($F_{组别*时间}=12.937,P<0.05$)。3组病人治疗前后临床体征计分组内比较，差异有统计学意义($F=3.791\sim46.356,P<0.05$)。进一步经 LSD-t 检验，B、C组治疗4周后临床体征计分均低于治疗前，差异有统计学意义($t=2.747\sim9.466,P<0.05$)。治疗2周及治疗4周后组间比较，差异有统计学意义($F=16.363、26.952,P<0.05$)。C组临床体征计分低于A、B组，差异有统计学意义($t=3.965\sim27.071,P<0.05$)。见表1。

表1　病人临床体征计分比较($n=32,\bar{x}\pm s$)

组别	治疗前	治疗2周后	治疗4周后
A组	4.09 体征计分比	3.78 体征计分比	3.34 体征计分比
B组	3.63 体征计分比	2.81 体征计分比	2.22 体征计分比
C组	3.72 体征计分比	1.87 体征计分比	1.03 体征计分比

2.2　VAS 评分比较

各组病人 VAS 评分比较差异有统计学意义($F_{组别}=11.523,P<0.05$)；各组病人 VAS 随着治疗时间的进展呈下降趋势，差异有统计学意义($F_{时间}=16.861,P<0.05$)；时间与治疗方法之间不存在交互作用($F_{组别*时间}=0.910,P>0.05$)。3组病人治疗前后 VAS 评分组内比较，差异有统计学意义($F=3.468\sim11.013,P<0.05$)。A组治疗4周后 VAS 评分低于治疗前，B、C组治疗2、4周后VAS 评分均低于治疗前，差异有统计学意义($t=2.389\sim4.660,P<0.05$)。治疗2、4周后组间VAS 评分比较，差异有统计学意义($F=3.730、5.235,P<0.05$)；治疗4周后，B、C组 VAS 评分均低于A组，差异有统计学意义($t=2.196\sim3.284,P<0.05$)。见表2。

2.3　临床疗效比较

3组病人临床疗效比较差异有显著性($Hc=26.350,P<0.05$)；B、C组临床疗效优于A组($Z=29.391、23.859,P<0.05$)；B组与C组临床疗效比较差异无显著性($P>0.05$)。见表3。

表 2 病人 VAS 比较($n=32, \bar{x}\pm2$)

组别	治疗前	治疗 2 周后	治疗 4 周后
A 组	2.06 体征计分比	2.00 体征计分比	1.60 体征计分比
B 组	2.03 体征计分比	1.53 体征计分比	1.28 体征计分比
C 组	1.94 体征计分比	1.59 体征计分比	1.03 体征计分比

表 3 病人治疗 4 周后临床疗效比较(例(X/%))

组别	显效	有效	无效
A 组	8(25.00)	12(37.50)	12(37.50)
B 组	23(71.88)	6(18.75)	3(9.38)
C 组	27(84.38)	3(9.38)	2(6.25)

2.4 糜烂复发率及不良反应比较

随访 3 个月后,A、B、C 组病人显效中糜烂复发例数分别为 2、19、8 例,A、C 组复发率与 B 组比较,差异有统计学意义($\chi^2=9.014$、14.034,$P<0.05$)。3 组病人治疗期间均未出现明显的不良反应。

3 讨论

OLP 是一种常见的口腔黏膜慢性炎症疾病,患病率为 0.1%～4.0%[10],是口腔黏膜病中仅次于复发性阿弗他溃疡的常见疾病。OLP 的确切病因尚不明确,某些易感因素可能在其发病机制中发挥作用,如免疫、遗传、心理或者全身疾病、氧化应激(OS)等。[4,11] 目前认为 OLP 是一种 T 细胞介导的免疫反应性疾病,其典型病理表现为上皮不全角化、基底层液化变性以及固有层有密集的 T 淋巴细胞呈带状浸润。[12] 目前 OLP 尚无根治方法,主要治疗目标是减轻炎症促进愈合,只能对症治疗。[13] 萎缩、糜烂型 OLP 恶变率为 0.5%～2.0%[14],更应早期治疗以降低恶变的风险。

在临床上对于糜烂型 OLP 的治疗,单纯使用糖皮质激素可以取得很好的短期疗效,李勉香等[15]采用局部涂布曲安奈德口腔软膏可使疼痛程度和糜烂面积得到明显改善,KUO 等[16]局部注射糖皮质激素取得良好的临床效果,这些都与本研究的结果相一致。本研究采用病损下局部注射糖皮质激素——复方倍他米松,复方倍他米松有效成分为二丙酸倍他米松和倍他米松磷酸钠,微溶性的二丙酸

倍他米松注射后可成为一个供缓慢吸收的贮库,长时间发挥作用,而可溶性的倍他米松磷酸钠注射后在局部提供一个较高的药物浓度,能够快速吸收和迅速起效,具有抗炎、镇痛、免疫抑制作用,抑制 T 细胞的功能,避免了全身用药可能产生的副作用。[17] OLP 的易感性与 Th1、Th2 相关细胞因子的基因多态性相关。相关研究表明,OLP 病人体内存在 Th1/Th2 细胞因子的失衡,Th1 细胞可能在 Th1/Th2 免疫平衡与 OLP 发病机制中起主导作用。[18] 而糖皮质激素能够抑制树突状细胞和 T 细胞的活化,促进 Th1 细胞因子分泌以及刺激 Th2 细胞因子、IL-10 分泌,也有干扰 Th1 细胞因子活性的作用。[19-20]

白芍总苷胶囊的主要成分是白芍总苷,是一种新型的免疫调节剂,具有生物安全性,长期使用没有严重的副作用,也没有发现对肾脏的损害,偶有软便,也可自行消失,临床中现已广泛用于治疗免疫相关疾病,如类风湿性关节炎[21]、舍格伦综合征[22]的治疗等。在糜烂型 OLP 病人体内存在细胞免疫功能下降和免疫功能紊乱,CD3+,CD8+,CD4+/CD8+ 低于正常值。[23] 白芍总苷具有双向调节作用,可纠正体液免疫紊乱,使 CD3+、CD4+、CD4+/CD8+ 水平增高,改善病人机体细胞的免疫状态,抑制炎症反应发生。[24] 近年研究发现,OLP 组织中检测到 TLR4 和 NF-4 测通路的激活和炎性细胞因子 IL-6、TNF-活、IL-8 的表达明显提高,而白芍总苷可以通过抑制 IL-6 和 TNF-显、IL-8 的分泌,从而明显抑制 OLP 的炎症反应,其抑制作用机制可能与白芍总苷抑制 NF-反应信号通路有关。[25-26] 此外,国外研究表明,OLP 的病人体内存在 OS,OS 反应伴随着炎症反应加重了 OLP 的症状与进展。[27] 而 NF-与进通路在炎症和免疫应答中的"中心调控"作用逐渐凸显,能促进炎症递质的表达和释放,此外 NF-渐凸对氧化还原高度敏感,在 OS 和炎症之间的十字路口具有战略地位[28],研究表明白芍总苷具有抗氧化的作用,在治疗狼疮性肾炎[29]、银屑病[30]中已得到证实,因此考虑白芍总苷可能通过抑制 NF-到证信号通路,改善 OLP 病人 OS 状态,延缓 OLP 的进展,但具体机制尚需进一

步研究。

本研究纳入糜烂型OLP病人，治疗4周后，B、C两组临床疗效相近，说明在短期内，复方倍他米松能够迅速控制糜烂症状，治疗结束后随访3个月，B组糜烂复发率显著高于C组，说明单纯应用糖皮质激素虽见效迅速，但容易复发。白芍总苷通过调节全身免疫，能够维持疗效，减少复发。本研究中B、C组病人在治疗期间均未出现明显的不良反应，考虑为用药量不大，间隔时间较长且为局部用药。但也应注意复方倍他米松属于糖皮质激素，需要经过肝脏代谢，长期使用会导致肝脏损伤，在治疗过程中应根据病情酌情减量。此外，白芍总苷具有保肝作用，可保护肝脏免受复方倍他米松代谢引起的肝损伤。

总之，本研究采用病损下注射复方倍他米松并口服白芍总苷胶囊治疗糜烂型OLP，二者相互补充，相辅相成，将局部用药与全身用药相结合，中成药和西药相结合，提高了临床疗效，减少了复发，减轻了副作用，值得在临床广泛应用。

参考文献

[1] Al-nasser L, El-metwally A. Oral lichen planus in Arab countries: A review[J]. J. Oral. Pathol. Med., 2014, 43(10):723-727.

[2] Čanković M, Bokor—bratic M, Novovic Z. Stressful life events and personality traits in patients with oral lichen planus[J]. Acta Dermatovenerol. Croat., 2015, 23(4):270-276.

[3] 周永梅,戚清权,刘伟,等.糜烂型口腔扁平苔藓三种治疗方法的随机对照研究[J].临床口腔医学杂志,2018,34(6):358-362.

[4] Alrashdan M S, Cirillo N, Mccullough M. Oral lichen planus: A literature review and update[J]. Arch. Dermatol. Res., 2016, 308(8):539-551.

[5] Giannetti L, Dello diago AM, Spinas E.Oral lichen planus[J].J. Biol. Regul. Homeost. Agents., 2018, 32(2):391-395.

[6] Ghahremanlo A, Boroumand N, Ghazvini K,et al.Herbal medicine in oral lichen planus[J].Phytother. Res., 2019, 33(2):288-293.

[7] 孔雪,史冬梅.芍药苷在皮肤科的应用及机制探讨[J].中国中西医结合皮肤性病学杂志,2018,17(5):473-476.

[8] 杨弘雯,李桂芝,赵鹏,等.曲安奈德并白芍总苷胶囊治疗口腔扁平苔藓的疗效及对血液流变学的影响[J].医学综述,2016,22(22):4549-4551,4555.

[9] 中华口腔医学会口腔黏膜病专业委员会.口腔扁平苔藓(萎缩型、糜烂型)疗效评价标准(试行)[J].中华口腔医学杂志,2005,40(2):92-93.

[10] 陈谦明.口腔黏膜病学[M].北京:人民卫生出版社,2012:103.

[11] Rekha V R, SUNIL S, RATHY R. Evaluation of oxidative stress markers in oral lichen planus[J]. J. Oral. Maxillofac. Pathol., 2017, 21(3):387-393.

[12] Roopashree M R, Gondhalekar R V, Shashikanth M C, et al. Pathogenesis of oral lichen planus-a review[J].J. Oral. Pathol. Med., 2010, 39(10):729-734.

[13] Olson M A, Bruce A J S. Oral lichen planus[J]. Clin. Dermatol., 2016, 34(4):495-504.]

[14] Lajevardi V, Ghodsi S Z, Hallaji Z, et al. Treatment of erosive oral lichen planus with methotrexate[J]. J. Dtsch. Dermatol. Ges., 2016, 14(3):286-293.

[15] 李勉香,吴桐,杨灵澜,等.曲安奈德口腔软膏治疗糜烂型口腔扁平苔藓临床疗效观察[J].实用口腔医学杂志,2016,32(4):581-583.

[16] Kuo R C, Lin H P, Sun A, et al. Prompt healing of erosive oral lichen planus lesion after combined corticosteroid treatment with locally injected triamcinolone acetonide plus oral prednisolone[J]. J. Formos. Med. Assoc., 2013, 112(4):216-220.

[17] Liu C, Xie B, Yang Y, et al. Efficacy of intralesional betamethasone for erosive oral lichen planus and evaluation of recurrence: a randomized, controlled trial[J]. Oral Surg. Oral Med. Oral Pathol. Oral Radiol. Endiol., 2013, 116(5):584-590.

[18] Wang Y, Zhou J, FU S, et al. A study of association between oral lichen planus and immune balance of Th1/Th2 cells[J]. Inflammation, 2015, 38(5):1874-1879.

[19] De Iudicibus S, Franca R, Martelossi S, et al. Molecular mechanism of glucocorticoid resistance in inflammatory bowel disease[J]. World J. Gastroenterol., 2011, 17(9):1095-1108.

[20] Li C C, Munitic I, Mittelstadt P R, et al. Suppression of dendritic cell-derived IL-12 by endogenous glucocorticoids is protective in LPS-induced sepsis[J]. PLoS Biol., 2015, 13(10):e1002269.

[21] Luo J, Jin D E, Yang G Y, et al. Total glucosides of paeony for rheumatoid arthritis: A systematic review of randomized controlled trials[J]. Complement Ther. Med., 2017, 34:46-56.

[22] Jin L, Li C, Li Y, et al.Clinical efficacy and safety of total glucosides of paeony for primary sjögren′s syndrome: A systematic review[J]. Evid. Based Complement Alternat Med., 2017:3242301.

[23] 王冬平,姜旺展,蔡扬,等.口腔扁平苔藓患者免疫功能状况与临床特征相关性分析[J].实用口腔医学杂志,2014(5):680-683.

[24] 轩俊丽,李颖慧,李媛媛.白芍总苷胶囊治疗口腔扁平苔藓 130 例临床观察[J].中国皮肤性病学杂志,2013,27(8):861-862.

[25] WANG Y, ZHANG H, DU G, et al. Total glucosides of paeony (TGP) inhibits the production of inflammatory cytokines in oral lichen planus by suppressing the NF-G signaling pathway [J]. IntImmunopharmacol,2016,36:67-72.

[26] 刘晓敏.口腔扁平苔藓与 NF-平苔通路相关因子的关系以及化湿行瘀清热方对口腔扁平苔藓的治疗作用[D].河北医科大学,2018.

[27] Darczuk D, Krzysciak W, Vyhouskaya P, et al. Salivary oxidative status in patients with oral lichen planus[J]. J. Physiol. Pharmacol., 2016, 67(6):885-894.

[28] Lugrin J, Rosenblatt-Velin N, Parapanov R, et al. The role of oxidative stress during inflammatory processes [J]. Biol. Chem., 2014, 395(2):203-230.

[29] 赵金英,陈波,牛小娟,等.白芍总苷辅助治疗老年狼疮性肾炎的疗效及对病人免疫应答与氧化应激的影响[J].实用老年医学,2018,32(11):1023-1026.

[30] 焦晓燕,郭在培,陈涛,等.白芍总苷对轻、中度寻常性银屑病氧化应激状态的影响[J].中国皮肤性病学杂志,2012,26(4):287-290.

作者简介:李新,青岛大学口腔医学院;硕士研究生

通信地址:青岛市市南区江苏路 19 号

联系方式:kqlixin@foxmail.com

基金项目:山东省医药卫生科技发展计划项目面上项目(项目编号:2015WS0327);山东省卫计委中医药科技发展计划项目(项目编号:2015-378);青岛市科技计划项目(项目编号:17-3-3-39-nsh)

发表期刊:精准医学杂志,2019(1):71-74.

推进时尚美丽青岛建设，
建设宜业宜居宜游城市

如何提高青岛西海岸新区水资源承载能力

张君臣

（青岛市生态环境局西海岸新区分局，青岛，266400）

摘要：随着气候变化和人类活动的影响，水资源承载能力发生了明显变化。世界银行发布的《高温与干旱：气候变化、水与经济》报告指出，气候变化将加剧水资源短缺。水是生命之源、生产之要、生态之基，加强水资源保护、提高水资源承载能力对于低碳循环发展十分重要。本文对青岛西海岸新区水资源进行了调查分析，提出了开源与节水的具体措施，以期提高水资源承载能力，为加快低碳循环发展提供环境资源支持。

关键词：水资源；承载；调查；分析

党的十九大报告指出，推进资源全面节约和循环利用，实施国家节水行动。青岛西海岸新区严重缺水，水资源已成为制约经济社会发展的关键因素。要解决这一问题，就必须全面落实十九大精神，采取综合措施，精准施策，提高精细化管理水平，大幅度提升水资源承载能力。

1 青岛西海岸新区水资源基本状况

根据《2017年青岛市水资源公报》，2017年青岛西海岸新区降水量659.9毫米，地表水资源量2.2091亿立方米，地下水资源量1.391亿立方米，水资源总量2.9亿立方米，多年平均值为4.638亿立方米，人均水资源量远低于全国平均水平。青岛西海岸新区供水总量1.6181亿立方米，其中地表水1.1115亿立方米，地下水0.4256亿立方米。根据近期社会经济发展状况及相关规划，未来几年青岛西海岸新区需水总量将达到3亿多立方米，将远远超过供水量。因此今后青岛西海岸新区的水资源供求形势十分严峻，规划的经济发展规模已超出了本地水资源承载能力，如果不及时采取有效措施加以解决，将直接影响到今后青岛西海岸新区经济及各项事业的低碳健康发展。主要表现在：

一方面，各行业争水矛盾日趋突出。青岛西海岸新区随着城镇化、工业化的迅猛发展，各行业争水矛盾日益突出。一些原为农业灌溉供水的水库或河流将会逐步改为为城镇和工业供水，造成农业灌溉水源严重不足。

另一方面，水生态遭到破坏。由于供水不足，导致过度开采地下水，而长期超采地下水势必会形成大面积地下水超采区，造成地下水位下降，水在地下净化时间变短，地下水受污染面积扩大。同时，过量开采地下水致使河流断流，沼泽干涸，一些河流因生态基流被严重挤占，其纳污能力急剧下降，水污染现象比较突出，水生态遭到破坏。在沿海地下水开采量过多，还会导致海水入侵，致使土地盐化。

2 有关建议

提高水资源承载能力，解决水资源供需矛盾，必须坚持开源与节流并重、生产与生活并重、工程建设与生态保护并重、治理污染与循环利用并重的原则，全方位开拓水源，多角度节约用水。强化人们合理用水、科学用水、自觉节水意识，最大限度地保护和使用有限的水资源，推进水资源供需平衡。

2.1 开源方面

有效应对用水需求的快速增长，应结合临海优势开拓水源，推进海水和雨水直接利用，大力发展海水淡化事业，提高再生水利用规模，形成水源多样、互为补充的水源结构。

一是海水直接利用。海水直接利用主要包括海水直流冷却、海水循环冷却和大生活用海水等。建议在青岛特殊钢铁有限责任公司等钢铁厂以及大唐黄岛发电有限责任公司等火电厂大力实施海水直流冷却,冷却后的海水直接排入海洋,降低废水处理成本。海水循环冷却是指以海水为冷却介质,海水通过换热器完成一次冷却后,再经海水冷却塔冷却并循环使用,建议在丽东化工、大炼油等化工、石化企业的推广使用。此外,在沿海有条件的商业区、住宅区应积极使用大生活用海水(大生活用海水是指用于公共及住宅卫生间便器冲洗等用途的海水),探讨建设海水集中供应设施(海水厂),按照自来水厂的经营模式,鼓励市场化经营投资相关管网建设,着力普及推广"大生活用海水"工程,提高海水直接利用量。

二是雨水利用。雨水具有硬度低、污染物少等优点,利用雨水成为一种既经济又实用的水资源开发方式,因此,提高雨水的利用效率是开拓水源的重要内容。建议因地制宜综合采取渗、蓄、用、泄等多种雨洪利用模式,把防洪、雨水资源化、区域水环境和区域生态建设寓于一体,既可防治洪涝灾害,又可积蓄水资源。在农村,加快兴修水利工程,修水库、通渠道是保护水资源的基本措施,有利于解决水资源时间分布不均的问题,充分利用降水是最重要的开源节流。在城区,应加大海绵城市建设,强化屋面雨水集蓄利用,建设屋顶绿化雨水利用系统,采取多种措施让雨水下渗回灌地下,补充地下水资源。

三是海水淡化。海水淡化可以不受时空和气候影响增加供水总量。青岛西海岸新区海岸线长282公里,海水泥沙含量低且易抽取,海水淡化和综合开发利用潜力巨大。建议加大海水淡化工程建设,加快淡化海水入网,保障用水需求。当发生自然灾害、公共卫生突发事件时,也可通过加大海水淡化规模提供应急水量。

四是再生水回用。再生水是指废水经过处理后,达到一定的水质指标,可以重复使用的非饮用水。和海水淡化相比,再生水的成本相对较低,污水再生利用也可以改善生态环境,实现水生态的良性循环。建议城市污水处理厂处理后的中水不再直接排放,建设再生水处理工程,将其用于居民生活厕所冲洗、城镇绿地浇灌、景观河湖以及服务业的洗车用水等,减少对地下水的过度依赖。

2.2　节水方面

从长远看,节水是应对水危机的最有效途径,节约用水在减少用水的同时也减少排水,节水也是治污的重要措施。据统计每方污水处理投资是节水投资的 3 倍多,节水的成本远低于治污。因此,应大力推进农业节水、工业节水、生活节水,把工业节水和农业节水放在突出位置,作为一项革命性、战略性措施来抓。

一是合理确定和调整产业结构。加快产业结构的调整是实现水资源与经济协调发展的关键,科学合理地确定城市发展规模和发展方向,逐步建立"以水定发展"的工作思路,严格限制高耗水型工业项目的发展,严禁引进高耗水、高污染项目,同时加快经济结构调整步伐,淘汰浪费水资源、污染水环境的落后生产工艺、技术、设备和产品,尽快形成节水型经济结构。

二是支持循环经济发展。编制完善循环经济规划,在重点行业、重点领域、工业园和城镇积极开展循环经济工作,大力发展和推广工业用水重复利用技术,实施循环经济示范工程,重点培育循环经济示范企业、工业园、农业生态园,并推广其先进经验和做法,引导循环经济加快发展。建立节水效益奖、节水技术扶持基金等,对在节水方面取得显著成效并发挥典型示范作用的企业给予资金奖励,使节水不再"只有投入、没有收入"。

三是积极引导企业内部节水与循环用水。建立资金奖励政策,引导企业加强节水工艺和技术措施改造,通过水循环利用、不同水质串联并用、废水处理回用的多种方式,提高工业用水重复利用率,减少用水量以及废水排放量。另一方面,应鼓励节水技术开发和节水设备、器具的研制和推广应用。

四是强化农业节水。调整农作物种植结构,因地制宜发展高效节水农作物,推广抗(耐)旱、高产、优质农作物品种,大幅降低高耗水作物的种植比

重,不断促进传统农业向现代节水农业转变。发展
节水灌溉,实施精准灌溉,通过大棚微喷、定额灌
溉、防渗管道、坑塘集雨、地膜覆盖等措施,实现农
业节水。同时,提倡灌溉与施肥结合,平衡增施有
机肥,推广配方施肥,以水调肥,水肥共济,提高水
分和肥料利用率。

五是推进生活节水。在加大宣传力度的同
时,应着力提高生活节水的技术含量。推广节水
型用水器具,提高民用和公共设施节水器具的普
及率,减少输配水、用水环节的跑冒滴漏,尽快淘
汰不符合节水标准的生活用水器具;加快城市供
水管网技术改造,要大力推广管网检漏防渗技术,
降低城市供水管网漏损率,提高输配水效率和供
水效益。

此外,运用经济手段推动节水发展,包括调整
水价、开征自备水污水处理费、实行用水定额管
理、超定额累进加价制度,以及分源分质水价制
度,优水高价,鼓励利用海水、再生水等非常规水
源。

参考文献

[1] 韩雁,张士锋,吕爱锋.外调水对京津冀水资源承载力影响研究[J].资源科学,2018,40(11):2236-2246.

[2] 侍孝瑞,王远坤,卞锦宇,等.水资源承载力关键驱动因素识别研究[J].南京大学学报(自然科学),2018,54(3):628-636.

[3] 金菊良,董涛,郦建强,等.区域水资源承载力评价的风险矩阵方法[J].华北水利水电大学学报(自然科学版),2018,39(2):46-50.

[4] 文扬,周楷,蒋姝睿,等.陆水流域水环境与水资源承载力研究[J].干旱区资源与环境,2018,32(3):126-132.

[5] 董涛.基于承载过程的区域水资源承载力动态评价[D].合肥工业大学,2018.

作者简介:张君臣,青岛市生态环境局西海岸新区分局环境监测中心副主任,高级工程师

通信地址:青岛市黄岛区水灵山路59号3号楼208

联系方式:jnhbfzk@163.com

发表期刊:环境保护,2018(21):112-113.

在本次学术年会论文征集中,作者对部分内容进行了修改完善。

浅谈青岛西海岸新区服务业发展现状及对策

张少辉

（中共青岛西海岸新区工委党校，青岛，266404）

摘要：服务业是现代产业的主体。服务业兴旺发达是现代经济的显著特征，是衡量经济发展现代化、国际化、高端化的重要标志。加快发展服务业，是推动青岛西海岸新区产业提质增效升级的重要举措，也是率先实现供给侧结构改革和新旧动能转换的重要支撑。青岛西海岸新区作为国家级新区，服务业发展有着至关重要的作用。本文深入分析了青岛西海岸新区服务业发展优势，重点分析了青岛西海岸新区服务业发展现状，结合当前实际，提出了青岛西海岸新区今后发展服务业的对策建议，旨在为新区服务业发展提供参考。

关键词：青岛西海岸新区；服务业；对策

服务业兴旺发达是现代经济的显著特征，是衡量经济发展现代化、国际化、高端化的重要标志。服务业作为高增长性和最具潜力的产业，是新旧动能转换的重要推动力，其快速发展对我区经济增长、结构调整有重要意义。青岛西海岸新区突出引进与培育相结合，推动服务业各行业实现跨越式发展。

1 青岛西海岸新区服务业发展优势

1.1 区位和交通条件优越

新区坐拥前湾港、董家口港两大天然良港，位于环渤海和长三角紧密联系的中间地带，是沿黄流域主要出海通道和新亚欧大陆桥东部重要节点，是沈海、青兰高速国家东西、南北大通道的交汇点，是我国沿海高铁大通道的重要节点，伴随新区至丝路大通道连接线、至京沪二线连接线等重大交通工程的规划部署，连接陆海、贯通南北的战略区位优势更加凸显，具备了加快发展服务业经济的良好区位和交通条件。

1.2 产业基础实力雄厚

新区是我国重要的先进制造业基地和海洋新兴产业集聚区，培育形成了航运物流、船舶海工、家电电子、汽车工业、机械装备、石油化工六大千亿级产业集群。2018年，完成地区生产总值3517.07亿元，增长9.8%，总量居19个国家级新区前三强；全区服务业增加值完成1865.17亿元，增长10.39%。

1.3 服务业发展潜力巨大

近年来，新区先后引进了东方影都、全球大数据应用研究与产业示范区、中铁世界博览城等百亿级以上的核心龙头项目，新区影视文化、大数据、会展、生命健康等符合服务业发展新趋势的新兴服务业方兴未艾，必将带动上下游供应链、价值链、信息流等形成产业链条，带动新区服务业总量迅速提升。同时，新区在各大功能区与城区节点规划建设的17个产业小镇，打造了产城融合发展新平台，为新区服务业发展夯实了长远发展基础。

1.4 政策环境优势突出

新区集聚了青岛经济技术开发区、青岛前湾保税港区、西海岸出口加工区、新技术产业开发试验区、中德生态园、凤凰岛旅游度假区等6个国家级园区，是全国国家级园区数量最多、功能最全、政策最集中的区域之一，园区集聚、政策叠加的创新开放优势突出，为服务业发展、招商引智、项目建设等奠定了良好基础。

1.5 服务支撑体系完善

新区城市管理、政务服务、通关秩序、诚信体系、城市文明等达到了较高水平,金融保险、商贸会展、航运物流、教育培训、电子信息网络等专业化服务全面覆盖,啤酒之城、影视之都、音乐之岛、会展之心四张城市名片优势彰显,为服务业发展提供了良好的服务软环境。

2 青岛西海岸新区服务业发展现状

青岛西海岸新区全面贯彻落实党的十九大精神,坚持五大发展理念,全面对标浦东新区、滨海新区等先进地区,立足全市"一业一策"工作部署,创新思路、集聚资源、激发活力,推进供给侧结构性改革和新旧动能转换,促进生产性服务业向专业化和价值链高端延伸、生活性服务业向便利化精细化品质化提升,加快培育服务经济新动能,努力建成支撑国家海洋强国战略的陆海统筹服务业先进示范区,成为青岛建设国家中心城市的主要增长极和支撑点。

2.1 青岛市对新区考核取得显著进步

2.1.1 现代服务业增加值及增长率显著提升

现代服务业包含其他营利性服务业、金融业、非营利性服务业(财政八项支出)三部分,考核现代服务业增加值总量、增长率、增量3项内容,按4:3:3比例分配,均采用功效系数法计分。

2.1.2 服务业市场主体培育成绩显著

考核新增规上服务业企业数量,采用功效系数法计分。此项指标市统计局每年反馈一次,我区已连续四年居全市第一。目前,东方影都文化旅游管理有限公司、沁霏影视文化传播有限公司两家企业已入库,存量企业入库工作尚未启动,等国家统计局的正式通知,全年新增服务业企业超过200家,有望继续保持全市第一。

2.2 企业服务工作扎实推进

2.2.1 建立企业日常服务长效机制

定期由分管领导带队,对全区重点功能区和镇街进行现场调度,针对各相关属地单位项目推进、纳统纳税、企业经营等重点工作进行详细调研,有针对性开展业务指导,督查属地单位进一步加大工作推进力度,确保属地单位服务业发展环境和营商环境不断优化。

2.2.2 积极配合区级领导联系走访重点企业

根据走访情况形成了详细报告,结合企业发展和新旧动能转换,提出一系列合理化建议。

2.2.3 积极鼓励扶持企业做大做强

切实落实"小升规"企业奖励政策,加快推进2016年度、2017年度新增规上服务业企业奖励兑现工作。积极组织利群、福瀛等符合条件企业参加青岛市10强民营企业评选。

2.3 特色街区工作取得进展

2.3.1 打造特色餐饮街

先后实地查看街区11条,汇总情况形成台账,协助相关街区招商引资,解决日场运营困难。

2.3.2 明确繁华里、茶马古道口水街为今年重点工作目标街区,大力推进

5月20日,繁华里餐饮文化街举行开街仪式,近20余家餐饮企业入驻,10余家正式运营。茶马古道口水街6月底正式运营,近20余家餐饮企业入驻,10余家正式运营。

2.3.3 推进2017年特色街区奖励兑现工作

根据2017年各街区区级税收实得情况,2018年实际兑现412万元。

2.4 品牌创建工作有突破

2.4.1 完成《关于品牌与经济发展关系的调研报告》

按照品牌办《青岛西海岸新区服务业品牌创建推广奖励扶持办法》起草实施细则。修改完善《西海岸新区"琅琊榜"服务业品牌评选方案》,以服务业品牌创建领导小组名义印发各服务业行业主管部门。

2.4.2 "琅琊榜"服务业品牌评选工作于2018年7月9日启动

目前初选工作已完成,11个单位提报17个品牌进入初选名单。

2.4.3 做好品牌宣传工作

指导2016、2017年12个上榜品牌准备宣传素材,协助品牌办录入宣传平台开展宣传推广工作;提报10余篇品牌创建信息,强化品牌宣传。

2.4.4 完成第327号政协提案"关于进一步落实品牌兴区战略的建议"回复

按照区政协要求,完成区政协 2018 年服务业品牌政协议政汇报材料,准备 3 季度在区政协常委会上讨论发言。

2.5 招商引资工作有新成效

2.5.1 推进项目洽谈

接待福龙表面精饰循环经济产业园、宝能物流、复兴集团、中国金融量化科学与技术协同创新中心项目、中农城投农产品电商物流产业博览园、淄博宠物用品项目等项目洽谈约 20 批次。

2.5.2 推进资金到位

完成外资到账 638 万美元,内资 5000 余万元,完成半年指标任务。

2.5.3 推进项目进展

尧王文旅项目、优浩影视文化传媒项目完成项目签约和工商注册。

2.5.4 推进服务业总部经济项目签约

挂图作战项目。尧王文旅项目、优浩影视文化传媒项目完成签约注册;福龙表面精饰循环经济产业园投资协议正在法制办走程序;服务业总部经济签约项目。起草中船燃、地球软件军品研发基地、万峰电商 3 个项目框架协议,报法制办完成审核。

2.5.5 全力推进工委主要领导交办的 3 个招商项目

山东人菜馆正式落户并营业,乔记渔庄项目正在推进第五轮选址,西海岸饺子大世界项目中止。

2.5.6 参与精准招商

作为 5 个精准招商团队成员单位,参与精准招商相关会议,跟进项目洽谈、服务,完成日常提报等工作。

2.5.7 推进"千企大走访"工作

按要求报送项目走访项目信息、项目推进情况、走访台账等内容。

2.6 积极推进现代服务业"一业一策"工作

根据青岛市服务业"一业一策"行动计划工作部署,结合我区实际,牵头起草了新区服务业"一业一策"发展行动计划,包含了 26 个细分行业,并以新区管委的名义(青西新管发〔2018〕23 号)下发实施。今年以来,组织各有关部门认真梳理了各行业的发展情况及存在的有关不足,有针对性地提炼出有效发展各行业的对策措施,起草了《新区 2017 年及 2018 年 1～5 月份服务业"一业一策"发展行动计划工作推进情况的汇报》,确保完成服务业"一业一策"发展行动计划任务目标。

2.7 大力推进服务业人才工作

做好服务业领域泰山产业领军人才申报工作。经广泛动员宣传,向市服务业局推荐了泰山产业领军人才现代服务业类 6 人,涉及金融、信息技术、旅游等领域,经过市有关部门初评,由我局推荐的开来资本公司的王峰董事长,被报送到省发改委参与评选。

为全区服务业领域拔尖和优秀青年人才考核、选拔、查体以及第二批人才证书发放等服务工作。

按照区人才工作部署,及时向区招才中心报送服务业高端人才需求统计、人才工作新进展等相关材料。

完善服务业人才联系体制机制,维护好新区高层次服务业人才微信群,健全服务业人才库,推进服务业人才再上新台阶。

3 青岛西海岸新区服务业发展对策及建议

青岛西海岸新区服务业发展虽然取得了一定成绩,但是,存在不少问题:总量偏小;领军企业少,产业层次不高;高端人才不足;总部经济欠发达,等等。因此,加强服务业发展应采取有力措施。

3.1 进一步强化政策支持

严格落实新区《关于促进现代服务业发展的若干政策》《关于加快总部经济发展的若干意见》等政策,及时兑现奖励资金和扶持措施。借鉴先进地区支持服务业发展的经验做法,梳理提升现有发展政策,完善配套政策体系,加快促进服务业中的短板细分行业发展,全面提升新区服务业总体发展水平。

3.2 进一步加强特色街区工作

完成 2017 年特色街区奖励资金兑现工作。

服务繁华里、茶马古道口水街等特色餐饮街,确保高品质餐饮店入驻,完成区委区政府相关工作任务。

跟进 2016 年、2017 年区级认定特色街区相关服务工作。

3.3　进一步加强品牌创建工作

启动了 2019 年"琅琊榜"服务业品牌评选工作，选出 10 家左右上榜品牌，做好上榜品牌宣传推广工作。

3.4　进一步加强招商引资工作

继续推进项目洽谈，做好森合航空产业园、福龙表面精饰循环经济产业园、中农城投农产品电商物流产业博览园、淄博宠物用品等项目后续洽谈工作，争取项目早日落地。

推进资金到位。争取完成全年内外资到账任务。

推进项目进展。争取尧王文旅项目、优浩影视文化传媒项目尽快开展实质性工作，福龙表面精饰循环经济产业园开工建设，乔记渔庄项目尽快解决选址问题。

继续跟进"千企大走访"、精准招商等日常工作。

3.5　进一步推进现代服务业"一业一策"工作

根据青岛市服务业"一业一策"行动计划工作部署，结合我区实际，积极推进新区现代服务业"一业一策"行动计划落实，充分调动社会各方面发展现代服务业得的积极性，使现代服务业成为推动城市转型发展、产城融合发展、产业优化升级、财政持续增收的重要支撑。

3.6　进一步做好服务业人才工作

继续做好省级的泰山产业领军人才、市级拔尖人才、区级拔尖人才的体检、考核、学习等一般性服务工作。同时，结合人才工作发展新趋势，完善新区高端服务业人才库，构建服务业人才全覆盖、精准化服务业新体系。

3.7　进一步推动服务业优势产业升级

积极对接省发改委服务业办公室、青岛市局等有关上级部门，做好省、市级各种服务业园区、集聚区申报工作的及时沟通工作，及时掌握有关政策和变化，指导好我区各功能区和街道的申报工作；逐步建立和完善我区服务业集聚区、园区和重点服务业企业申报储备库，为进行有关申报建立基础。

参考文献

[1] 青岛西海岸新区督查考核中心，2018 年度综合考核区直单位创新创优亮点工作材料汇编，2018-1.

[2] 青岛西海岸新区管委，青岛西海岸新区管委关于印发青岛西海岸新区鼓励现代服务业重点领域发展的实施意见，2018 年 3 月 24 日.

[3] 青岛西海岸新区管委，青岛市黄岛区人民政府关于印发青岛西海岸新区（黄岛区）服务业发展"十三五"规划的通知，2017-8-23.

[4] 周安. 青岛市黄岛区（西海岸新区）政府工作报告，2018-4-9.

作者简介：张少辉，中共青岛西海岸新区工委党校，总务部主任
通信地址：青岛市黄岛区海湾路 1368 号
联系方式：zsh9290@126.com

青岛西海岸新区推进智慧治理的探索与思考

王　凯[1]　王巧亚[2]

(1.青岛市黄岛区科协,中共青岛西海岸新区工委党校,青岛,266404;

2.青岛西海岸新区自然资源局,青岛,266404)

摘要:围绕推进"治理体系和治理能力现代化"目标,青岛西海岸新区不断探索智慧治理路径。但仍有一些突出问题制约着新区智慧治理水平的提升,须从优化升级智慧治理平台、建立完善智慧治理协调机制、构建智慧治理能力体系、建设智慧治理人才队伍、打造智慧治理智库等方面加以解决。

关键词:社会治理;智慧治理;青岛西海岸新区(新区)

近年来,新区秉承"先行先试,善作善成"精神,围绕推进"治理体系和治理能力现代化"目标,积极探索智慧治理路径,智慧治理初见成效。2015年新区获得"全国创新社会治理最佳案例"奖,2017年新区被推荐为"全国创新社会治理优秀示范区"。本文对新区智慧治理的做法、问题与对策进行探讨,以期进一步提升新区智慧治理的能力与水平。

1 青岛西海岸新区推进智慧治理的实践探索

1.1 运用"互联网+",搭建智慧治理"大平台"

在社会治理中,新区运用"互联网+"大数据,探索建设智慧交通、智慧社区等系统,不断提升城市治理的智慧化水平。2014年6月以来,新区依托智慧城市建设,通过互联网、大数据等信息化手段,着力提高社会治理智能化、精准化水平。

1.1.1 构筑"三张网"广泛采集信息

一是精编网格。在构建全区网格化组织管理架构的基础上,将全区划分为161个管区、1333个社会治理网格,每个网格配备5名以上网格员,构建"网中有格、格中有人、人在格上、事在网中"的网格管理方式。将城市管理等各领域社会事项统统纳入网格,并精准界定镇街、部门权责,杜绝推诿扯皮。平台运行以来,网格员累计上报各类信息近240多万件,及时发现、处置安全生产等方面隐患30余万件,化解

矛盾纠纷近40万起,治理成效日益显现。

二是广布"天网"。依据"全域覆盖、实时监控、动态处置"原则,将全区4000多路监控进行整合,使隐患风险易发区域实现智能化、可视化,监管全区2.3万个视频监控探头,形成全覆盖的智能巡查"天网"。

三是密织"地网"。将综合治理协理员和社会治安志愿者等群防群治力量整合,全区3500多名网格员每天不间断巡查,发现问题即时上报。目前,通过人工"地网"已发现、上报各类信息230余万条,处置率超过97%。

1.1.2 构建"三级平台"妥善处置信息

建立区、镇街(部门)、管区等三级社会治理信息平台,按照分级管理原则,分类进行研判处置,建立起发现上报、研判处置、核查反馈的"闭环模式"。新区还将三级平台与相关部门业务平台互联互通,实现数据互通共享以及部门业务集成联动,进一步推动部门工作效能提高。

1.1.3 建立"大数据中心"集中研判信息

新区按照智慧城市大数据中心服务架构,建设了满足大数据、云计算和无线接入等新技术应用需要,达到国内领先水平的区级社会治理信息支撑平台,并建立数据动态更新机制,300多万条社会治理信息的"大数据"中心已初步建成。通过社会治理

"大数据"，加强并优化预警信息发布和应用，做到防患于未然。

1.2 整合服务热线，疏通智慧治理"大通道"

新区创新群众诉求解决机制，整合政府部门服务热线，打通群众诉求的最短路径，全天候、零距离受理处置群众的咨询、投诉、建议，维护群众的切身利益。

1.2.1 一门受理，群众诉求坐上"直通车"

改变部门各自为战做法，打通百姓诉求"绿色通道"，将政府公开电话和分散于政府各部门的23条投诉热线整合为"一号通"——67712345，统一受理、全权指挥各镇街、部门妥善处置社会治理事项。目前，全区三级信息平台每天收集受理6000条信息，多数问题隐患被及时化解。

1.2.2 一站处置，诉求处置驶入"高速路"

建立部门联席会议制度、"一把手"通报制度。对受理的问题按轻重缓急及事项性质，通过直接答办、分类转办、急事特办等方式，及时、妥善处理群众诉求。对敏感性事件，第一时间责成牵头部门赶赴现场妥善处置。对突发事件，实行部门联动，按应急预案进行处置。目前，群众诉求回访满意度不断提升，社会治理效率和质量明显提高。

1.2.3 一办到底，诉求解决纳入"保险箱"

着眼于"件件落实"，实施"1-5-10"工作机制和亮灯提示，并实行首单负责、核实回访等制度。同时，通过电子催办、超期未结通知、责任主体交办、现场督办、短信督办等"五级"督办机制，对事件办理进行严格控制，确保办理时效。健全公众监督、满意度评价、监察问责等工作机制，在电视台开办"生活帮"栏目，公开督办群众诉求事项，曝光推诿扯皮行为。每半年开展一次群众满意度调查，对部门所有办结事项进行电话、网络调查回访，结果纳入对部门的年终考评。

1.3 实行联勤联动，组建智慧治理"大部队"

1.3.1 治理事项联勤联动

实行城管执法、安全生产监管等力量下沉，在镇街设立社会治理联动指挥中心，对有关资源和力量进行统筹协调、指挥调度，全面提升镇街社会治理科学化水平。

一是矛盾纠纷联调。对群众信访和矛盾纠纷，实行一口受理、统一分流、统一督办。

二是社会治安联防。实行社区网格警务一体化，形成民警与网格员协作、群防力量共同参与的治安联防机制。

三是重点工作联勤。对重点工作，实行人员统一调配，采取力量高效整合工作模式。

四是突出问题联治。定期开展各类社会问题专项整治，切实解决突出问题。

五是重点人群联控。按照"一次全方位信息采集、一个基层信息系统、一套综合管控手段"，落实重点群体管控。

1.3.2 便民服务有求必应

在全区设立100个社会治理工作站，着力做好各类便民服务工作。依托工作站开展的高峰期交通疏导、"黄晓明让爱回家，防走失黄手环计划"等一系列便民服务和宣传活动，获得群众一致"点赞"。目前，全区已投入运行20个社会治理流动工作站和4个社会治理服务工作站，共接到市民咨询和投诉2000余件，发现处置应急治安事件300余起，化解矛盾纠纷50余起，成为政府放心、百姓安心的民生服务"暖心车"。

1.4 注重公众参与，汇聚智慧治理"大合力"

突出群众参与，发挥居民的主体作用。注重社会协同，积极调动社区多元治理力量。在发挥社区党组织领导核心作用的基础上，不断加强社区居委会建设，努力提升社区自治能力和水平。

1.4.1 大力培育共治组织

加强社会组织培育引导。推动成立区级社会组织孵化中心，建立区、镇街、社区三级社会组织孵化机构，设置奖励资金，以政府补贴、以奖代补等方式为社会组织提供"造血式"扶持。制定《进一步推进社会组织改革与发展的意见》，设300万元发展基金，用于扶持社会组织健康发展。在培育机制上，创建"三会共治""三园协同"新模式。目前，新区已成立7个社区发展促进会、23个社区联合会、124个社区公益协会。

1.4.2 努力壮大共治队伍

出台《公众参与社会治理奖励办法》，设立50

万元专项奖励基金鼓励公众参与社会治理与服务。全区每个社区至少联系或组建了一个社会组织、一支志愿服务队伍。目前,全区共有 1500 余家社会组织、10 万名志愿者和 4 万余名社会工作者,共建共治共享活力竞相迸发。

1.4.3 全面优化共治规章

健全完善政务公开、民主决策、民主评议等自治制度,保障社区居民的参与权、知情权、监督权。完善社区协商共治制度,建设"社区睦邻中心",在全区 1223 个社区开展"阳光村居务示范社区"创建活动,引导社会组织参与社区治理,每个社区都成立了社区协商民主议事会、议事堂、调解委员会等,社区有序自治和多元共治格局基本形成。

2 青岛西海岸新区智慧治理存在的突出问题

经过 4 年多的智慧治理探索与实践,青岛西海岸新区社会治理逐步形成了"六化六实"的社会治理新格局,社会治理逐步向有效、高效、长效"三效合一"迈进。但是,总体上尚处于起步阶段,工作中还面临诸多挑战与不足。

2.1 信息平台覆盖不广

由于相关法律法规不完善、体制机制不健全、条块分割等原因,新区的社会治理平台未能将新区所有公共部门的信息数据全部纳入平台。不同部门的数据储存在不同部门,"不愿公开、不敢公开、不能公开、不会公开"同时并存。已开放的数据也因格式标准不一,无法进行关联融合,存在信息孤岛现象。

2.2 基础支撑能力较弱

在基础设施感知能力、数据采集应用能力、资源整合共享能力、公众数字化应用能力等方面,都还有相当大的开发空间,已有数据没有形成规模效应,运用效率也较低,造成一定程度的资源浪费。

2.3 智慧治理人才短缺

近年来,我国大数据产业发展迅速,成熟的大数据人才培训体系尚未建立,致使人才短缺问题日益突出。清华大学计算机系的武永卫教授透露分析,未来 3～5 年,我国大数据人才缺口在 150 万左右。我区大数据专门人才也是"稀缺资源",并成为

新区智慧治理的最大"瓶颈"。

2.4 智库建设迫在眉睫

随着新区智慧治理实践探索的深入,有许多问题需要从理论与实践上进行深入研究,但新区目前还没有建立真正意义上的社会治理智库,"土生土长"的基层草根智库更是严重缺乏和缺席,这在一定程度上制约了新区智慧治理水平的提高。

3 提升青岛西海岸新区智慧治理水平的对策

3.1 优化升级智慧治理平台

对新区大数据平台进行升级改造,升级改造后的智慧治理平台不仅要实现区内共建共享,还要达到国内领先水平,并实现真正意义上的信息整合、智能流转等智慧化功能,成为全区社会治理信息汇聚、综合指挥、协同服务、决策预警、成果应用的"五大中心"。在此基础上,进一步优化公众诉求、网格巡查事项受理处置流程和工作机制,提升事项处置效率和质量。

3.2 建立完善智慧治理协调机制

要注重顶层设计,稳步推动公共数据资源开放共享。

一要统筹规划基础设施建设。在区内大数据平台共建共享基础上,积极推动省、市、区、镇街四级政务数据资源共享交换体系建设,为宏观调控科学化、社会治理精准化、商事服务便捷化、安全保障高效化、民生服务普惠化打牢基础。

二要科学制定公共数据开放标准。建立公共数据开放的"负面清单"制度,打破部门间的数据壁垒,打通"信息孤岛"和"数据烟囱",实现政府内部数据信息的互联互通、充分共享,"让数据多跑路,让百姓少跑腿",提升行政管理效能、政府治理能力和公共服务水平。

三要超前进行制度安排。加快制定青岛西海岸新区《推进政府信息数据向社会开放实施方案》、《推进政府信息数据向社会开放管理办法》等文件,明确工作原则、目标、任务、责任、标准规范及保障措施,为政府数据开放提供制度保障和技术支持。

3.3 构建智慧治理能力体系

尽快提升新区智慧治理的感知、分析、重构和

创新能力，构建以新区大数据资源开发利用能力为核心，涵盖智能基础设施支撑能力、城乡治理能力、运营服务能力、自我优化能力、创新发展能力的新型能力体系，进一步彰显"智慧"治理的本质内涵。要紧紧围绕"互联网＋政务服务"、精准扶贫、环境保护、交通物流等领域，加强需求分析与大数据模型设计，以点带面，促进新区大数据的开发利用，提升公共管理服务与决策能力。

3.4 建设智慧治理人才队伍

要加大"互联网＋"人才的开发应用与培养力度，加快培养大数据专业技能精，把控治理进程能力强的智慧型干部队伍及相当数量的大数据分析研究专业人才。要选拔培养一批政府舆情监管、政务舆情研判、突发网络舆情处置等方面的专业人才队伍，提升干部队伍驾驭"互联网＋政务服务"的能力与智慧治理的水平。

3.5 打造智慧治理智库

建议建立两大智库团队，对新区的智慧治理进行持续跟踪研究。一是建立以有关科研院所、高校、党校等部门为主体的"学术智库"；二是建立以基层干部、社会团体、"土专家"等为主体的"草根智库"。要更加注重草根智库的建设。因为它植根于基层、立足于基层、服务于基层；它侧重于微问题，致力于改善微服务和改进微治理。与高端智库相比，其地方性更强；与党政智库相比，其视野更独到；与高校智库相比，其研究更接地气；与综合性专业智库相比，其投入产出比更加合理。要从新区智慧治理智库的实际需要出发，对智库的人才架构、团队建设、经费使用、成果运用等给予更多的政策帮助和支持，帮助智库解决遇到的困难和障碍，积极创造有利于智库健康发展的环境和条件，让智库对新区智慧治理发挥更大作用，为新区智慧治理"走在前列"、领跑全国提供智力支撑。

作者简介：王凯，中共青岛西海岸新区工委党校科研部副主任，政工师

通信地址：青岛市黄岛区海湾路 1368 号

联系方式：13589367577@163.com

对青岛西海岸新区加快发展会展业的思考

王林云

(青岛市黄岛区科协,中共青岛西海岸新区工委党校,青岛,266404)

摘要:青岛西海岸新区成立五年来,会展业发展迅速,特别是在中铁青岛世界博览城项目投入运营以来,多个高端展会落地,新区百姓在家门口就能到此参观,亲身体会会展带来的经济发展最新动态。本文结合青岛西海岸新区会展业发展的实际状况,对青岛西海岸新区会展业发展的现状进行了全面和系统分析,在此基础上,提出了青岛西海岸新区会展业发展的对策建议,旨在为新区会展业发展提供参考。

关键词:青岛西海岸新区;会展业;发展

自 2018 年 8 月以来,青岛西海岸新区以中铁世界博览城投入营运为契机,紧紧围绕打造国内重要的会展活动目的地为目标,精心策划组织重大会展活动,加强大型展会的引进与培育,完善会展服务体系建设,全力打造"会展之滨"新区城市新名片。

1 青岛西海岸新区发展会展业具备的优势

自从中铁青岛世界博览城和青岛红树林度假世界、万达星光岛等一批星级酒店集群相继投入使用,青岛西海岸新区的会展环境显著改善,会展硬件设施条件完善,优势明显。

1.1 会展场馆高端

中铁青岛世界博览城是大型会展综合体,集展览、召开会议和入住办公于一体。共有 12 个展厅,建筑面积 20 万平方米,可设置 6600 个标准展位;其国际会议中心具有接待 5000 人规模会议能力;交通物流中心共设有公共停车泊位 6200 个,能够满足超大型会展交通物流需要。

1.2 接待能力强大

青岛西海岸新区星级酒店共有 40 余家,能够为参会参展客商提供周到细致的服务。全区各类酒店客房有 3 万余间,日接待旅客住宿能力近 5 万人。所有星级酒店共有大小会议室近 250 间,总面积近 6 万平方米,均具有会议接待能力,而且绝大

部分星级酒店具备 1000 人以上会议接待能力。

1.3 交通便捷高效

沈海高速、青兰高速等铁路将西海岸新区接入全国高速公路、铁路网络。胶州湾跨海大桥、海底隧道,地铁 1 号线、2 号线将西海岸新区与青岛主城连为一体,地铁 13 号线直达青岛世博城。青岛西站已经开通,从青岛西站出发,2 小时内可直接到京津冀,3 小时到达长三角地区,加强了新区与京沪等城市的联系。青岛国际机场开辟有多条通达京沪、港澳台等国内主要城市以及日韩、东南亚、澳洲、欧美地区的航空线。青岛前湾港、董家口港将青岛与世界各地主要贸易枢纽港连为一体,为新区货运物流提供了有力保障。

1.4 旅游环境舒适

青岛西海岸新区的山、海、岛、滩、湾等滨海景观资源齐备,金沙滩、唐岛湾、灵山湾、大小珠山等山海一体的景观秀丽多彩,而新区的齐长城、琅琊台、马濠运河等名胜古迹享誉海内外。新区高档品牌酒店众多,会务接待能力强而可观。新区是跨国公司召开企业年会、经销商大会或全国性行业协会召开工作或科技学术交流会的理想场所。

2 青岛西海岸新区会展业取得的成绩

由于青岛西海岸会展环境显著改善,因此,会

展业发展突飞猛进。2018年引进15家会展企业注册新区，在谈展会项目20个。据初步统计，2018年1~10月全区共举办100人以上规模会议205场，同比增长6.25%；青岛市外来新区参会人数超12万人次，同比增长4.86%；会议消费形成酒店营收近11500万元，同比增长7.06%。

2.1　高端会展取得新成效

2.1.1　圆满完成世博城首展青岛健康生活节（第19届全国医疗器械区域博览会、第53届全国新特药品交易会、2018年中国药店采购供应博览会及2018年中国家庭医疗用品博览会）筹备、组织

参展企业1500余家，参展观众近6万人次。展会签约项目115个，签约金额达2.63亿元。其中，合同和正式协议项目33个，签约金额5500万元；意向和框架协议项目82个，签约金额2.08亿元；现场商品销售额900万元左右。展会期间，参展观众近6万人次，省外专业参展观众3.5万人次，拉动住宿餐饮消费近亿元。

2.1.2　圆满完成首届青岛军民融合科技创新成果展筹备、组织

共设置青岛西海岸新区军民融合成果展、军工企业成果展、综合科技成果展三大展区。展览面积4万平方米，参展企业350家，展品1835件，吸引参展观众6.8万人，共促成24个重大军民融合科技项目落地签约，协议投资总额320亿元。展会以实物展为主，采取互动体验、模拟演示与展示相结合的方式进行展览，充分体现了军民融合科技创新的最新成就。

2.1.3　圆满完成东亚港口联盟大会筹备组织工作

大会邀请了泰国、菲律宾、巴基斯坦、韩国、丹麦等国重要贸易港口的高管和国际港湾协会、全球物流协会等国际物流运输组织的代表参会，发布了《中国港口外贸集装箱运输需求指标分析报告》，举行了青岛（西海岸）国际航运服务中心和上海海事大学研究生青岛实训实践基地揭牌仪式。大会的成功举办，为西海岸新区打造"东亚港口联盟"港口联通品牌，加快建设东北亚国际航运枢纽和"一带一路"枢纽港建设提供了强大的动力。

2.1.4　重点组织了2018年青岛凤凰岛（金沙滩）文化旅游节、青岛国际海洋技术与工程设备展（OI China）、长青企业年会等活动

配合区相关部门，协助筹备组织上合组织国家电影节、东亚海洋合作平台青岛论坛、青岛国际啤酒节等活动。

2.2　招展引会取得新业绩

青岛西海岸新区多次远赴外地招展，拜会国药励展、中机国际、万耀企龙、深圳博奥等知名组展商22家，积极争取农机展、畜牧展、饲料展、全国汽车配件交易会、全国糖酒商品交易会、教育装备展示会、体育用品博览会等全国性大展在新区落地举办。

2.2.1　重要展览与会议在新区举办

促成青岛健康生活节、青岛海高国际家居展等10个展览在世博城举办；促成第9届亚洲纳米科学和纳米技术会议、第12届国际核反应堆热工水力运行与安全学术会议、第20届全国分子光谱学学术会议、全国第11届有机固体电子过程暨华人有机光电功能材料学术讨论会等重要科技学术会议在新区举办，为新区经济社会发展搭建平台。

2.2.2　会展企业注册新区

促成伟路国际文化传媒、思迈展览、颐和景丰国际会展、凌渡会展、中展文华、中展展览、美程国际会议展览、柏特莱姆国际展览、华典会议会展、敏思会议、尚莲展览展示、瑞智国际会展、兴卓文化传媒、北爱京康文化传媒14家会展企业注册新区；在谈展会项目超17个，初步达成2019年举办海事防务展。

2.3　理论研究取得新突破

会展产业发展专家研讨会于2019年1月10日成功举办，这既是一场涉及青岛及新区会展务实层面的发展研讨，又是一次成功的会展资源宣传推介和优质会展项目招商会。会展界的知名权威专家、大型全国性展会组展商负责人以及国际知名展览机构驻中国区的高管悉数参加，较好地推介了新区的会展环境和会展资源，并与中国机械国际合作有限公司、励展博览集团、中国体育用品业联合会、中国农业机械流通协会、中国食品和包装机械工业协会等12家国内外知名组展商签订了战略合作协

议,为推动高端展会落地新区奠定了良好基础。

2.4 新区推介取得新跨越

为充分利用全球政商精英、国内外主流媒体聚集博鳌利于宣传的便利条件,特地策划组织了面向博鳌年会参会的全球 500 强企业、行业领袖企业和媒体人士的青岛西海岸新区(博鳌)推介活动,全面推介新区投资营商环境。时任新区管委主任李奉利面向部分论坛参会企业、媒体全面介绍了有关新区经济社会发展和营商的环境条件,并诚挚邀请参会企业适时到新区考察投资环境。山水文园集团、悠客行、UPS 公司、智海王潮集团、摩根大通、小 i 机器人、远大科技等国内外知名企业和新华社、中央电视台等主流媒体记者参加了新区推介活动,在国际顶级论坛上发出了"选择青岛、投资新区"的声音。

2.5 政策扶持取得了新进展

新区制定出台《青岛西海岸新区会展业扶持意见》和《青岛西海岸新区"会展之心"推进工作方案》,推动成立全区会展业发展工作领导小组,强化领导,整合公安、城市管理、综合执法、交通运输、商务、食药监、卫计、市场和质量监督、外宣等部门的职能,避免互相推诿,为重要会展活动举办提供政府公共资源支持。

3 青岛西海岸新区发展会展业的对策建议

青岛西海岸新区会展业取得了可喜成绩,但是,与发达地区会展业相比,还有一定的差距。为此,今后要通过会展业的各大要素与新区的支柱产业进行深度对接和资源整合,重点打造品牌展会和精品展会,推进会展业与先进制造业、高科技产业、海洋产业、文化旅游业等新区的特色和优势产业融合发展,通过会展搭建战略新型产业培育、贸易与投资合作、科技文化交流的平台,成为展示新区乃至青岛形象的窗口。

3.1 精心打造高端展会

依托青岛的优势产业,策划组织国际装备制造业博览会、汽车零配件及服务用品展览会、农业与食品产业博览会、农业机械展、零售业博览会、茶博会等大型展会,重点引进培育先进制造、高新技术

以及时尚消费等为核心的经贸类国际展览和会议,促进会展与国际贸易、国际投资相结合,推动高新技术交流。联手中铁世博城,结合新区航母基地建设以及军民融合产业发展,促成中国(青岛)国际海事防务展落地举办。

3.2 引进优质会展项目

3.2.1 多渠道争取承办国家级大型展会活动

按行业门类,瞄准行业大展,制定产业主题招展引会方案,联手中铁世界博览城场馆运营公司,重点加强与国家部委所属行业协会、央企和国内外知名展览机构的协调联系,登门拜访、精准招商,全面推介新区会展资源,争取更多的全国性大型展会在新区举办。

3.2.2 做好商务会议(论坛)引进工作

发挥商务会议(论坛)的聚客引客作用,用活、用好会展奖励政策,重点做好对会展服务企业的宣传,积极引导市内外专业会展公司、旅行社和品牌酒店面向国内外有实力的大企业承揽企业内部培训会、新产品上市发布会、经销商会议等高端商务论坛,争取更多的商务会议在新区举办。广拉客源,拓展高品质旅游客源市场,将西海岸打造成为青岛的"会客厅"、高端会议旅游的聚集地,全面促进会奖旅游经济发展。

3.2.3 大力培育和引进会展主体。

高新区本土会展策划、代理、广告、宣传、工程等会展服务水平。采取本地会展企业与外地知名会展企业合资、合作方式,能够引进具有先进的会展经营理念和管理技术的企业,增强会展企业的整体运作能力,争取培育或引进 2 家以上专业会展企业。

3.3 推进旅游节会活动

青岛西海岸新区具有丰富的地域资源和民俗文化旅游资源,要办好青岛国际啤酒节、大珠山杜鹃花会、灵山湾拉网节、灵珠山庙会、积米崖海鲜节、王台镇桃花节、蓝莓采摘节、藏马山露营节、花样跑山节、欧盟青年音乐节、西海岸市民夏日文化活动季等活动,以节带游、以游促会,培育集生态休闲、观光度假、餐饮娱乐为一体的旅游节会活动。

3.4 完善会展服务体系

要提升服务意识,为参展商和观众提供优质化

服务,实现会展场馆租赁、广告宣传、展品运输、展位搭建、物业管理等服务专业化、规范化,餐饮、住宿、交通、旅游等配套服务标准化、人性化,逐步形成符合市场经济规律和国际惯例的会展服务运作体系,全面提高为会展服务的水平。

3.5　强化会展资源推介

强化会展资源推介,将宣传重点由对新区会展业的单纯宣传扩大到对城市整体形象的宣传上,通过参加高端展会和邀请国内外知名展会组展商参访新区等形式,积极对接高端资源,引进高端会展项目,加快新区会展业品牌化、国际化进程。

3.6　建立会展统计体系

加强对会展业的统计调查和统计指导,重点构建以会展活动举办数量、专业观众参与人数、展出面积及会展业经营状况为主要内容的统计指标体系;建设以展会主办机构、展馆、星级酒店和会展服务企业为主要对象的统计调查渠道,建立综合性信息发布平台;加强会展项目的后续评估和总结分析,出台会展评估工作细则,将评估结果作为选择优先扶持项目的参考依据;密切监测会展企业营运情况,加强规模以上会展企业纳统工作,做到应纳尽纳。

参考文献

[1] 徐维东.浅析我国会展产业的发展现状与趋势[J].现代经济信息,2011(11):254-255.

[2] 中共青岛西海岸新区工委办公室,青岛西海岸新区管委办公室.青岛西海岸新区全力打造"会展之滨"工作方案,2018-08-08.

[3] 于捷.浅谈会展业发展的重要性[EB/OL].维普网,2018-04-20.

[4] 周安.青岛市黄岛区(西海岸新区)政府工作报告,2019-04-09.

作者简介:王林云,中共青岛西海岸新区工委党校,经济师

通信地址:青岛市黄岛区海湾路 1368 号

联系方式:13697672801@139.com

推动青岛西海岸新区影视文化产业高端发展的思考

（青岛市黄岛区科协，中共青岛西海岸新区工委党校，青岛，266404）

摘要：近年来，影视文化产业作为青岛西海岸新区的特色新兴产业从孕育萌芽进入蓬勃发展阶段，以东方影都为龙头的灵山湾影视文化产业区已经具备了一流的影视制作条件，新区影视文化产业发展开端良好。在现有基础上，对照省市发展战略要求，对标国际国内一流影视文化产业园区，新区将不断提升软硬件水平，着力打造世界影视之都。

关键词：影视文化；灵山湾；东方影都

青岛西海岸新区设立以来，积极实施文化引领战略，以灵山湾影视文化产业区为龙头，加快建设世界一流、中国第一、山东唯一的影视产业基地，推动新区文化产业高端发展。当前，新区影视文化产业区初具规模，影视文化繁荣发展，综合效应开始显现。面向未来，新区将以东方影都为带动，以灵山湾为核心，加快影视文化产业发展，为新区经济高质量发展注入新动能。

1　西海岸新区影视文化产业发展基本情况

青岛西海岸新区成立以来，将影视文化产业确立为新兴产业，集聚产业项目总投资近 2000 亿元，累计完成投资超过 800 亿元，2018 年注册备案影视企业将超过 200 家。东方影都融创茂文化综合体、星光岛大剧院、秀场等项目启动运营，成功举办首届上合组织国家电影节。启动开发建设藏马山外景地项目，形成"东有灵山湾，西有藏马山"双城联动格局，新区影视产业正在崛起。

1.1　影视文化产业园区初具规模

瞄准一流建设标准，对标"好莱坞＋硅谷"，紧扣全省新旧动能转换"十强产业"，规划建设面积 92 平方公里的灵山湾影视文化产业区，被列为山东省"1＋N"影视产业布局的核心引领园区，成为全省影视产业发展龙头。总投资 500 亿元的东方影都 2018 年 4 月 28 日开业运营，影视产业园建有 40 个摄影棚、35 个置景车间、外景地和后期制作中心，拥有世界最大的 1 万平方米摄影棚、世界唯一的室内外合一水下影棚。

1.2　优质影视文化产业项目持续入驻

影视外景地等总投资 200 亿元的 12 个项目已集中开工，全力培育具有国际影响力和竞争力的千亿级产业集群。《长城》《流浪地球》《封神三部曲》等 50 余部影片入驻拍摄。2019 年 3 月 13 日，总投资 260 亿元的 7 个重点项目在新区灵山湾影视文化产业区进驻建设。

1.3　政策引导和产业支持进一步增强

出台《青岛西海岸新区关于加快文化创意产业发展若干政策意见》及配套实施细则。制订《青岛西海岸影视产业发展资金管理办法》，设立与国际接轨的优秀影视作品制作成本补贴、灵山湾影视文化产业发展专项资金，着力推动"重大项目建设、产业集群发展、骨干企业培育、特色载体建设"四个层次发展，抓好"结构布局、发展环境、组织协调"三个全面保障，逐步完善产业政策体系，加大对影视产业的扶持力度。

1.4　管理体制和服务机制不断完善

建立与国际接轨的体制机制。充分借助《山东省青岛西海岸新区条例》赋予的体制创新权限，成立青岛灵山湾影视文化产业发展理事会,组建青岛灵山湾影视局,探索法定机构管理模式,创新管理体制。健全完善全链条的影视服务配套,设立影视服务中心,提供"一站式"摄制服务。

2 西海岸新区影视文化产业高端发展面临的挑战

新区的影视文化产业拥有较好的物质技术基础,具备较强的发展潜力,但相对世界"电影之都"称号的内涵要求,对比国内其他城市影视文化产业的快速发展,还存在一定差距,面临诸多挑战。

2.1 影视文化产业发展面临更加激烈的竞争

一方面,各地加快影视基地建设步伐,行业竞争激烈,同质化倾向突出。传统影视基地的横店、象山影视城、中影怀柔影视基地、香河国华影视基地等在摄影棚建设的投资力度也在加大。2017 年 3 月横店影视城表示,其高科技摄影棚数量并不多,宣布建造 46 个摄影棚,其中面积最大的棚为 12000 平方米,为全球面积最大的摄影棚;而象山影视城的摄影棚总量自称已达到 20 万平方米,居全国第一[2]。另一方面,2018 年以来,影视行业处于调整规范期,政策环境收紧,影视创作生产成本上升,行业风险有所显现,吸引投资和项目进驻难度加大。

2.2 影视文化产业集聚度和经济效益亟待加强

"东方影都"在国内和全球的品牌知名度不高,影视文化项目的集聚度不强,产业的经济效应尚未释放。对标全国第一个国家级影视产业实验区——横店,根据其《2018 东阳影视文化产业发展报告》显示:2018 年前三季度,横店影视文化区实现营业收入 206.66 亿元,上交总税费 18.44 亿元;出产的影视作品前三季度的票房,在全国占到近 3 成;新增企业 170 家,入区企业累计达到 1154 家;接待剧组 288 个;接待游客 1229.20 万人次(新华网,2018)。"全球最强的影视产业基地"名不虚传。相比而言,新区差距显著。

2.3 影视核心产业的规模和集聚度不突出

对标横店影视产业区,其通过文化景观和现代化科技相互结合、影视拍摄制作和旅游业相互交融、影视后期产品开发与现代营销相互配套,向着全国首个集影视创作、拍摄、制作、发行、交易于一体的国家级影视产业实验区迈进。而新区影视基地的吸引力和巨大潜力还未充分释放,规模效应不明显,产业业态还比较单一,尚未形成衍生产业链。

2.4 影视文化人才匮乏,发展环境有待完善

目前,影视文化产业行业人才需求与供给储备之间存在较大矛盾。影视文化工作室、制作公司数量少,没有形成产业圈层,聚集不到专业性的人才。产业区中心和周边商业、菜场超市、休闲运动空间和设施配套相对滞后,星光岛场馆设施利用率不高,人气还有待提升。群演还处于散居状态,在组织服务上需要突破传统模式。

2.5 文化产业存量企业拉动弱,剧组需求同本地产业能力有着巨大落差

除去最基础的群演招募和协助拍摄服务外,本地现有产业门类和业态与影视文化产业缺少交集与密集合作,没有发挥出产业带动效应。

3 促进新区影视文化产业高端发展打造影视之都的建议

3.1 提升影视文化核心产业能级和竞争力

一是进一步提升影棚吸引力。在突出影棚规模、技术、能级基础上,开发多样化场景需求的特色影棚,满足大制作电影和多层次电影电视制作的差异化需求,着力引进国际影视巨头和拥有完整产业链的龙头企业。推动影视文化创作中心、艺术与文化交流传播基地、影视文化产品交易中心建设,完善衍生产业功能。促进影视文化配套、协同产业链建设,吸引国内外具有较强后期制作实力的大型影视企业和优秀的数字影视后期制作公司高端集聚。

二是加强对影视外景地的规划设计。在发挥既有山海滩景观资源优势基础上,充分借助青岛地区丰富的传统民俗文化资源和历史文化题材,打造多样化、多主题的特色外景点,结合室内影棚的高端硬件,吸引国内优秀剧组制作,带动群演、服化道等的产业链,促进与本土影视业的"互动",形成集聚效应。

三是强化东方影都品牌宣传推介和产业招商。

青岛拥有联合国教科文组织的"电影之都"称号,是国内首个城市电影之都称号,成为国际九个电影之都之一。需要充分发挥这一品牌价值和效应,邀请世界一流专业团队,瞄准"屹立东方、走向世界"的目标,对青岛东方影都进行立体策划、立体包装、强化宣传推介,让影都高端先进的硬件软件和制作环境在更大范围传播,全面提升东方影都在业内外、国内外的知名度,带动影视文化产业项目招商。

四是打造国际化平台基地。立足提升国际文化传播能力,加快发展对外文化贸易,争取政策支持新区开展国际合作、影视交易等试点,探索建立文化保税平台机制,创建国家对外文化贸易基地。在影视文化产品注入青岛元素和影都印记,通过文化产品的输出和影视节庆活动展示文化形象,促进影视产业发展。积极参与跨文化传播,搭建影视作品对外传播的国际化平台,借力知名电影节提升品牌认知度。

3.2　打造多业态影视文化产业功能区

当前,从国内影视文化产业的领军者横店来看,其从单一的影视制作基地逐渐向宜居、宜业、宜游的影视名城、休闲小镇发展,影视既是创造利润的地方支柱产业,又通过将其与地方特色资源结合,开发衍生旅游休闲等产业,创造新的经济增长点。这代表着影视产业的一个走向。新区影视文化产业发展基础好,可以在起步上就注意以核心产业为支撑,强化剧本创作、后期制作、营销推介、衍生产品开发等各个环节的影视业全产业链建设,完善产业服务配套,建立具有高技术支撑、高价值附加的产业生态系统。积极培育影视文化、智慧科技、旅游度假、文化艺术、医养健康和总部经济等多个产业领域,将产业区打造成一个全产业链的影视文化生态圈和具有全球影响力的影视文化新城。

3.3　大力培育储备影视文化人才

一是在政府层面,需要选拔一支懂影视、通政策、熟产业的管理服务队伍,做好影视文化产业发展的规划设计、政策制定、产业引导、项目服务等环节工作,保障新区影视文化产业发展定位准、思路清、措施实,营造影视文化主体需要的适宜环境。

二是围绕产业链精准培育培训人才。充分了解产业需求,牵线搭桥,协同影视文化企业和影视传媒院校,建立新区影视文化产业人才培养机制,促进人才培育培训机构精准对接。采取企业定向培养、社会培训、高校招生等方式,培养提供和储备市场所需人才。以影视创作制作为核心,关联带动视觉、音效数字加工,动画处理、录音、画面剪辑、合成拷贝等后期制作服务、VR等专业化人才培育和供给,推动影视制作、创意设计以及专业化后期制作公司入驻,形成企业与人才、人才与产业紧密关联的互动共生机制。

三是支持北影青岛创意媒体学院、黄海影视与艺术学院等影视高校发展,强化专业建设,吸引国内外著名影视和文化创意高校及培训机构进驻,提高影视文化人才教育培训能力,形成专业化人才培养、职业化平台实践和精准化人才对接。

3.4　促进影视与文化旅游融合发展

以灵山湾影视文化产业区为核心,依托区域影视文化资源,影视文化与旅游融合支撑,建立多层次的影视文化旅游配套,满足各类剧组的核心诉求。引进和规划建设具有体育运动、影视观赏、影棚参观、角色体验、休憩娱乐、特色餐饮等服务功能,适合多年龄段群体目标对象的影视主题公园。开发设计具有鲜明特色的影视文化之旅精品线路,拉长产业链,将不受季节限制又具有鲜明特色的旅游新品注入新区大旅游盘子,丰富新区文化旅游内涵,推动影视文化与旅游相互促进。推进影视文化与工贸、健康等行业的有机结合和协同发展,增强影视文化与其他产业的关联度。

3.5　营建国际化一流人文环境

在环境建设上,围绕青岛建设"开放、现代、活力、时尚"国际大都市发展定位,在影视文化产业区率先打造国内领先、世界一流的营商环境、生活环境。

一是完善软硬件配套。建设适合演艺从业人员职业特点、行业规律和生活需求的标准化群众演员公寓,注重软件匹配,逐步引导集中居住,提供针对性特色化服务,促进群众演员队伍发展壮大。完善酒吧街、咖啡吧、特色商街等建设,打造影视从业人员适宜的环境。

二是依托星光岛优质硬件基础，充实服务，完善软件，规划布局免税购物、文化艺术、休闲娱乐等功能，整体构建环岛文旅商业带，为影视文化创意人才和参演人员提供完善的生活环境。

三是同步配置和引进高水平的教育、文化、医疗等资源，提升公共事业配套水平，营造一流人文环境。

3.6　创新管理服务体制机制

完善法定机构管理模式，尊重市场规律，运用市场手段，发挥政府的引导作用，推动形成"政府主导、市场主体、行业自治"的管理模式，实行企业化管理、市场化运作、专业化服务，充分释放其体制精干、机制灵活、高效服务的能量。借鉴世界影视产业管理服务经验，承接一批影视文化行政权力事项，争取省级电影电视剧审查机构窗口下沉业务，提供"一站式""保姆式""店小二式"的影视服务保障。探索搭建企业化运营的文化保税平台。建立文化综合执法"大联动"机制，实施影视企业和剧组信用评价机制，建立影视服务透明价格机制和平台企业准入退出制度，构建规范透明、安全有序的营商环境。以打造全国领先、世界水平的影视产业基地为引领，争取西海岸新区在影视文化产业发展体制机制创新方面先行先试，设立国家电影电视剧审查分中心，创建国家级影视文化产业示范园区。

参考文献

[1] 吕丽."互联网＋"时代青岛影视文化传播力的提升展[J].青年记者，2018(2)：71-72.

[2] 搜狐网.历时4年青岛东方影都终开业，已不同于横店，也远离好莱坞[EB/OL].[2018-4-30].http://www.sohu.com/a/230005872_104421.

[3] 横店集团.建设宜居宜业宜游的新横店[J].浙江档案，2019(2)：38.

[4] 新华网.2018中国(横店)影视文化产业发展大会召开[EB/OL].[2018-10-22].http://www.zj.xinhuanet.com/2018-10/21/c_1123590645.htm.

作者简介：王欣，中共青岛西海岸新区工委党校政治经济教研室主任，高级讲师

通信地址：青岛市黄岛区海湾路1368号

联系方式：mailtowx@163.com

学习先进地区经验，提升青岛市环境保护工作水平

柳运伟

(中共青岛西海岸新区工委党校，青岛，266404)

摘要：党的十八大报告提出了加强生态文明建设。生态文明建设已经成为党中央治国理政的主要工作议程，生态文明体制改革全面深化，生态环境保护发生了巨大变化。加强生态文明建设已经深入人心，污染治理力度大，制度出台频繁，执法督察严格，环境改善快速，生态文明建设成效显著。青岛作为沿海开放城市，生态环境保护工作必须借鉴先进地区经验，结合青岛市特点，做好生态环境保护工作。本文结合青岛市生态环境保护实际，全面分析存在问题，结合深圳、苏州等地的生态环境保护经验，提出青岛市生态环境保护应采取的对策建议，旨在提升青岛市生态环境保护水平。

关键词：先进地区经验；青岛；环境保护

党的十八大以来，习近平总书记强调"要把生态环境保护放在更加突出位置，像保护眼睛一样保护生态环境，像对待生命一样对待生态环境"。生态环境保护保护已经作为党和国家的重要工作，摆在突出位置来抓。青岛作为沿海城市，生态环境保护已经取得了较大成绩，但是与深圳、浙江、苏州等地的生态环境保护工作有一定差距，因此，加快青岛市生态环境保护是当前的重要任务。

1 深圳、浙江、苏州等地的生态环境保护工作主要做法

1.1 创新意识强

深圳、浙江、苏州奉行"法无规定即许可"。深圳市在法律没有明确禁止的情形下，建设饮用水源二级保护区引流渠，人工干预改变汇水区，既优化了饮用水源地保护区边界，又破解了保护区内长期存在的村庄排污、面源污染、初期雨水污染等难点问题。浙江省除生态环境部委托项目、辐射类项目、超过区域总量控制的项目，其他项目只要不新增用地，环评报告书、报告表均实施承诺管理。苏州市在通过规划环评审查的试点开发区内，对符合产业定位的项目，环评类别降低一级；对不增加生产设备的技改项目，在不新增污染物排放量的前提下实行备案制。

1.2 投入较大

三个城市积极以财政资金推动生态环境保护。深圳市制定一系列资金补贴办法，全面推进电厂、锅炉、挥发性有机物及非道路移动机械治理，其中，淘汰老旧车辆补贴17.8亿元、更换电动公交车补贴100亿元、更新渣土车补贴100亿元。2017年、2018年深圳市共投入治水资金589.9亿元，约占财政收入的7%。

1.3 工作精细

为治理扬尘，深圳市所有建设工程工地出入口全部安装扬尘在线监测和视频监控系统，房屋工程、场平工程、地铁场站工程等每1000 m²安装1台雾炮设施，道路工程、河道工程、管廊工程每100 m安装1台雾炮设施，施工作业期间持续喷水压尘；对连续2次因扬尘问题被通报的建设单位，依法限制其参与市政工程招投标，深圳市扬尘防治工作为空气质量改善做出积极贡献。

1.4 注重整体效益

生态环境治理善于算大账，将投入带来的直接效益和外延的社会效益、环境效益均考虑在内，符合中长期利好就坚决投入。深圳市投入超过80亿元改造南山水质净化厂，不仅单纯治水，更带来多

方面效益,既解决了市民对污水处理厂运行异味反复投诉问题,又大幅提升了南山区前海自贸试验区城市品质,还将地上重新改造成市民休闲体育广场而产生很好的社会效益。我市财政资金投入治水,多关注短期环境效益,对中长期利好的基础性工作投入安排总体偏少。

2 青岛市生态环境保护工作现状

2.1 青岛市生态环境保护取得明显成效

党的十八大以来,青岛统筹绿色发展,持之以恒,不断加强生态文明建设,城市愈加变得绿色生态、幸福宜居。不断改善的生态使我市逐步走向生态文明建设新时代。

2.1.1 生态环境不断改善

主要是青岛持续推进的防治工作。《青岛市(1998～2002年)环境保护工作纲要》的出台,治理大气污染有了具体标准,大气污染治理成效显著。2001年《青岛市大气污染防治条例》公布实施,标志着青岛市的大气污染防治工作已经进入法制化轨道。同时,开展燃煤锅炉超低排放试点改造,加强扬尘污染控制,逐步扩大黄标车限行范围,开展重点行业领域有机废气治理,使青岛的大气环境质量稳步提升。2017年,青岛全面实行"河长制",大大小小的河流有了负责人,河湖管理水平与水生态质量逐步提升。

2.1.2 海湾保护力度不断加大

2017年9月,青岛市发布《关于推行湾长制加强海湾管理保护的方案》,在全国率先实施湾长制,重点建设水清、岸绿、滩净、湾美、物丰的蓝色海湾。目前,青岛市已出台一系列相关工作制度,发布推行湾长制的各类海湾及湾长名录,今年将在青岛市49个海湾深入推行。各市(区)也相继出台政策,海湾保护工作有了明显改观。如,青岛西海岸新区健全蓝色海湾长效管理机制,提升重要节点品质内涵,让市民临海、见海、亲海、享海。严格落实河长制、湖长制,完成15条河道综合整治,不断完善湾长制,研究实施岛长制。

2.1.3 环保制度体系不断健全

建设生态文明是一场涉及多方面的革命性变革。要想实现这样的根本性变革,必须有制度和法

治保障。因此,青岛在实践中不断建立健全综合环境执法体系,完善法治建设,为绿色发展提供了制度保障。

2.2 青岛市生态环境保护存在问题

2.2.1 打破工作常规的魄力不足

对比浙江省、江苏省环保审批的做法,青岛市建设项目环评文件编制一直按照相关法律法规和政策规定要求开展,简政放权力度不大,工作方式呆板,环评文件编制内容烦琐、耗时长。此外,杭州、苏州市环评评估费用全由政府买单,减轻了企业负担,而我市仅市级和部分区实现由政府付费。

2.2.2 进取意识不强

青岛属于海洋城市,蓝天白云、红砖绿瓦是她的特色。这为生态环境质量改善提供了有力支撑,但也使工作松了劲,从根本上保障生态环境工作持续健康发展的污水集中收集处理、生活垃圾集中处理、河流生态修复、农村生态环境保护、危险废物集中处置等生态环境基础设施建设在吃老本中严重滞后。2018年,深圳市新增污水管网2855千米,解决了7146个小区居民阳台等雨污混排问题,目前共已建成38座污水处理厂、每日606.5万吨的污水处理能力,远超我市24座污水处理厂、日处理能力215万吨的水平。

2.2.3 持续推进生态环境保护工作的力度需要加大

深圳市空气质量2014年实现达标,但其推进大气污染防治工作的力度丝毫没减。2017年起,深圳市全面禁止销售和使用高挥发性有机物含量原辅材料和油性漆,除4S店以外,油性漆涂装工艺一律迁出深圳;到2018年10月,全市专营公交车辆全部实现纯电动化,全市禁行邮政、快递等行业燃油摩托车;自2018年7月1日起禁止未达到国Ⅳ排放标准的柴油货车进入东西部港区。2018年深圳市PM2.5达到26 $\mu g/m^3$,为有监测数据15年以来最好水平。

2.2.4 工作机制还不顺畅

青岛市在生态环境保护上仍存在工作推诿、合力不足等问题。比如,生态环保、水务、海洋、自然资源规划、建设等部门联动协作防治水污染的机制还不健全,治水城乡二元结构明显等。深圳市水污染防治部门间分工明确,比如环保部门负责监督,

水务部门负责具体治理保护,不同部门之间各司其职,工作配合较好。

3　青岛市生态环境保护对策建议

3.1　着力推进环评审批改革

在青岛市高质量编制规划环评并通过审查的园区内,探索采取降级备案审批、零增地备案管理等方式,减少环评文件编制和审批时间,促进新旧动能转换和"双招双引"。对企业在原有土地上实施技术改造、增资扩产、发展转型的项目,探索实施零增地技改项目环评承诺备案制度。对军民融合示范区等"国"字号园区内的项目建设,探索采取降级备案审批。

3.2　大力加强扬尘和柴油货车治理

2018 年,我市大气质量 6 项指标,只有 PM10 一项指标未达标。根据 2018 年大气颗粒物源解析结果,扬尘为我市颗粒物的主要来源,对 PM10 的贡献率达到 33％;机动车尾气对 PM10 的贡献率占到 23％,其中重型柴油车贡献最大,仅青岛港口每天进出重型柴油车约 7 万辆次。建议市住建、城管等部门切实加大扬尘污染防控力度,建立长效机制,加强和规范建筑施工、拆迁施工、道路施工、园林绿化、道路保洁、物料堆场、裸露土地、渣土运输等方面的扬尘防控,切实减轻扬尘对大气质量的影响。建议市交通运输部门尽快研究出台重型柴油货车管控通告,禁止未达到国四排放标准的柴油货车进入青岛港口等区域。通过综合施策,力争今年空气质量提前 1 年实现达标。

3.3　全面加强饮用水水源地生态环境保护

印发实施《青岛市打好饮用水源水质保护攻坚战作战方案》,修订《青岛市生活饮用水源环境保护条例》,编制各层级饮用水源突发环境事件专项应急预案。整治县级水源地、49 座"千吨万人"农村饮用水水源地环境问题,完成地市级、县级及农村集中式饮用水水源地保护区边界勘界立标,建设一级保护区围网,加快解决部分饮用水水源地规范化建设水平不高、水质不能稳定达标、环境风险隐患仍需整治等突出问题,确保饮用水水质总体达标,守住城乡饮水安全底线。

3.4　建立健全陆海统筹、海陆联动的海洋生态环境保护模式

落实市委市政府"海洋攻势"工作部署,印发实施《胶州湾及近岸海域污染防治攻坚战实施方案》;出台《胶州湾污染物排海总量控制试点工作方案》,水、海、岸、陆统筹,控制排入胶州湾的污染物总量。清理非法养殖,打击船舶倾废,提升港口码头污染物接收处置能力,推进实施海湾综合整治修复提升行动。对影响重点流域及近岸海域的污水集中处理设施分批扩容并按类Ⅳ类提标改造,增加河道中水回补,实现企事业单位排水口水质稳定达标。确保黄海近岸海域水质保持总体优良,胶州湾水质优良比例保持 70％以上并稳步提高。

3.5　完善工作机制

制定青岛市党委政府及有关部门环境保护职责,充分发挥市环委会作用,用好绿色考核"指挥棒",推动各级各有关部门切实履行环境保护党政同责,"一岗双责"。健全实施企业环境信用管理制度,促进企业自觉履行环境保护法定义务和社会责任。拓宽资金来源,探索推进社会化生态环境治理和保护,加快解决生态环境突出问题。加强生态环境保护宣传,营造绿色生产、绿色生活的浓厚氛围。

作者简介:柳运伟,青岛西海岸新区工委党校,信息网络中心副主任

通信地址:青岛市黄岛区海湾路 1368 号

联系方式:kfqliuyunwei@126.com